高等学校教材

机械设计基础

第2版

鄢利群　高　路　主编

U0291984

化学工业出版社
·北京·

本书根据高等工科院校机械设计基础课程最新教学的基本要求，并结合多年的教学实践经验修订而成。本书保持了第1版的贴近和服务化工工程实践性的特色，同时将较为成熟的新理念、新观点充实到教材中。

本书共15章，内容包括：绪论；平面机构的结构分析与速度分析；平面连杆机构及其设计；凸轮机构；齿轮机构；轮系；其它常用机构；机械的调速与平衡；机械零件设计概论；螺纹连接；啮合传动；带传动与链传动；滑动轴承；滚动轴承；轴及其连接。

本书可用于各近机械类和其他工科专业学生选作教材，并供相关人员参考。

图书在版编目（CIP）数据

机械设计基础/鄢利群，高路主编. —2版. —北京：化学工业出版社，2016.1（2023.7重印）

高等学校教材

ISBN 978-7-122-24892-3

Ⅰ.①机… Ⅱ.①鄢…②高… Ⅲ.①机械设计-高等学校-教材 Ⅳ.①TH122

中国版本图书馆CIP数据核字（2015）第185670号

责任编辑：程树珍 李玉晖　　装帧设计：刘剑宁

责任校对：边 涛

出版发行：化学工业出版社（北京市东城区青年湖南街13号 邮政编码100011）

印 装：天津盛通数码科技有限公司

787mm×1092mm 1/16 印张18 字数478千字 2023年7月北京第2版第4次印刷

购书咨询：010-64518888　　售后服务：010-64518899

网 址：http://www.cip.com.cn

凡购买本书，如有缺损质量问题，本社销售中心负责调换。

定 价：49.00元

版权所有 违者必究

前言

本书是在当前不断进行教学改革的大背景下，根据近几年教学实践的经验修订而成。在修订中主要做了以下工作。

1. 为了方便教学，此次修订基本上维持了第1版教材的总的体系，只是在第3章凸轮机构与第11章带传动与链传动作了重新编写。

2. 随着科学技术的发展，新理论、新技术、新标准的不断出现，根据这些发展，本版更新了部分教材内容。

3. 为了突出化工特色，本书在修订中增加了一些化工应用实例的介绍。

本书按110学时编写，在使用本书时可根据各院校实际情况和不同专业要求，对教材内容进行取舍。

参加本书修订工作的有：鄢利群（绪论、第1章、第4章、第13章）、高路（第2章、第5章、第6章、第12章）、宁建荣、李铁军（第3章、第14章）、徐林林（第7章）、王丽艳（第8章）、杜永英（第9章）、张有忱（第10章）、于东林（第11章）。本书由鄢利群、高路主编。

本书经唐显达教授、杨德武教授精心审阅，并提出许多宝贵意见，作者在此表示衷心感谢。

本书难免有漏误及不妥之处，敬请广大读者批评指正。

编者

2015年7月

第1版前言

为了更好地体现化工类院校的机类、近机类专业本科教学，充分调动广大任课教师参与教学改革的积极性，沈阳化工大学、北京化工大学、武汉工程大学、吉林化工学院、北京石油化工学院五所院校于2010年1月组织编写有针对性、有特点的机械设计基础教材。

在编写过程中，我们本着侧重机械设计能力培养，兼顾理论分析计算的原则，对机械设计部分进行了强化，而对机械原理方面的内容则侧重讲述常用机构的特点、应用。考虑到各院校理论教学学时都在减少这一现实，本书对一些纯理论推导方面的内容进行了适当的精简，而对培养应用与设计能力方面的内容则适当加强。

参加本书编写的人员有：鄢利群（绪论、第1.1～1.4节、第4章、第13章）、高路（第2章、第5章、第6章、第12章）、秦襄培（第3章）、徐林林（第7章）、王丽艳（第8章）、杜永英（第9章）、张有忱（第10章）、赵芸芸（第11章）、李铁军（第14章）、宁建荣（第1.5节）。本书由鄢利群、高路担任主编。

本书由沈阳化工大学杨德武教授精心审阅，提出了许多宝贵意见，作者在此表示衷心感谢。

限于编者水平，书中难免有不妥之处，敬请广大读者批评指正。

编者

2010.9

目 录

0 绪　论

（1）机械、机器、机构、构件、零件

机械　是机器和机构的统称。

机器　是为了某种使用目的而设计的，用来改变物料、变换能量、传递信息的装置。机器种类繁多，其构造、性能、用途千差万别，因此机械设计基础只研究组成机器的机构及机器的制造单元零件。

机构　是用来传递和变换运动及动力的可动装置。如图 0-1 所示的内燃机汽缸，它由汽缸体（机架）9、曲轴 4、连杆 3、活塞 8、进气阀 11、排气阀 10、推杆 6 和 7、凸轮 5 及齿轮 1 和 12 等组成。当燃烧的膨胀气体活塞 8 作往复运动时，通过连杆 3 使曲轴 4 作连续转动，从而将燃气的化学能转变为机械能。为了保证曲轴的连续运转，通过齿轮 1 及 12、凸轮 5、推杆 6 及 7 的作用，使阀门按一定运动规律启闭以输入燃气和排出废气。细加分析可知，该内燃机由 3 种机构组成：由缸体（机架）9、曲轴 4、连杆 3、活塞 8 构成曲柄滑块机构，此机构将活塞的往复直线运动转变为曲轴的回转运动；由缸体（机架）9、齿轮 1 及 12 组成齿轮机构，其作用是改变转速的大小和方向；由缸体（机架）9、凸轮 5、推杆 6 及弹簧 7 组成凸轮机构，此机构将凸轮的连续转动转变为推杆的往复移动。可见从运动的角度讲，机器是由机构组成的。

构件　是机构中的独立运动单元，在机器（机构）中作为一个整体运动。如汽缸体（机架）9、曲轴 4、连杆 3、活塞 8、进气阀 11、排气阀 10、推杆 6 和 7、凸轮 5 及齿轮 1 和 12 等都是构件。

零件　是机器加工制造的最小单元。任何机器都是由若干零件组成的。如图 0-2 所示连杆，它由连杆体 1、连杆头 2、轴套 3、轴瓦 4、螺栓 5 和螺母 6 等零件组成。

（2）本课程的内容和任务

① 本课程的研究内容　机械设计基础的主要研究内容是：机械设计的基本原则、基本理论和方法；常用机构和通用零件的结构特点、工作原理和设计计算方法。简要介绍标准零件的相关国家标准及规范的运用。

② 本课程的任务　机械设计基础是一门旨在培养学生机械设计能力的技术基础课。虽然现代机械日益向高速重载、高精度、高效率等方向发展，但是对于普通工程技术人员来说，常遇到的是机械设备的使用、维护、管理以及一般机械传动的设计问题。因此要求各专业的工程技术人员都应具备一定的机械设计方面的知识。

通过本课程的学习，应使学生：

ⅰ. 掌握机构的结构和组成原理、机构的运动特性及机械动力学的基本知识，初步具备分析和设计常用机构的能力，并对确定机械运动方案有所了解；

ⅱ. 掌握通用零件应用、特点、选用和设计的基本知识，并具有设计机械传动装置和一般简单机器的能力；

ⅲ. 掌握运用标准、规范、手册等有关技术资料的能力。

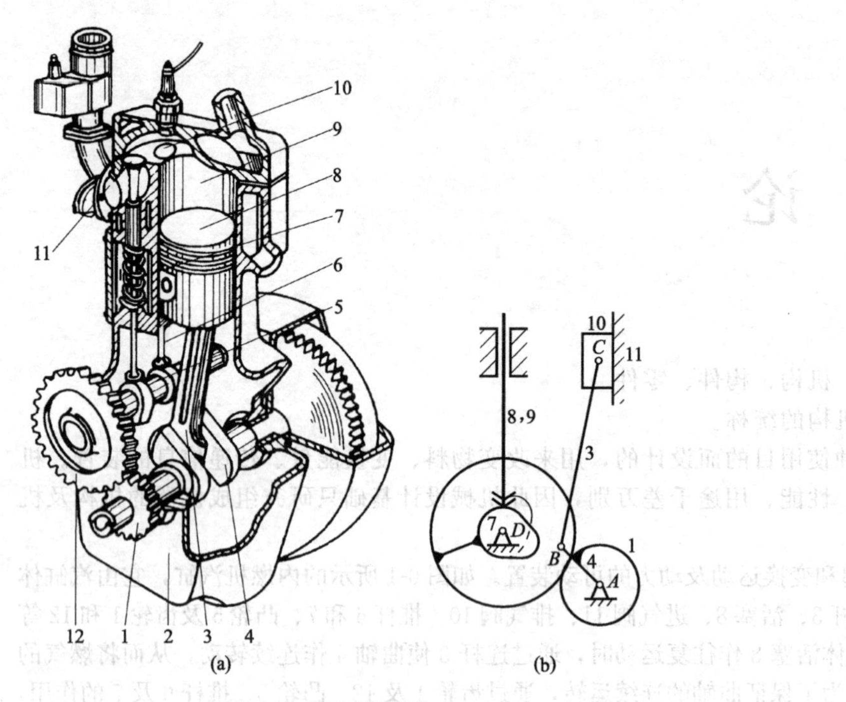

图 0-1　汽缸示意图

1,12—齿轮；2—箱体；3—连杆；4—曲轴；
5—凸轮；6,7—推杆；8—活塞；9—机架；
10—排气阀；11—进气阀

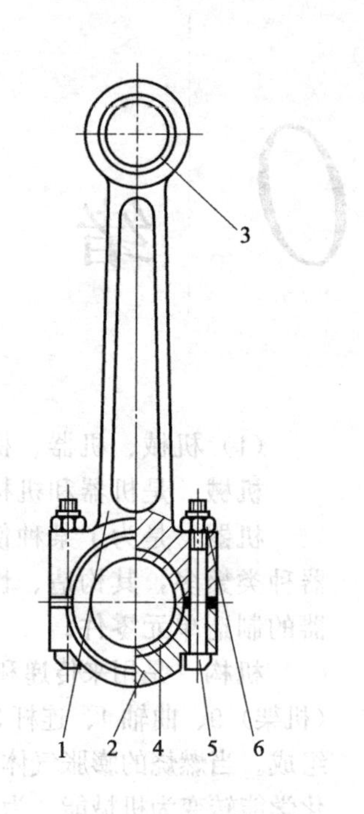

图 0-2　连杆

1—连杆体；2—连杆头；3—轴套；
4—轴瓦；5—螺栓；6—螺母

1 平面机构的结构分析与速度分析

1.1 平面机构的组成

所有构件都在同一平面内或在相互平行的平面内运动的机构称为平面机构。否则，称为空间机构。

1.1.1 运动副

当构件组成机构时，需要以一定的方式把各个构件连接起来，每个构件必须至少和另一个构件相连接，这种连接不能是刚性的，必须能产生相对运动。把使两个构件直接接触并能产生相对运动的连接，称为运动副。例如图 0-1 中活塞和汽缸、齿轮与齿轮的啮合等都组成运动副。

1.1.2 运动副的分类

两构件组成运动副，不外乎通过点、线或面的接触来实现，按照接触情况，把运动副分为低副和高副两类。

(1) 低副

两构件通过面接触组成的运动副称为低副。平面机构中的低副又分为回转副和移动副两类。

① 回转副　组成运动副的两构件只能在一个平面内相对转动的运动副，也称为转动副、铰链，如图 1-1 所示。当其中一个构件是固定不动的称为固定铰链，两个构件都没有固定则称为活动铰链。

② 移动副　组成运动副的两构件之间只能沿某一轴线相对移动的运动副，如图 1-2 所示。

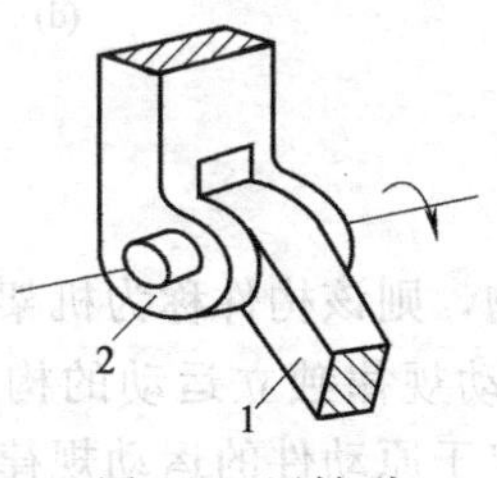

图 1-1　回转副

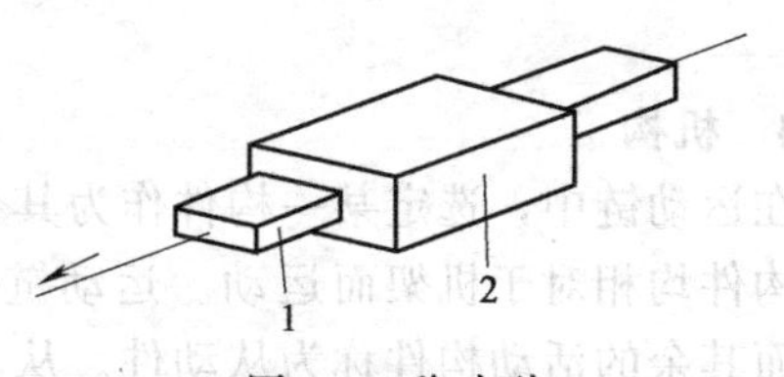

图 1-2　移动副

(2) 高副

两构件通过点或线接触组成的运动副称为高副，如图 1-3 所示。

除上述平面运动副之外，机械中还常见到如图 1-4 所示的螺旋副和球面副（球铰）等。两构件之间的相对运动为空间运动的空间运动副，本章对空间运动副及空间机构不作讨论。

1.1.3 运动链

构件通过运动副的连接而构成相对可动的系统称为运动链，如果组成运动链的各构件构成首末封闭的系统，则称为闭式运动链，如图 1-5 (a)、(b) 所示。如果组成运动链的各构

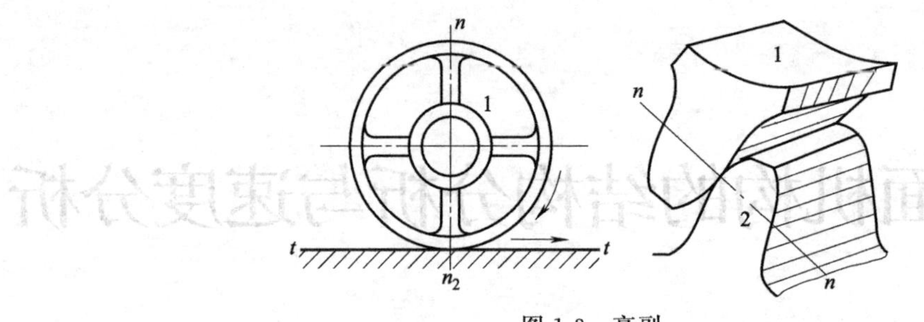

图 1-3　高副

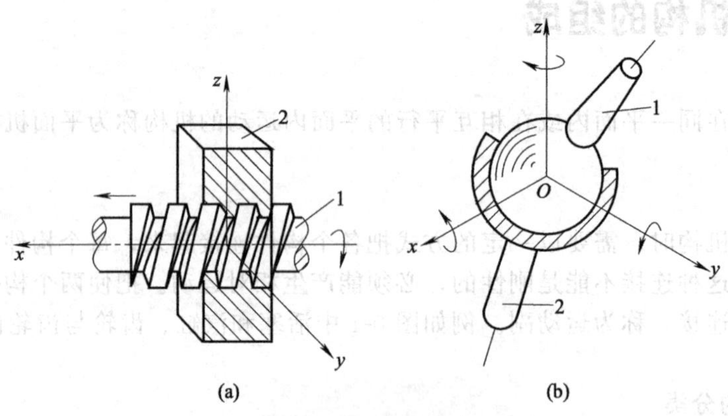

图 1-4　空间运动副

件未构成首末封闭的系统，则称为开链，如图 1-5（c）、（d）所示。一般机械多采用闭链，而机械手中多采用开链。

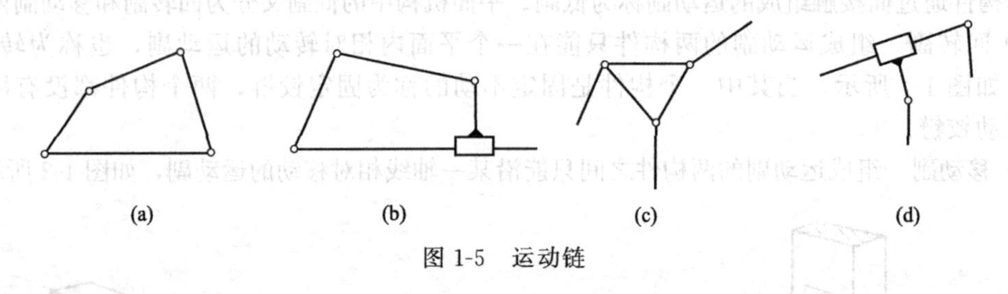

图 1-5　运动链

1.1.4　机构

在运动链中，选定某一构件作为其余构件运动的参照物，则该构件称为机架，机构中的其余构件均相对于机架而运动。运动链中按给定的已知运动规律独立运动的构件称为原动件，而其余的活动构件称为从动件。从动件的运动规律决定于原动件的运动规律、机构的结构及构件的尺寸。在确定机架、原动件和从动件后，运动链就成为机构。

1.2 平面机构运动简图

1.2.1　平面机构运动简图

实际机构中构件和运动副的形状和结构往往很复杂，在研究机构的运动时，为了使问题简化，有必要撇开那些与运动无关的外形和具体构造，仅用一些简单的线条和符号来表示构件和运动副，并按比例定出构件的长度和各运动副的位置，这种说明机构运动传递关系的简化图形称为机构运动简图。如果只是为了表明机构的组成情况，可不按严格比例绘制简图，这种简图称为机构示意图。

一般构件和运动副的表示方法见表 1-1。

表 1-1　一般构件和运动副的表示方法

名称		表示方法	说明
杆或轴类构件			直线表示杆件
固定构件(机架)			机构简图中被加短斜线的构件就是固定构件，又称机架
同一构件			
回转副	两运动构件构成的回转副	1　2	用圆圈表示回转副，其圆心代表相对转动轴线
	两构件之一固定时的回转副	1　2	
移动副	两运动构件构成的移动副	1　2	移动副的导路必须与相对移动方向一致
	两构件之一固定时的移动副	1　2	
高副		1　2	两构件组成高副时，在简图中应当画出两构件接触处的曲线轮廓
两副构件			
三副构件			三条直线用三个铰链连成三角形时，只能是一个构件

对于机械中常用的构件和零件，有一些惯用画法，例如：用细实线或点画线画出一对节圆表示相互啮合的齿轮；用完整的轮廓曲线来表示凸轮。其他常用零部件的表示方法可参照 GB 460—1984。

1.2.2 平面机构运动简图的绘制

在绘制机构运动简图时，首先确定机构的原动件，然后按运动传递的路线搞清原动件的运动是怎样经过从动件传递到执行构件的，从而了解机构是由多少构件组成的，各构件之间组成了何种运动副及运动副间的相对位置，最后应用代表构件与运动副的线条及符号画出机构运动简图。下面举例说明机构运动简图的画法。

【例 1-1】 试绘制图 0-1 所示的内燃机的机构运动简图。

解 内燃机的主体机构是由汽缸 11、活塞 10、连杆 3 和曲轴 4 组成，在燃气膨胀的压力作用下，活塞 10 首先在汽缸内作直线运动，然后通过连杆 3 将运动传递给曲轴 4，使曲轴输出回转运动。为了控制进气和排气，由固联于曲轴上的小齿轮 1 带动固联在一根轴上的大齿轮 18 和凸轮 7 同时回转，最后由凸轮推动推杆 8、9 控制进气阀 12 和排气阀 17。

活塞 10 和汽缸 11 组成移动副，连杆 3 和活塞 10 组成回转副，连杆 3 和曲轴 4 组成回转副，曲轴 4（及固联的小齿轮 1）和汽缸组成回转副，小齿轮 1 和大齿轮 18 组成高副，大齿轮 18（及同轴固联的凸轮）和汽缸组成回转副，凸轮 7 和推杆 9 组成高副，推杆 9 和汽缸组成移动副。

分析后不难绘制出内燃机的运动简图，如图 0-1（b）所示。

1.3 平面机构自由度的计算

1.3.1 平面机构自由度的计算公式

在平面机构中的构件只作平面运动，因此每个自由构件具有 3 个自由度（2 个移动，1 个转动）。当构件间以运动副相联时，每个低副将引入 2 个约束，使构件失去 2 个自由度，每个高副引入 1 个约束，使构件失去 1 个自由度。若机构含有 n 个活动构件（不含机架），那么机构共有 $3n$ 个自由度，当这些构件组成 P_L 个低副、P_h 个高副后，则它们共引入 $2P_L+P_h$ 个约束，因此机构的自由度数 F 为：

$$F=3n-(2P_L+P_h) \tag{1-1}$$

1.3.2 平面机构自由度的计算

由公式（1-1）可知，平面机构的自由度数 F 取决于活动构件的数目、运动副的性质（高副或低副）和运动副的数目。在计算实际机构自由度时，还需要注意以下几个方面的问题。

（1）复合铰链

当两个以上的构件同在一处用回转副相连接时，就构成复合铰链。如图 1-6 所示，就是三个构件组成的复合铰链，同理，由 K 个构件组成的复合铰链，则共有 $K-1$ 个铰链。

【例 1-2】 计算图 1-7 所示连杆机构的自由度。

解 此机构在 A、B、C、F 四处都是由三个构件组成的复合铰链，各具有两个转动副，故机构中：

$$n=7，P_L=10，P_h=0$$

$$F=3n-(2P_L+P_h)=3\times7-2\times10-0=1$$

（2）局部自由度

机构中出现的某些构件的运动，当其对运动的传递不起作用时，称这种与其它构件运动无关的局部运动为局部自由度，用 F' 表示。在计算机构自由度时应予排除，即实际机构的

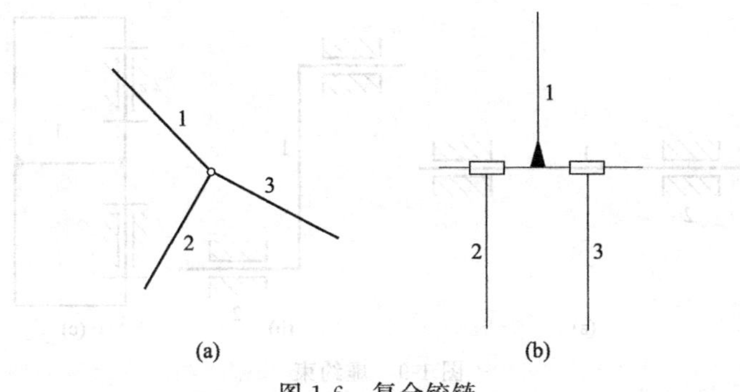

图 1-6　复合铰链

自由度计算公式为：

$$F=3n-(2P_L+P_h)-F' \tag{1-2}$$

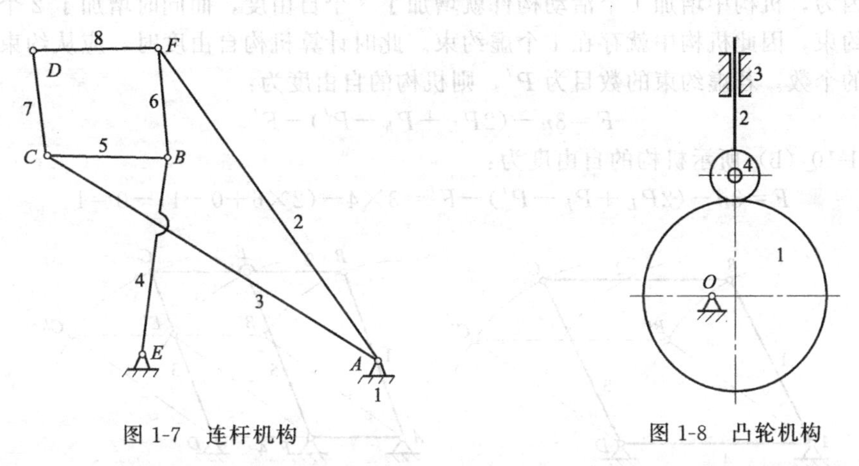

图 1-7　连杆机构　　图 1-8　凸轮机构

如图 1-8 所示偏置直动滚子从动件盘形凸轮机构，为了减少高副的磨损，在推杆 2 和凸轮 1 之间加了一个滚子 4，但不论滚子 4 绕其自身轴线转与不转，都不会影响凸轮 1 推动推杆 2 的移动。因此，计算机构自由度时，滚子 4 的转动为机构中的局部自由度，应除去。

机构中：　$n=3$，$P_L=3$，$P_h=1$，$F'=1$

$$F=3n-(2P_L+P_h)-F'=3\times3-(2\times3+1)-1=1$$

(3) 虚约束

在一些特定情况下，机构中有些运动副引入的约束对机构自由度的限制是重复的，这些对机构运动不起限制作用的重复约束称为虚约束或称消极约束，在计算自由度时应除去不计。虚约束是构件间几何尺寸满足某些特殊条件的产物，平面机构虚约束常出现在下列场合。

ⅰ. 两个构件之间组成多个导路平行的移动副时，对构件的自由度而言只有一个移动副在起作用，其余视作为虚约束。如图 1-9 (a)、(b) 所示。

ⅱ. 两个构件之间组成多个轴线重合的回转副，应视为一个回转副在起作用，其余是虚约束。如图 1-9 (c) 所示。

ⅲ. 在机构中当两点的距离始终不变，而以 1 个构件 2 个低副将其相连时则引入虚约束如图 1-10 (a) 所示的平行四边形机构中，构件 BC 作平动，BC 线上各点的轨迹均为圆心在 AD 线上而半径等于 l_{AB} 的圆周，该机构的自由度为：

$$F=3n-(2P_L+P_h)-F'=3\times3-(2\times4+0)-0=1$$

现在如图 1-10 (b) 所示，在机构中增加 1 个构件 5 和 2 个回转副 E、F，这对机构的

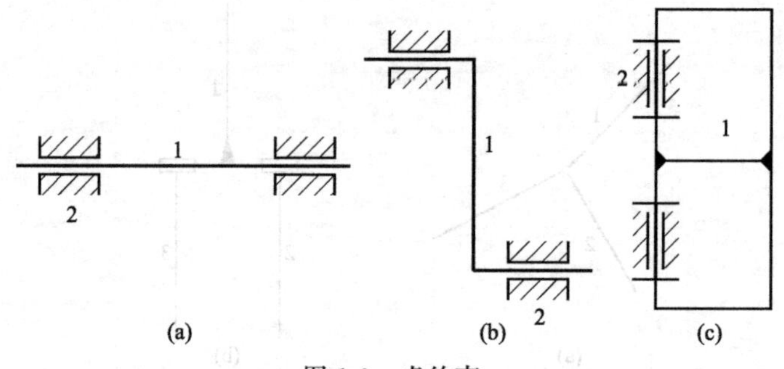

图 1-9　虚约束

运动不产生任何影响，但此时按公式（1-2）计算此机构的自由度为：

$$F=3n-(2P_L+P_h)-F'=3\times4-(2\times6+0)-0=0$$

这是因为，机构中增加 1 个活动构件就增加了 3 个自由度，而同时增加了 2 个低副却引入了 4 个约束，因此机构中就存在 1 个虚约束。此时计算机构自由度时，应从约束数目中减去虚约束的个数。若虚约束的数目为 P'，则机构的自由度为：

$$F=3n-(2P_L+P_h-P')-F' \tag{1-3}$$

则图 1-10（b）所示机构的自由度为：

$$F=3n-(2P_L+P_h-P')-F'=3\times4-(2\times6+0-1)-0=1$$

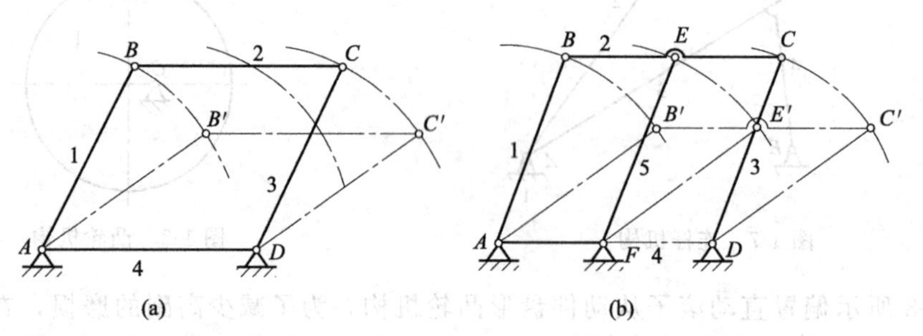

图 1-10　平行四边形机构

ⅳ. 机构中对传递运动不起独立作用的对称部分将引入虚约束。图 1-11 所示定轴轮系中，为改善受力情况，在主动齿轮 1 和内齿轮 3 之间采用 4 个完全一样的齿轮 2、5、6、7，从运动的角度来看，齿轮 1、3 间仅需 1 个齿轮传递运动就行，其余 3 个齿轮是否存在并不影响机构的运动传递，但它们的存在却带入了虚约束。对传递运动不起独立作用的对称部分的构件数用 n'表示，因为它们的存在而引入的低副数用 P'_L 表示，高副数用 P'_h 表示，则总共引入的虚约束的数目 P'为：

$$P'=(2P'_L+P'_h)-3n' \tag{1-4}$$

图 1-11 所示定轴轮系的虚约束数目为：

$$P'=(2P'_L+P'_h)-3n'=2\times3+6-3\times3=3$$

机构自由度的数目为：

$$F=3n-(2P_L+P_h-P')-F'=3\times6-(2\times6+8-3)-0=1$$

虚约束的产生多数都是在满足某特定几何形状的条件下，如果不满足特定几何条件则就变成了真约束。

（4）公共约束

在某些机构中，由于构件和运动副的特殊组合或特殊布置，产生的使机构中所有活动构件同时失去某种独立运动的共同约束称为公共约束。如图 1-12 所示的楔块机构，所有活动

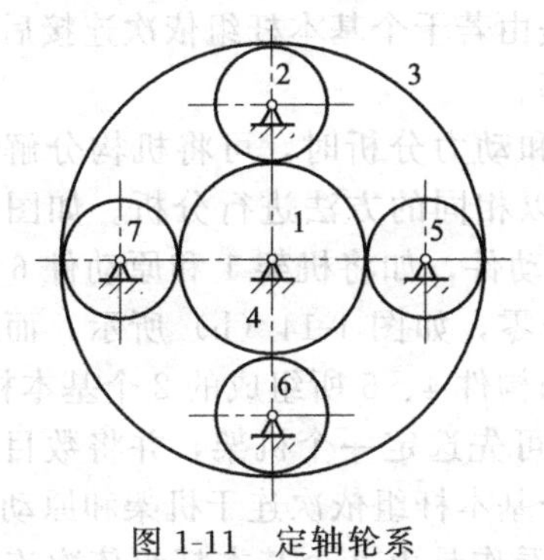

图 1-11 定轴轮系

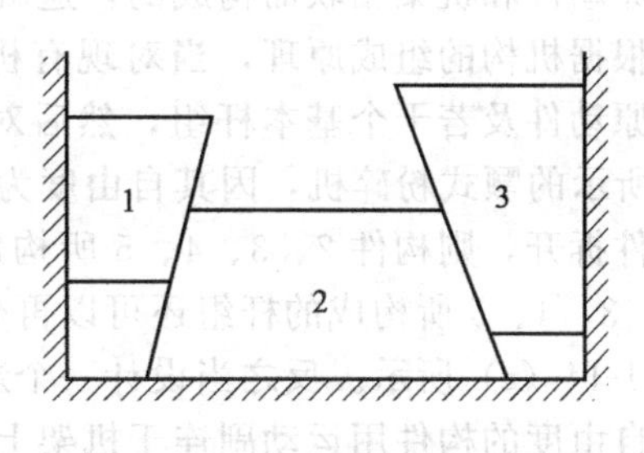

图 1-12 楔块机构

构件 1、2、3 受到使其同时失去转动自由度的公共约束，因此机构自由度为：

$$n=3,\ P_L=5$$

$$F=(3-1)\times n-(2-1)\times P_L=2\times n-P_L-P_h=2\times 3-1\times 5=1$$

1.3.3 机构具有确定运动的条件

当机构自由度小于等于零时，机构不能动。当机构自由度大于零时，机构能动，但机构的运动如何才能是确定的呢？

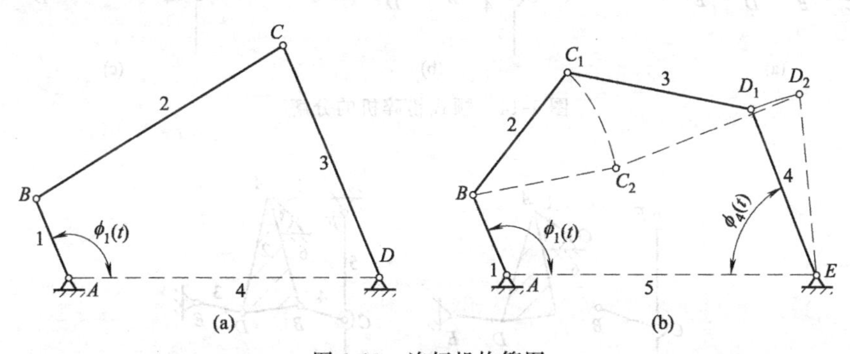

图 1-13 连杆机构简图

如图 1-13（a）所示的连杆机构，此机构的自由度 $F=3\times 3-2\times 4=1$，显然当给定构件 1 的角位移运动规律 $\phi_1(t)$，即给定一个原动件，其余从动构件 2、3 的运动就完全确定。

如图 1-13（b）所示的连杆机构，此机构的自由度 $F=3\times 4-2\times 5=2$，显然当给定构件 1 的角位移运动规律 $\phi_1(t)$，即给定一个原动件，其余从动构件 2、3、4 的运动并不确定。但是如果再给定另一个构件 4 的角位移运动规律 $\phi_4(t)$，即给定两个原动件，不难看出此时机构中的从动件 2、3 的运动便完全确定。

通过以上分析可知机构具有确定运动的条件是：自由度大于零且原动件数目等于机构自由度的数目。

1.4 平面机构的组成原理、结构分类及结构分析

1.4.1 平面机构的组成原理

机构原动件数目等于其所具有的自由度数目。因此如果将机构的机架及与机架相连的原动件从机构中拆除，则剩余构件构成的构件组的自由度必为零。而这个自由度为零的构件组，有时还可以再拆分成更简单的自由度为零的构件组。把不能再拆的自由度为零的构件组

称为基本杆组，简称杆组。可见，任何机构都可以看作是由若干个基本杆组依次连接后，最后与原动件和机架相联而构成的，这就是机构的组成原理。

根据机构的组成原理，当对现有机构进行运动分析和动力分析时，可将机构分解为机架、原动件及若干个基本杆组，然后对相同的基本杆组以相同的方法进行分析。如图 1-14（a）所示的颚式粉碎机，因其自由度为 1，故只有一个原动件，如将机架 1 和原动件 6 与其余构件拆开，则构件 2、3、4、5 所构成的杆组自由度为零，如图 1-14（b）所示，而且构件 2、3、4、5 所构成的杆组还可以再分成由构件 2、3 和构件 4、5 所组成的 2 个基本杆组，如图 1-14（c）所示。反之当设计一个新机构的简图时，可先选定一个机架，并将数目等于机构自由度的构件用运动副连于机架上，然后再将一个个基本杆组依次连于机架和原动件上而构成。如图 1-15 所示，上述颚式粉碎机的组成就可以看作是由 2 个基本杆组依次连接与原动件 1 和机架 6 上而构成的。

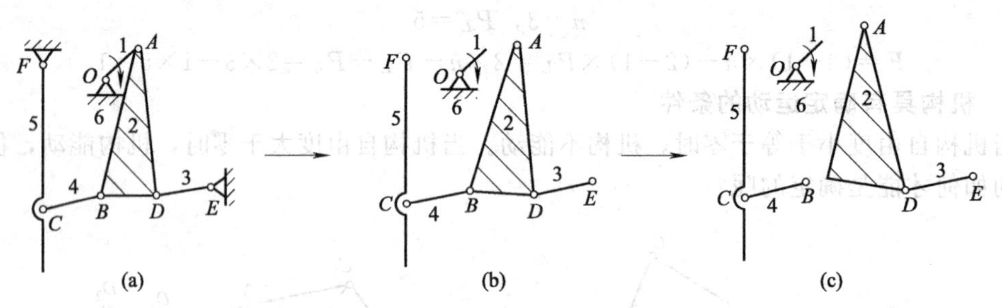

图 1-14　颚式粉碎机的分解

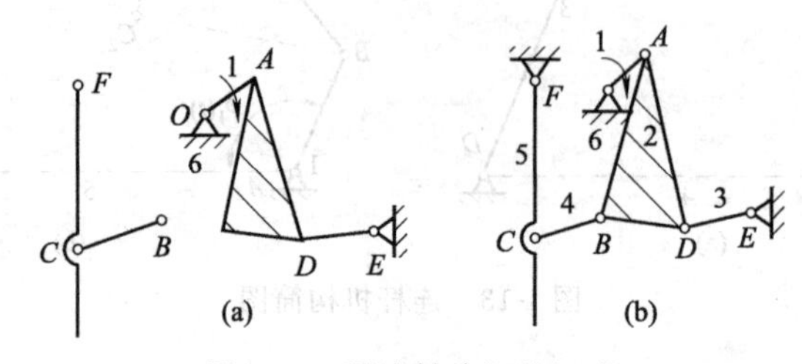

图 1-15　颚式粉碎机的组成

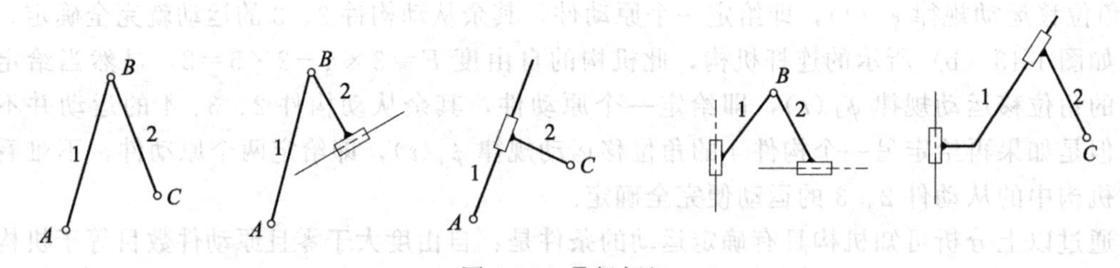

图 1-16　Ⅱ级杆组

1.4.2　平面机构的结构分类

平面机构的结构分类是根据机构中基本杆组的不同而划分的。基本杆组的自由度：

$$F=3n-2P_L-P_h=0$$

若在基本杆组中的运动副全部为低副，则：

$$3n-2P_L=0 \quad 或 \quad n/2=P_L/3 \tag{1-5}$$

由于构件和运动副的数目必为整数，故公式（1-5）的组合有 $n=2$，$P_L=3$；$n=4$，$P_L=6$……可见最简单的基本杆组是由 2 个构件和 3 个低副构成的。这种杆组称作Ⅱ级杆组。Ⅱ级杆组是应用最广泛的杆组，具有如图 1-16 所示的 5 种类型。

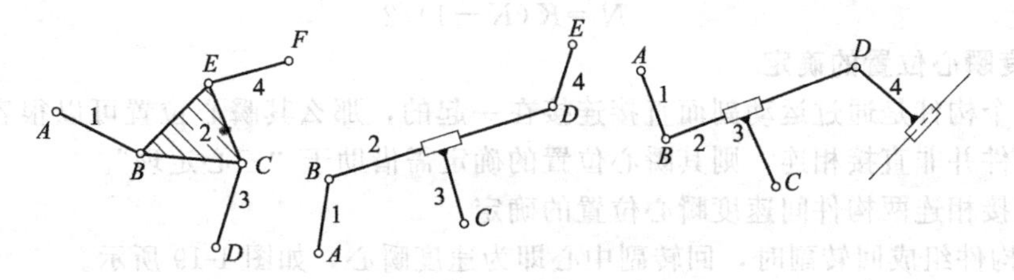

图 1-17 Ⅲ级杆组

在结构较为复杂的机构中还应用有更复杂的基本杆组，如图 1-17 所示的是由 4 个构件、6 个低副构成的杆组，这种基本杆组称为Ⅲ级杆组，比Ⅲ级杆组更复杂的基本杆组式很少见的，这里就不再列举了。

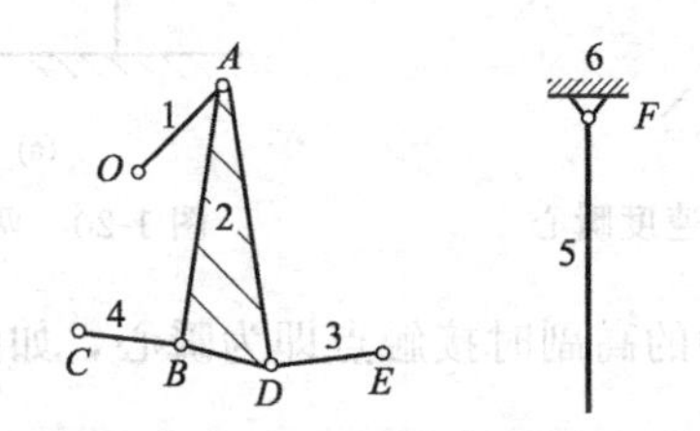

图 1-18 颚式粉碎机的结构分析

在同一机构中可以包含不同级别基本杆组，把由最高级别为Ⅱ级组成的机构称为Ⅱ级机构，把由最高级别为Ⅲ级组成的机构称为Ⅲ级机构，而把只有机架和原动件的机构，如杠杆机构、斜面机构等，称为Ⅰ级机构。

1.4.3 平面机构的结构分析

进行机构结构分析的方法是，首先计算机构的自由度并确定原动件，然后从远离原动件的构件开始拆分基本杆组。先试拆Ⅱ级杆组，若不成，再试拆Ⅲ级杆组，每拆出一个基本杆组后，留下的部分仍应是一个与原机构具有相同自由度的机构，直至全部杆组拆出，只剩下原动件和机架为止。

如对图 1-15 所示的颚式粉碎机进行结构分析，取构件 1 为原动件，可依次拆出构件 5 与 4 和构件 2 与 3 两个Ⅱ级杆组，最后剩下原动件 1 和 6。由于拆出的最高级别的杆组为Ⅱ级杆组，故机构为Ⅱ级机构。如图 1-18 所示，如果取构件 5 为原动件，则这时可拆出 1、2、3、4 组成的Ⅲ级杆组，最后剩下原动件 5 和机架 6。由于此时所拆出的最高级别的杆组为Ⅲ级杆组，故机构为Ⅲ级机构。由此可见，同一机构因所取的原动件不同，有可能成为不同级别的机构。但当原动件确定后，杆组的拆法和机构的级别即为一定。

平面机构的结构分析就是为了了解平面机构的组成，并确定平面机构的级别。

1.5 速度瞬心及其在机构速度分析上的应用

1.5.1 速度瞬心

作平面运动的两个构件上其瞬时速度相等的重合点，称为速度瞬心，简称瞬心。若速度瞬心的绝对速度为零，则称为绝对速度瞬心。若速度瞬心的绝对速度不为零，则称为相对速度瞬心，一般用符号 P_{ij} 来表示构件 i 和构件 j 的速度瞬心。

由瞬心定理可知，机构中任意两个构件间在任一瞬时都有且只有一个瞬心，所以由 K（含机架）个构件组成的机构，其瞬心数目 N 应为：

$$N=K(K-1)/2 \tag{1-6}$$

1.5.2 速度瞬心位置的确定

如果两个构件是通过运动副而直接连接在一起的，那么其瞬心位置可以很容易地确定，而如果两构件并非直接相连，则其瞬心位置的确定需借助于“三心定理”。

(1) 直接相连两构件间速度瞬心位置的确定

ⅰ. 两构件组成回转副时，回转副中心即为速度瞬心，如图 1-19 所示。

ⅱ. 两构件组成移动副时，其瞬心位于垂直于移动副导路的无穷远处，如图 1-20 所示。

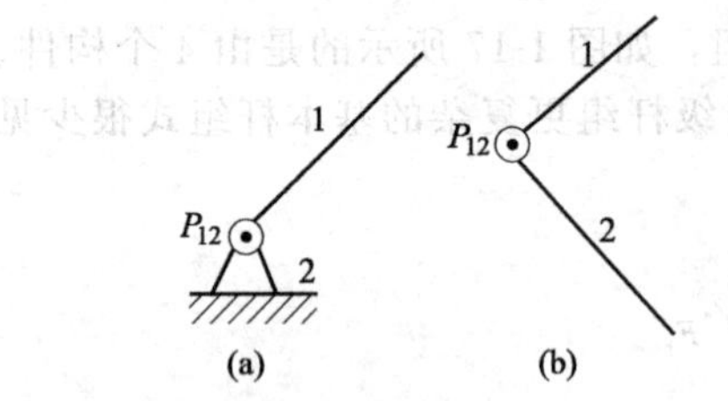

图 1-19 两构件组成回转副时的速度瞬心

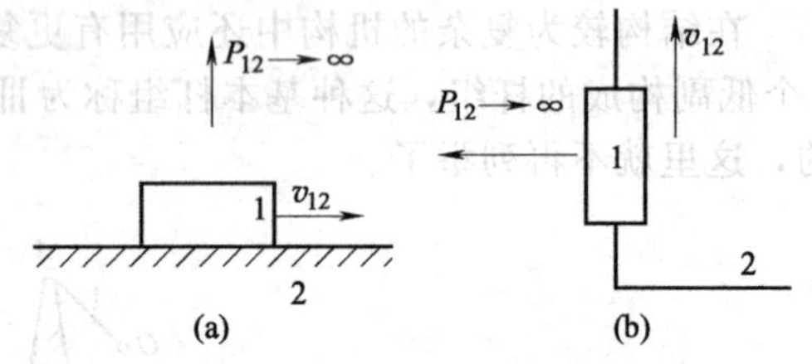

图 1-20 两构件组成移动副时的速度瞬心

ⅲ. 两构件组成相对纯滚动的高副时接触点即为瞬心，如图 1-21 (a) 所示。

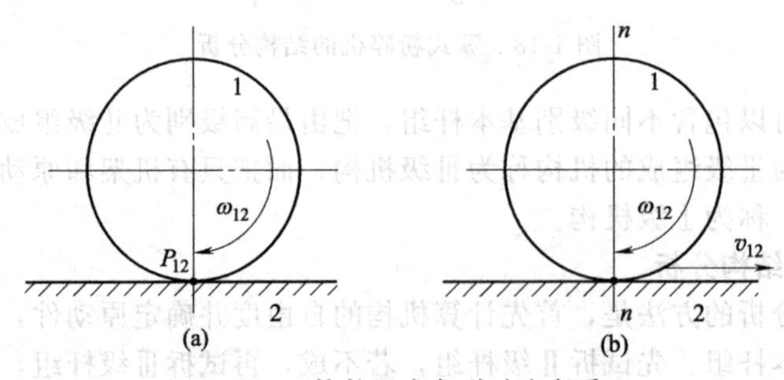

图 1-21 两构件组成高副时速度瞬心

ⅳ. 两构件组成滚动兼滑动的高副时，瞬心位于过接触点的公法线 n-n 上，具体位置需要根据其他条件才能确定，如图 1-21 (b) 所示。

(2) 两构件不直接接触时速度瞬心位置的确定

对于不直接接触的构件间的瞬心位置需采用三心定理来确定。所谓三心定理就是：作平面运动的三个构件间共有三个瞬心，这三个瞬心必位于同一条直线上。如图 1-22 所示：构件 1、2、3 彼此作平面运动，根据公式 (1-6) 可知，它们共有 3 个瞬心，即 P_{12}、P_{13}、P_{23}，其中 P_{12} 和 P_{13} 分别处于转动副中心处，现需证明 P_{23} 必定处于 P_{12} 和 P_{13} 的连线上。简单证明如下。

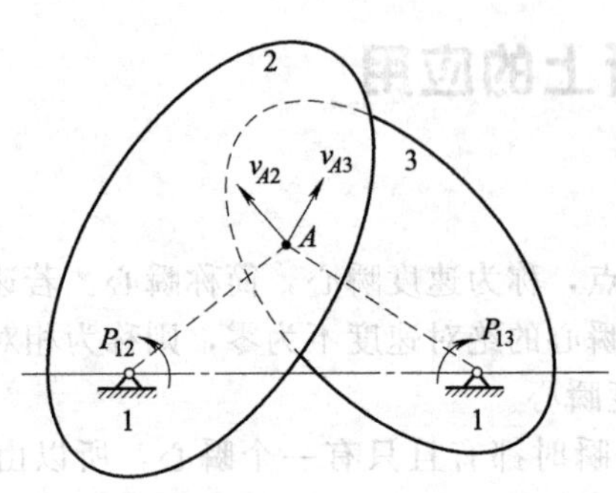

图 1-22 两构件不直接接触时速度瞬心

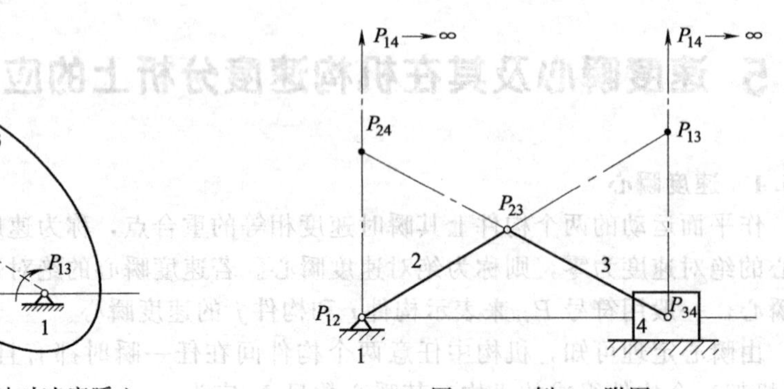

图 1-23 例 1-3 附图

假设 P_{23}不在 P_{12}和 P_{13}的连线上，而在其他任一点 A 处，则位于构件 2 上的点 A_2 和位于构件 3 上的点 A_3 的绝对速度 v_{A2}和 v_{A3}将分别垂直于线 AP_{12}和 AP_{13}，显然，这时 v_{A2}和 v_{A3}的方向不一致，如点 A 是速度瞬心就必须满足绝对速度相等，即方向相同、大小相等，而此种情况不能满足速度方向相同，显然 A 点不是速度瞬心，而只有在 P_{12}和 P_{13}的连线上才能找到符合速度瞬心定义的点。

下面举例说明三心定理的应用。

【例 1-3】 试确定图 1-23 所示位置时，曲柄滑块机构的全部速度瞬心。

解 机构所有速度瞬心的数目 N：$N=K(K-1)/2=4\times(4-1)/2=6$，其中 P_{12}、P_{23}、P_{34}、P_{14}，如图 1-23 所示可直接确定，而瞬心 P_{13}、P_{24}则需要通过三心定理确定。利用三心定理有：构件 1、2、3 的三个瞬心 P_{12}、P_{13}、P_{23}在同一直线上。再次利用三心定理有：构件 1、4、3 的三个瞬心 P_{14}、P_{13}、P_{34}也在同一直线上，即 P_{13}既在 $P_{12}P_{23}$线上，又在 $P_{14}P_{34}$直线上，则两线交点即为 P_{13}。同理可求得：P_{24}在 $P_{12}P_{24}$和 $P_{23}P_{34}$两直线的交点上，表示方法如图 1-23 所示。

1.5.3 速度瞬心在速度分析上的应用

利用速度瞬心对一些简单的平面机构进行速度分析既直观且方便，举例说明如下。

【例 1-4】 如图 1-24 所示四杆机构中，各构件的尺寸均为已知，原动件 1 以角速度 ω_1 等速回转，现要确定机构在图示位置时从动件 3 的角速度ω_3。

解 利用速度瞬心进行速度分析时，已知构件 N 的速度，要求构件 M 的速度，只要找出构件 N 和 M 的相对速度瞬心 P_{NM}及构件 N、M 分别与机架的绝对速度瞬心即可解出。

如图 1-24 所示确定出 P_{34}、P_{13}、P_{14}的位置，根据瞬心的定义可知：

$$\omega_1\overline{P_{13}P_{14}}=\omega_3\overline{P_{13}P_{34}} \tag{1-7}$$

在确定$\overline{P_{13}P_{14}}$、$\overline{P_{13}P_{34}}$的长度后，可得：

$$\omega_3=\omega_1\frac{\overline{P_{13}P_{14}}}{\overline{P_{13}P_{34}}} \tag{1-8}$$

【例 1-5】 如图 1-25 所示盘形凸轮机构，已知各构件尺寸及凸轮角速度 ω_1，求图示位置推杆 2 的移动速度 v_2。

解 如图 1-25 所示，过高副接触点 M 作公法线 nn，公法线 nn 和 P_{13}、P_{23}连线的交点即为构件 1 与构件 2 的相对速度瞬心 P_{12}，故可得：

$$v_2=v_{P_{12}}=\omega_1\overline{P_{13}P_{12}}\mu_l \tag{1-9}$$

式中，μ_l为尺寸比例尺，它是真实长度与图示长度之比，单位一般为 mm/mm。

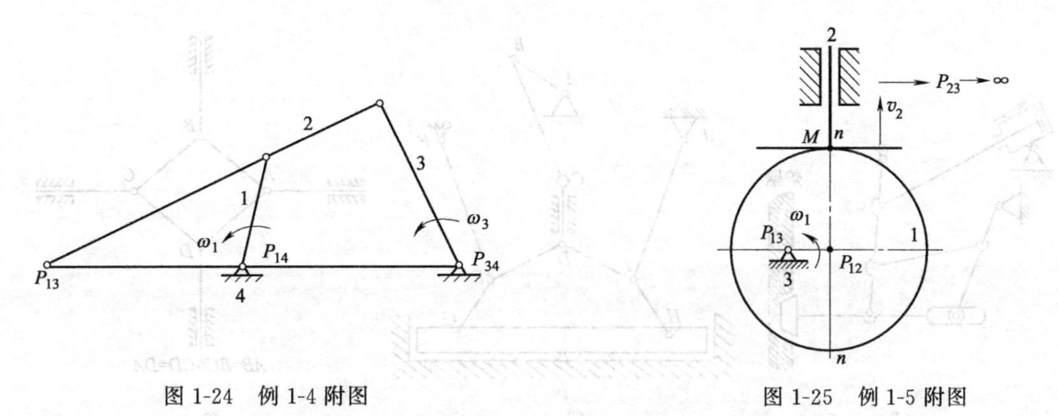

图 1-24 例 1-4 附图

图 1-25 例 1-5 附图

用瞬心法求简单机构的速度是很方便的，但不能进行加速度分析，有时瞬心的位置很难在图纸上标出。

习 题

1-1 何谓“机器”、“机构”、“构件”和“零件”？

1-2 绘制机构运动简图应注意什么？

1-3 何谓“运动副”？满足什么条件两构件才能组成运动副？

1-4 何谓“运动链”？具备什么条件运动链才能成为机构？

1-5 机构具有确定运动的条件是什么？

1-6 何谓“杆组”？满足什么条件，若干构件才能组成杆组？

1-7 利用速度瞬心进行速度分析有哪些优缺点？

1-8 绘制图 1-26 所示机构的运动简图。

1-9 计算图 1-27 所示机构的自由度。

1-10 图 1-28 所示为一刹车机构，刹车时，操纵杆 1 向右拉，通过构件 2、3、4、5、6 使两闸瓦刹住车轮，试机算机构的自由度，就刹车过程说明此机构自由度的变化情况。

1-11 计算图 1-29 所示机构的自由度，并分析组成机构的基本杆组。当分别以构件 1、3、7 为原动件时，机构的级别会有什么变化？

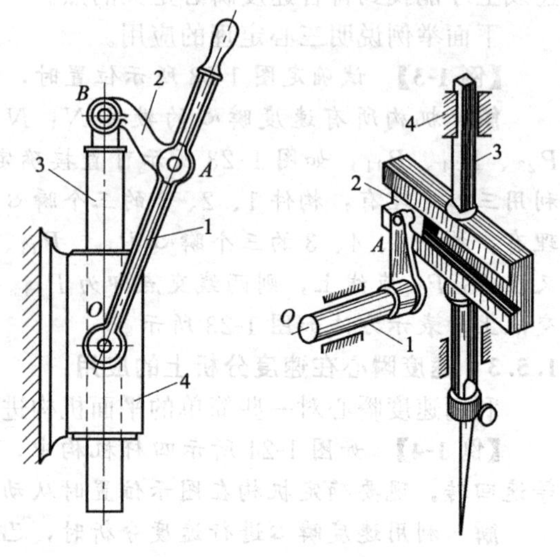

图 1-26 题 1-8 附图

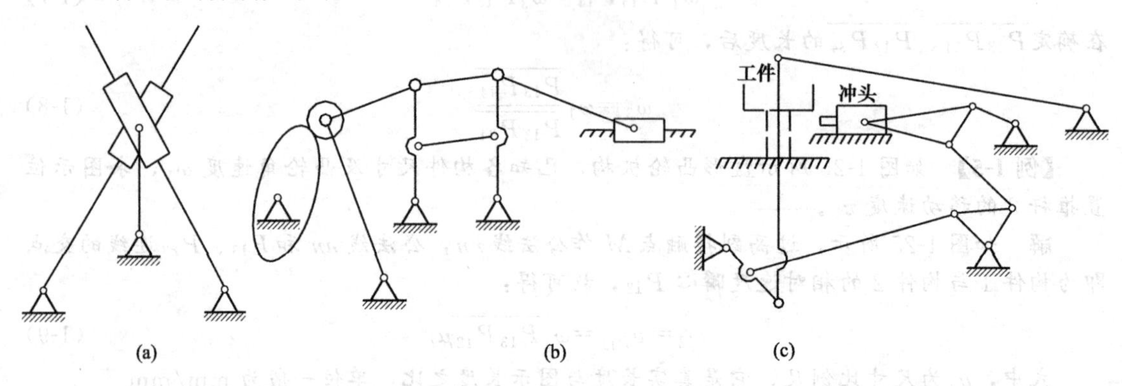

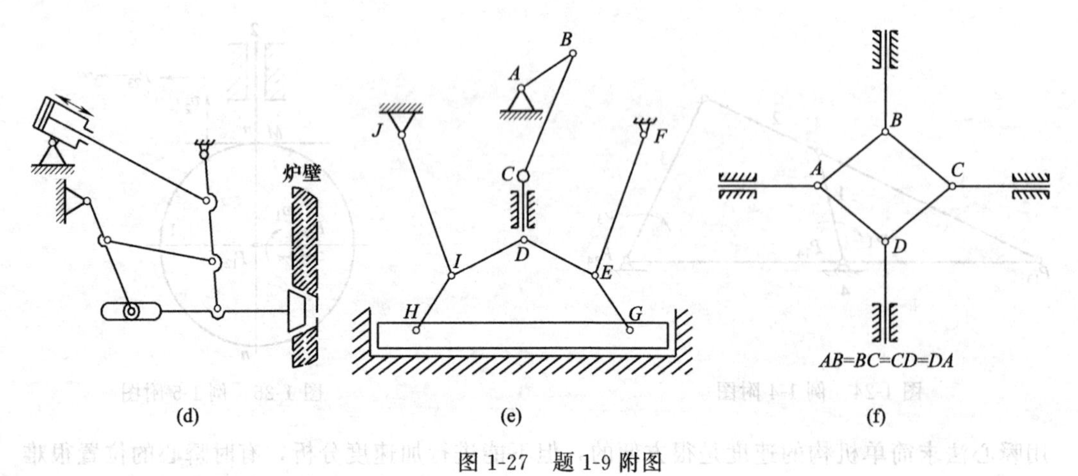

图 1-27 题 1-9 附图

1-12　找出图 1-30 所示机构的全部瞬心。

1-13　找出图 1-31 所示六杆机构的全部瞬心。求角速度比 ω_4/ω_2、ω_5/ω_2 及点 E 的速度 v_E。

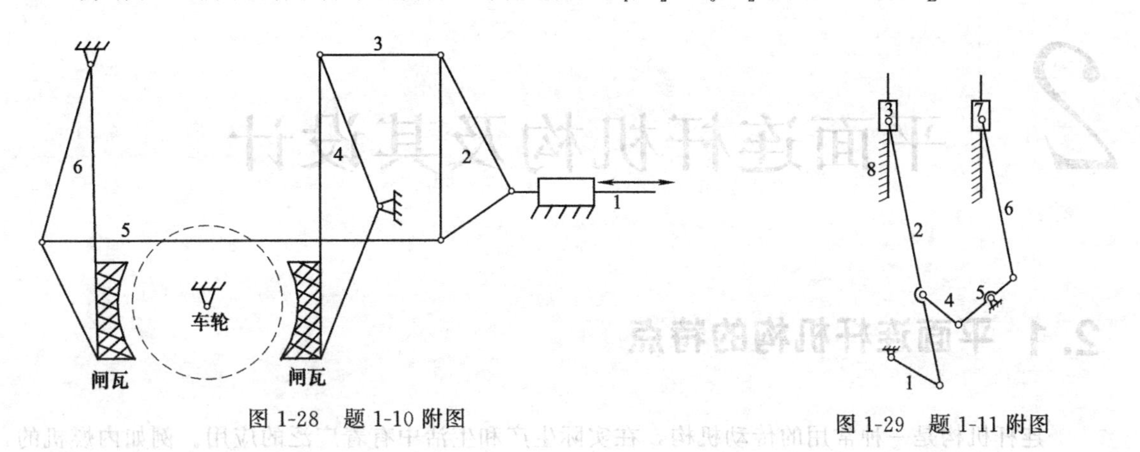

图 1-28　题 1-10 附图

图 1-29　题 1-11 附图

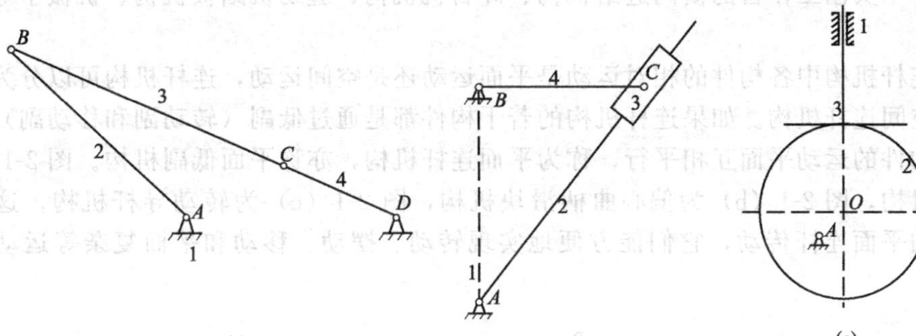

图 1-30　题 1-12 附图

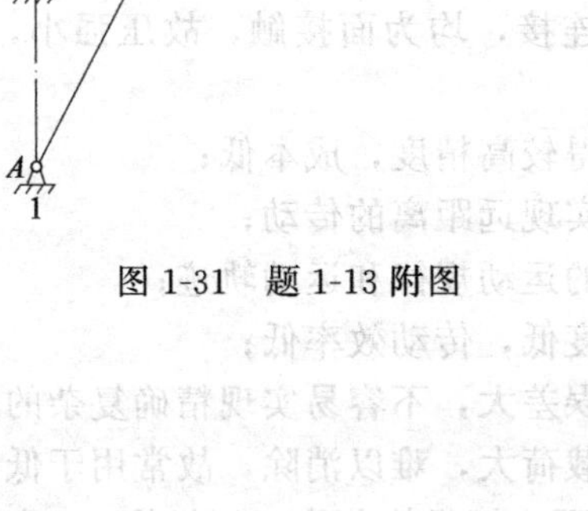

图 1-31　题 1-13 附图

2 平面连杆机构及其设计

2.1 平面连杆机构的特点

连杆机构是一种常用的传动机构，在实际生产和生活中有着广泛的应用。例如内燃机的主体机构、牛头刨工作台的横向进给机构、碎石机机构、缝纫机踏板机构、机械手等都是连杆机构。

根据连杆机构中各构件的相对运动是平面运动还是空间运动，连杆机构可以分为平面连杆机构和空间连杆机构。如果连杆机构的若干构件都是通过低副（转动副和移动副）连接而成，且各构件的运动平面互相平行，称为平面连杆机构，亦称平面低副机构。图 2-1（a）为铰链四杆机构，图 2-1（b）为偏心曲柄滑块机构，图 2-1（c）为转动导杆机构。这些机构都是常见的平面连杆传动，它们能方便地实现转动、摆动、移动和平面复杂等运动形式的转换。

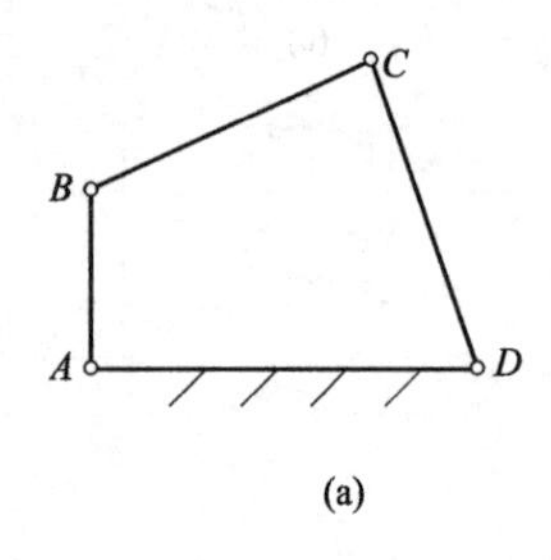

(a)

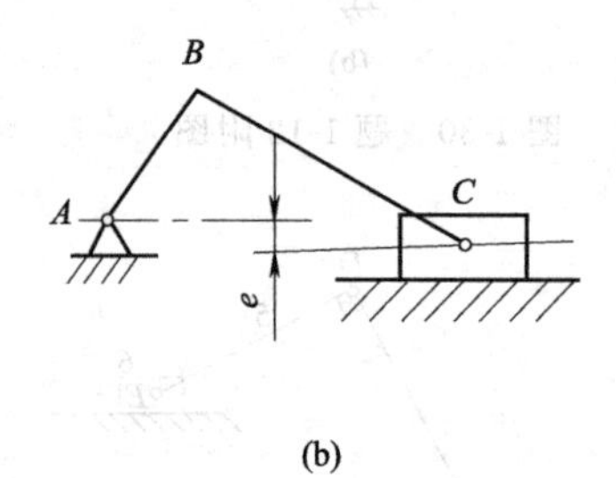

(b)

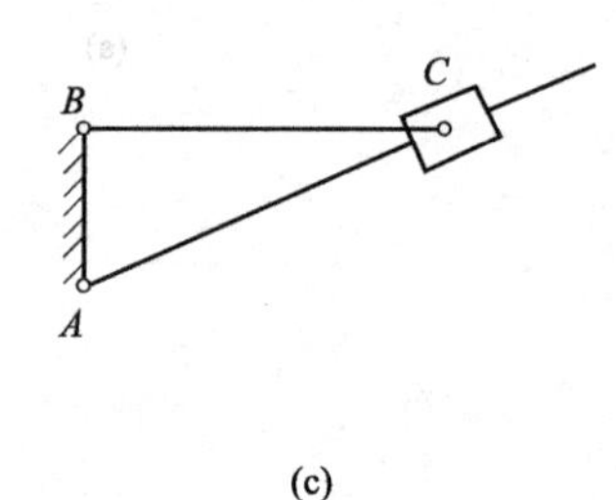

(c)

图 2-1 平面连杆机构

平面连杆机构的特点是：

ⅰ. 由于构件间通过低副连接，均为面接触，故压强小，便于润滑，磨损轻，寿命长，传递动力大；

ⅱ. 低副易于加工，可获得较高精度，成本低；

ⅲ. 构件为杆件，可用作实现远距离的传动；

ⅳ. 利用连杆实现较复杂的运动规律和运动轨迹；

ⅴ. 低副中存在间隙，精度低，传动效率低；

ⅵ. 构件数目多时，累积误差大，不容易实现精确复杂的运动规律；

ⅶ. 高速运转时，不平衡载荷大，难以消除，故常用于低速场合。

根据机构中构件数目，平面连杆机构分为四杆机构、五杆机构等，五杆以上的机构称为多杆机构。由四个构件组成的四杆机构应用最广泛，是组成多杆机构的基础。一般的多杆机构可以看成是由几个平面四杆机构组成。所以平面四杆机构不但结构最简单、应用最广泛，而且只要掌握了四杆机构的有关知识和设计方法，就为进行多杆机构的设计和分析奠定了基础。本章着重讨论四杆机构的基本类型、性质及常用设计方法。

2.2 平面四连杆机构的类型及应用

2.2.1 平面四杆机构的基本型式

平面四杆机构中，构件间都是用转动副连接的称为铰链四杆机构，如图 2-1（a）所示。铰链四杆机构是平面四杆机构中最基本的可以实现运动和动力转换的连杆机构型式。其它型式的四杆机构都是在它基础上演化来的。在此机构中，AD 固定不动称为机架，AB、CD 两构件与机架组成转动副称为连架杆，BC 称为连杆。能相对机架作整周回转的连架杆称为曲柄，而只能在一定角度范围内摆动的连架杆称为摇杆。因此，根据机构中有无曲柄和有几个曲柄，铰链四杆机构分为三种基本类型。

（1）曲柄摇杆机构

铰链四杆机构中，两连架杆中一个为曲柄而另一个为摇杆的机构，称为曲柄摇杆机构。当曲柄为原动件时，可将曲柄的整周转动转变为摇杆的往复摆动，如图 2-2（a）中的雷达天线机构；当摇杆为原动件时，可将摇杆的往复摆动转变为曲柄的整周转动，如图 2-2（b）所示的缝纫机踏板。

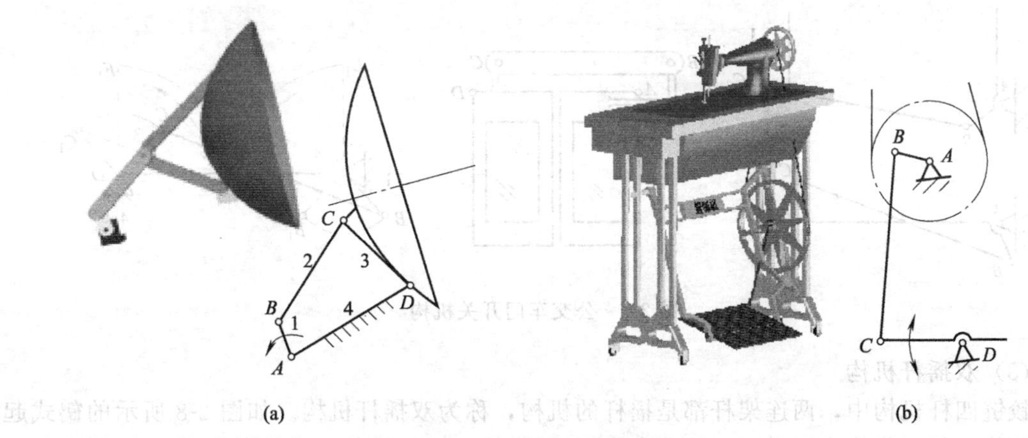

图 2-2　曲柄摇杆机构

（2）双曲柄机构

铰链四杆机构中，两连架杆均为曲柄的机构，称为双曲柄机构。可将原动曲柄的等速转动转变为从动曲柄的等速或变速转动，如图 2-3 所示的惯性筛驱动机构。

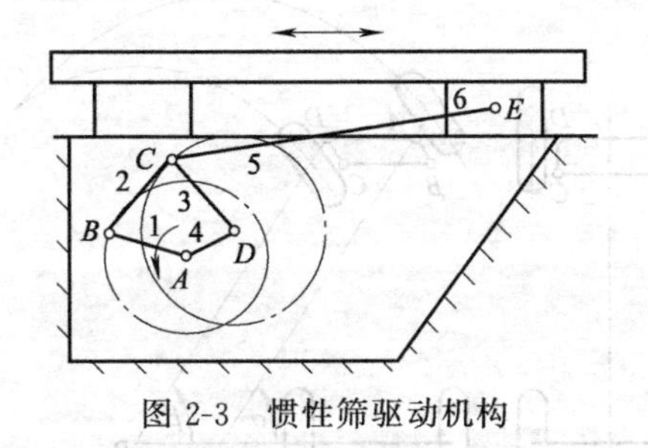

图 2-3　惯性筛驱动机构

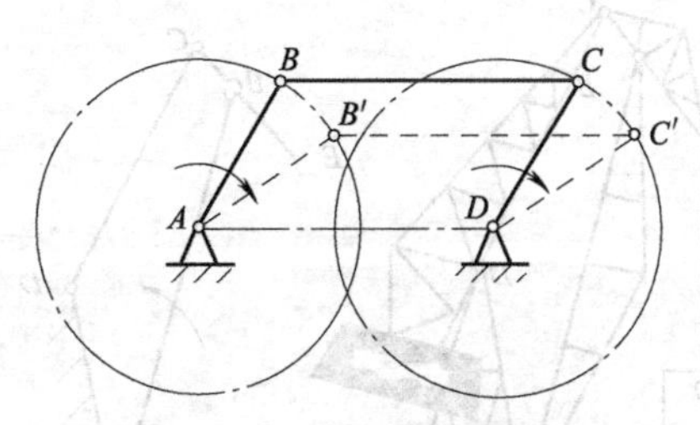

图 2-4　平行四边形机构

当双曲柄机构的相对两杆平行且相等时，则成为平行四边形机构。当两连架杆 AB、CD 转动方向相同且角速度时时相等时，此机构为正平行四边形机构，如图 2-4 所示。图 2-

5 所示机车驱动轮联动机构即为正平行四边形机构应用实例。

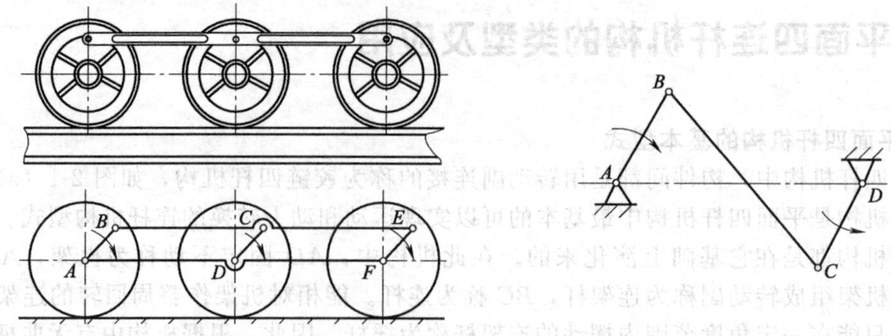

图 2-5　机车车轮联动机　　　图 2-6　反平行四边形机构

平行四边形机构在运动过程中，当两曲柄与机架共线时，在原动件转向不变、转速恒定的条件下，从动曲柄会出现运动不确定现象。可以在机构中添加飞轮或使用两组相同机构错位排列。图 2-6 所示的机构中，虽然相对的边长相等，但其中一对边不平行，这种机构称为反平行四边形机构。图 2-7 所示公交车门的开关机构即为反平行四边形机构应用实例。

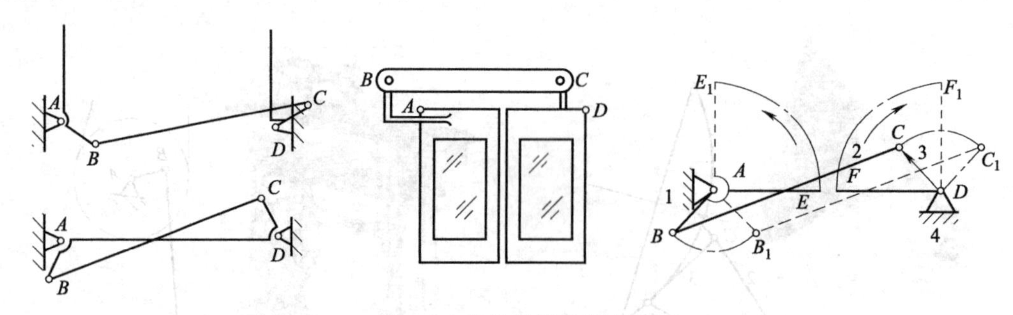

图 2-7　公交车门开关机构

（3）双摇杆机构

铰链四杆机构中，两连架杆都是摇杆的机构，称为双摇杆机构。如图 2-8 所示的鹤式起重机机构，保证货物水平移动。两摇杆长度相等的双摇杆机构，称为等腰梯形机构。如图 2-9 所示的汽车前轮转向机构。车子转弯时，与前轮轴固定的两个摇杆的摆角不相等，如果在任意位置都能使两前轮的轴线的交点 P 落在后轮轴线的延长线上，则当整个车子转向时，保证四个轮子都是纯滚动，从而可以避免轮胎因滑动而产生过大磨损。

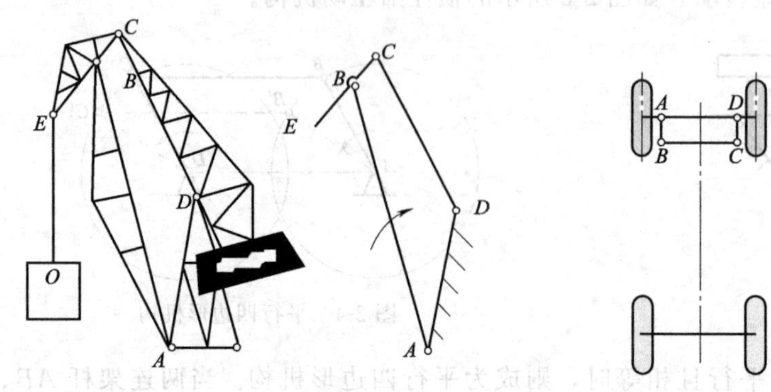

图 2-8　鹤式起重机机构

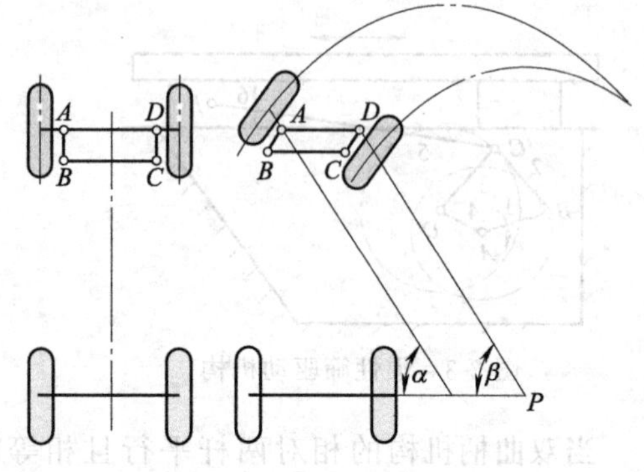

图 2-9　汽车前轮转向机构

在实际中，除上述的三种基本类型的铰链四杆机构外，还有许多其它类型的四杆机构被应用在实际生产和生活中，它们都可以看成是由铰链四杆机构通过一定的方式演化的。例如前面所讲述的铰链四杆机构，它可以分为曲柄摇杆机构、双曲柄机构和双摇杆机构三种形式，后两种机构可以看成是曲柄摇杆机构取不同构件作为机架演化的。演化的四杆机构，既能满足某些运动的需求，又能改善受力状态，同时还能满足结构设计的需要。下面介绍几种常用的演化机构。

2.2.2 平面四杆机构的演化

平面四杆机构演化方法有三种：一是通过改变构件的形状和相对尺寸；二是通过选用不同构件作为机架；三是通过改变运动副的尺寸。无论哪种演化方式，都不能改变构件间的相对运动状况，只能改变构件的形状或其绝对运动。

(1) 改变构件的形状和相对尺寸

如图 2-10 (a) 所示的铰链四杆机构中，当曲柄 AB 绕 A 点转动时，C 点的运动轨迹如

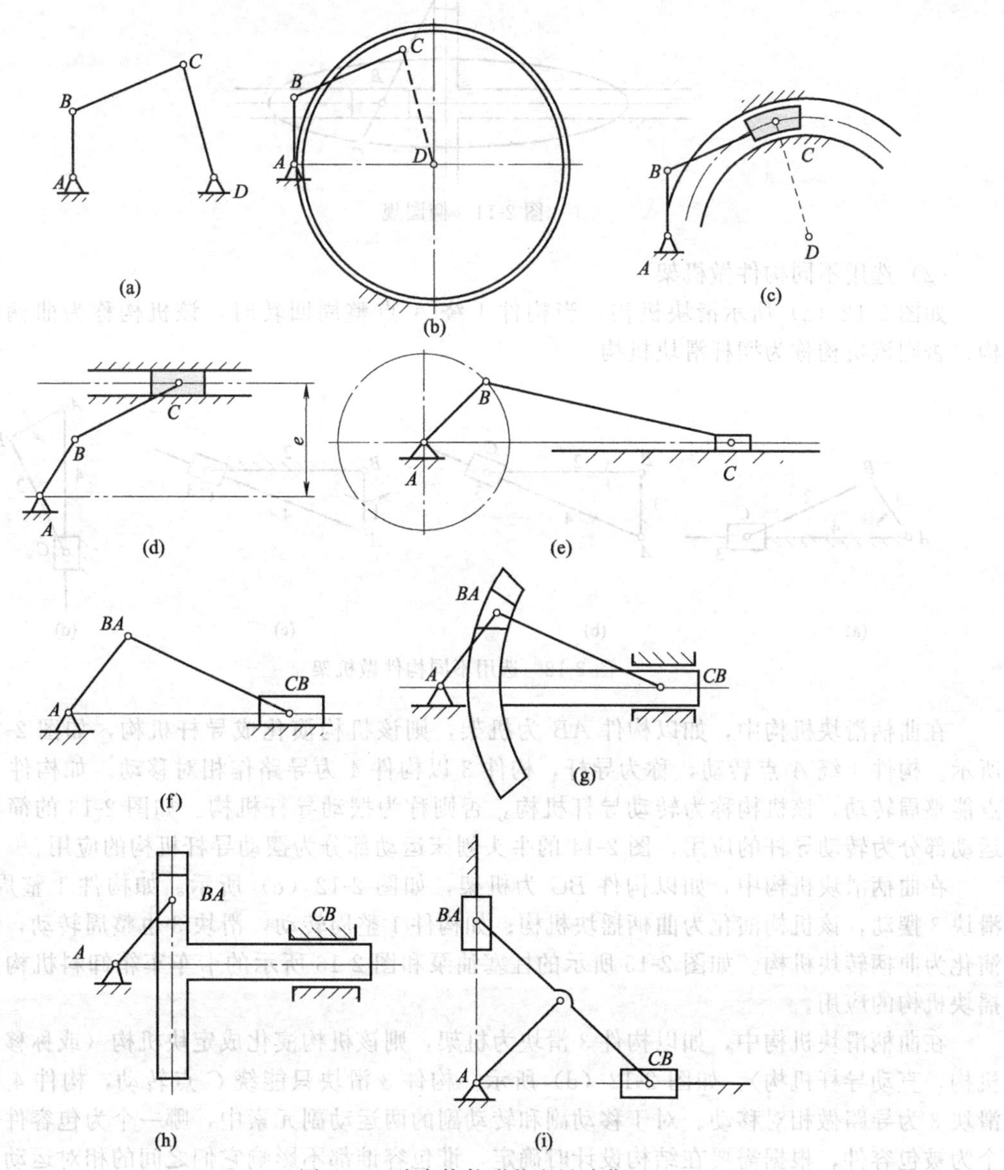

图 2-10 改变构件形状和尺寸化

图 2-10（b）所示为一圆或圆弧；改变构件 CD 的形状为滑块，此机构演化成如图 2-10（c）所示具有曲线导路的曲柄滑块机构；改变摇杆 CD 长度使其趋于无穷大，曲线导路变成直线导路，C 点的圆弧轨迹变成直线，此机构演化成如图 2-10（d）所示的偏置曲柄滑块机构；如偏心距 e 为零，此机构演化成如图 2-10（e）所示的对心曲柄滑块机构；此对心曲柄滑块机构中，B 点相对于 C 点的运动轨迹为图 2-10（f）所示的圆弧，改变 BC 的形状为滑块，此机构演化成如图 2-10（g）所示的具有曲线导路的曲柄移动导杆机构；改变杆 BC 的长度使其无穷大，此机构演化成如图 2-10（h）所示的曲柄移动导杆机构，该机构亦称为正弦机构；如图 2-10（i）所示为双滑块机构。图 2-11 所示椭圆规即为双滑块机构应用的实例。

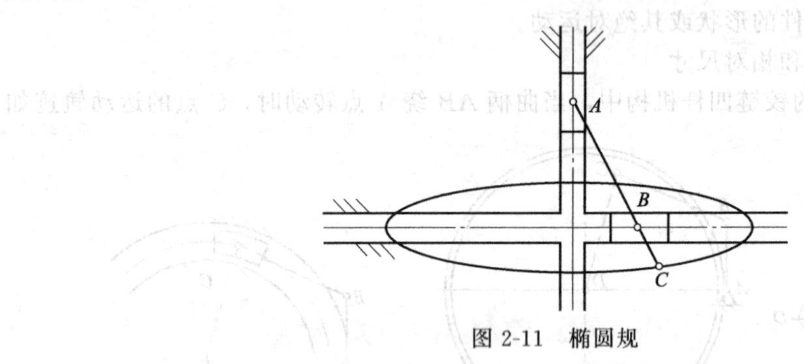

图 2-11　椭圆规

（2）选用不同构件做机架

如图 2-12（a）所示滑块机构，当构件 1 绕 A 点整周回转时，该机构称为曲柄滑块机构；否则该机构称为摆杆滑块机构。

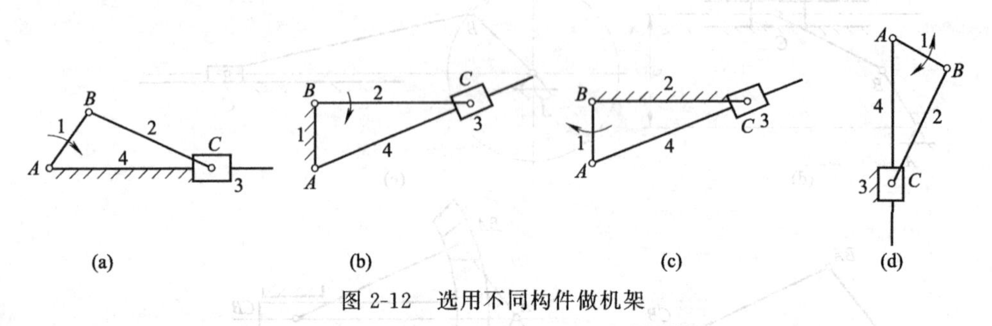

图 2-12　选用不同构件做机架

在曲柄滑块机构中，如以构件 AB 为机架，则该机构演化成导杆机构，如图 2-12（b）所示。构件 4 绕 A 点转动，称为导杆，构件 3 以构件 4 为导路作相对移动。如构件 4 绕 A 点能整周转动，该机构称为转动导杆机构，否则称为摆动导杆机构。如图 2-13 的简易刨床运动部分为转动导杆的应用，图 2-14 的牛头刨床运动部分为摆动导杆机构的应用。

在曲柄滑块机构中，如以构件 BC 为机架，如图 2-12（c）所示。如构件 1 整周转动，滑块 3 摆动，该机构演化为曲柄摇块机构；如构件 1 整周转动，滑块 3 也整周转动，该机构演化为曲柄转块机构。如图 2-15 所示的柱塞油泵和图 2-16 所示的卡车车箱卸料机构为曲柄摇块机构的应用。

在曲柄滑块机构中，如以构件 3 滑块为机架，则该机构演化成定块机构（或称移动导杆机构，直动导杆机构），如图 2-12（d）所示。构件 3 滑块只能绕 C 点转动，构件 4 导杆以滑块 3 为导路做相对移动。对于移动副和转动副的两运动副元素中，哪一个为包容件，哪一个为被包容件，根据需要在结构设计时确定，谁包容谁都不影响它们之间的相对运动。如图 2-17 所示的唧筒机构为定块机构的应用。

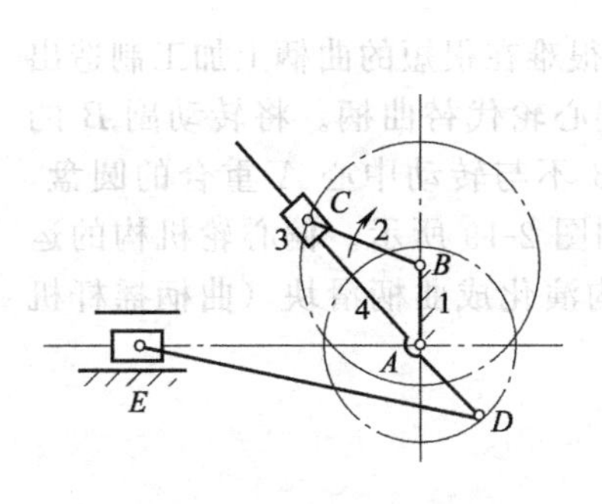

图 2-13　简易刨床运动机构

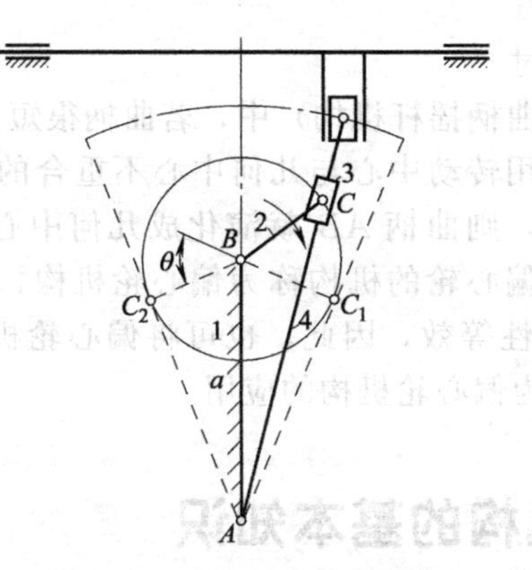

图 2-14　牛头刨床运动机构

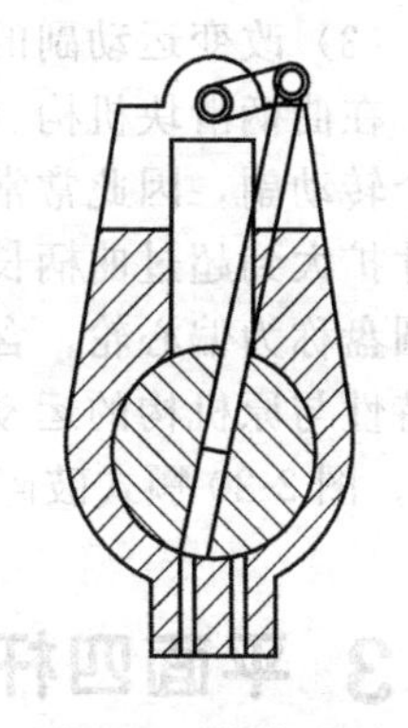

图 2-15　柱塞油泵

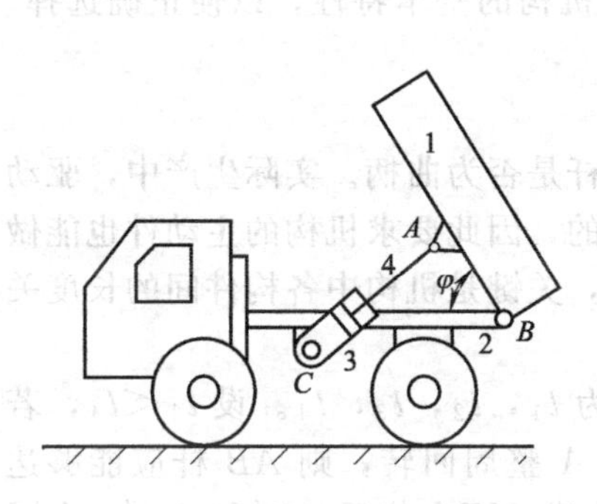

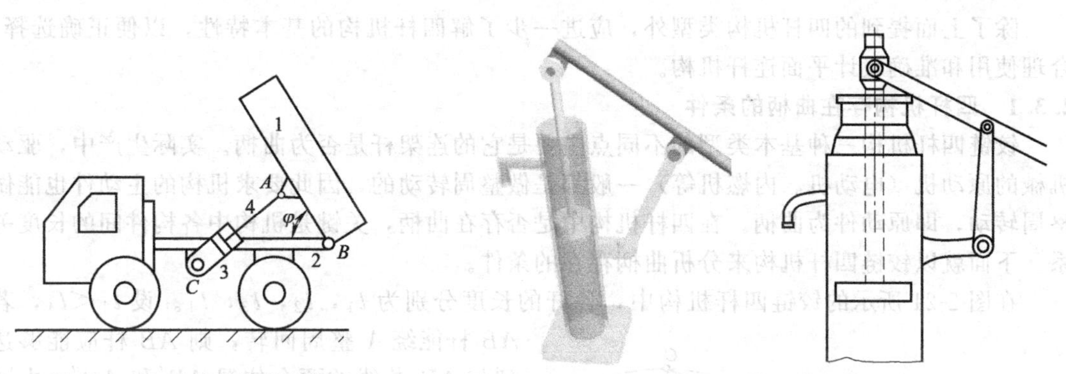

图 2-16　卡车车箱卸料机构

图 2-17　唧筒机构

同理，图 2-18（a）所示的曲柄摇杆机构，选用构件 AB 为机架演化为双曲柄机构，图 2-18（b）所示；选用 CD 为机架演化为双摇杆机构，图 2-18（d）所示；选用 BC 为机架，得到另一个曲柄摇杆机构，图 2-18（c）所示。

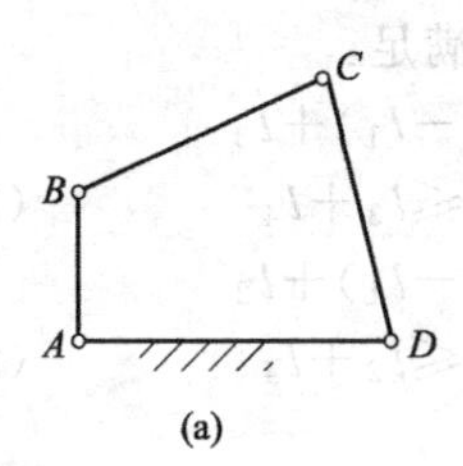

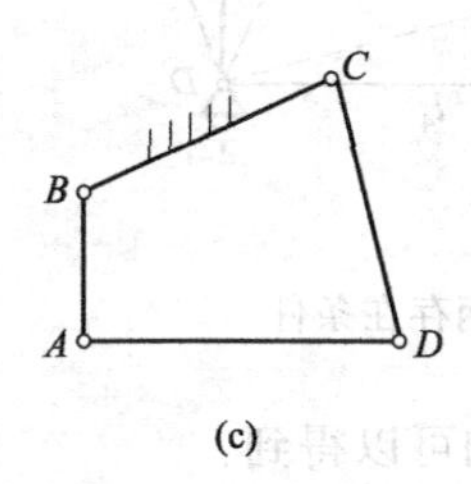

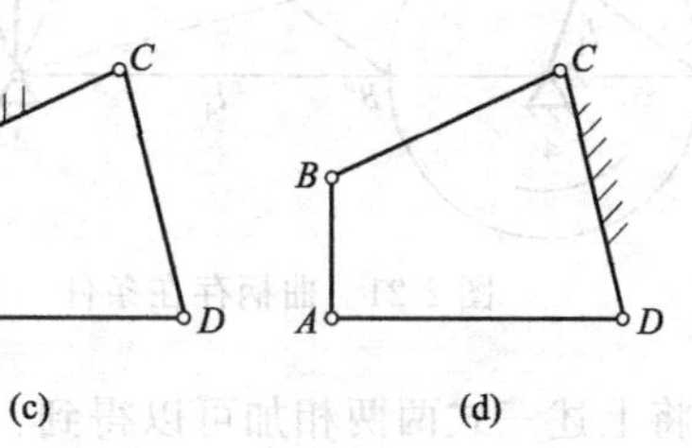

图 2-18　曲柄摇杆机构的演化

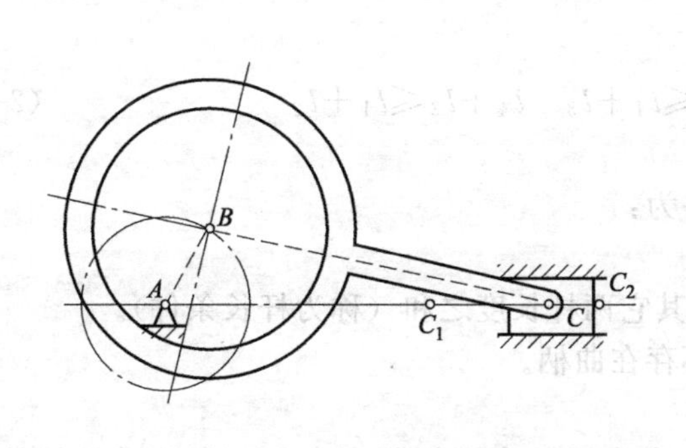

图 2-19　偏心轮机构

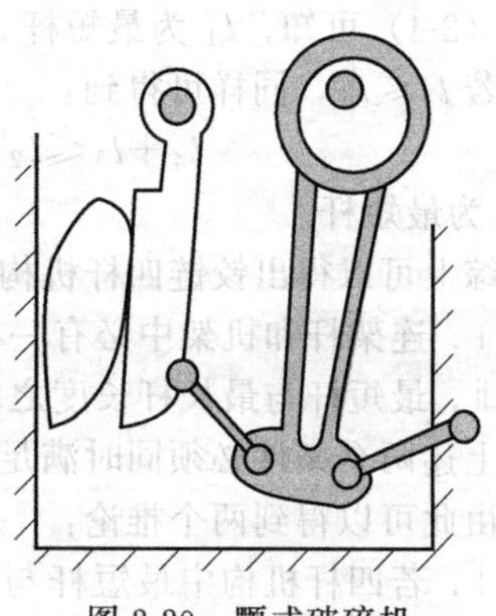

图 2-20　颚式破碎机

(3) 改变运动副的尺寸

在曲柄滑块机构（或曲柄摇杆机构）中，若曲柄很短，很难在很短的曲柄上加工制造出两个转动副，因此常常采用转动中心与几何中心不重合的偏心轮代替曲柄。将转动副 B 的尺寸扩大到超过曲柄长度，则曲柄 AB 就演化成几何中心 B 不与转动中心 A 重合的圆盘，该圆盘称为偏心轮，含有偏心轮的机构称为偏心轮机构，如图 2-19 所示。偏心轮机构的运动特性与原机构的运动特性等效，因此，也可将偏心轮机构演化成曲柄滑块（曲柄摇杆机构）。图 2-20 颚式破碎机为偏心轮机构的应用。

2.3 平面四杆机构的基本知识

除了上面提到的四杆机构类型外，应进一步了解四杆机构的基本特性，以便正确选择、合理使用和准确设计平面连杆机构。

2.3.1 四杆机构存在曲柄的条件

铰链四杆机构三种基本类型的不同点主要是它的连架杆是否为曲柄。实际生产中，驱动机械的原动机（电动机、内燃机等）一般都是做整周转动的，因此要求机构的主动件也能做整周转动，即原动件为曲柄。在四杆机构中是否存在曲柄，关键是机构中各构件间的长度关系。下面就以铰链四杆机构来分析曲柄存在的条件。

在图 2-21 所示的铰链四杆机构中，各杆的长度分别为 l_1，l_2，l_3，l_4。设 $l_1<l_4$，若 AB 杆能绕 A 整周回转，则 AB 杆应能够达到与 AD 共线的两个位置 AB' 和 AB''。由图可见，当 AB 杆能转至位置 AB' 时，在 $\triangle B'C'D$ 中，各杆长度应满足：

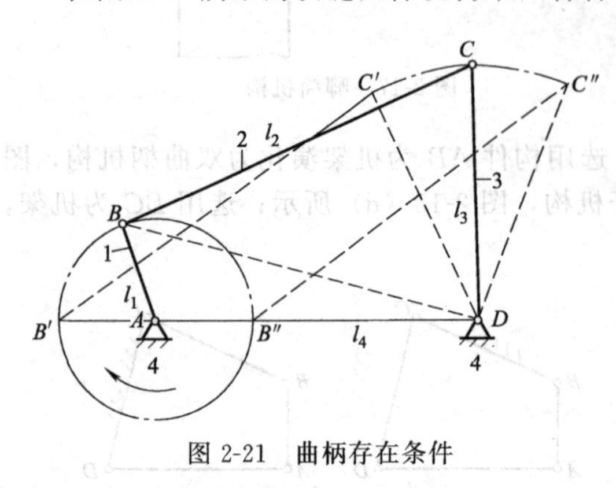

图 2-21 曲柄存在条件

$$l_1+l_4\leqslant l_2+l_3 \tag{2-1}$$

当 AB 杆能转至位置 AB'' 时，在 $\triangle B''C''D$ 中，各杆长度关系应满足：

$$l_2\leqslant(l_4-l_1)+l_3$$

即
$$l_1+l_2\leqslant l_3+l_4 \tag{2-2}$$

$$l_3\leqslant(l_4-l_1)+l_2$$

即
$$l_1+l_3\leqslant l_2+l_4 \tag{2-3}$$

将上述三式两两相加可以得到：

$$l_1\leqslant l_2 \quad l_1\leqslant l_3 \quad l_1\leqslant l_4 \tag{2-4}$$

由式 (2-4) 可知，l_1 为最短杆。

若 $l_4\leqslant l_1$，同样可得到：

$$l_4+l_1\leqslant l_2+l_3 \quad l_4+l_2\leqslant l_1+l_3 \quad l_4+l_3\leqslant l_1+l_2 \tag{2-5}$$

且 l_4 为最短杆。

综上可以得出铰链四杆机构曲柄存在条件为：

ⅰ. 连架杆和机架中必有一杆是最短杆；

ⅱ. 最短杆与最长杆长度之和小于或等于其它两杆长度之和（称为杆长条件）。

上述两个条件必须同时满足，否则机构不存在曲柄。

由此可以得到两个推论：

ⅰ. 若四杆机构中最短杆与最长杆长度之和大于其余两杆长度之和（即不满足杆长条件），则该机构不可能有曲柄存在，机构为双摇杆机构；

ⅱ. 若四杆机构中最短杆与最长杆长度之和小于等于其余两杆长度之和，当最短杆为连架杆时，有一个曲柄存在，机构为曲柄摇杆机构；当最短杆是机架时，有两个曲柄存在，机构为双曲柄机构；当最短杆为连杆时，无曲柄存在，机构为双摇杆机构。

对于含有移动副的四杆机构，根据演化的原理，移动副的转动中心看作是在无穷远处。如图 2-22（a）、（b）所示的对心曲柄滑块机构和偏心曲柄滑块机构有曲柄存在的条件分别为：$l_1 \leqslant l_2$ 和 $l_1+e \leqslant l_2$；图 2-22（c）、（d）所示的转动导杆机构和摆动导杆机构有曲柄存在的条件分别为：$l_1 < l_2$ 和 $l_1 > l_2$。

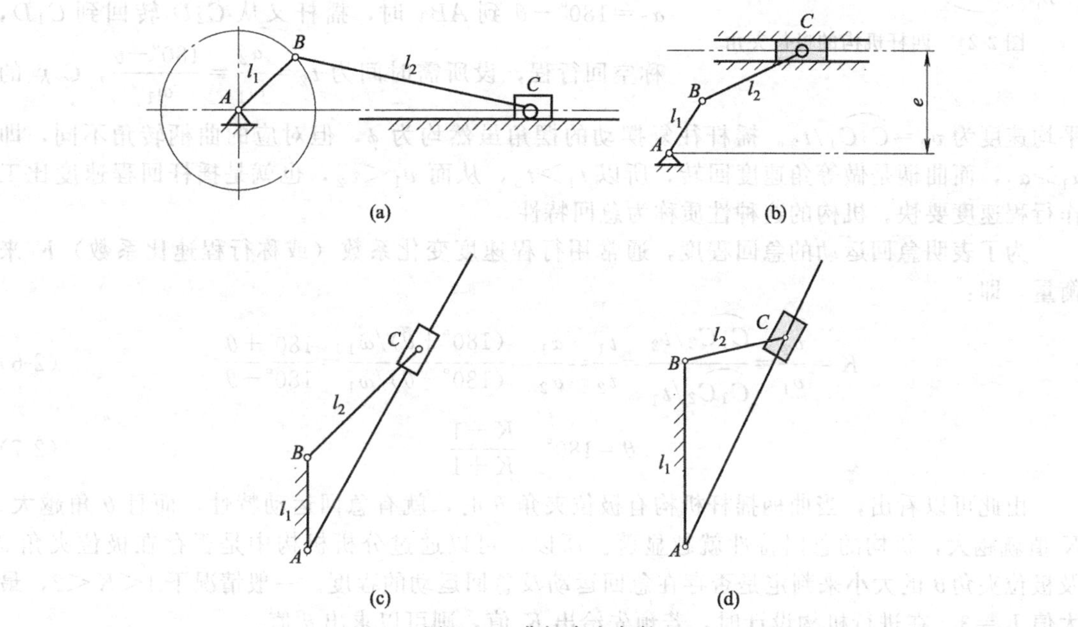

图 2-22　曲柄存在条件

【例 2-1】　图 2-23 所示铰链四杆机构中，已知各杆的长度 $l_1=30\text{mm}$，$l_2=120\text{mm}$，$l_3=75\text{mm}$，$l_4=90\text{mm}$，问：(1) 当以 AD 为机架时，该机构是否有曲柄存在？(2) 如杆长不变，如何得到双曲柄机构和双摇杆机构？

解　(1) $l_1+l_2=30+120=150(\text{mm})<l_3+l_4=75+90=165\ (\text{mm})$

AB 为最短杆，且为连架杆，

此机构有曲柄存在。

(2) 当以 AB 为机架时，该机构为双曲柄机构；

当以 CD 为机架时，该机构为双摇杆机构。

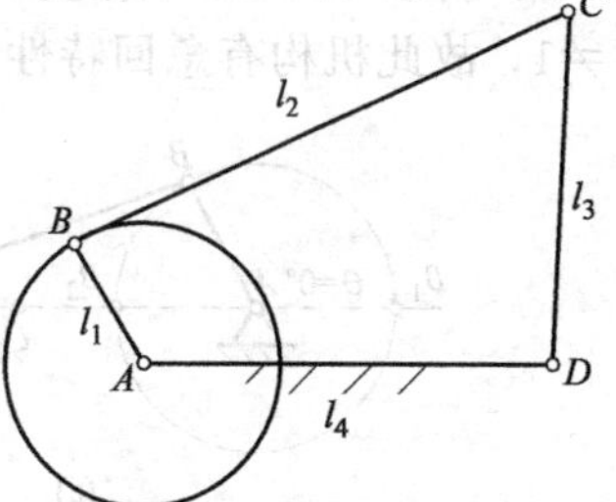

图 2-23　铰链四杆机构

2.3.2　急回运动和行程速比系数

生产实际中，有好多的平面机构，当主动曲柄做等速转动时，做往复运动的从动件摇杆，在前进行程（即工作行程）运行速度较慢，而回程运动速度较快，把机构的这种性质称为机构的“急回运动”特性。例如牛头刨床进行刨削工件时，工作行程为慢速行程，回程为快速行程来缩短空程的时间，提高机器的生产率。所以急回运动在机构设计中具有十分重要的意义。

在图 2-24 所示的曲柄摇杆机构中，设曲柄 AB 为原动件，曲柄每转一周，有两个位置与连杆共线，这时摇杆 CD 分别位于两个极限位置 C_1D 和 C_2D，其夹角为 ϕ。曲柄摇杆机构的这两个位置称为极位。机构处在两个极位时，原动件 AB 的两个位置 AB_1 和 AB_2 所夹

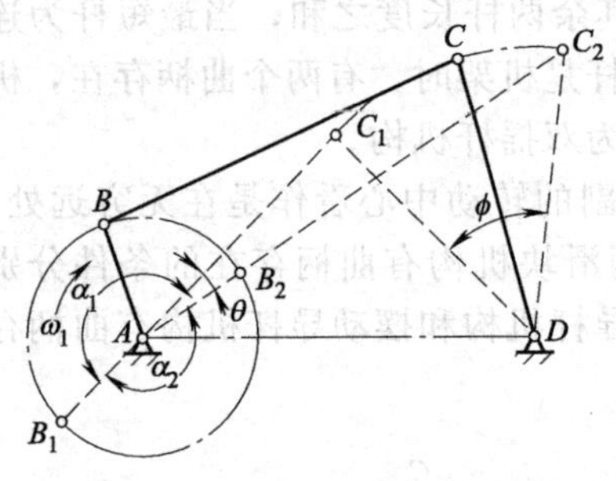

图 2-24 四杆机构的极位夹角

的锐角 θ 称为极位夹角。此时摇杆两位置的夹角 ϕ 称为摇杆最大摆角。

当曲柄 AB 以等角速度 ω_1 顺时针方向由 AB_1 转过 $\alpha_1=180°+\theta$ 到 AB_2 时，摇杆 CD 由位置 C_1D 转动到 C_2D，称为工作行程，设所需时间为 $t_1=\dfrac{\alpha_1}{\omega_1}=\dfrac{180°+\theta}{\omega_1}$，$C$ 点平均速度为$v_1=\widehat{C_1C_2}/t_1$；当曲柄继续由 AB_2 转过 $\alpha_2=180°-\theta$ 到 AB_1 时，摇杆又从 C_2D 转回到 C_1D，称空回行程，设所需时间为 $t_2=\dfrac{\alpha_2}{\omega_1}=\dfrac{180°-\theta}{\omega_1}$，$C$ 点的平均速度为 $v_2=\widehat{C_2C_1}/t_2$。摇杆往复摆动的摆角虽然均为 ϕ，但对应的曲柄转角不同，即 $\alpha_1>\alpha_2$，而曲柄是做等角速度回转，所以 $t_1>t_2$，从而 $v_1<v_2$，也就是摇杆回程速度比工作行程速度要快。机构的这种性质称为急回特性。

为了表明急回运动的急回程度，通常用行程速度变化系数（或称行程速比系数）K 来衡量，即：

$$K=\frac{v_2}{v_1}=\frac{\widehat{C_1C_2}/t_2}{\widehat{C_1C_2}/t_1}=\frac{t_1}{t_2}=\frac{\alpha_1}{\alpha_2}=\frac{(180°+\theta)/\omega_1}{(180°-\theta)/\omega_1}=\frac{180°+\theta}{180°-\theta} \tag{2-6}$$

$$\theta=180° \quad \frac{K-1}{K+1} \tag{2-7}$$

由此可以看出，当曲柄摇杆机构有极位夹角 θ 时，就有急回运动特性，而且 θ 角越大，K 值就越大，机构的急回特性就越显著。所以，可以通过分析机构中是否存在极位夹角 θ 及极位夹角 θ 的大小来判定是否存在急回运动及急回运动的程度。一般情况下 $1<K<2$，最大值 $K=3$。在进行机构设计时，若预先给出 K 值，则可以求出 θ 值。

如图 2-25（a）所示对心曲柄滑块机构，由于 $\theta=0°$，所以 $K=1$，说明滑块在正反行程中平均速度相等，故此机构没有急回运动；图 2-25（b）所示为偏置曲柄滑块机构，由于 $\theta\neq0°$，所以 $K\neq1$，故此机构有急回特性；图 2-26 所示导杆机构，由于 $\theta=\phi\neq0°$，所以 $K\neq1$，故此机构有急回特性。

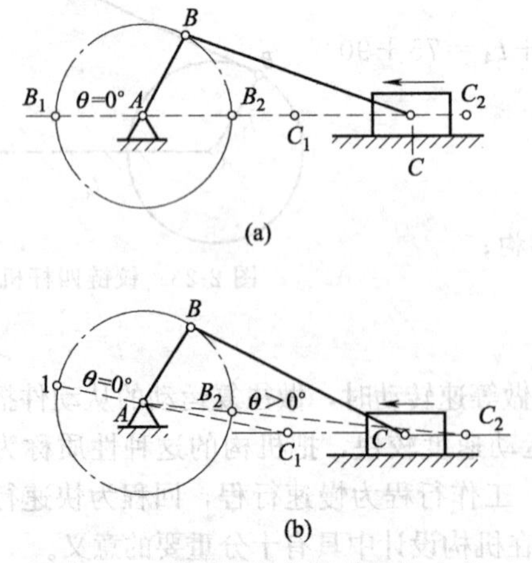

图 2-25 曲柄滑块机构的极位夹角

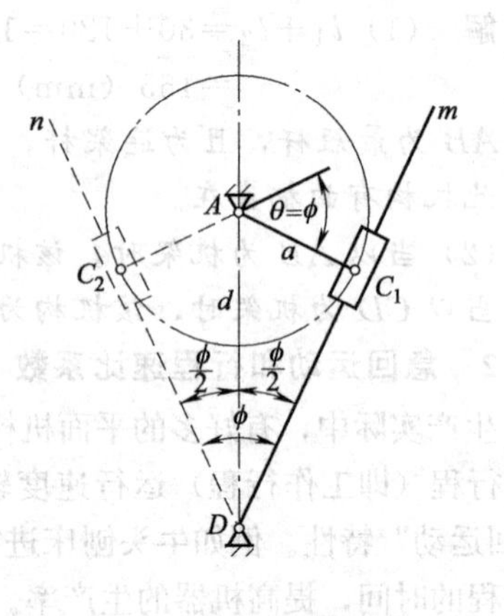

图 2-26 摇杆机构的极位

2.3.3 平面连杆机构的传动角与死点

（1）压力角与传动角

在如图 2-27 所示的曲柄摇杆机构中，若不考虑运动副的摩擦力及构件的重力和惯性力的影响，同时连杆上不受其它外力，则原动件 AB 经过连杆 BC 传递到 CD 上 C 点的力 F，将沿 BC 方向。力 F 可以分解为沿点 C 速度方向的分力 F' 和沿 CD 方向的分力 F''，而 F'' 不能推动从动件 CD 运动，只能使 C、D 运动副产生径向压力，F' 才是推动 CD 运动的有效分力。由图可知：

$$F'=F\cos\alpha=F\sin\gamma$$

$$F''=F\sin\alpha \tag{2-8}$$

式中，α 角是作用于 C 点的力 F 与 C 点绝对速度方向所夹的锐角，称为机构在此位置的压力角。γ 角是压力角的余角，亦即连杆 BC 与摇杆 CD 所夹锐角，称为机构在此位置的传动角，$\gamma=90°-\alpha$。可以看出，α 越小，γ 角越大，有效分力 F' 越大，F'' 越小，对机构的传动就越有利。所以，在平面连杆机构中常用传动角的大小及变化情况来说明机构传动性能的好坏。

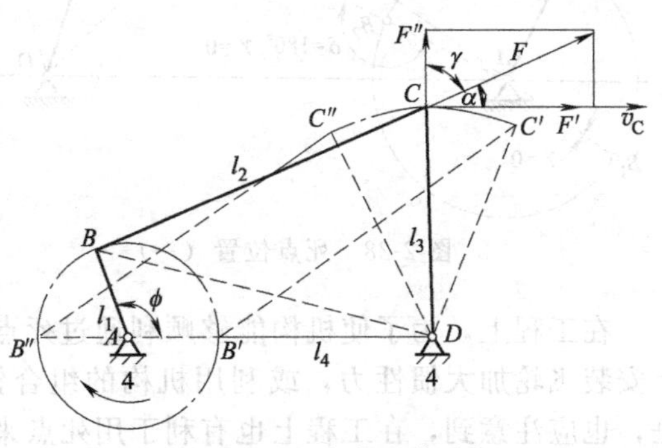

图 2-27　压力角和传动角

由图 2-27 中可知，当 $\angle BCD\leqslant 90°$ 时，$\gamma=\angle BCD$；当 $\angle BCD>90°$ 时，$\gamma=180°-\angle BCD$。从图 2-27 中可以得到：

$$\overline{BD}=l_1^2+l_4^2-2l_1l_4\cos\phi=l_2^2+l_3^2-2l_2l_3\cos\angle BCD \tag{2-9}$$

得

$$\angle BCD=\arccos\frac{l_2^2+l_3^2-l_1^2-l_4^2+2l_1l_4\cos\phi}{2l_2l_3} \tag{2-10}$$

从式 (2-10) 可以看出，当 $\phi=180°$ 和 $\phi=0°$ 时，$\angle BCD$ 将取得极值。所以 $\gamma_{\min}$ 应出现在下述两个位置。主动件 AB 与机架 AD 伸直共线（AB'' 位置，即 $\phi=180°$）时，这时 $\angle BCD$ 最大

$$\angle BC''D=\arccos\frac{l_2^2+l_3^2-(l_1+l_4)^2}{2l_2l_3} \tag{2-11}$$

当主动件 AB 与机架 AD 重叠共线（AB' 位置，即 $\phi=0°$）时，这时 $\angle BCD$ 最小

$$\angle BC'D=\arccos\frac{l_2^2+l_3^2-(l_4-l_1)^2}{2l_2l_3} \tag{2-12}$$

若 $\angle BCD$ 是锐角，则最小传动角 $\gamma_{\min}=\angle BC'D$，若 $\angle BCD$ 为钝角，则最小传动角 $\gamma_{\min}$ 为 $\angle BC'D$ 与 $180°-\angle BC''D$ 中的最小值。

在设计四杆机构中，为了保证机构具有良好的传力性能，应考虑满足最小传动角的要求，应使最小传动角 $\gamma_{\min}$ 不小于某一许用值 $[\gamma]$。一般取 $[\gamma]=40°\sim50°$。传递功率较大时，取较大值。而在控制机构和仪表中，可取较小值，甚至可以小于 40°。

(2) 死点

在有些机构中，运动中会出现 $\gamma=0°$ 的情况，这时，无论在原动件上施加多大的力都不能使机构运动，这种位置称为死点。

如图 2-28 所示的曲柄摇杆机构，设 CD 杆为原动件，当摇杆处于两个极限位置 C_1D 和 C_2D 时，连杆与从动件曲柄共线，$\gamma=0°$，这时 CD 通过连杆作用于 AB 上的力恰好通过其回转中心 A，所以无论这时施加多大的力也不能推动从动件曲柄回转。

死点是曲柄摇杆机构的固有特性，构件在运动中通过死点时还可能产生运动位置不确定的现象。可以证明在曲柄滑块机构中，当滑块为原动件时存在两个死点位置，如图 2-29 所示。双曲柄机构无死点位置。

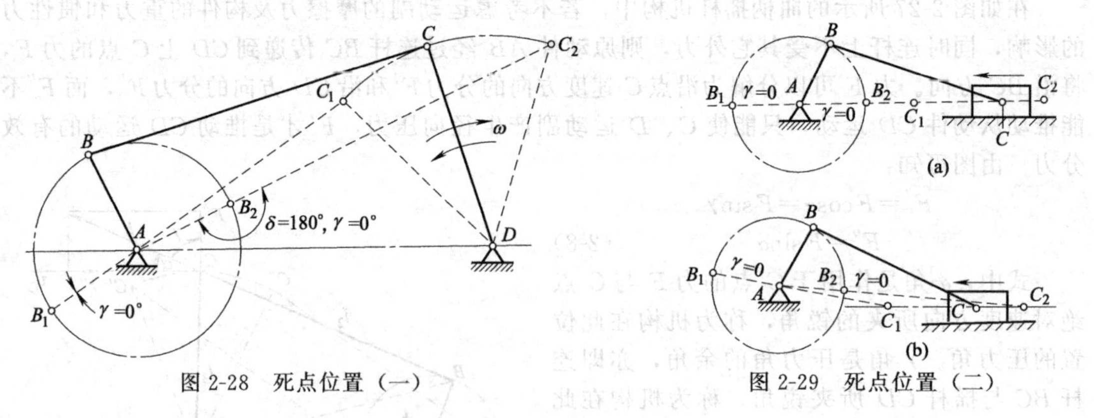

图 2-28　死点位置（一）　　图 2-29　死点位置（二）

在工程上，为了使机构能够顺利通过死点而正常运转，必须采用适当的措施，如发动机上安装飞轮加大惯性力，或利用机构的组合错开死点位置，例如机车车轮的联动装置。但是，也应注意到，在工程上也有利于用死点来实现一定工作要求的，例如飞机起落架、各类夹具，如图 2-30、图 2-31 所示。

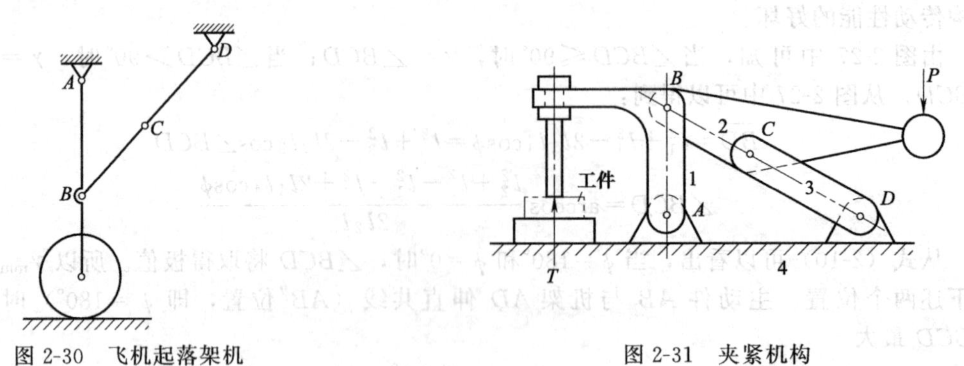

图 2-30　飞机起落架机　　图 2-31　夹紧机构

【例 2-2】　在例 2-1 中，以 AB 为原动件，AD 为机架。

(1) 用作图法作出摇杆的两个极位，并标出极位夹角和摇杆的摆角；

(2) 作出该机构的最小传动角；

(3) 该机构是否有死点？在什么条件下出现死点？

解　(1) 见图 2-32 (a)。

(2) 见图 2-32 (b)。

(3) 该机构有死点，在图 (a) 中当以 CD 为原动件时，在 CD 两个极限位置，AB 与 BC 两次共线时，存在死点。

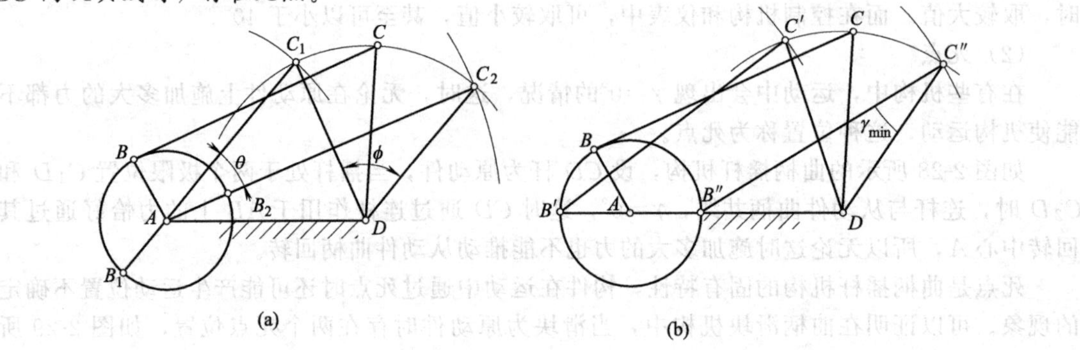

图 2-32　例 2-2 附图

2.4 平面四杆机构的设计

平面四杆机构的设计就是根据使用要求选定机构的形式，确定机构中各构件的尺寸。为了使机构设计合理、可靠，通常要满足如结构条件及最小传动角等附加条件。

根据生产实际中对机器用途和性能要求的不同，对连杆机构的设计要求也不同。可以将其归纳为以下两类问题。

(1) 满足给定的位置要求或者运动规律的要求（位置设计）

要求机构的连杆能够占据某些给定的位置；要求机构的连架杆的转角能够满足给定的对应关系；在原动件规律一定的条件下，机构的从动件能够准确地或近似地满足给定的运动规律等。

在设计飞机起落架时，要求在放下或收起时连杆应在给定的两个位置；在设计牛头刨床的导杆机构时，要求满足给定的行程速比系数 K 等。

在四杆机构中，从动件的运动规律是由原动件的运动规律和各构件长度决定的。当各构件长度按同一比例增减时，并不改变各构件间的相对运动关系。因此，设计时，选用一定的比例按相对长度来表示各构件的长度。

(2) 满足预期的轨迹要求（轨迹设计）

在四杆机构的运动过程中，连杆上各点的运动轨迹各不相同，满足预期的轨迹要求设计四杆机构，就是要设计四杆机构中连杆上的某点在该机构的运动过程中，能够实现给定的轨迹。

在起重机机构设计中，为保证货物不上下起伏，要求其连杆上的一点（吊钩）的运动轨迹为一定的范围内近似水平直线；在搅拌机构设计中，则要求连杆上的一点的运动轨迹为预期的卵形。

平面四杆机构的设计方法有图解法、实验法及解析法。图解法主要用在结构简单，设计精度要求低的情况，简单、直观、易懂；实验法主要用在机构实现比较复杂的运动规律和轨迹，设计精度较低，直观易懂；解析法精度高，但计算复杂，随着计算机技术的发展，解析法得到日益广泛的使用。

2.4.1 图解法设计四杆机构

2.4.1.1 按行程速比系数 K 设计四杆机构

对于有急回运动的四杆机构，设计时应满足行程速比系数 K 的要求。在这种情况下，可以利用机构的极限位置的几何关系，再结合其他给定的条件设计。

(1) 曲柄摇杆机构的设计

已知摇杆 CD 长度及摆角 ϕ，行程速比系数 K，设计曲柄摇杆机构。

设计步骤如图 2-33 所示：

ⅰ. 由行程速比系数 K 求出极位夹角

$$\theta=180°\frac{K-1}{K+1};$$

ⅱ. 选比例 $\mu_l=\frac{l_3}{CD}$ (mm/mm)；

ⅲ. 选固定铰 D 的位置，作出摇杆两极限位置 C_1D 和 C_2D，其夹角为 ϕ，确定 C_1 和 C_2 两点；

ⅳ. 连接 C_1C_2，作$\angle C_1C_2N=90°-\theta$，$C_1M\perp C_1C_2$，得交点 P，则$\angle C_1PC_2=\theta$；

ⅴ. 作$\triangle C_1C_2P$ 的外接圆，在外接圆弧 C_1F 或 C_2G 上任取一点 A 为固定铰；

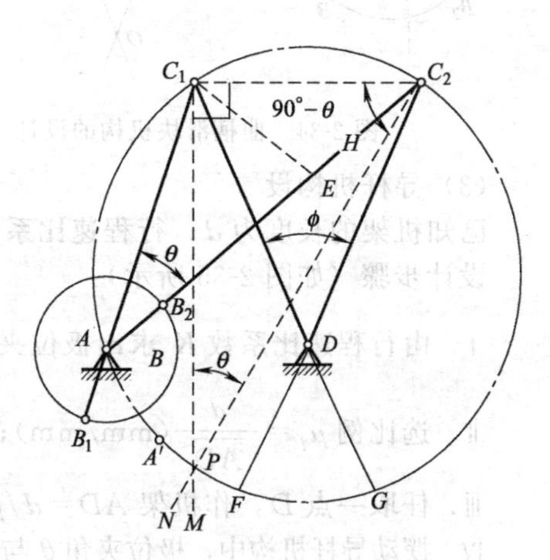

图 2-33　曲柄摇杆机构的设计

ⅵ. 连接 AC_1、AC_2，则 AC_1、AC_2 分别为曲柄与连杆伸直共线和重叠共线位置，即

$$\overline{AC_2}=\overline{AB}+\overline{BC},\ \overline{AC_1}=\overline{BC}-\overline{AB};$$

ⅶ. 由上式可以求得 $\overline{AB}=\dfrac{\overline{AC_2}-\overline{AC_1}}{2}$，$\overline{BC}=\overline{AC_2}-\overline{AB}$；

ⅷ. 以 A 为圆心，以 AC_1 为半径画弧交 AC_2 于 E，再做 C_2E 线段的垂直中分线求得 H 点，以 A 为圆心，以 $\overline{HC_2}$ 为半径画圆，交 AC_1 延长线于 B_1，AC_2 于 B_2，则 B_1、B_2 即为活动铰接点的位置。各构件的实际尺寸 $l_1=\mu_l\overline{AB}$，$l_2=\mu_l\overline{BC}$。

在此机构的设计中，机构有无穷解，具体 A 的位置可根据其它辅助条件确定。同时还要考虑到，曲柄固定铰链点 A 不能选在 FG 弧段上，否则机构不满足运动连续性要求。

(2) 曲柄滑块机构设计

已知行程速比系数 K，滑块的行程 H，偏距 e，设计偏置曲柄机构。

设计步骤（如图 2-34 所示）：

ⅰ. 由行程速比系数 K 求出极位夹角 $\theta=180°\dfrac{K-1}{K+1}$；

ⅱ. 选比例 $\mu_l=\dfrac{H}{C_1C_2}$(mm/mm)；

ⅲ. 作直线 $C_1C_2=H/\mu_l$，确定 C_1 和 C_2 两点；

ⅳ. 连接 C_1C_2，作 $\angle C_2C_1O=90°-\theta$，$\angle C_1C_2O=90°-\theta$，得交点 O，则 $\angle C_2OC_1=2\theta$；

ⅴ. 作以 O 为圆心，以 OC_1 为半径的圆，再作一平行于 C_1C_2 且距离为 e 的直线交外接圆于 A 点；

ⅵ. 重复曲柄摇杆机构设计步骤的ⅵ～ⅷ可得 B_1、B_2，即为活动铰接点的位置。各构件的实际尺寸 $l_1=\mu_l\overline{AB}$，$l_2=\mu_l\overline{BC}$。

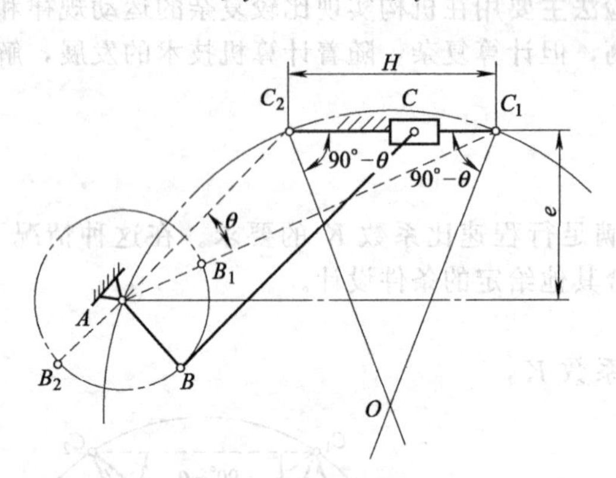

图 2-34 曲柄滑块机构的设计

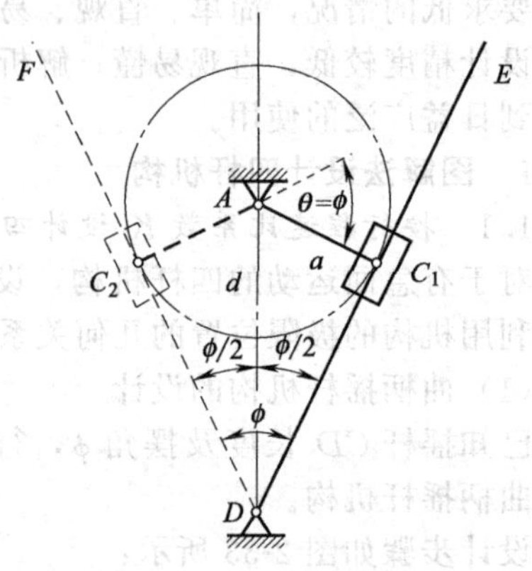

图 2-35 摆动导杆机构的设计

(3) 导杆机构设

已知机架的长度为 d，行程速比系数为 K，设计摆动导杆机构。

设计步骤（如图 2-35 所示）：

ⅰ. 由行程速比系数 K 求出极位夹角 $\theta=180°\dfrac{K-1}{K+1}$；

ⅱ. 选比例 $\mu_l=\dfrac{d}{AD}$(mm/mm)；

ⅲ. 任取一点 D，作机架 $AD=d/\mu_l$，确定 A 点；

ⅳ. 摆动导杆机构中，极位夹角 θ 与导杆的摆角 ϕ 相等，作 $\angle ADE=\angle ADF=\theta/2=\phi/2$；

ⅴ. 过 A 点作 $AC_1\perp DE$、$AC_2\perp DF$，则 C_1、C_2 即为曲柄的别一个铰链中心；

ⅵ. 各构件的实际尺寸 $l_1=\mu_l\overline{AC}$。

2.4.1.2 按给定连杆的位置设计四杆机构

给定连杆两位置或三位置及活动铰链 B、C，该机构的设计实质上就是确定两固定铰 A、D 的位置。

(1) 给定连杆两位置及活动铰链 B、C

设计步骤（参见图 2-36）如下。

ⅰ. 作直线 B_1C_1，再作另一直线 B_2C_2 且 $B_1C_1=B_2C_2$，确定连杆的两位置。

ⅱ. 当给定连杆两位置 B_1C_1、B_2C_2 时，由于 B、C 两点的轨迹都是圆弧，故知转动副 A、D 分别在 B_1B_2 和 C_1C_2 的垂直平分线上。连 B_1B_2 和 C_1C_2，分别作 B_1B_2 和 C_1C_2 的垂直平分线 m、n，在 m 上任取一点 A、在 n 上任取一点 D 即为固定铰链中心。

ⅲ. $ABCD$ 即为所求的四杆机构。

显然，在这种情况下，该机构的设计有无数个答案，此时可以根据结构条件或其他辅助条件来确定 A、D 的位置。

(2) 给定连杆 BC 的三个位置及活动铰链 B、C

设计步骤（参见图 2-37）如下。

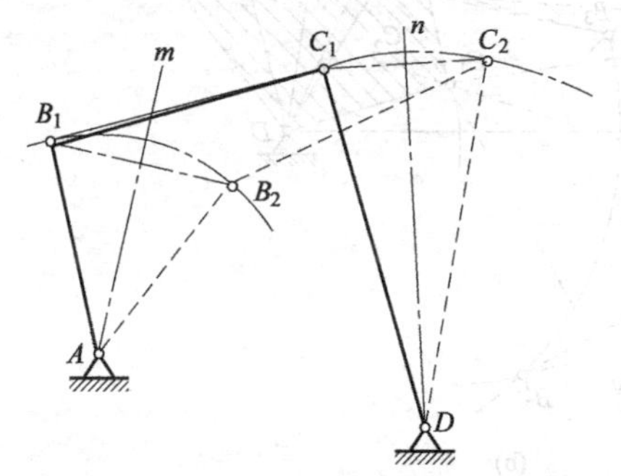

图 2-36 连杆两位置的设计（一）

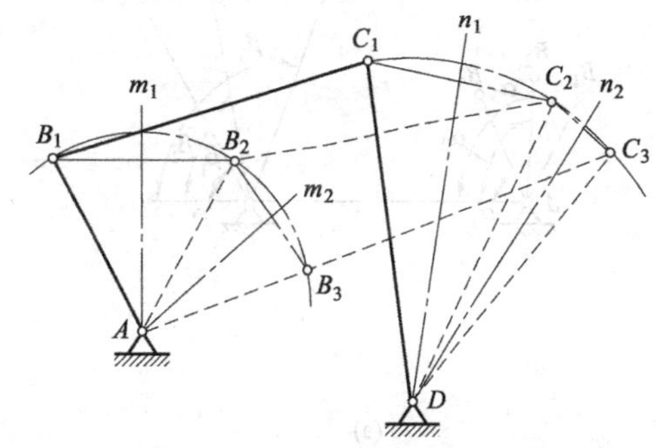

图 2-37 连杆两位置的设计（二）

ⅰ. 作直线 B_1C_1，再作另两直线 B_2C_2 和 B_3C_3 且 $B_1C_1=B_2C_2=B_3C_3$，确定连杆的三个位置。

ⅱ. 连 B_1B_2、B_2B_3、C_1C_2、C_2C_3，分别作 B_1B_2 和 B_2B_3 的垂直平分线 m_1、m_2，则 m_1、m_2 的交点即为固定铰链 A 中心。同理作 C_1C_2 和 C_2C_3 的垂直平分线 n_1、n_2，其交点即为固定铰链 D 中心。

ⅲ. $ABCD$ 即为所求的四杆机构。

2.4.1.3 按给定连架杆对应位置设计四杆机构

这一类问题，是利用机构反转法，即把两连架杆假想地当作连杆和机架，这样两连架杆间的相对运动就化为连杆相对于机架的运动，其图解法与前述相同。

如图 2-38 所示四杆机构，已知连架杆 AB 所在的两个位置 AB_1、AB_2（α_2、α_1），CD 对应的两个位置 C_1D、C_2D（β_2、β_1）。把机构所在的位置 AB_2C_2D 刚化后绕 D 点逆时针方向旋转 $\beta_2-\beta_1$，即 C_2D 与 C_1D 重合，此时构件 AB 由 AB_2 位置运动到 $A'B'_2$位置，则铰

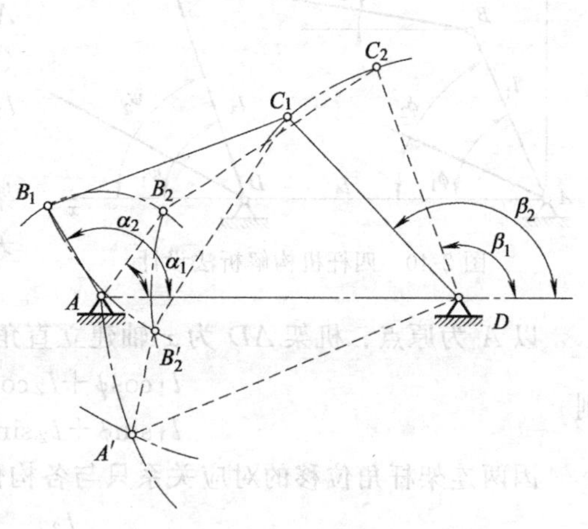

图 2-38 反转法原理

链 C 一定在 B_1B_2'的垂直平分线上，固定铰链 D 一定在 AA'的垂直平分线上。此时，机构由原来的给定两连架杆位置的设计转变为给定连杆位置的设计。

如图 2-39（a）所示，已知连架杆 AB 的长度及其所在的三个位置（α_1、α_2、α_3），机架 AD 的长度，连架杆 CD 所在的三个位置 DE_1、DE_2、DE_3 与 AB 对应的三个位置（β_1、β_2、β_3）。设计此四杆机构。

设计步骤［参见图 2-39（b）］如下。

ⅰ. 以 D 为圆心，以某一长度为半径作圆弧，使 $DE_1=DE_2=DE_3$，求出 E_1、E_2、E_3 三点。

ⅱ. 以连架杆 CD 的第一位置 DE_1 当作机架，分别将 AB_2E_2D 和 AB_3E_3D 刚性后绕 D 点转过 $\beta_2-\beta_1$、$\beta_3-\beta_1$ 角，使 DE_2、DE_3 分别与 DE_1 重合，则点 B_2、B_3 分别转到 B_2'、B_3'位置。

ⅲ. 连接 B_1B_2'、$B_2'B_3'$，分别作其垂直平分线，两中垂线的交点即为活动铰点 C 的位置。

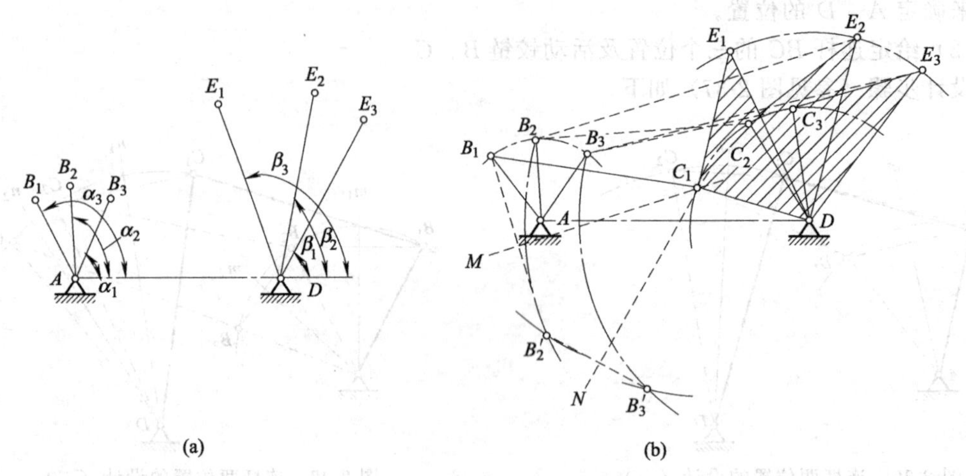

图 2-39　给定连架杆三个位置的设计

2.4.2　解析法设计四杆机构

解析法设计四杆机构，首先建立包含机构的各尺寸参数和运动参数的解析关系式，然后根据已知的运动参数求解机构的尺寸参数。

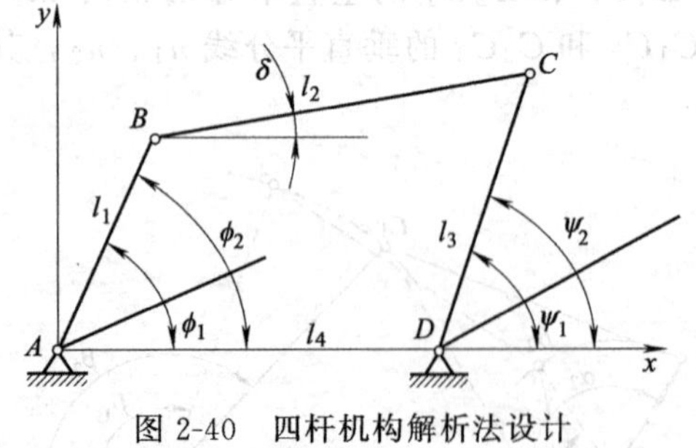

图 2-40　四杆机构解析法设计

图 2-40 所示铰链四杆机构中，已知两连架杆 AB 和 DC 沿逆时针方向的对应角位置为 ϕ_i 和 ψ_i（$i=2$，3，…，n），要求确定各构件的长度 l_1、l_2、l_3、l_4。

铰连四杆机构为一封闭的矢量图形，则两连架杆 AB 和 CD 相对于 x 轴的位置角之间有如下关系

$$\boldsymbol{l}_1+\boldsymbol{l}_2=\boldsymbol{l}_3+\boldsymbol{l}_4 \tag{2-13}$$

以 A 为原点、机架 AD 为 x 轴建立直角坐标系 Axy。

则

$$\left.\begin{aligned} l_1\cos\phi+l_2\cos\delta&=l_3\cos\psi+l_4 \\ l_1\sin\phi+l_2\sin\delta&=l_3\sin\psi \end{aligned}\right\} \tag{2-14}$$

因两连架杆角位移的对应关系只与各构件的相对长度有关，设：

$$m=\frac{l_2}{l_1},\ n=\frac{l_3}{l_1},\ p=\frac{l_4}{l_1} \tag{2-15}$$

代入式（2-14）得

$$\left.\begin{aligned}m\cos\delta&=p+n\cos\psi-\cos\phi\\m\sin\delta&=n\sin\psi-\sin\phi\end{aligned}\right\}\tag{2-16}$$

将上式等号两边平方后相加并消去变量 δ 得：

$$\cos\phi=P_0\cos\psi+P_1\cos(\psi-\phi)+P_2\tag{2-17}$$

式中

$$P_0=n,\ P_1=-\frac{n}{p},\ P_2=\frac{p^2+n^2+1-m^2}{2p}\tag{2-18}$$

式（2-17）中，$\phi=\phi_i+\phi_1$，$\psi=\psi_i+\psi_1$。此式中含有 P_0、P_1、P_2、ϕ_1、ψ_1 五个变量。如果把 ϕ_i 和 ψ_i 取五组对应位置分别代入，可得到一个方程组，即可求得五个变量。

图 2-41 所示四个机构当 $\phi_1=\psi_1=0$ 时，机构连架杆满足三组对应位置 ϕ_1、ψ_1，ϕ_2、ψ_2，ϕ_3、ψ_3，可得到

$$\left.\begin{aligned}\cos\phi_1&=P_0\cos\psi_1+P_1\cos(\psi_1-\phi_1)+P_2\\\cos\phi_2&=P_0\cos\psi_2+P_1\cos(\psi_2-\phi_2)+P_2\\\cos\phi_3&=P_0\cos\psi_3+P_1\cos(\psi_3-\phi_3)+P_2\end{aligned}\right\}\tag{2-19}$$

可求得 P_0、P_1、P_2，代入式（2-18）可求得 m、n、p，由式（2-15）即求出机构的杆长 l_1、l_2、l_3、l_4，所得的机构能实现对应的转角。

若给定连架杆的两个位置，则方程组中只有两个方程，P_0、P_1、P_2 中有一个参数可以任意给定，所以可以得到无穷解。

若给定连架杆的位置超过三个，则方程组超过三个方程，没有精确的解，只能用优化或试凑方法得到近似的解。

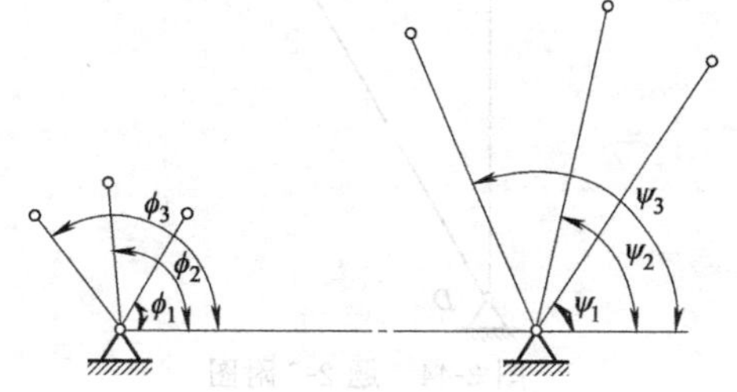

图 2-41　四杆机构解析法

习　　题

2-1　铰链四杆机构曲柄存在的条件是什么？

2-2　曲柄摇杆机构中，当哪个构件为原动件时会出现死点位置？

2-3　试分析对心曲柄滑块机构和偏对曲柄滑块机构是否存在急回特性？

2-4　怎样确定铰链四杆机构的最小传动角？

2-5　图 2-42 所示的铰链四杆机构中，各杆长分别为 $l_1=130$mm，$l_2=220$mm，$l_4=190$mm，试求：

（1）此机构为曲柄摇杆机构时，摇杆 CD 长度 l_3 是多少？

（2）如 $l_3=80$mm，该机构有无急回特性？估算行程速比系数 K。

（3）在（2）的条件下，求该机构的最小传动角。

（4）在（2）的条件下，该机构是否有死点？

2-6　图 2-43 所示偏心曲柄滑块机构中，说明

（1）此机构存在曲柄的条件；

（2）该机构有无急回特性？

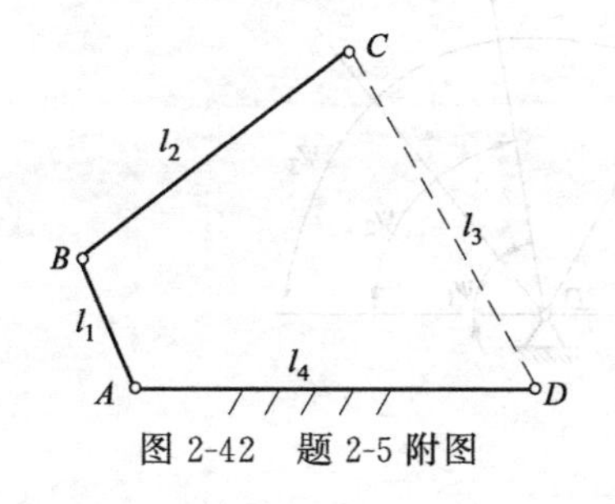

图 2-42　题 2-5 附图

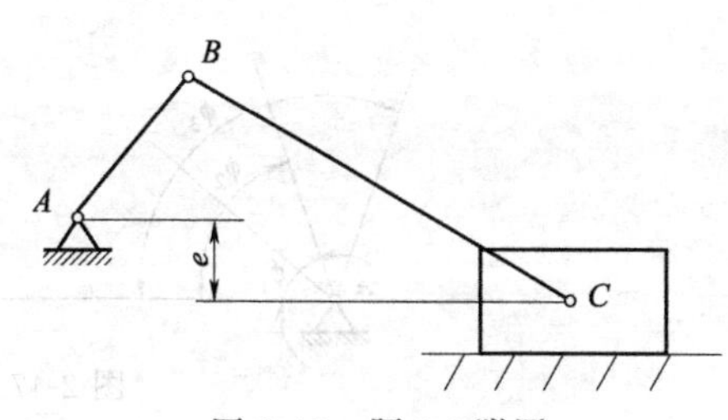

图 2-43　题 2-6 附图

(3) 当以 AB 为主动件时，标出机构的最小传动角；

(4) 该机构有无死点，说明存在死点的条件。

2-7 图 2-44 所示导杆机构中，当以 AB 为原动件时

(1) 作出此机构的极位夹角；

(2) 标出该机构的最小传动角，并说明该机构传动角的变化规律。

2-8 如图 2-45 所示，已知一铰链四杆机构的行程速比系数 $K=1.5$，其摇杆长度为 $l_3=70\text{mm}$，最大摆角为 100°，当摇杆在两个极限位置时与机架上的两固定铰链中心连线所成的夹角分别为 50°和 30°，试求：

(1) 作图法求其曲柄、连杆及机架的长度；

(2) 曲柄为原动件时的最小传动角。

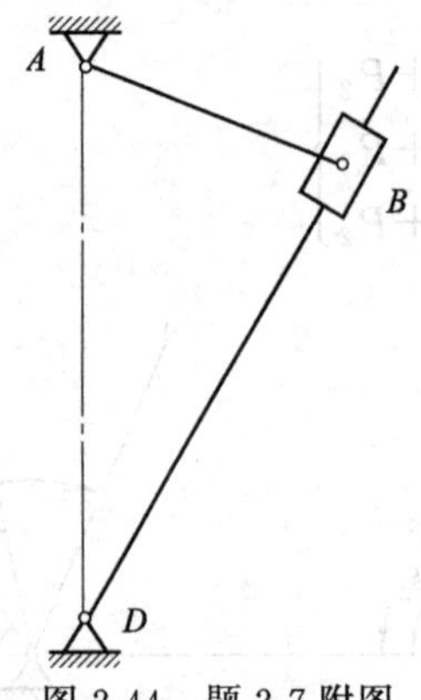

图 2-44 题 2-7 附图

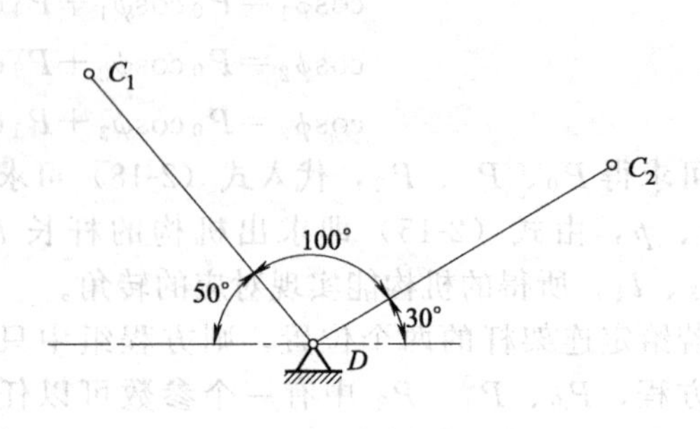

图 2-45 题 2-8 附图

2-9 图 2-46 所示曲柄滑块机构，若已知滑块的位置 $H_1=10\text{mm}$，$H_2=20\text{mm}$，$H_3=40\text{mm}$，摇杆对应的角位移 $\alpha_1=60°$，$\alpha_2=90°$，$\alpha_3=135°$，偏距 $e=20\text{mm}$，试求：

(1) 设计此机构，确定曲柄及连杆的长度；

(2) 滑块为原动件时的死点。

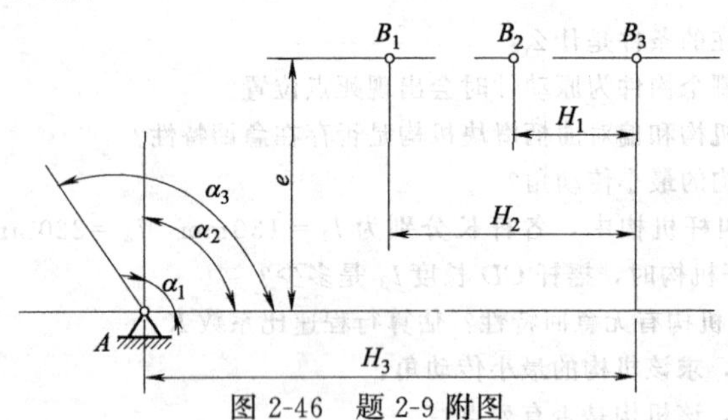

图 2-46 题 2-9 附图

2-10 图 2-47 所示四杆机构，两连架杆的三组对应位置为 $\phi_1=40°$，$\phi_2=70°$，$\phi_3=110°$；$\psi_1=50°$，$\psi_2=80°$，$\psi_3=120°$。用解析法和图解法分别设计此四杆机构。

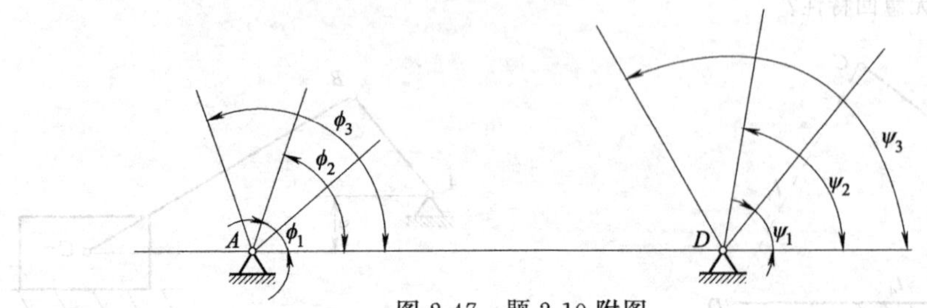

图 2-47 题 2-10 附图

3 凸轮机构

3.1 凸轮机构的应用及分类

在各种机械中通常要求从动件的位移、速度或加速度按照给定的规律变化，采用低副机构实现给定的运动规律比较困难，特别是较复杂的运动规律很难实现。凸轮机构能较易实现复杂运动规律，它是由具有曲线轮廓或凹槽的构件，通过高副接触带动从动件实现预期运动规律的一种高副机构。

3.1.1 凸轮机构的应用

凸轮机构是一种常用机构，广泛地应用于各种机械，特别是自动机械、自动控制装置和装配生产线中。例如，图 3-1（a）所示的凸轮机构为自动送料凸轮机构，当具有凹槽的圆柱凸轮 1 回转时，其凹槽的侧面推动槽中的滚子 2 往复运动，将待加工的毛坯推到预定的位置。而利用图 3-1（b）所示的内燃机配气凸轮机构，凸轮 1 匀速转动，通过其曲线轮廓向径的变化，驱动从动件 2（气阀）按内燃机工作循环的要求有规律地开启和闭合，以控制进气或排气。图 3-1（c）所示为绕线机的凸轮机构，当绕线轴快速旋转时，经过蜗杆传动带动凸轮 1 慢速转动，通过其轮廓的变化驱使从动件 2 往复摆动，从而使线均匀地缠绕在绕线轴

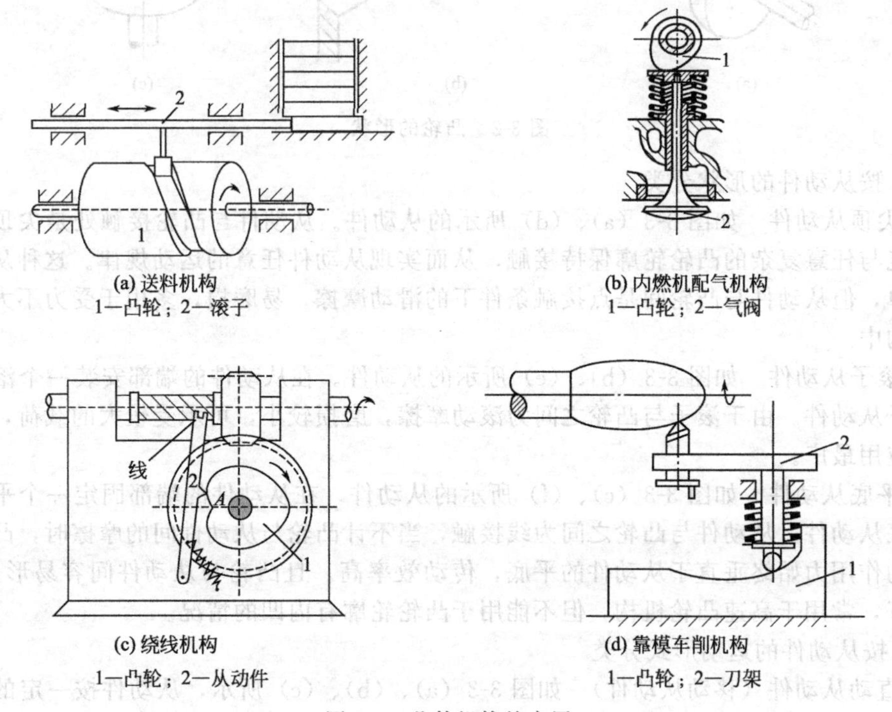

图 3-1　凸轮机构的应用

上。图 3-1（d）所示为利用靠模法车削零件的凸轮机构，工件回转，凸轮 1 作为靠模被固定在床身上，刀架 2 在弹簧作用下与凸轮轮廓紧密接触，当拖板带动刀架横向移动时，刀具便走出与凸轮轮廓相同的轨迹，切削出与凸轮曲线一致的工件。

从以上所举的例子可以看出，凸轮机构主要是由机架、凸轮和从动件三个基本构件组成。

凸轮机构的特点是：只要适当的设计凸轮的轮廓曲线，就可以使从动件得到各种预期的运动规律，而且机构简单、紧凑、设计方便，同时还可以实现从动件的间歇运动。但由于凸轮与从动件之间为点、线接触，易磨损，故只用于受力不大的场合。

3.1.2 凸轮机构的分类

凸轮机构的类型较多，常以凸轮和从动件的形状和运动形式的不同来分类。

（1）按凸轮形状分类

① 盘形凸轮　如图 3-2（a）中的凸轮。这种凸轮是一个绕固定轴转动并且具有变化向径的盘形零件，当其绕固定轴转动时，可推动从动件在垂直于凸轮转轴的平面内运动。它是凸轮的最基本型式，结构简单，应用最广。

② 移动凸轮　如图 3-2（b）中的凸轮。当盘形凸轮的转轴位于无穷远处时，就演化成了移动凸轮。凸轮呈板状，它相对于机架作直线移动。

③ 圆柱凸轮　如图 3-2（c）中的凸轮。凸轮绕轴线转动，它可以看作是将移动凸轮卷成圆柱体所形成，从动件与凸轮之间的相对运动为空间运动，属于空间凸轮机构。

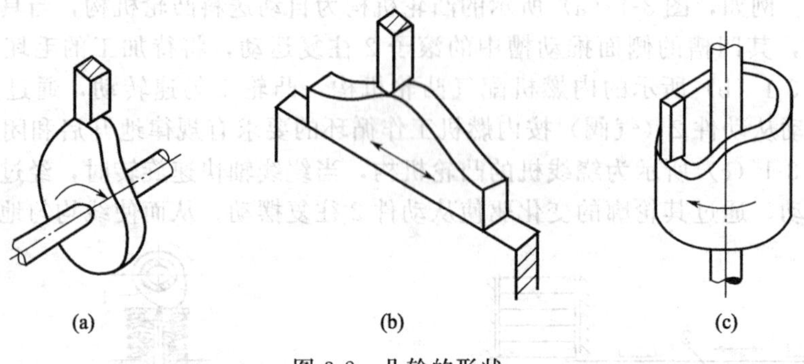

图 3-2　凸轮的形状

（2）按从动件的形状分类

① 尖顶从动件　如图 3-3（a）、（d）所示的从动件。从动件与凸轮接触处是尖顶。尖顶从动件能与任意复杂的凸轮轮廓保持接触，从而实现从动件任意的运动规律。这种从动件结构最简单，但从动件与凸轮间是点接触条件下的滑动摩擦，易磨损，多用于受力不大的低速凸轮机构中。

② 滚子从动件　如图 3-3（b）、（e）所示的从动件。在从动件的端部安装一个滚子，即成为滚子从动件。由于滚子与凸轮之间为滚动摩擦，磨损较小，可承受较大的载荷，在凸轮机构中应用最广。

③ 平底从动件　如图 3-3（c）、（f）所示的从动件。在从动件的端部固定一个平底，即成为平底从动件。从动件与凸轮之间为线接触，当不计凸轮与从动件间的摩擦时，凸轮与从动件间的作用力始终垂直于从动件的平底，传动效率高。且凸轮与从动件间容易形成油膜，润滑较好，常用于高速凸轮机构，但不能用于凸轮轮廓有内凹的情况。

（3）按从动件的运动形式分类

① 直动从动件（移动从动件）　如图 3-3（a）、（b）、（c）所示，从动件按一定的运动规律做往复直线运动。对于盘形凸轮，如果从动件导路的中心线通过凸轮的回转中心，称为对

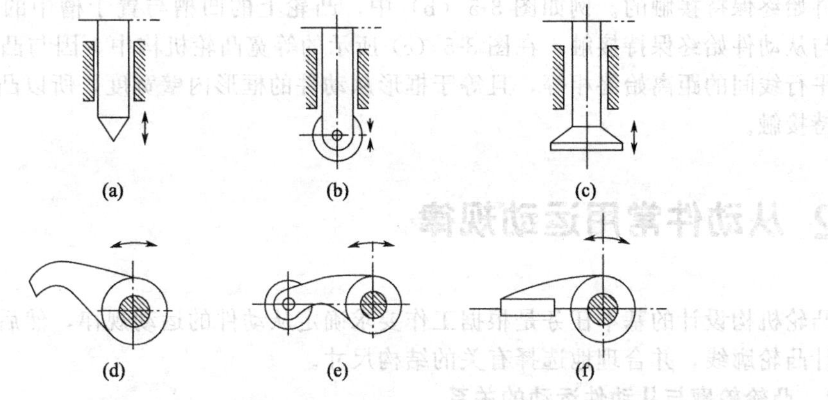

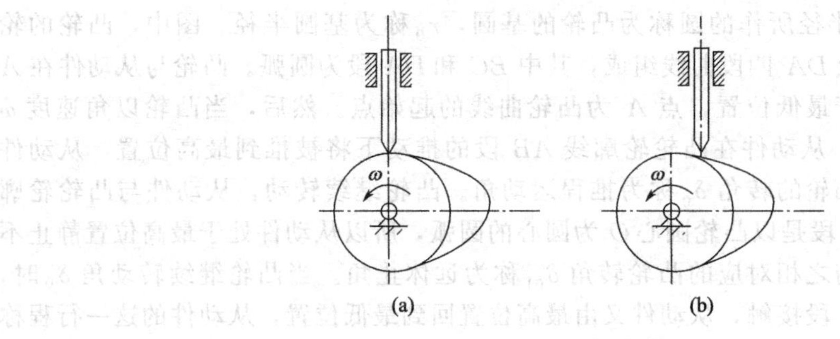

图 3-3　从动件的形式

图 3-4　从动件的位置

心直动从动件凸轮机构，如图 3-4（a）所示；从动件导路的中心线不通过凸轮的回转中心称为偏置直动从动件凸轮机构，如图 3-4（b）所示。

② 摆动从动件　如图 3-3（d）、(e)、(f) 所示，从动件按一定的运动规律绕轴线做往复摆动。

将各种不同形式的从动件和各种不同形式的凸轮组合起来，就可以得到各种不同类型的凸轮机构，如对心直动滚子从动件盘形凸轮机构，直动滚子从动件圆柱凸轮机构等。

(4) 按凸轮与从动件保持接触的方法分类

① 力封闭型　力封闭型是指利用重力、弹簧力或其它外力使从动件与凸轮轮廓始终保持接触，如图 3-5（a）所示。

② 形封闭型　形封闭型是指利用高副元素本身的几何形状使从动件与凸轮轮廓始终保持接触。在这类凸轮机构中，是利用凸轮与从动件构成的高副元素的特殊几何结构使凸轮与

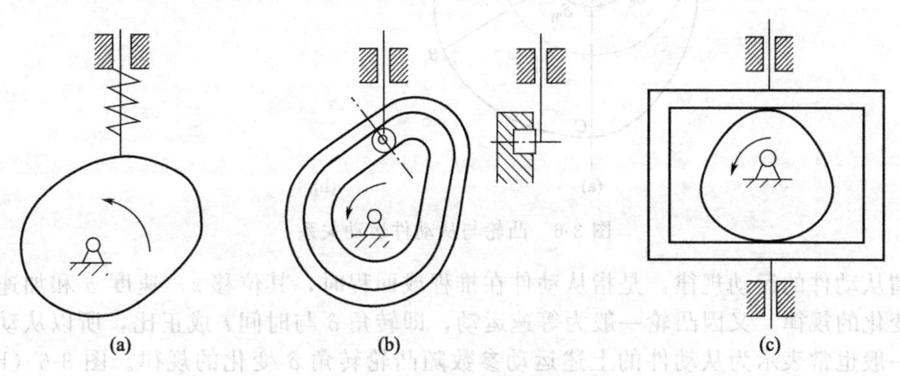

图 3-5　凸轮与从动件接触方法

从动件始终保持接触的。例如图 3-5（b）中，凸轮上的凹槽与置于槽中的从动件的滚子使凸轮与从动件始终保持接触。在图 3-5（c）所示的等宽凸轮机构中，因与凸轮廓线相切的任意两平行线间的距离始终相等，且等于框形从动件的框形内壁宽度，所以凸轮和从动件可始终保持接触。

3.2 从动件常用运动规律

凸轮机构设计的基本任务是根据工作要求确定从动件的运动规律，然后按照这一运动规律设计凸轮廓线，并合理地选择有关的结构尺寸。

3.2.1 凸轮轮廓与从动件运动的关系

如图 3-6 所示为一对心尖端从动件盘形凸轮机构。图中，以凸轮的回转中心 O 为圆心，以凸轮的最小半径 r_0 为半径所作的圆称为凸轮的基圆，r_0 称为基圆半径。图中，凸轮的轮廓由 AB、BC、CD 以及 DA 四段曲线组成，其中 BC 和 DA 段为圆弧。凸轮与从动件在 A 点接触，此时从动件处于最低位置，点 A 为凸轮曲线的起始点。然后，当凸轮以角速度 ω 顺时针转动一个角 δ_0 时，从动件在凸轮轮廓线 AB 段的推动下将被推到最高位置，从动件的这一行程称为推程。凸轮的转角 δ_0 称为推程运动角。凸轮继续转动，从动件与凸轮轮廓线 BC 段接触，由于 BC 段是以凸轮圆心 O 为圆心的圆弧，所以从动件处于最高位置静止不动，此过程称为远休，与之相对应的凸轮转角 δ_{01} 称为远休止角。当凸轮继续转动角 δ_0' 时，从动件与凸轮轮廓线 CD 段接触，从动件又由最高位置回到最低位置，从动件的这一行程称为回程。凸轮的转角 δ_0' 称为回程运动角。最后当从动件与凸轮轮廓线 DA 段接触时，由于 DA 段为凸轮轴心 O 为圆心的圆弧，所以从动件在最低位置静止不动，此过程成为近休，相应凸轮的转角 δ_{02} 称为近休止角。凸轮继续转动，从动件则重复上述过程。从动件在推程或回程中移动的距离称为从动件的行程，通常用 h 表示。

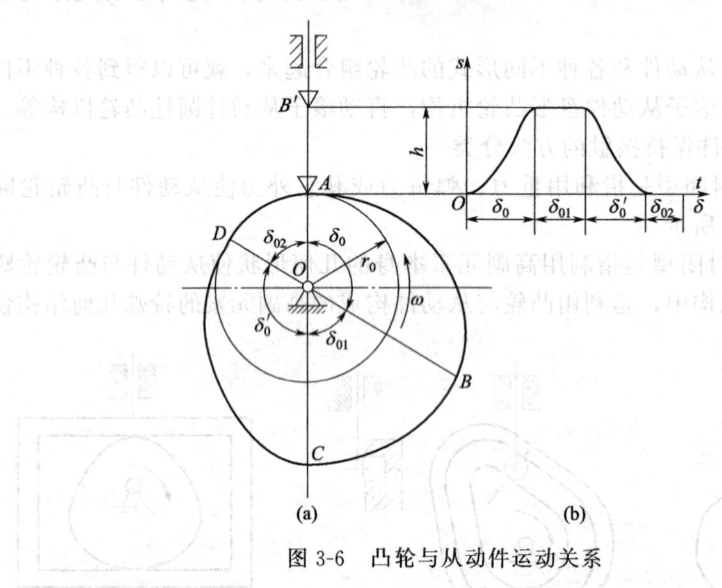

图 3-6 凸轮与从动件运动关系

所谓从动件的运动规律，是指从动件在推程或回程时，其位移 s、速度 v 和加速度 a 随时间 t 变化的规律。又因凸轮一般为等速运动，即转角 δ 与时间 t 成正比，所以从动件的运动规律一般也常表示为从动件的上述运动参数随凸轮转角 δ 变化的规律。图 3-6（b）就是从动件位移随凸轮转角变化的位移曲线。

3.2.2 从动件的运动规律

根据从动件运动规律所用的数学表达式的不同，常用的主要有多项式运动规律和三角函数运动规律。其中多项式运动规律常用的有等速运动规律和等加速等减速运动规律，三角函数运动规律常用的有简谐运动规律和正弦加速度运动规律。

3.2.2.1 等速运动规律

从动件运动速度不变的运动规律称为等速运动规律。凸轮以等角速度 ω 转动，在推程时，凸轮的运动角为 δ_0，从动件完成行程 h，则有：

$$\left.\begin{aligned} \delta &= C_0 + C_1\delta \\ v &= \frac{\mathrm{d}s}{\mathrm{d}t} = \omega C_1 \\ a &= \frac{\mathrm{d}v}{\mathrm{d}t} = 0 \end{aligned}\right\} \tag{3-1}$$

式中 δ——凸轮转角；

s，v，a——从动件的位移、速度和加速度；

C_0，C_1——待定系数。

设取边界条件为：在始点处 $\delta=0$，$s=0$；在终点处 $\delta=\delta_0$，$s=h$。则由式（3-1）可得 $C_0=0$，$C_1=h/\delta_0$，故从动件推程的运动方程为：

$$\left.\begin{aligned} s &= h\delta/\delta_0 \\ v &= h\omega/\delta_0 \\ a &= 0 \end{aligned}\right\} \tag{3-2}$$

同理，可求得回程时，从动件的运动方程式。由于规定从动件的位移由其最低位置算起，故在回程时从动件的位移 s 是逐渐减小的，即从动件运动的初始条件为：$\delta=0$，$s=h$。而当回程终点处为：$\delta=\delta_0'$，$s=0$。于是得回程时从动件的运动方程式为：

$$\left.\begin{aligned} s &= h(1-\delta/\delta_0') \\ v &= -h\omega/\delta_0' \\ a &= 0 \end{aligned}\right\} \tag{3-3}$$

式中，δ_0' 为回程的凸轮运动角；而凸轮转角 δ 应从此段运动规律的起始位置计量起。

图 3-7 所示为从动件等速运动线图（推程）。由图 3-7 可知，从动件在运动开始和终止的瞬时，速度有突变，这时从动件的加速度在理论上将出现瞬时的无穷大值，致使从动件突然产生非常大的惯性力，使凸轮机构受到极大的冲击，这种冲击称为刚性冲击。

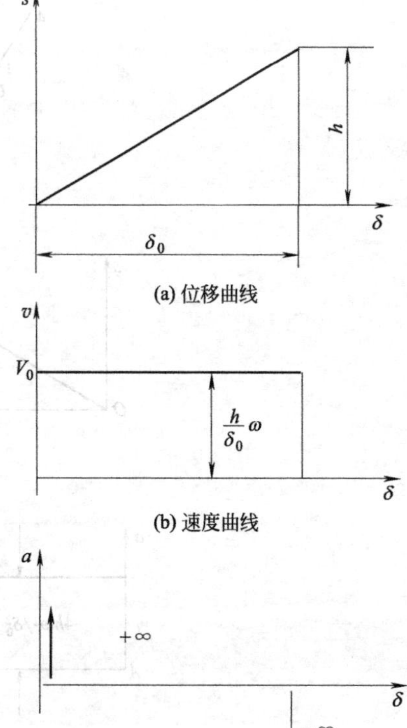

(a) 位移曲线

(b) 速度曲线

(c) 加速度曲线

图 3-7 等速运动规律曲线

3.2.2.2 等加速等减速运动规律

等加速等减速运动是指从动件在一个行程 h 中，先作等加速运动，后作等减速运动，且加速度与减速度的绝对值相等（根据工作的需要，二者也可以不相等）。此时，从动件在加速运动阶段和减速运动阶段所完成的位移也相等，即各为 h/s。采用等加速等减速运动规律的表达式为：

$$\left.\begin{aligned}s&=C_0+C_1\delta+C_2\delta^2\\v&=\frac{\mathrm{d}s}{\mathrm{d}t}=\omega C_1+2\omega C_2\delta\\a&=\frac{\mathrm{d}v}{\mathrm{d}t}=2\omega^2C_2\end{aligned}\right\}\tag{3-4}$$

式中　　δ——凸轮转角；

　　　　s——从动件位移；

C_0，C_1，C_2——待定系数。

由式（3-4）可见，从动件的加速度为常数。为保证凸轮机构运动平稳性，通常使从动件先作加速运动，后作减速运动。设在加速段与减速段凸轮的运动角及从动件的行程各占一半（即各为 $\delta_0/2$ 及 $h/2$）。这时，推程加速度段的边界条件为：在始点处 $\delta=0$，$s=0$，$v=0$；在终点处 $\delta=\delta_0/2$，$s=h/2$。

将边界条件代入式（3-4），可求得 $C_0=0$，$C_1=0$，$C_2=2h/\delta_0^2$，故从动件等加速推程段的运动方程为：

$$\left.\begin{aligned}s&=2h\delta^2/\delta_0^2\\v&=4h\omega\delta/\delta_0^2\\a&=4h\omega^2/\delta_0^2\end{aligned}\right\}\tag{3-5}$$

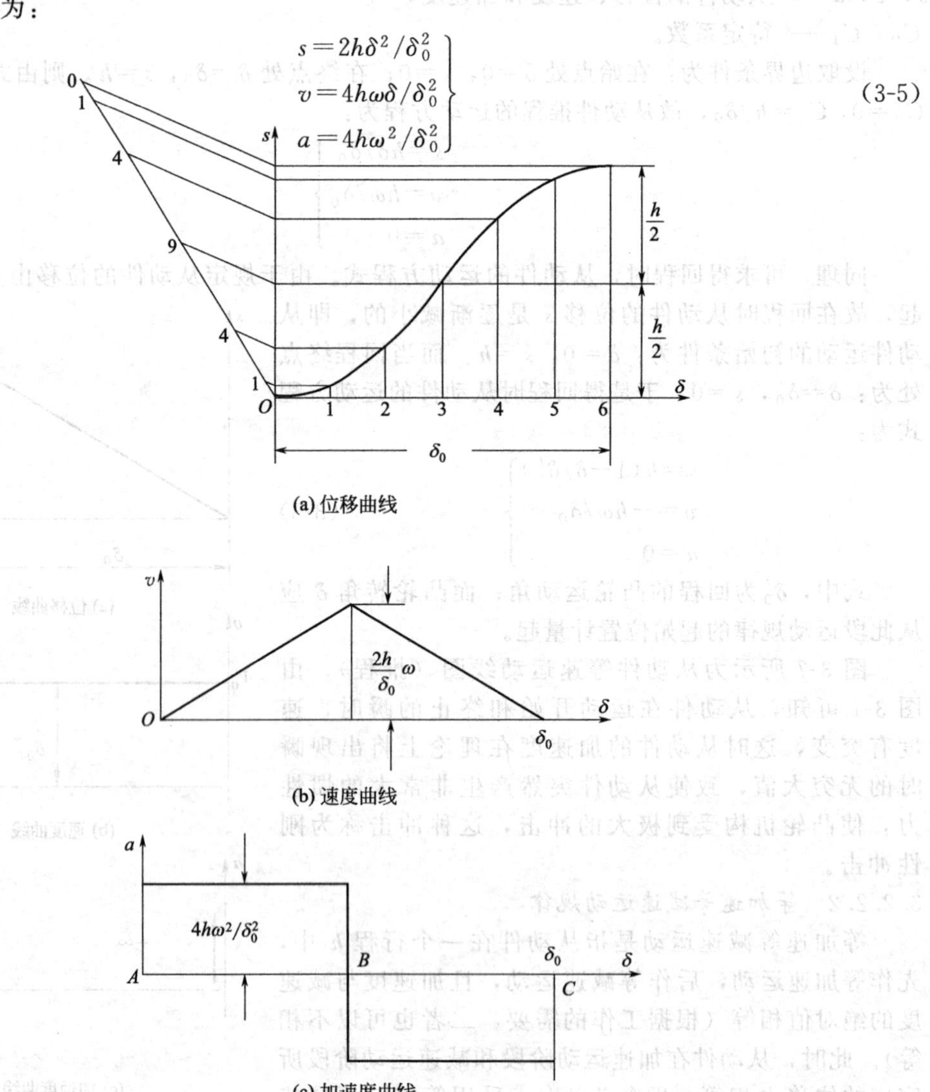

(a) 位移曲线

(b) 速度曲线

(c) 加速度曲线

图 3-8　等加速等减速运动规律曲线

式中，δ 的变化范围为 $0\sim\delta_0/2$。由式（3-5）可见，在此阶段中，从动件的位移 s 与凸轮转角 δ 的平方成正比，故其位移曲线为一抛物线，如图 3-8（a）所示。

推程减速度段的边界条件为：在始点处，$\delta=\delta_0/2$，$s=h/2$；在终点处，$\delta=\delta_0/2$，$s=h$，$v=0$。

将边界条件代入式（3-5），可求得 $C_0=-h$，$C_1=4h/\delta_0$，$C_2=-2h/\delta_0{}^2$。故从动件等减速推程段的运动方程为：

$$\left.\begin{aligned} s&=h-2h(\delta_0-\delta)^2/\delta_0^2 \\ v&=4h\omega(\delta_0-\delta)/\delta_0^2 \\ a&=-4h\omega^2/\delta_0^2 \end{aligned}\right\} \tag{3-6}$$

式中，δ 的变化范围为 $\delta_0/2\sim\delta_0$。这时从动件的位移曲线，如图 3-8（a）所示为另一段与前者曲率方向相反的抛物线。

上述两种运动规律的结合，构成从动件的等加速和等减速运动规律。其运动线图如图 3-8 所示，由图可见，在 A、B、C 三点从动件的加速度有突变，因而从动件的惯性力也将有突变，不过这一突变为有限值，因而引起的冲击是有限的，称这种冲击为柔性冲击。

回程时等加速等减速运动规律，由于在起始点从动件处于最高位置，即 $s=h$。随着凸轮的转动，从动件逐渐下降，可得回程时的运动方程如下。

等加速回程：

$$\left.\begin{aligned} s&=h-2h\delta^2/\delta'^2_0 \\ v&=-4h\omega\delta/\delta'^2_0 \\ a&=-4h\omega^2/\delta'^2_0 \end{aligned}\right\}(\delta=0\sim\delta'/2) \tag{3-7}$$

等减速回程：

$$\left.\begin{aligned} s&=2h(\delta_0'-\delta)^2/\delta'^2_0 \\ v&=-4h\omega(\delta_0'-\delta)/\delta'^2_0 \\ a&=4h\omega^2/\delta'^2_0 \end{aligned}\right\}\quad(\delta=\delta_0'/2\sim\delta_0') \tag{3-8}$$

从动件多项式运动规律的一般表达式为：

$$s=C_0+C_1\delta+C_1\delta^2+\cdots+C_x\delta^n \tag{3-9}$$

式中　　δ——凸轮转角；

s——从动件位移；

C_0，C_1，C_2，…——待定系数，可利用边界条件来确定。

若从动件采用高次多项式的运动规律，可使从动件的运动规律既无刚性冲击也无柔性冲击，但因当边界条件增多，会使设计计算复杂，加工精度也难以达到，故通常不宜采用太高次数的多项式运动规律。

3.2.2.3　简谐运动规律

当从动件的加速度按余弦规律（又称简谐运动规律）变化时，其推程时的运动方程为：

$$\left.\begin{aligned} s&=h[1-\cos(\pi\delta/\delta_0)]/2 \\ v&=\pi h\omega\sin(\pi\delta/\delta_0)/2\delta_0 \\ a&=\pi^2h\omega^2\cos(\pi\delta/\delta_0)2\delta_0^2 \end{aligned}\right\} \tag{3-10}$$

回程时的运动方程式为：

$$\left.\begin{aligned} s&=h[1+\cos(\pi\delta/\delta_0')]/2 \\ v&=-\pi h\sin(\pi\delta/\delta_0')/2\delta_0' \\ a&=-\pi^2h\omega^2\cos(\pi\delta/\delta_0')/2\delta'^2_0 \end{aligned}\right\} \tag{3-11}$$

从动件按余弦加速度规律运动时的运动线图（推程）如图 3-9 所示。由图可见，在首、末两点从动件的加速度有突变，故也有柔性冲击。由图 3-9（a）可见当一点在圆周上等速运动时，其在直径上的投影的运动即为简谐运动，同时，由运动线图中还可以看出，在整个推程中，从动件加速度按余弦加速度规律的变化只完成了余弦的半个周期。

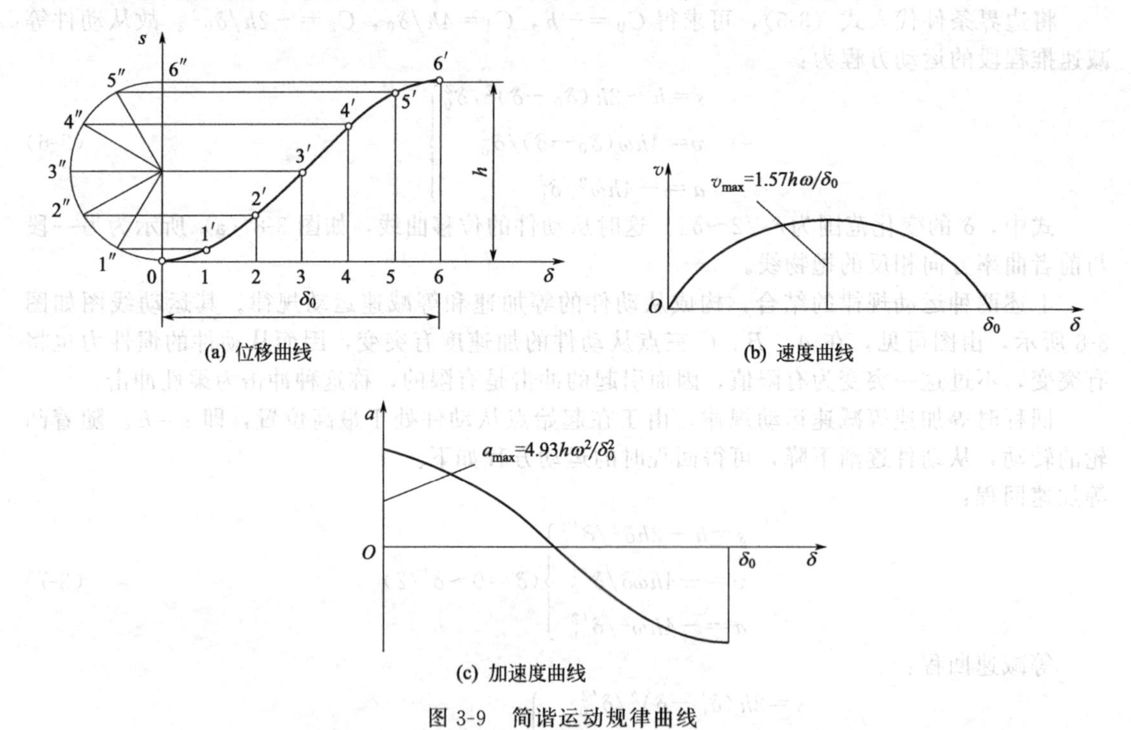

图 3-9　简谐运动规律曲线

3.2.2.4　正弦加速度运动规律

为了改善凸轮机构的动力学特性，避免冲击和减小磨损，从动件的加速度可采用正弦曲线的变化规律，又称摆线运动规律。

当从动件的加速度按正弦规律变化时，其推程时的运动方程式为：

$$\left.\begin{aligned} s&=h[(\delta/\delta_0)-\sin(2\pi\delta/\delta_0)/2\pi] \\ v&=h\omega[1-\cos(2\pi\delta/\delta_0)]/\delta_0 \\ a&=2\pi h\omega^2\sin(2\pi\delta/\delta_0)/\delta_0^2 \end{aligned}\right\} \tag{3-12}$$

从动件回程时的运动方程式为：

$$\left.\begin{aligned} s&=h[1-(\delta/\delta_0')+\sin(2\pi\delta/\delta_0')/2\pi] \\ v&=h\omega[\cos(2\pi\delta/\delta_0')-1]/\delta_0' \\ a&=-2\pi h\omega^2\sin(2\pi\delta/\delta_0')/\delta_0'^2 \end{aligned}\right\} \tag{3-13}$$

从动件按正弦加速度规律运动时的运动线图（推程时）如图 3-10 所示。

由图 3-10 可见，从动件作正弦加速度运动时，其加速度没有突变，因而不产生冲击。另外，在推程中从动件加速度按正弦加速度规律的变化完成了正弦的一个整周期。由图 3-10（a）可见，当半径为 R 的圆沿纵坐标纯滚动一周，其周长正好等于从动件的行程，此圆上一点 A 的投影轨迹是摆线。

3.2.2.5　组合运动规律

除已介绍的从动件常用的几种运动规律外，根据工作需要，还可以选择其他的运动规律，或者将上述常用的运动规律组合使用，以改善其运动特性。

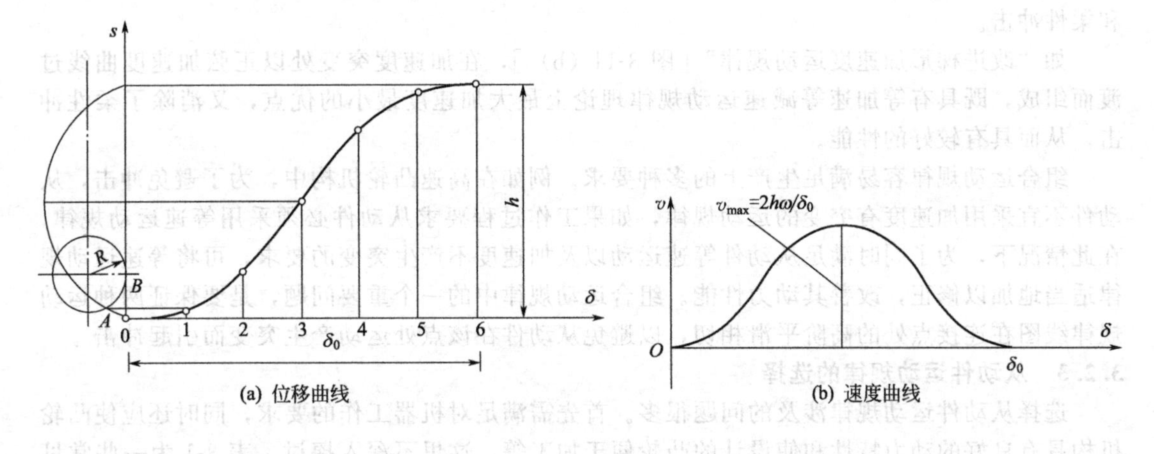

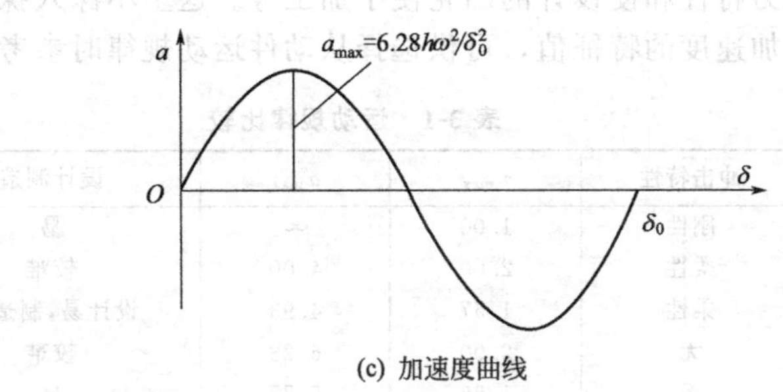

(c) 加速度曲线

图 3-10 正弦加速度运动规律曲线

等速运动规律在始末两点存在刚性冲击，故需加以改进。图 3-11（a）为正弦加速度与等速运动规律组合而成的改进型等速运动规律，凸轮的推程运动角 δ_0 分为三段：δ_1 段和 δ_3 段为半个周期的正弦加速度运动规律，δ_2 段为等速运动规律。这种组合运动规律无刚性冲击

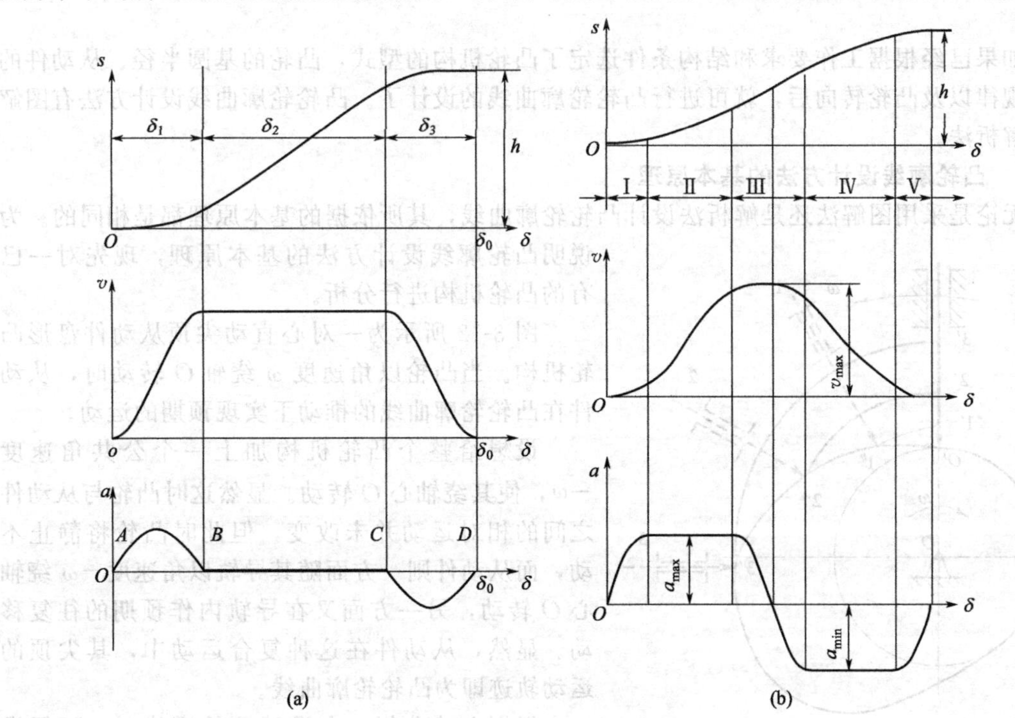

图 3-11 组合运动规律曲线

和柔性冲击。

如“改进梯形加速度运动规律”［图 3-11（b）］，在加速度突变处以正弦加速度曲线过渡而组成，既具有等加速等减速运动规律理论上最大加速度最小的优点，又消除了柔性冲击，从而具有较好的性能。

组合运动规律容易满足生产上的多种要求。例如在高速凸轮机构中，为了避免冲击，从动件不宜采用加速度有突变的运动规律，如果工作过程要求从动件必须采用等速运动规律，在此情况下，为了同时满足从动件等速运动以及加速度不产生突变的要求，可将等速运动规律适当地加以修正，改善其动力性能。组合运动规律中的一个重要问题，是要保证两种运动规律线图在连接点处的高阶平滑相切，以避免从动件在该点处运动产生突变而引起冲击 。

3.2.3 从动件运动规律的选择

选择从动件运动规律涉及的问题很多。首先需满足对机器工作的要求，同时还应使凸轮机构具有良好的动力特性和使设计的凸轮便于加工等。这里不深入探讨。表 3-1 为一些常见运动规律的速度、加速度的特征值，可供选择从动件运动规律时参考。

表 3-1 运动规律比较

运动规律	冲击特性	v_{max}	a_{max}	设计制造	适用场合
等速	刚性	1.00	∞	易	低速轻载
等加速等减速	柔性	2.00	4.00	较难	中速轻载
简谐	柔性	1.57	4.93	设计易，制造难	中速中载
正弦	无	2.00	6.28	较难	高速轻载
5 次多项式	无	1.88	5.77	难	高速中载

3.3 凸轮轮廓曲线设计

如果已经根据工作要求和结构条件选定了凸轮机构的型式，凸轮的基圆半径、从动件的运动规律以及凸轮转向后，就可进行凸轮轮廓曲线的设计了。凸轮轮廓曲线设计方法有图解法和解析法。

3.3.1 凸轮廓线设计方法的基本原理

无论是采用图解法还是解析法设计凸轮轮廓曲线，其所依据的基本原理都是相同的。为说明凸轮廓线设计方法的基本原理，现先对一已有的凸轮机构进行分析。

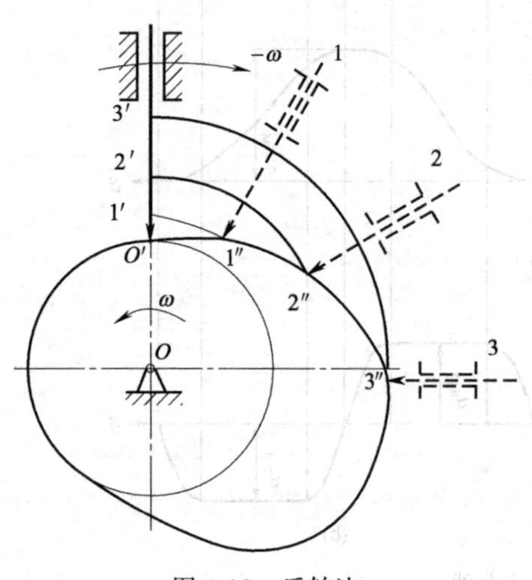

图 3-12 反转法

图 3-12 所示为一对心直动尖顶从动件盘形凸轮机构。当凸轮以角速度 ω 绕轴 O 转动时，从动件在凸轮轮廓曲线的推动下实现预期的运动。

设想给整个凸轮机构加上一个公共角速度 $-\omega$，使其绕轴心 O 转动。显然这时凸轮与从动件之间的相对运动并未改变，但此时凸轮将静止不动，而从动件则一方面随其导轨以角速度 $-\omega$ 绕轴心 O 转动，另一方面又在导轨内作预期的往复移动。显然，从动件在这种复合运动中，其尖顶的运动轨迹即为凸轮轮廓曲线。

根据上述分析，在设计凸轮廓线时，可假设

凸轮静止不动，而令从动件相对于凸轮作反转运动，同时又在其导轨内作预期运动，作出从动件在这种复合运动中的一系列位置，则其尖顶的轨迹就是所要求的凸轮廓线。这就是凸轮廓线设计方法的基本原理，这种设计凸轮廓线的方法，称为反转法。

3.3.2 图解法设计凸轮廓线

（1）对心直动尖顶从动件盘形凸轮机构

如图 3-13 所示，已知从动件的位移曲线［图 3-13（a）］及凸轮的基圆半径 r_0，凸轮以等角速度 ω 回转，要求设计对心直动尖顶从动件盘形凸轮机构的凸轮轮廓曲线。

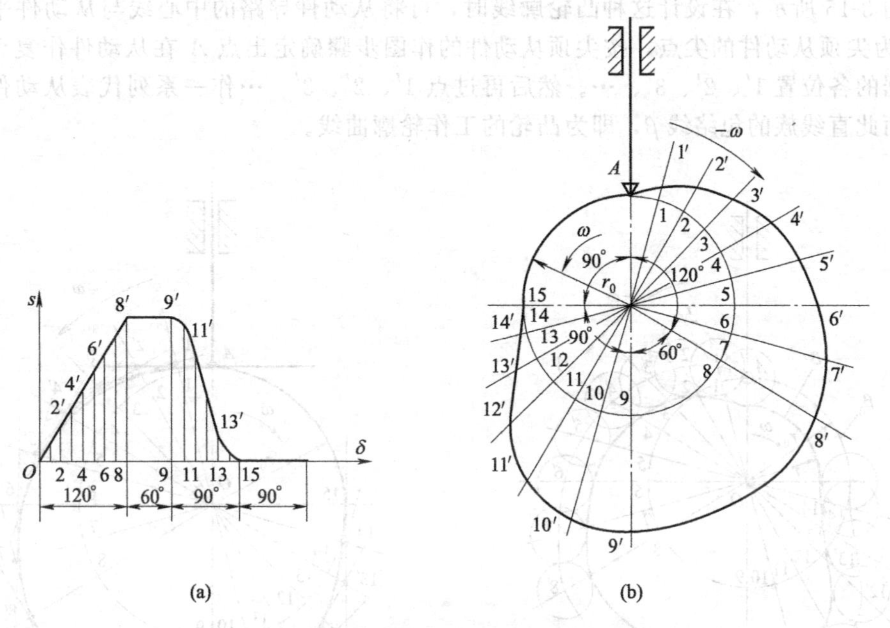

图 3-13 对心直动尖顶从动件盘形凸轮轮廓曲线绘制

利用反转法设计该凸轮廓线的作图步骤如下。

ⅰ. 选取适当的比例尺 μ。根据已知的基圆半径 r_0 作出凸轮的基圆，取基圆与从动件导路中心线的交点作为从动件尖顶的起始位置；

ⅱ. 选定某一分度值，将从动件位移曲线进行等分。如图 3-13（a）所示将推程分为 8 等份，1-1′、2-2′、3-3′、…为从动件在各等分点时的位移值。从动件在等分点处的位移值也可根据运动规律函数计算获得。

ⅲ. 确定从动件在反转运动中占据的各个位置。将凸轮的各个运动角按从动件运动规律曲线等分数相应等分，如图 3-13（b）将推程运动角 120°也进行 8 等分，得到等分角线 O-1、O-2、O-3、…，即代表从动件由起始位置 A 沿 $-\omega$ 方向绕轴 O 反转运动中依次占据的位置。

ⅳ. 确定从动件在复合运动中依次占据的位置。如图 3-13（b）所示，在等分角线 O-1、O-2、O-3、…上，由基圆开始向外量取从动件在相应等分点处的位移值 1-1′、2-2′、3-3′、…，得点 1′、2′、3′、…，即为从动件尖顶在复合运动中依次占据的位置。

ⅴ. 将起始点 A 及点 1′、2′、3′、…连成一光滑曲线，即为与凸轮轮廓曲线。

注意，若利用图解法量出位移曲线，需要从动件位移曲线和凸轮轮廓曲线两图的选用相同的比例尺。

（2）对心直动滚子从动件盘形凸轮机构

为改善从动件尖顶的磨损，常采用滚子从动件。设计时可将滚子的中心看成从动件的尖顶，按尖顶从动件的设计方法进行设计，如图 3-14 所示。

尖顶从动件的设计方法进行设计可得到滚子中心的轮廓曲线，滚子中心在复合运动中的轨迹 β_0 称为凸轮的理论廓线，再以点 A、$1'$、$2'$、$3'$、…，为圆心，以滚子半径 r_r 为半径，作一系列的圆，再作此圆族的包络线，即为凸轮的轮廓曲线，滚子直接接触的凸轮廓线 β 称为凸轮的工作廓线或实际廓线。凸轮的基圆半径通常系指理论廓线的基圆半径，即图中所示的 r_0。

(3) 对心直动平底从动件盘形凸轮机构

如图 3-15 所示，在设计这种凸轮廓线时，可将从动件导路的中心线与从动件平底的交点 A 视为尖顶从动件的尖点，按尖顶从动件的作图步骤确定出点 A 在从动件作复合运动时依次占据的各位置 $1'$、$2'$、$3'$、…。然后再过点 $1'$、$2'$、$3'$、…作一系列代表从动件平底的直线，而此直线族的包络线 β，即为凸轮的工作轮廓曲线。

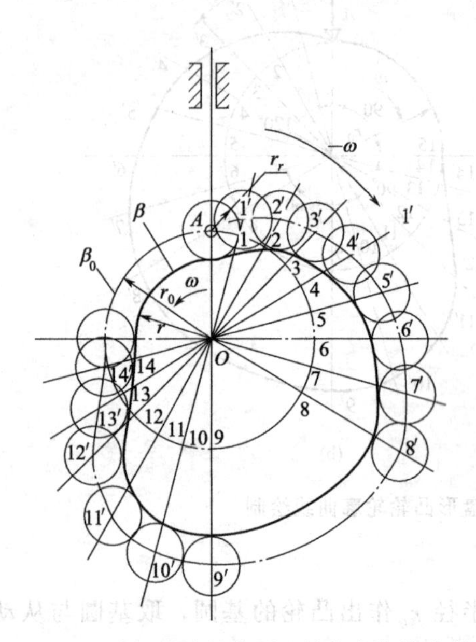

图 3-14 滚子从动件盘形凸轮轮廓曲线绘制

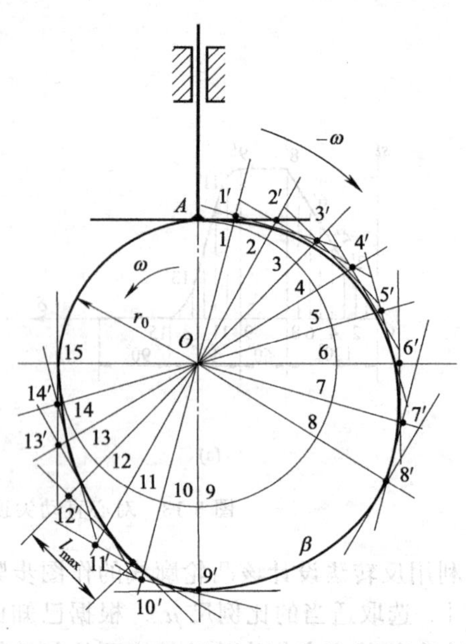

图 3-15 平底从动件盘形凸轮轮廓曲线绘制

(4) 偏置直动尖顶从动件盘形凸轮机构

从动件导路中心线和凸轮回转中心 O 点之间偏置一个距离 e，e 称为偏距。绘制此类凸轮轮廓曲线时，应已知从动件的位移曲线、凸轮基圆半径、偏距 e。

如图 3-16 所示，在这类凸轮机构中，从动件的轴线不通过凸轮的回转轴心 O，而是有一偏距 e。此时，从动件在反转运动中依次占据的位置不再是由凸轮回转轴心 O 作出的径向线，而是始终与 O 保持一偏距 e 的直线。因此，若以凸轮的轴心 O 为圆心，以偏距 e 为半径作圆（称为偏距圆），则从动件在反转运动中依次占据的位置必然都是偏距圆的切线（$K_{1-1'}$、$K_{2-2'}$、$K_{3-3'}$、…），从动件的位移（1-1'、2-2'、3-3'、…）也应沿这些切线，从基圆开始向外量取，这是与对心直动从动件不同的地方。至于其余的作图步骤与对心直动从动件凸轮廓线的作法相同。

(5) 摆动尖顶从动件盘形凸轮机构

摆动尖顶从动件盘形凸轮机构凸轮廓线的设计同样也可利用反转法进行设计。所不同的是从动件的预期运动规律要用从动件的角位移 ϕ 来表示。因此设计凸轮廓线时，必须给出从动件的角位移方程式 $\phi=\phi(\delta)$，以便计算从动件的各角位移 ϕ_1、ϕ_2、…。只需将直动从动件的各位移方程中位移 s 了改为角位移 ϕ，行程 h 改为角行程 Φ，就可用来求摆动从动件的角位移了。

如图 3-17 所示，在反转运动中，摆动从动件的回转轴心 A，将沿着以凸轮轴心 O 为圆心，以$\overline{OA}$为半径的圆上作圆周运动。图 3-17 中各点 A_1、A_2、A_3、…，即从动件轴心 A 在反转运动中依次占据的位置。再以点 A_1、A_2、A_3、…为圆心，以摆动从动件的长度 AB 为半径作圆弧与基圆交于点 B_1、B_2、B_3、…，则 A_1B_1、A_2B_2、A_3B_3、…即摆动从动件在反转运动中依次占据的位置。然后再分别从 A_1B_1、A_2B_2、A_3B_3、…量取摆动从动件的角位移 ϕ_1、ϕ_2、ϕ_3、…得 A_1B_1'、A_2B_2'、A_3B_B'、…，则点 B_1'、B_2'、B_3'、…即摆动从动件的尖顶在复合运动中依次占据的位置。所以过起始点 B 及点 B_1'、B_2'、B_3'、… 连成的光滑曲线就是所要求的凸轮廓线。

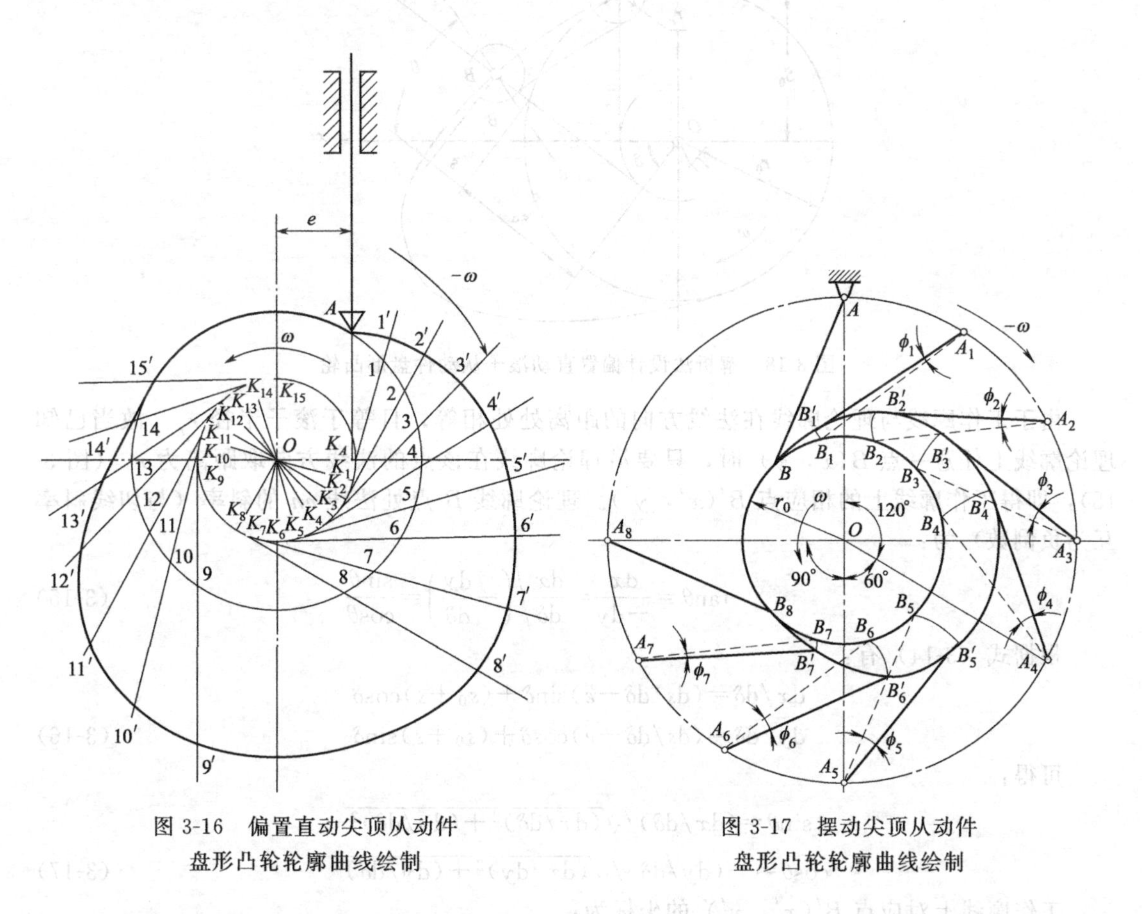

图 3-16　偏置直动尖顶从动件盘形凸轮轮廓曲线绘制

图 3-17　摆动尖顶从动件盘形凸轮轮廓曲线绘制

3.3.3　解析法设计凸轮廓线

图解法可以简便的设计出凸轮的轮廓，但作图误差较大，难以满足高精、高速机械中的凸轮机构需求，因而需要用解析法进行设计以提高凸轮廓线的设计精度。解析法设计凸轮，首先建立凸轮的轮廓曲线的解析表达式，然后准确的解出凸轮轮廓曲线上各点的坐标值。下面将以盘形凸轮机构的解析法设计为例加以介绍。

3.3.3.1　偏置直动滚子从动件盘形凸轮

如图 3-18 所示，选取 Oxy 坐标系，B_0点为凸轮廓线起始点。开始时从动件滚子中心处于 B_0点处，当凸轮转过 δ 角度时，从动件相应地产生位移 s。由反转法作图可看出，此时滚子中心应处于 B 点，其直角坐标为：

$$x=(s_0+s)\sin\delta+e\cos\delta$$
$$y=(s_0+s)\cos\delta+e\sin\delta \quad (3\text{-}14)$$
$$s_0=\sqrt{r_0^2-e^2}$$

式中，e 为偏距。式（3-14）即为凸轮的理论廓线方程式。

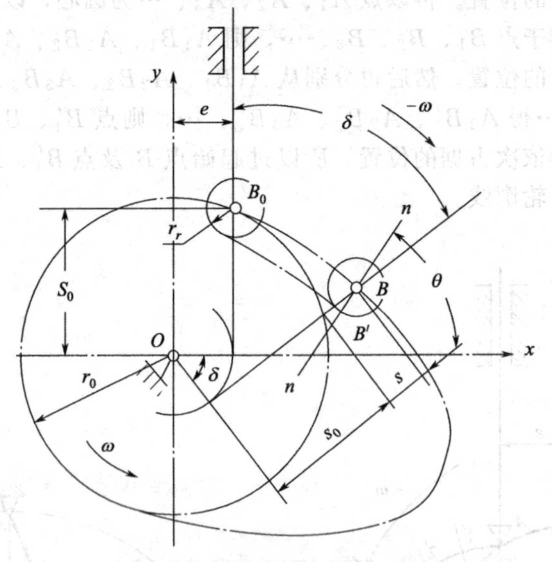

图 3-18　解析法设计偏置直动滚子从动件盘形凸轮

由于工作廓线与理论廓线在法线方向的距离处处相等，且等于滚子半径 r_r。故当已知理论廓线上任意一点 $B(x，y)$ 时，只要沿理论廓线在该点的法线方向取距离为 r_r（图 3-18），即得工作廓线上的相应点 $B'(x'，y')$。理论廓线 B 点处法线 nn 的斜率（与切线斜率互为负倒数）为：

$$\tan\theta=\frac{\mathrm{d}x}{-\mathrm{d}y}=\frac{\mathrm{d}x}{\mathrm{d}\delta}\bigg/\left(-\frac{\mathrm{d}y}{\mathrm{d}\delta}\right)=\frac{\sin\theta}{\cos\theta} \quad (3\text{-}15)$$

根据式（3-14）有：

$$\mathrm{d}x/\mathrm{d}\delta=(\mathrm{d}s/\mathrm{d}\delta-e)\sin\delta+(s_0+s)\cos\delta$$
$$\mathrm{d}y/\mathrm{d}\delta=(\mathrm{d}s/\mathrm{d}\delta-e)\cos\delta+(s_0+s)\sin\delta \quad (3\text{-}16)$$

可得：

$$\sin\theta=(\mathrm{d}x/\mathrm{d}\delta)/\sqrt{(\mathrm{d}x/\mathrm{d}\delta)^2+(\mathrm{d}y/\mathrm{d}\delta)^2}$$
$$\cos\theta=-(\mathrm{d}y/\mathrm{d}\delta)/\sqrt{(\mathrm{d}x/\mathrm{d}y)^2+(\mathrm{d}y/\mathrm{d}\delta)^2} \quad (3\text{-}17)$$

工作廓线上对应点 $B'(x'，y')$ 的坐标为：

$$x'=x\mp r_r\cos\theta \quad y'=y\mp r_r\sin\theta \quad (3\text{-}18)$$

式（3-18）为凸轮的工作廓线方程式，式中“－”号用于内等距曲线，“＋”号用于外等距曲线。

另外，式（3-16）中 e 为代数值，其正负规定如下：如图 3-18 所示，当凸轮沿逆时针方向回转时，若从动件处于凸轮回转中心的右侧，e 为正，反之为负；若凸轮沿顺时针方向回转，则相反。

3.3.3.2　对心平底从动件盘形凸轮机构

如图 3-19 所示，设坐标系的 y 轴与从动件轴线重合，当凸轮转角为 δ 时，从动件的位移为 s，而根据反转法可知，从动件平底与凸轮在 B 点相切。又由瞬心知识可知，此时凸轮与从动件的相对瞬心在 P 点，故知从动件的速度为：

$$v=v_p=\overline{OP}\omega$$

或

$$\overline{OP}=\frac{v}{\omega}=\mathrm{d}s/\mathrm{d}\delta$$

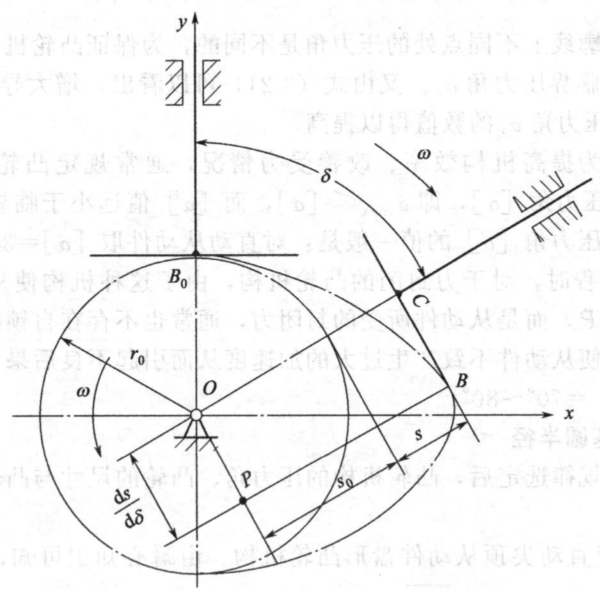

图 3-19　解析法设计直动平底从动件盘形凸轮

由图 3-19 可知 B 点的坐标 x，y 为：

$$x=(r_0+s)\sin\delta+(\mathrm{d}s/\mathrm{d}\delta)\cos\delta$$
$$y=(r_0+s)\cos\delta-(\mathrm{d}s/\mathrm{d}\delta)\sin\delta \tag{3-19}$$

式（3-19）为凸轮工作廓线的方程式。

3.4 凸轮机构基本尺寸的确定

设计凸轮机构时，不仅要保证从动件实现预定的运动规律，还要求传动时受力良好，结构紧凑，因此在设计凸轮轮廓时还应考虑以下问题。

3.4.1　凸轮机构的压力角

图 3-20 所示为尖顶直动从动件盘形凸轮机构在推程中任一位置的受力情况。图 3-20 中 P 为凸轮对从动件的作用力；Q 为从动件所受的载荷（包括从动件的自重和弹簧压力等）；R_1、R_2分别为导轨两侧用于从动件上的总反力；φ_1、φ_2 为摩擦角。根据力的平衡条件，$\sum F_x=0,\sum F_y=0$ 和 $M_B=0$，可推导出：

$$P=\frac{Q}{\cos(\alpha+\varphi_1)+(1+2b/l)\sin(\alpha+\varphi_1)\tan\varphi_2} \tag{3-20}$$

式中，角 α 是从动件在与凸轮的接触点 B 处所受正压力的方向（即凸轮廓线在接触点的法线方向）与从动件上点 B 的速度方向之间所夹之锐角，称为凸轮机构在图示位置时的压力角。

在凸轮机构中，压力角 α 是影响凸轮机构受力情况的一个重要参数。由式（3-20）可以看出，在其它条件相同的情况下，压力角 α 愈大，则分母愈小，因而凸轮机构中的作用力 P 将愈大；如果压力角 α 大到使上式中的分母为零，则作用力 P 将增至无穷大，此时机构将发生自锁，此时的压力角称为临界压力角 α_c，其值可由式（3-20）求得：

$$\alpha_c=\arctan[1/(1+2b/l)\tan\varphi_2]-\varphi_1 \tag{3-21}$$

一般说来，凸轮廓线上不同点处的压力角是不同的，为保证凸轮机构能正常运转，应使最大压力角 $\alpha_{\max}$小于临界压力角 α_c。又由式（3-21）可以看出，增大导轨长度 l，减少悬臂尺寸 b，可以使临界压力角 α_c的数值得以提高。

在生产实际中，为提高机构效率、改善受力情况，通常规定凸轮机构的最大压力角 $\alpha_{\max}$应小于某一许用压力角 $[\alpha]$，即 $\alpha_{\max}\leqslant[\alpha]$，而 $[\alpha]$ 值远小于临界压力角 α_c。根据实践经验在推程时许用压力角 $[\alpha]$ 的值一般是：对直动从动件取 $[\alpha]=30°$；对摆动从动件取 $[\alpha]=35°\sim45°$。在回程时，对于力封闭的凸轮机构，由于这种机构使从动件运动的不是凸轮对从动件的作用力 P，而是从动件所受的封闭力，通常也不存在自锁的问题，允许采用较大的压力角，但为了使从动件不致产生过大的加速度从而引起不良后果，也需对压力角 α 加以限制，通常取 $[\alpha]=70°\sim80°$。

3.4.2 凸轮机构的基圆半径

在从动件的运动规律选定后，凸轮机构的压力角、凸轮的尺寸与凸轮基圆半径的大小直接相关。

图 3-21 为一偏置直动尖顶从动件盘形凸轮机构。由瞬心知识可知，P 即为从动件与凸轮的相对速度瞬心。故 $v_p=v=\omega\overline{OP}$，从而有：

$$\overline{OP}=v/\omega=\mathrm{d}s/\mathrm{d}\delta \tag{3-22}$$

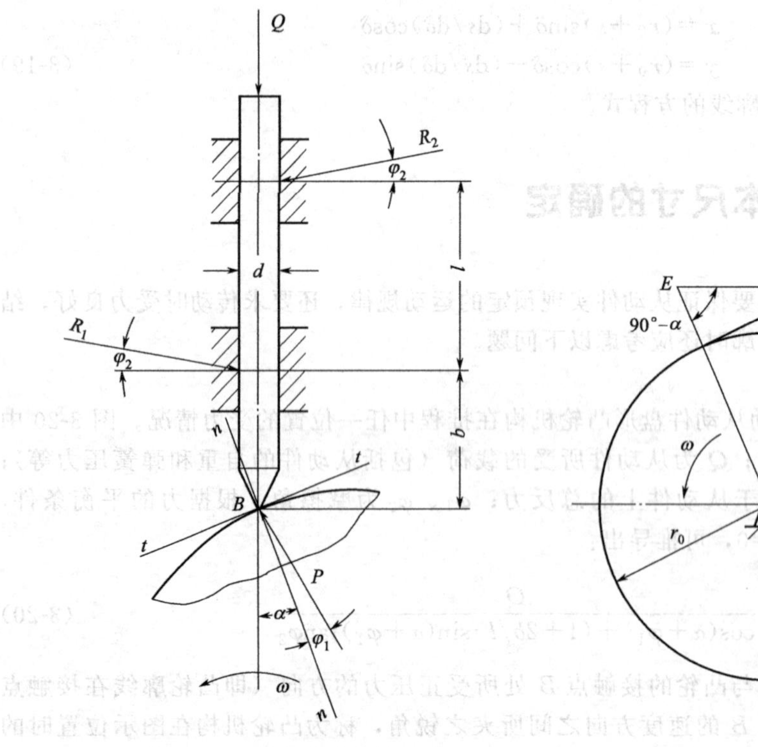

图 3-20 凸轮机构压力角

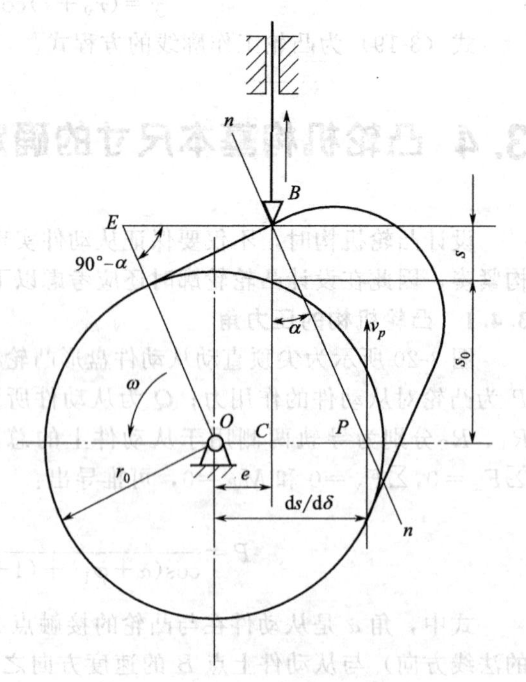

图 3-21 凸轮机构的压力角

又由△BCP 可得：

$$\tan\alpha=\frac{\overline{OP}-e}{(r_0^2-e^2)^{1/2}+s}=\frac{(\mathrm{d}s/\mathrm{d}\delta)-e}{(r_0^2-e^2)^{1/2}+s} \tag{3-23}$$

由式（3-23）可知，在偏距一定，从动件的运动规律已知（即 $\mathrm{d}s/\mathrm{d}\delta$ 已知）的条件下，加大基圆半径 r_0，可以减小压力角 α，从而改善机构的传力特性。但这时机构的尺寸将会增大。为了满足 $\alpha_{\max}\leqslant[\alpha]$ 的条件，又使机构的尺寸不致过大，就应该合理地确定凸轮基圆半径的值。

在工程上现已制备了根据从动件几种常用运动规律确定许用压力角和基圆半径关系的诺模图，供近似确定凸轮的基圆半径或校核凸轮机构最大压力角时使用。如图 3-22 所示为用于对心直动滚子从动件盘形凸轮机构的诺模图。

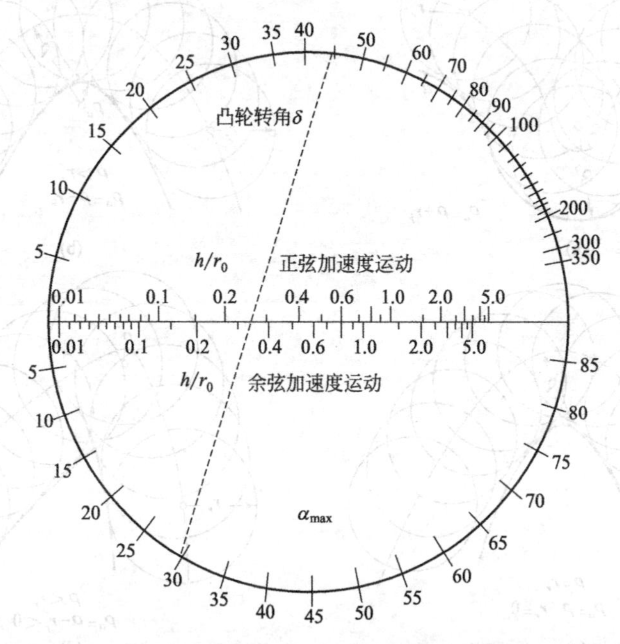

图 3-22　对心直动滚子从动件盘形凸轮机构的诺模图

例如，一对心直动滚子从动件盘形凸轮机构，当凸轮转过运动角 $\delta_0=45°$时，从动件以正弦加速度运动上升行程 $h=13\mathrm{mm}$，并限定凸轮机构的最大压力角 $\alpha_{\max}\leqslant30°$要求确定凸轮的基圆半径 r_0。为此，可在图 3-21 中把 $\alpha_{\max}=30°$和 $\delta_0=45°$的两点以直线相连，交正弦加速度运动规律的标尺于 0.26 处，于是，根据 $h/r_0=0.26$ 和 $h=13\mathrm{mm}$，即求得凸轮的基圆半径 $r_0\geqslant50\mathrm{mm}$。

上述根据 $\alpha_{\max}\leqslant[\alpha]$ 的条件所确定的凸轮基圆半径 r_0，一般都比较小。而在实际设计工作中，凸轮的基圆半径 r_0 的确定，不仅要受到 $\alpha_{\max}\leqslant[\alpha]$ 的限制，还要考虑到凸轮的结构及强度的要求等，所以，在实际设计工作中，凸轮的基圆半径常是根据具体结构条件来选择。必要时再检查所设计的凸轮是否满足 $\alpha_{\max}\leqslant[\alpha]$ 的要求。例如，当凸轮与轴作成一体时，显然凸轮工作廓线的基圆半径应略大于轴的半径。当凸轮是单独制作，然后装在轴上时，凸轮上要作出轮毂，此时凸轮工作廓线的基圆直径应略大于轮毂的外径。故通常可取凸轮工作廓线的基圆直径等于或大于轴径的 1.6～2 倍。

3.4.3　凸轮机构的滚子半径的选择

采用滚子从动件时，滚子半径的选择，要考虑滚子的结构、强度及凸轮轮廓曲线的形状等多方面的因素。下面主要分析凸轮轮廓曲线与滚子半径的关系。

如图 3-23（a）所示为内凹的凸轮轮廓曲线，a 为工作廓线，b 为理论廓线。工作廓线的曲率半径 ρ_a 等于理论廓线的曲率半径 ρ 与滚子半径 r_r 之和。即 $\rho_a=\rho+r_r$。这样，不论滚子半径大小如何，凸轮的工作廓线总是可以平滑地作出的。如图 3-23（b）所示，对于外凸的凸轮轮廓曲线，其工作廓线的曲率半径等于理论廓线的曲率半径与滚子半径之差，即 $\rho_a=\rho-r_r$。所以，如果 $\rho=r_r$，则工作廓线的曲率半径为零，于是工作廓线将出现尖点［图 3-23（c）］，这种现象称为变尖现象。凸轮轮廓在尖点处很容易磨损。又如图 3-24（d）所示，当滚子半径大于理论廓线的曲率半径，亦即 $\rho<r_r$ 时，则工作廓线的曲率半径 ρ_a 为负值。这时，工作廓线出现交叉，图中阴影部分在实际制造中将被切去，致使从动件不能按预期的运动规律运动，这种现象称为失真现象。

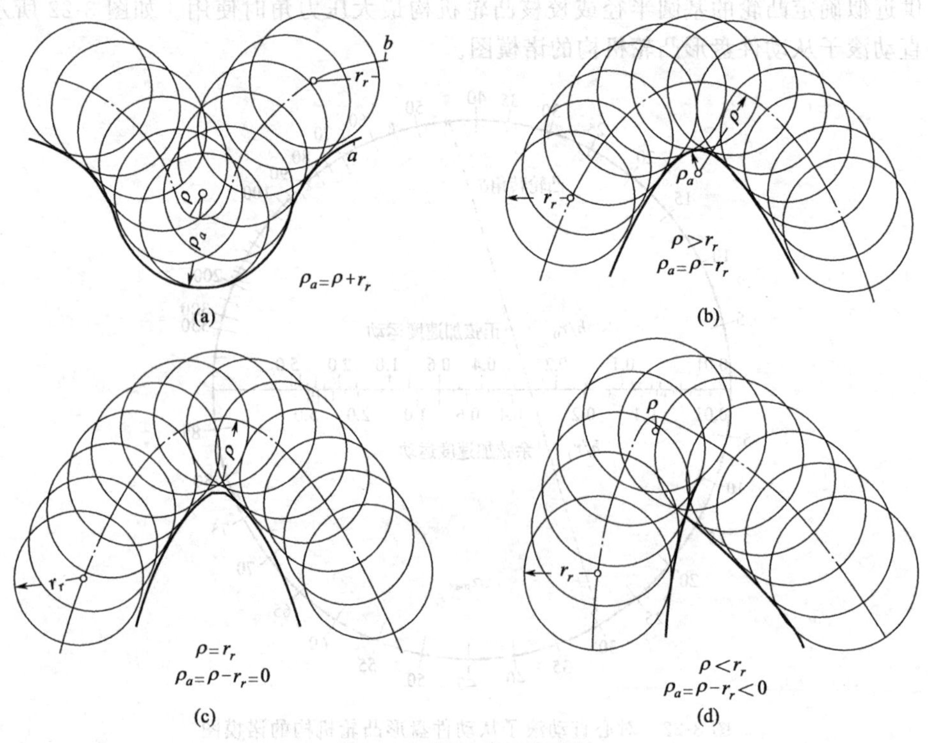

图 3-23　滚子半径的选择

凸轮工作廓线的最小曲率半径 $\rho_{a\ \min}$ 一般不应小于 1～5mm。如果不能满足此要求时，就应适当减小滚子半径或增大基圆半径；有时则必须修改从动件的运动规律，以便将凸轮工作廓线上出现尖点的地方代以合适的曲线。

另一方面，如上所述滚子的尺寸还受其强度、结构等的限制，因而也不能做得太小，通常取滚子半径 $r_r=(0.10\sim0.15)r_0$，其中，r_0 为凸轮基圆半径。

根据以上的讨论，在进行凸轮廓线设计之前，需先选定凸轮基圆的半径。而凸轮基圆半径的选择，需考虑到实际的结构条件、压力角，以及凸轮的工作廓线是否会出现变尖和失真等因素。除此之外，当为直动从动件时，应在结构许可的条件下，尽可能取较大的导轨长度和较小的悬臂尺寸；当为滚子从动件时，应适当的选取滚子半径；当为平底从动件时，应正确地确定平底尺寸等。当然，上述这些尺寸的确定，还必须考虑到强度和工艺等方面的要求。合理选择这些尺寸是保证凸轮机构具有良好的工作性能的重要因素。

习　题

3-1　凸轮的种类有哪些？都适合什么工作场合？

3-2　凸轮机构的从动件有几种？各适合什么工作条件？

3-3 凸轮机构的从动件的运动规律有几种？各有什么特点？

3-4 凸轮的压力角对凸轮机构的工作有什么影响？

3-5 什么叫基圆，基圆与压力角有什么关系？

3-6 若凸轮以顺时针转动，采用偏置止动从动件，从动件的导路线应偏于凸轮回转中心的哪一侧较合理？

3-7 图 3-24 中给出了某直动杆盘形凸轮机构的推杆的速度线图。要求：

(1) 画出其加速度和位移线图；

(2) 说明此种运动规律的名称及特点（速度、加速度的大小及冲击的性质）；

(3) 说明此种运动规律的适用场合。

3-8 图 3-25 所示的凸轮为偏心圆盘。圆心为 O，半径 $R=30\text{mm}$，偏心距 $OA_1=10\text{mm}$，滚子半径 $r_r=10\text{mm}$，偏距 $e=10\text{mm}$。试图上标注出：

(1) 推杆的行程 h 和凸轮的基圆半径；

(2) 推程运动角、远休止角、回程运动角和近休止角；

(3) 最大压力角的数值及发生的位置。

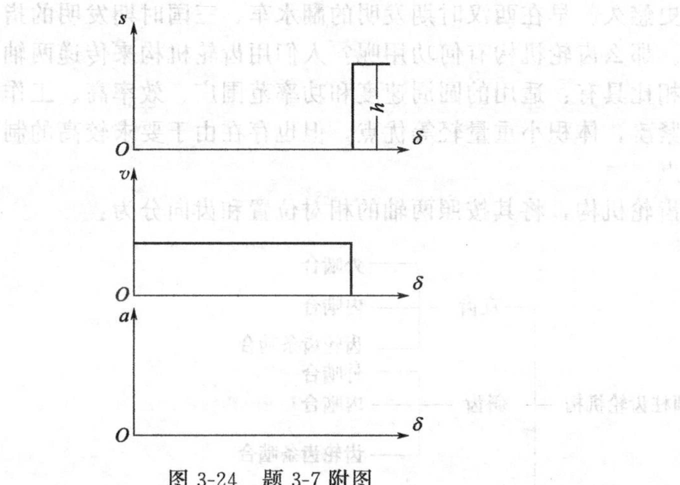

图 3-24 题 3-7 附图

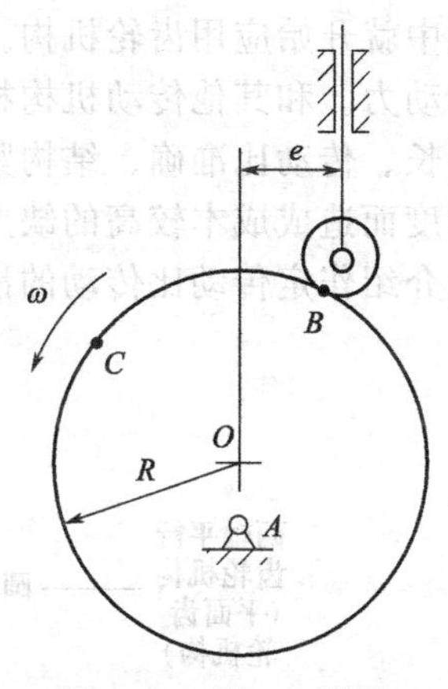

图 3-25 题 3-8 附图

3-9 欲设计图 3-26 所示的直动滚子从动件盘形凸轮机构，要求在凸轮转角为 0°～90°时，从动件以余弦加速度运动规律上升 $i=20\text{mm}$，且取 $r=25\text{mm}$，$e=10\text{mm}$，$r_r=5\text{mm}$。试求：

(1) 选定凸轮的转向 ω，并简要说明选定的原因；

(2) 用反转法画出当凸轮转角 0°～90°时凸轮的工作廓线；

(3) 在图上标注出转角为 45°时凸轮机构的压力角 α。

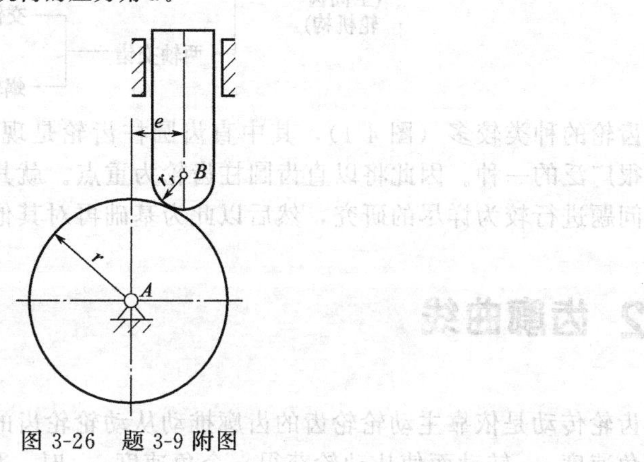

图 3-26 题 3-9 附图

4 齿轮机构

4.1 齿轮机构的特点和类型

齿轮机构不但应用广泛而且历史悠久。早在西汉时期发明的翻水车、三国时期发明的指南车等机械中就开始应用齿轮机构。那么齿轮机构有何功用呢？人们用齿轮机构来传递两轴间的运动和动力。和其他传动机构相比具有：适用的圆周速度和功率范围广、效率高、工作可靠、寿命长、传动比准确、结构紧凑，体积小重量轻等优点，但也存在由于要求较高的制造和安装精度而造成成本较高的缺点。

本章仅介绍作定传动比传动的齿轮机构，将其按照两轴的相对位置和齿向分为：

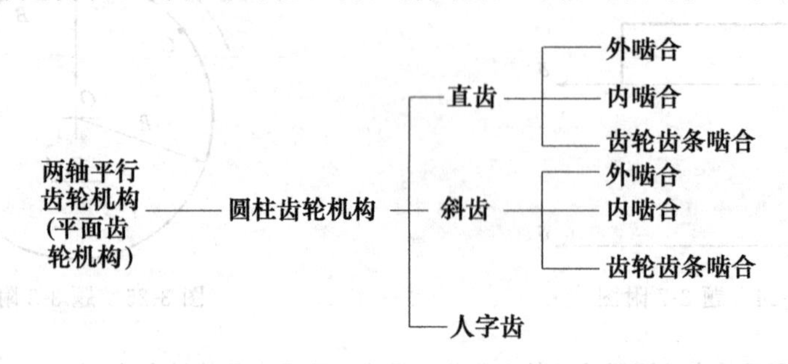

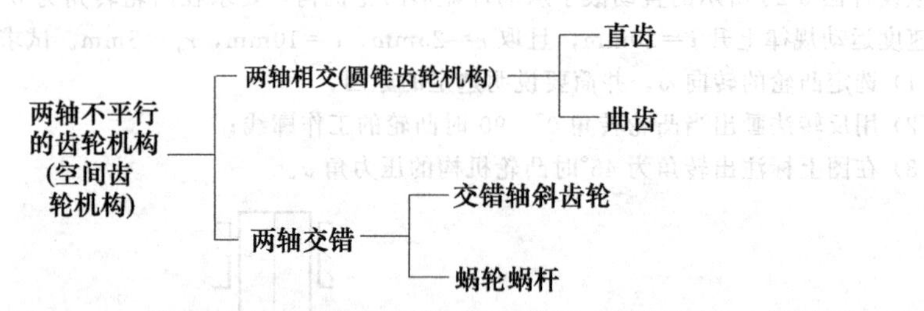

齿轮的种类较多（图 4-1），其中直齿圆柱齿轮是现有齿轮中最简单、最基本、同时应用也很广泛的一种。因此将以直齿圆柱齿轮为重点。就其啮合原理、传动参数和几何尺寸计算等问题进行较为详尽的研究，然后以此为基础再对其他类型的齿轮传动进行研究。

4.2 齿廓曲线

齿轮传动是依靠主动轮轮齿的齿廓推动从动轮轮齿的齿廓来实现的，当主动轮以某一确定的角速度 ω_1 转动而使从动轮获得一个角速度 ω_2 时，那么 ω_2 的大小很明显取决于两个齿轮的齿廓形状及 ω_1 的大小，也就是说两齿轮的瞬时角速度之比（$i_{12}=\omega_1/\omega_2$，i_{12}常称为

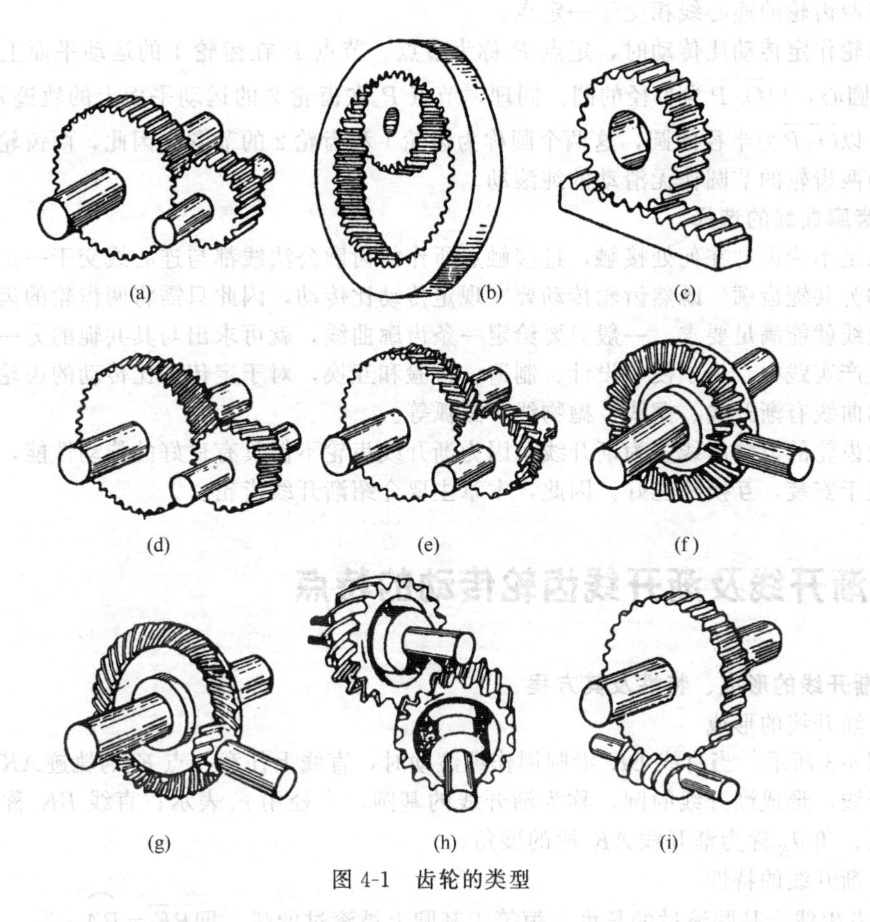

图 4-1 齿轮的类型

传动比）与两轮齿廓曲线有关。

齿轮传动时其瞬时角速度之比（传动比）最好保持不变，这样可以减少冲击振动。为了阐明一对齿廓曲线实现定角速度比传动的条件，先探讨瞬时角速度之比与齿廓曲线间的一般规律。

4.2.1 齿廓啮合基本定律

如图 4-2 所示为一对互相啮合的齿廓 E_1 和 E_2，根据第 1 章所学知识可知，图中 P 点就是齿轮 1 和 2 的相对速度瞬心 P_{12}，则

$$\omega_1/\omega_2=\overline{O_2P}/\overline{O_1P} \tag{4-1}$$

上式表明，一对传动齿轮的瞬时角速度之比与连其心线 O_1O_2 被齿廓接触点的公法线 nn 所分割成的两线段长度成反比，这一规律称为齿廓啮合基本定律。

根据式（4-1）可知，如果要使两齿轮的传动比为常数，则应使$\overline{O_2P}/\overline{O_1P}$为常数。由于在两齿轮的传动过程中，$O_1$、$O_2$ 均为定点，即连心线 O_1O_2 为定长。故得出如下结论：要使两齿轮作定传动比传动，则其齿廓曲线必须满足下述条件，即不论两齿廓在何位置接触（啮合），过接触点所作的齿廓公法

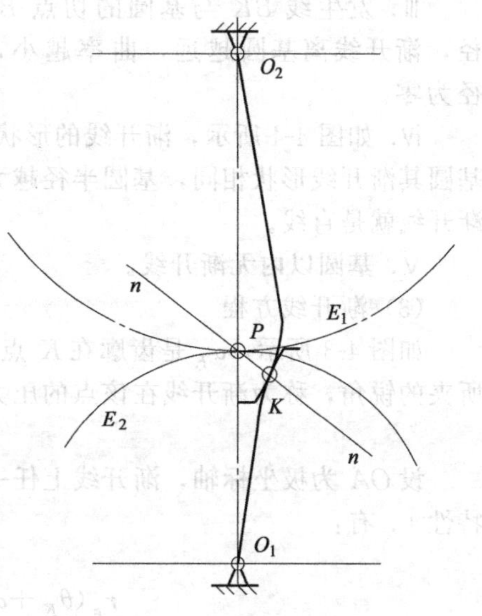

图 4-2 一对齿廓的啮合

线必须与两齿轮的连心线相交于一定点。

当两轮作定传动比传动时，定点 P 称为节点。节点 P 在齿轮 1 的运动平面上的轨迹是以 O_1 为圆心，以$\overline{O_1P}$为半径的圆。同理，节点 P 在齿轮 2 的运动平面上的轨迹是一以 O_2 为圆心，以$\overline{O_2P}$为半径的圆，这两个圆称为齿轮 1 和齿轮 2 的节圆。因此，两齿轮的啮合传动可视为两齿轮的节圆作无滑动的纯滚动。

4.2.2 齿廓曲线的选择

凡满足不论齿廓在何处接触，过接触点所作的齿廓公法线都与连心线交于一定点的一对齿廓，称为共轭齿廓。既然齿轮传动要实现定传动比传动，因此只需将两齿轮的齿廓曲线制成共轭曲线就能满足要求，一般只要给定一条齿廓曲线，就可求出与其共轭的另一条齿廓曲线。但生产实践中，为了便于设计、制造、检验和互换，对于定传动比传动的齿轮，目前常用的齿廓曲线有渐开线、摆线、抛物线、圆弧等。

一般齿轮的齿廓曲线多为渐开线，因为渐开线齿轮不但具有良好的传动性能，而且容易制造，便于安装，互换性也好。因此，本章主要介绍渐开线齿轮。

4.3 渐开线及渐开线齿轮传动的特点

4.3.1 渐开线的形成、特性及其方程

（1）渐开线的形成

如图 4-3 所示。当直线 BK 沿圆周作纯滚动时，直线上任意一点 K 的轨迹 AK，就是该圆的渐开线，形成渐开线的圆，称为渐开线的基圆，半径用 r_b 表示；直线 BK 称为渐开线的发生线；角 θ_K 称为渐开线 AK 段的展角。

（2）渐开线的特性

ⅰ. 发生线沿基圆滚过的长度，恒等于基圆上被滚过的弧，即$\overline{BK}=\overset{\frown}{BA}$。

ⅱ. 因发生线 BK 沿基圆作纯滚动，故发生线 BK 为渐开线在点 K 的法线，又因发生线恒切于基圆，故可得到结论：渐开线上任意一点的法线必与基圆相切；反之，基圆上的切线必为渐开线在某点的法线。

ⅲ. 发生线 BK 与基圆的切点 B 是渐开线在 K 点的曲率中心，线段 BK 为曲率半径，渐开线离基圆越远，曲率越小，曲率半径越大，渐开线越平直。在基圆上曲率半径为零。

ⅳ. 如图 4-4 所示，渐开线的形状取决于基圆大小，在展角相同的情况下，大小相等的基圆其渐开线形状相同，基圆半径越大，其渐开线的曲率半径也就越大。基圆无穷大时，其渐开线就是直线。

ⅴ. 基圆以内无渐开线。

（3）渐开线方程

如图 4-3 所示，α_K 是齿廓在 K 点所受正压力方向（法线方向）与该点的速度方向之间所夹的锐角，称为渐开线在该点的压力角。可知：

$$\cos\alpha_K=r_b/r_K \tag{4-2}$$

设 OA 为极坐标轴，渐开线上任一点 K 可以用向径 r_K 和展角 θ_K 来确定。根据渐开线的特性ⅰ. 有：

$$r_b(\theta_K+\alpha_K)=\overset{\frown}{AB}=\overline{BK}=r_b\tan\alpha_K$$

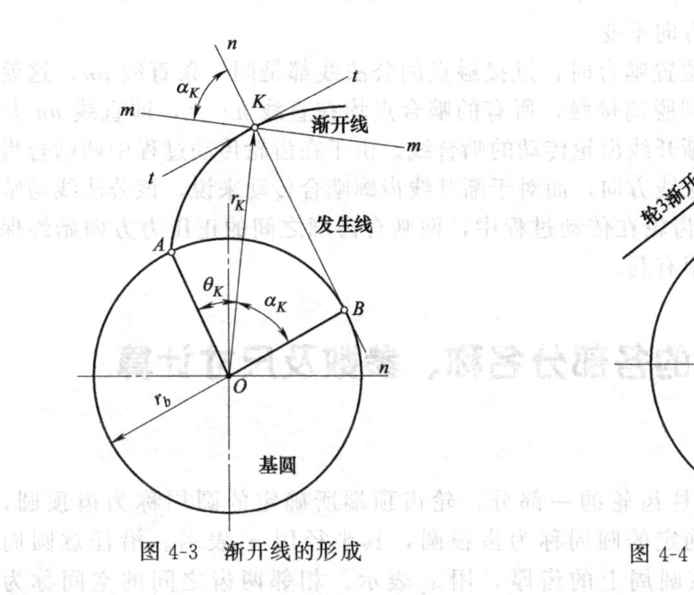

图 4-3 渐开线的形成

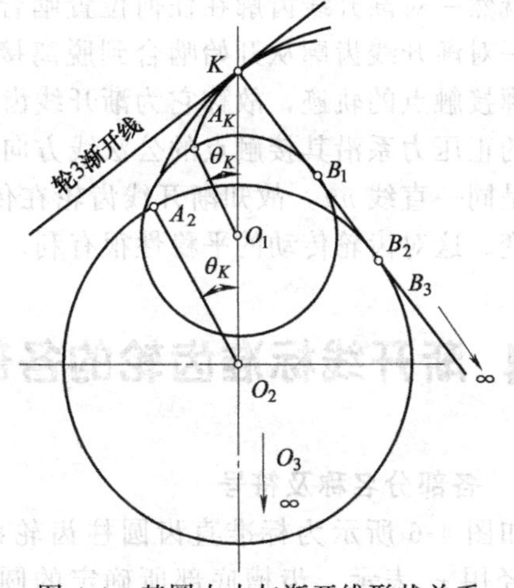

图 4-4 基圆大小与渐开线形状关系

故
$$\theta_K=\tan\alpha_K-\alpha_K \tag{4-3}$$

由式（4-3）可知，展角 θ_K 是压力角 α_K 的函数，称其为渐开线函数，常用 $\text{inv}\,\alpha_K$ 表示，即

$$\text{inv}\,\alpha_K=\theta_K=\tan\alpha_K-\alpha_K \tag{4-4}$$

由式（4-2）及式（4-4）可得渐开线的极坐标方程式为：

$$\left.\begin{array}{l} r_K=r_b/\cos\alpha_K \\ \theta_K=\text{inv}\,\alpha_K=\tan\alpha_K-\alpha_K \end{array}\right\} \tag{4-5}$$

4.3.2 渐开线齿廓满足定传动比传动

如图 4-5 所示，渐开线齿廓 E_1 和 E_2 在任意一点 K 接触，过 K 点作两齿廓的公法线 nn 与两齿轮连心线交于 P 点。根据渐开线的性质 2 可知，nn 必同时与两基圆相切，切点分别为 N_1 和 N_2。因两基圆为定圆，它们在同一方向的内公切线只能有一条。所以无论两齿廓在何处接触，过接触点所作齿廓公法线均通过连心线上的同一点 P，可得三角形$\triangle O_1N_1P \backsim \triangle O_2N_2P$，所以传动比 i_{12} 为：

$$i_{12}=\frac{\omega_1}{\omega_2}=\frac{\overline{O_2P}}{\overline{O_1P}}=\frac{r'_2}{r'_1}=\frac{r_{b2}}{r_{b1}}=\text{常数} \tag{4-6}$$

故渐开线齿廓满足定传动比传动。

4.3.3 渐开线齿廓传动的特点

（1）渐开线齿廓传动具有可分性

由式（4-6）可知，渐开线齿轮传动的传动比等于两齿轮的基圆半径的反比，而当齿轮加工完成之后，其基圆大小就完全确定了，传动比也就确定了。所以即使在装配中，实际中心距与设计中心距有一定偏差，也不会影响两齿轮的传动比。渐开线齿廓传动的这一特性称为传动的可分性。这样就可以适当地放宽渐开线齿轮的中心距公差，便于加工和装配。

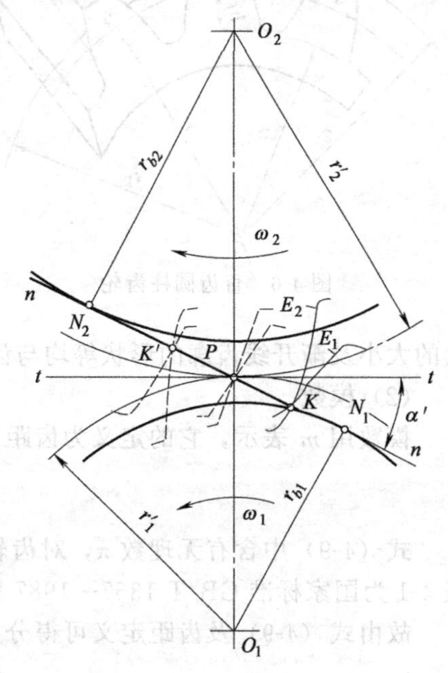

图 4-5 渐开线齿廓的啮合

（2）渐开线齿廓之间正压力方向不变

既然一对渐开线齿廓在任何位置啮合时，过接触点的公法线都是同一条直线 nn，这就说明一对渐开线齿廓从开始啮合到脱离接触，所有的啮合点均在直线 nn 上，即直线 nn 是两齿廓接触点的轨迹，故称它为渐开线齿轮传动的啮合线。由于在齿轮传动过程中两啮合齿廓间的正压力系沿其接触点的公法线方向，而对于渐开线齿廓啮合传动来说，该公法线与啮合线是同一直线 nn，故知渐开线齿轮在传动过程中，两啮合齿廓之间的正压力方向始终保持不变。这对齿轮传动的平稳性很有利。

4.4 渐开线标准齿轮的各部分名称、参数及尺寸计算

4.4.1 各部分名称及符号

如图 4-6 所示为标准直齿圆柱齿轮的一部分，轮齿顶端所确定的圆周称为齿顶圆，其半径用 r_a 表示。齿槽底部所确定的圆周称为齿根圆，其半径用 r_f 表示。沿任意圆周所量得的轮齿的弧线厚度称为该圆周上的齿厚，用 s_k 表示。相邻两齿之间的空间称为齿槽，齿槽沿任意圆周所量得的弧线宽度称为该圆周上的齿槽宽，用 e_k 表示。为了使齿轮能在两个方向传动，轮齿两侧齿廓是完全对称的渐开线齿廓。沿任意圆周所量得的相邻两齿上同侧齿廓之间的弧长，称为该圆周上的齿距，用 p_k 表示。在同一圆周上齿距等于齿厚与齿槽宽之和，即

$$p_k=s_k+e_k \tag{4-7}$$

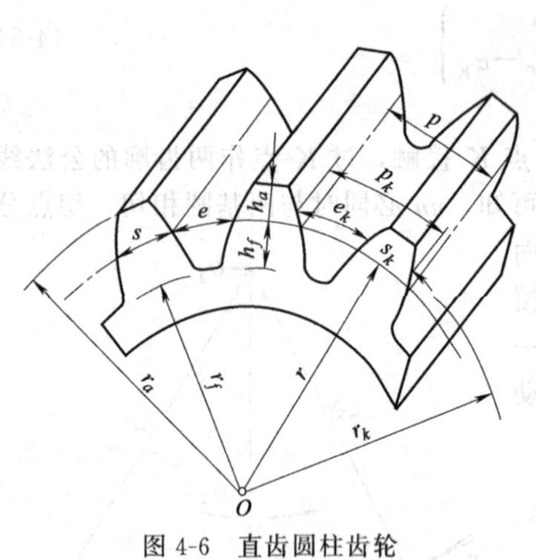

图 4-6 直齿圆柱齿轮

为了便于计算齿轮各部分的尺寸，在齿轮上选择一个圆作为计算基准，称该圆为齿轮的分度圆。其半径、齿厚、齿槽宽和齿距分别以 r、s、e 和 p 表示。齿轮介于分度圆和齿顶圆之间的部分称为齿顶，其径向高度称为齿顶高，以 h_a 来表示；分度圆和齿根圆之间的部分称为齿根，其径向高度称为齿根高，用 h_f 表示。齿顶高和齿根高之和称为全齿高，用 h 表示，则

$$h=h_a+h_f \tag{4-8}$$

4.4.2 标准直齿圆柱齿轮的基本参数

（1）齿数

齿轮在整个圆周上轮齿的总数，用 z 表示。齿轮的大小及渐开线齿廓的形状等均与齿数 z 这个基本参数有关。

（2）模数

模数用 m 表示，它的定义为齿距 p 与 π 的比值。即

$$m=p/\pi \tag{4-9}$$

式（4-9）中含有无理数 π，对齿轮的计算和测量颇为不便。为此，现已将模数标准化，表 4-1 为国家标准 GB/T 1357—1987 所规定的标准模数系列。

故由式（4-9）及齿距定义可得分度圆的直径 d 为：

$$d=mz \tag{4-10}$$

表 4-1　圆柱齿轮标准模数系列表（GB/T 1357—1987）　mm

第一系列	0.12　0.15　0.2　0.25　0.3　0.5　0.6　0.8　1　1.25　1.5 2　2.5　3　4　5　6　8　10　12　16　20　25　32　40　50
第二系列	0.35　0.7　0.9　1.75　2.25　2.75　(3.25)　3.5　(3.75)　4.5 5.5　(6.5)　7　9　(11)　14　18　22　28　(30)　36　45

注：优先选用第一系列模数值，其次选用第二系列模数值，括号内的值尽量不选用。

（3）分度圆压力角

由式（4-2）可知，对于同一渐开线齿廓，不同圆周上的压力角是不同的，基圆上的压力角为零，离基圆愈远的圆，半径愈大，该圆上的压力角也愈大。分度圆上的压力角简称压力角，用 α 表示，由式（4-2）可得：

$$\cos\alpha = r_b/r \tag{4-11}$$

$$r_b = r\cos\alpha = \frac{1}{2}mz\cos\alpha \tag{4-12}$$

式（4-12）表明，模数 m 和齿数 z 相同的齿轮，其分度圆大小相同，但其压力角 α 若不同，基圆的大小将不同，则其渐开线齿廓的形状也就不同。因此压力角 α 是决定渐开线齿廓形状的一个基本参数。

同样为了设计、制造、检验及使用的方便，GB/T 1356—1988 中规定分度圆压力角的标准值为 $\alpha=20°$。此外，在某些特殊场合也有采用 α 为 14.5°、22.5°及 25°的齿轮。

（4）齿顶高系数和顶隙系数

齿轮各部分尺寸均以模数为基础进行计算，因此齿轮的齿顶高 h_a 和齿根高 h_f 也不例外，即

$$h_a = h_a^* m \tag{4-13}$$

$$h_f = (h_a^* + c^*)m \tag{4-14}$$

式中，h_a^* 和 c^* 分别称为齿顶高系数和顶隙系数。GB 1356—1988 中规定其标准值为 $h_a^*=1$、$c^*=0.25$，有时也可采用非标准的数值，如 $h_a^*=0.8$、$c^*=0.3$ 等。

4.4.3　标准直齿轮的几何尺寸计算

标准齿轮是指 m、α、h_a^*、c^* 均取标准值，具有标准的齿顶高和齿根高，且分度圆齿厚等于齿槽宽的齿轮，否则便是非标准齿轮。现将标准直齿圆柱齿轮几何尺寸的计算公式列于表 4-2 中。

表 4-2　标准直齿圆柱齿轮几何尺寸的计算公式

名称	符号	公　式
分度圆直径	d	$d=mz$
基圆直径	d_b	$d_b=d\cos\alpha=mz\cos\alpha$
齿顶高	h_a	$h_a=h_a^* m$
齿根高	h_f	$h_f=(h_a^*+c^*)m$
全齿高	h	$h=h_a+h_f=(2h_a^*+c^*)m$
齿顶圆直径	d_a	$d_a=d\pm 2h_a=m(z\pm 2h_a^*)$①
齿根圆直径	d_f	$d_f=d\mp 2h_f=m(z\mp 2h_a^*\mp 2c^*)$①
齿距	p	$p=\pi m$
基圆齿距	p_b	$p_b=p\cos\alpha=\pi m\cos\alpha$
齿厚	s	$s=\pi m/2$
齿槽宽	e	$e=\pi m/2$
中心距	a	$a=d_2\pm d_1=\frac{m}{2}(z_2\pm z_1)$①

① 上面符号用于外齿轮；下面符号用于内齿轮。

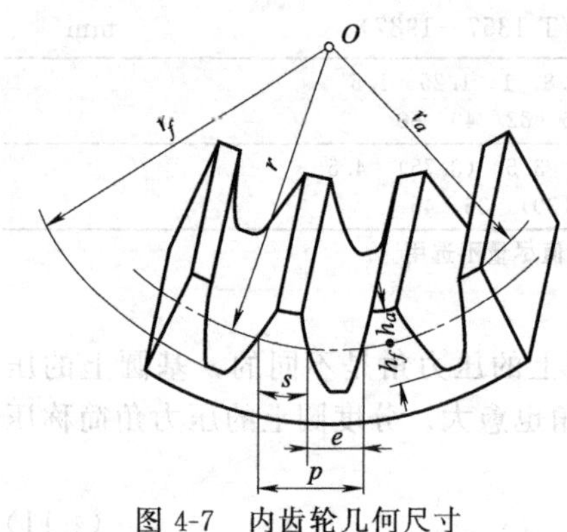

图 4-7　内齿轮几何尺寸

表中亦包括内齿轮的几何尺寸公式。如图 4-7 所示，内齿轮与外齿轮的不同点为：

ⅰ. 内齿轮的轮齿是内凹的，其齿厚和齿槽宽分别对应于外齿轮的齿槽宽和齿厚；

ⅱ. 内齿轮的齿顶圆小于分度圆，而齿根圆大于分度圆；

ⅲ. 为了正确啮合，内齿轮的齿顶圆必须大于基圆。

综上所述可知，在基本参数中，模数影响到齿轮的各部分尺寸，故又把这种以模数为基础进行尺寸计算的齿轮称为模数制齿轮。

4.4.4　标准齿条的特点

如图 4-8 所示为一标准齿条。当标准齿轮的齿数趋于无穷多，其基圆和其它圆的半径也趋于无穷大。这时，齿轮的各个圆均变成了互相平行的直线，同侧渐开线齿廓也变成了互相平行的直线齿廓，这样就形成了齿条。齿条具有以下特点。

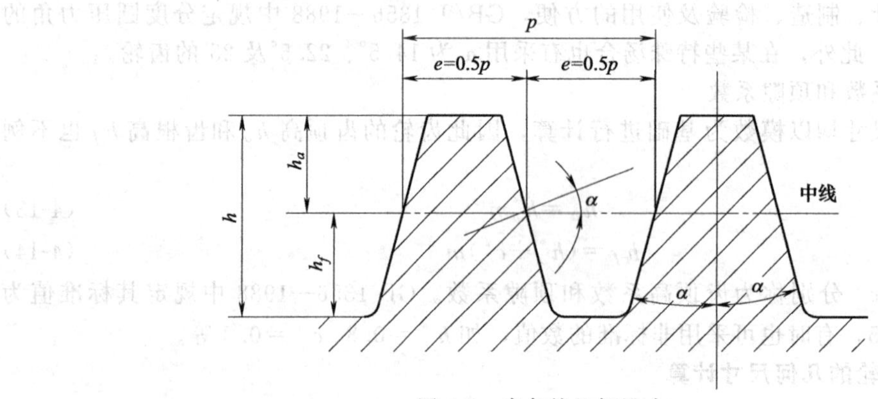

图 4-8　齿条的几何尺寸

ⅰ. 与齿顶线（或齿根线）平行的各直线上的齿距都相等，且有 $p=\pi m$，其中齿距与齿槽宽相等的一条直线称为中线，它是确定齿条各部分尺寸的基准线；

ⅱ. 齿条直线齿廓上各点具有相同的压力角 α，且等于齿廓的倾斜角（齿形角），其标准值为 20°。

4.4.5　任意圆上的齿厚

在设计和检验齿轮时，常常需要知道某一圆周上的齿厚。例如，为了检查齿顶强度，需计算齿顶圆上的齿厚；或者为了确定齿侧间隙而需要计算节圆上的齿厚等。

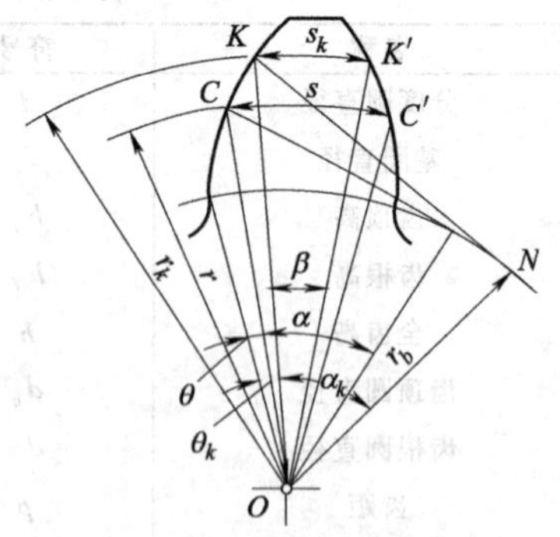

图 4-9　任意圆周上的齿厚

如图 4-9 所示为外齿轮的一个齿。已知分度圆的半径 r、齿厚 s、压力角 α 和展角 θ，而 r_k、s_k、α_k 和 θ_k 则分别为任意圆周上的半径、齿厚，压力角和展角，β 为 s_k 所对应的圆心角。由于

$$\beta=\angle COC'-2\angle COK=\frac{s}{r}-2(\theta_k-\theta)$$

则

$$s_k=r_k\beta=r_k\frac{s}{r}-2r_k(\theta_k-\theta)=r_k\frac{s}{r}-2r_k(\mathrm{inv}\,\alpha_k-\mathrm{inv}\,\alpha) \tag{4-15}$$

式中 $$\alpha_k = \arccos(r_b / r_k) \tag{4-16}$$

当计算齿顶圆、节圆和基圆上的齿厚时，只要将 r_k 及 α_k 分别换成相应圆周上的半径及压力角即可。

4.5 渐开线齿轮的加工方法及变位齿轮

4.5.1 齿轮轮齿的加工方法

齿轮的加工方法很多，有铸造、热轧、冲压、模锻、粉末冶金和切削法等，其中常用的加工方法是切削法加工。切削法加工也有多种方法，但从加工原理不同可分为仿形法和范成法两大类。

（1）仿形法

仿形法是使用和被加工齿轮齿槽形状相同的刀具直接加工出齿廓的方法，又称成形法。常用的刀具有盘形铣刀［图 4-10（a）］和指状铣刀［图 4-10（b）］两种。加工时，铣刀绕自身轴线旋转，同时轮坯沿着自身轴线方向直线移动，铣出一个齿槽后，将轮坯转过 $360°/z$，再铣第二个齿槽，重复进行，直至铣出全部轮齿。

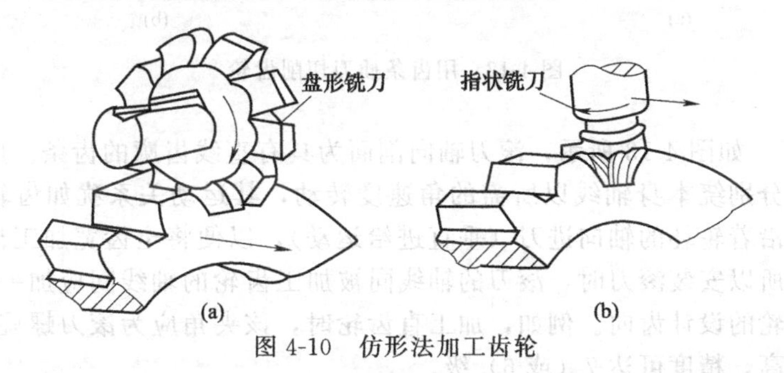

图 4-10　仿形法加工齿轮

仿形法加工费用低且无需专用机床，但生产率低、制造精度差（9 级或更低），制造精度差主要是由于存在分度误差和齿形误差造成的。因此仿形法仅适用于修配或小量生产的低精度齿轮的加工。

（2）范成法

范成法亦称展成法或包络法，是最常用的齿轮加工方法。范成法是利用一对齿轮（或齿轮和齿条）互相啮合时其共轭齿廓互为包络线的原理来切齿的。如果把其中一个齿轮（或齿条）做成刀具，就可以切出与其共轭的渐开线齿廓。常用的范成法有插齿加工和滚齿加工两种。

① 插齿加工　如图 4-11 所示，插齿刀是一个具有渐开线齿形，而模数、压力角与被加

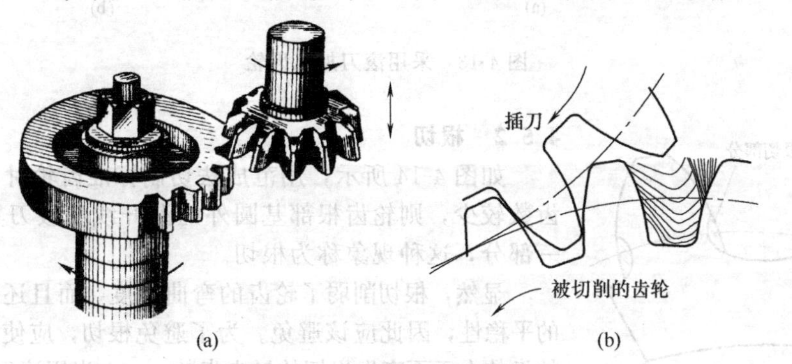

图 4-11　齿轮插刀切削齿轮

工齿轮相同的刀具。在加工过程中插齿刀做上下往复的切削运动，同时机床强制性地驱使插齿刀和轮坯之间严格保持着一对齿轮的啮合关系的回转运动，在运动中把整个齿轮的轮齿逐渐加工出来。这种加工方法还可用来加工内齿轮及双联齿轮。

当齿轮插刀的齿数增加到无穷多时，渐开线齿廓变为直线齿廓，齿轮插刀变成为齿条插刀（见图 4-12)。因此用齿条插刀也能范成出渐开线齿轮。插齿方法加工齿轮，精度较高(可达 6～7 级精度)，但它的加工过程不完全连续，生产率略低。

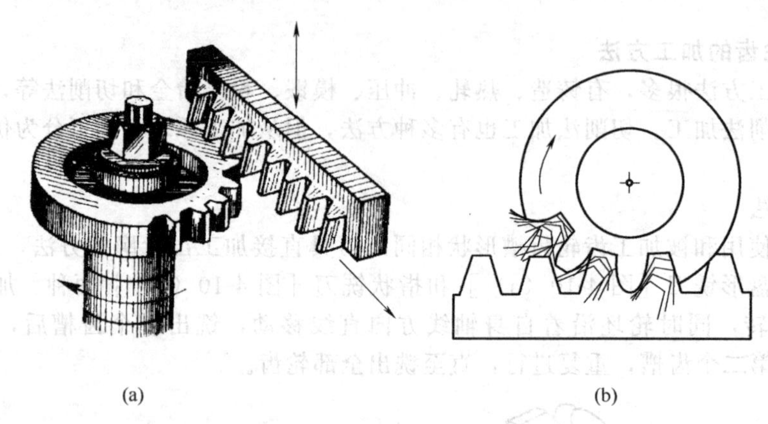

图 4-12　用齿条插刀切削齿轮

② 滚齿加工　如图 4-13 所示，滚刀轴向剖面为具有直线齿廓的齿条。用滚刀切削齿轮时，轮坯与滚刀分别绕本身轴线以所需的角速度转动，其运动关系犹如齿轮与齿条啮合一样，此外滚刀又沿着轮坯的轴向进刀（垂直进给运动)，以便将全齿宽加工出来。因为滚刀刀刃是螺旋线，所以安装滚刀时，滚刀的轴线同被加工齿轮的轴线间应加一个合适的角度，以保证被加工齿轮的设计齿向。例如，加工直齿轮时，该夹角应为滚刀螺旋线升角的余角。滚齿加工生产率高，精度可达 7（或 6）级。

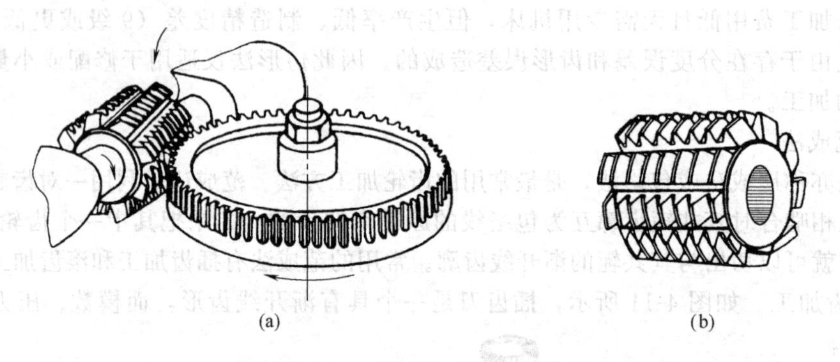

图 4-13　采用滚刀加工齿轮

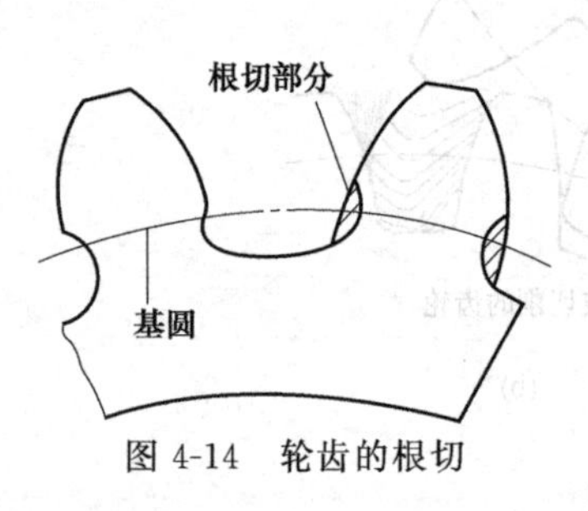

图 4-14　轮齿的根切

4.5.2　根切

如图 4-14 所示，用范成法切制标准齿轮时，如果齿轮的齿数较少，则轮齿根部基圆外的渐开线将被刀具的齿顶切去一部分，这种现象称为根切。

显然，根切削弱了轮齿的弯曲强度，而且还可能影响传动的平稳性，因此应该避免。为了避免根切，应使所设计的齿轮的齿数大于不产生根切的最少齿数 $z_{\min}$。当用滚刀切削正常齿标准直齿圆柱齿轮时，最少齿数 $z_{min}=17$。有些情况下，希望尽量减少齿数以获得较小的结构尺寸和重量。这时，在满足轮齿弯曲强度的条件下，允许齿根部有轻微的根切，齿轮的齿数可以取比上述规定的更少些。一般允许最少齿数 $z_{min}=14$。为了避免根切，常采用变位齿轮。

4.5.3 变位齿轮

图 4-15（a）所示为齿条插刀加工标准齿轮的情形，切削终止时齿条插刀的中线和齿轮毛坯的分度圆相切，加工出来的齿轮分度圆上的齿距（模数）必然与齿条刀的齿距（模数）相等；分度圆上的压力角与齿条插刀的齿形角相等；分度圆上的齿厚 s 与齿槽宽 e 相等。如图 4-15（b）、（c）所示，如果在切削终止时，齿条插刀的中线不与轮坯的分度圆相切，而是齿条插刀的分度线与轮坯的分度圆相切，则加工出来的齿轮分度圆上的齿厚 s 与齿槽宽不相等，这样的齿轮称为变位齿轮。

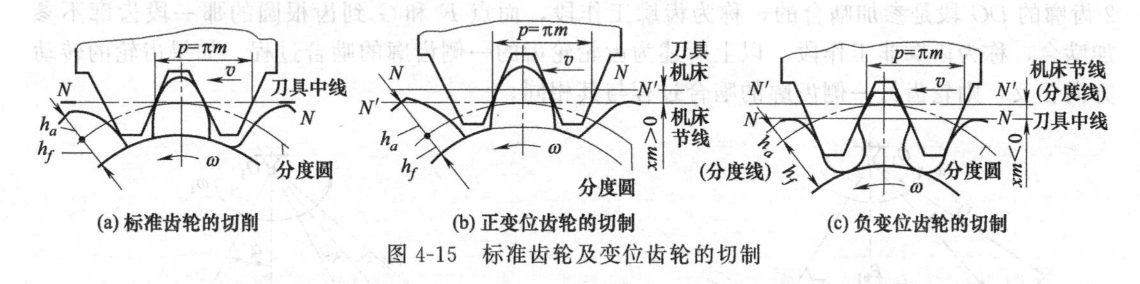

图 4-15 标准齿轮及变位齿轮的切制

切削变位齿轮时，刀具相对于切削标准齿轮时的刀具的位置改变量称为变位量，以 xm 表示，x 称为变位系数，m 为刀具模数。刀具中线相对齿轮轮坯中心远移称为正变位，变位系数 x 为正值，所切出的齿轮称为正变位齿轮。刀具相对齿轮轮坯中心近移称为负变位，变位系数 x 为负值，所切出的齿轮称为负变位齿轮。

把变位齿轮与标准齿轮加以比较，可以看出：变位齿轮的齿数、模数、压力角、分度圆及基圆的大小与标准齿轮的一样，无变化；变位齿轮的齿顶圆、齿根圆、齿厚的大小及齿形与标准齿轮不同，发生了变化。

采用变位齿轮可以提高齿轮的强度和承载能力；改善齿轮的耐磨性和抗胶合性能；凑配齿轮的中心距以及避免轮齿的根切。

4.6 渐开线齿轮的啮合传动

4.6.1 直齿圆柱齿轮正确啮合的条件

为了实现定传动比传动，轮齿的工作侧齿廓的啮合点必须总是在啮合线上。因此，若有一对以上的轮齿同时参加啮合，则各对齿的工作侧齿廓的啮合点也必须同时都在啮合线上，如图 4-16 所示的啮合点 K 及 K'。又线段 $\overline{KK'}$ 同时是两齿轮相邻两齿同侧齿廓沿公法线上的距离，称其为法向齿距。显然，实现定传动比的正确啮合条件为两齿轮的法向齿距相等。由渐开线的特性 1 可知，齿轮的法向齿距与基圆齿距相等（都用 p_b 表示），因此，该条件又可表述为两轮的基圆齿距相等，即

$$p_{b1}=p_{b2} \tag{4-17}$$

又因基圆齿距 p_b 与齿距 p 有如下关系：

$$p_b=p\cos\alpha=\pi m\cos\alpha \tag{4-18}$$

故由式（4-17）和式（4-18）可得：

$$m_1=m_2 \quad \alpha_1=\alpha_2 \tag{4-19}$$

即渐开线直齿圆柱齿轮传动的正确啮合条件可表述为：两齿轮的模数和压力角必须分别相等。

4.6.2 一对齿轮的啮合过程

如图 4-17 所示，齿轮 1 为主动轮，齿轮 2 为从动轮。当两轮的一对齿开始啮合时，必为主动轮的齿根推动从动轮的齿顶。因而开始啮合点是从动轮的齿顶圆 η_2 与啮合线 $\overline{N_1N_2}$ 的交点 B_2，如图 4-17 中右虚线所示；同理，主动轮的齿顶圆 η_1 与啮合线 N_1N_2 的交点 B_1 为这对齿开始分离的点，如图 4-17 中左虚线所示。线段 $\overline{B_1B_2}$ 为啮合点的实际轨迹，故称其为实际啮合线。当齿高增大时，实际啮合线 $\overline{B_1B_2}$ 向外延伸。但因基圆内没有渐开线，因此实际啮合线不能超过极限点 N_1 和 N_2。线段 $\overline{N_1N_2}$ 称为理论啮合线。

齿轮的轮齿啮合时，并非全部齿廓都参加工作。用作图法可求出轮 1 齿廓的 EF 段和轮 2 齿廓的 DG 段是参加啮合的，称为齿廓工作段，而点 F 和 G 到齿根圆的那一段齿廓不参加啮合，称为齿廓非工作段。以上所述为齿轮轮齿的一侧齿廓的啮合过程。如果齿轮的转动方向相反，则轮齿另一侧齿廓的啮合过程与其相同。

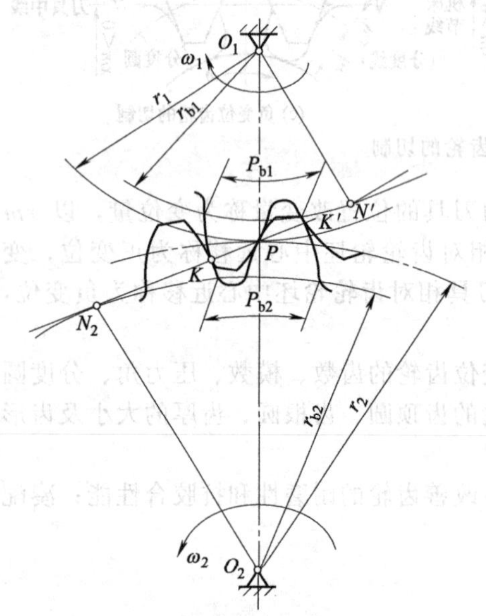

图 4-16 齿轮的正确啮合

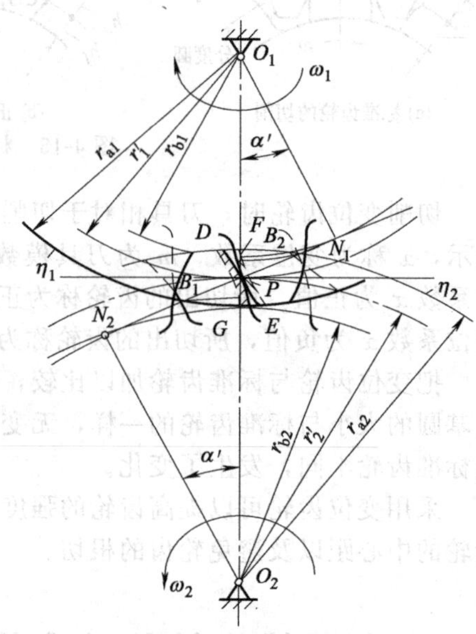

图 4-17 一对齿轮的啮合

4.6.3 齿轮传动的中心距及啮合角

齿轮传动中心距的变化虽然不影响传动比，但会影响齿侧间隙和径向间隙（亦称顶隙）的大小。齿轮传动为了减小传动的冲击，安装时中心距最好保证理论齿侧间隙为零。要使一对齿轮传动时其齿侧间隙为零，则要保证一个齿轮在节圆上的齿厚等于另一个齿轮节圆上的齿槽宽。对于标准齿轮，在分度圆上 $s_1=e_1=\pi m/2=s_2=e_2$，因此只有在分度圆与节圆重合，即中心距等于分度圆半径之和才能保证齿侧间隙为零，即

$$a=m(z_1+z_2)/2 \tag{4-20}$$

中心距等于分度圆半径之和时称其为标准中心距。

如图 4-18 所示，两齿轮在啮合传动时，其节点 P 的圆周速度方向与啮合线 N_1N_2 之间所夹的锐角，称为啮合角，用 α' 表示。由定义可知啮合角 α' 等于节圆压力角。当两齿轮按标准中心距安装时，啮合角 α' 就等于分度圆压力角 α。

当两齿轮的实际中心距 a' 不等于标准中心距 a 时，如图 4-19 所示，实际中心距大于标准中心距，此时节圆半径 r' 大于分度圆半径 r，啮合角 α' 也大于分度圆压力角 α。

因 $r_b = r\cos\alpha = r'\cos\alpha'$

故有 $r_{b1} + r_{b2} = (r_1 + r_2)\cos\alpha = (r'_1 + r'_2)\cos\alpha$

可得齿轮的中心距和啮合角的关系为：

$$a'\cos\alpha' = a\cos\alpha \tag{4-21}$$

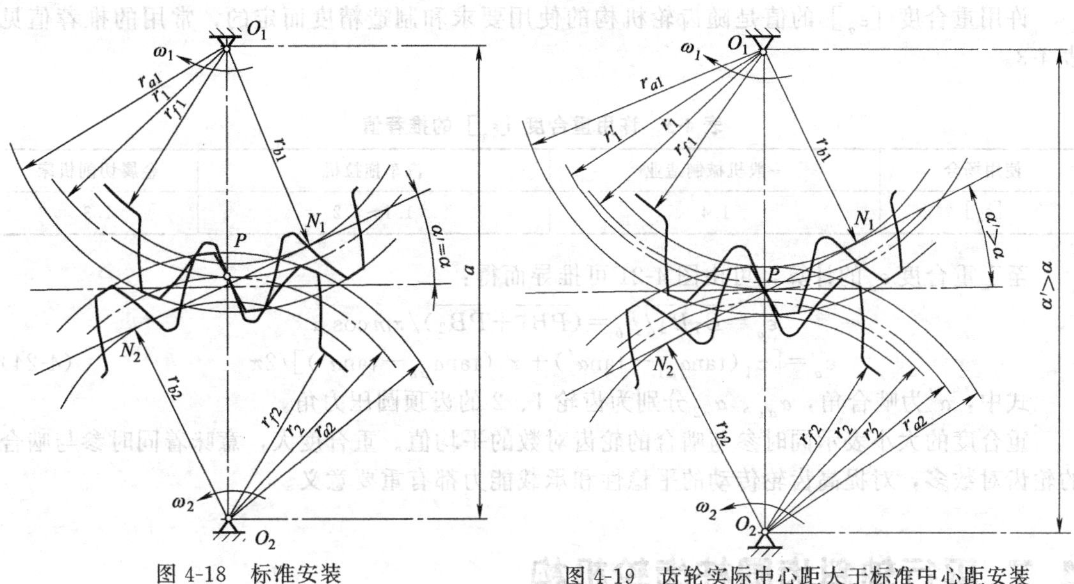

图 4-18　标准安装　　　图 4-19　齿轮实际中心距大于标准中心距安装

4.6.4　直齿圆柱齿轮连续传动的条件

一对直齿圆柱齿轮满足正确啮合的条件就能正确地进行啮合传动，但一对齿轮的传动还必须是连续的。一对齿轮传动是靠两轮的轮齿依次接触来实现的，但如上述，一对轮齿啮合的区间是有限的。所以，要使两齿轮能够连续传动，就必须保证在前一对轮齿尚未脱离啮合时，后一对轮齿能及时地进入啮合。为了达到这一目的，就要求实际啮合线段$\overline{B_1B_2}$应大于或至少等于齿轮的法向齿距 p_b，如图 4-20 所示，通常把$\overline{B_1B_2}$与 p_b 的比值 ε_α 称为直齿轮传动的重合度。即可得到齿轮连续传动的条件为：

$$\varepsilon_\alpha = \overline{B_1B_2}/p_b \geqslant 1 \tag{4-22}$$

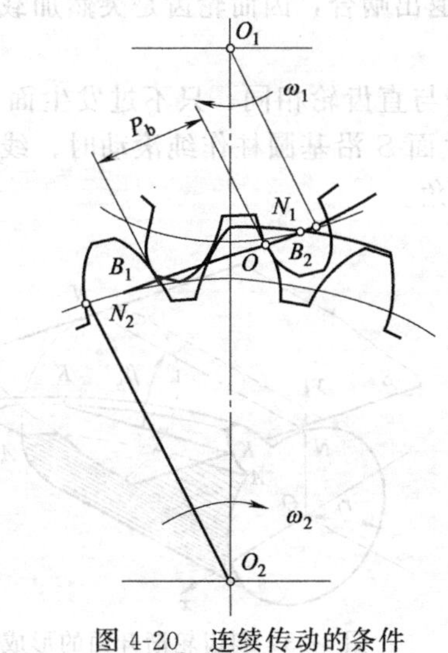

图 4-20　连续传动的条件

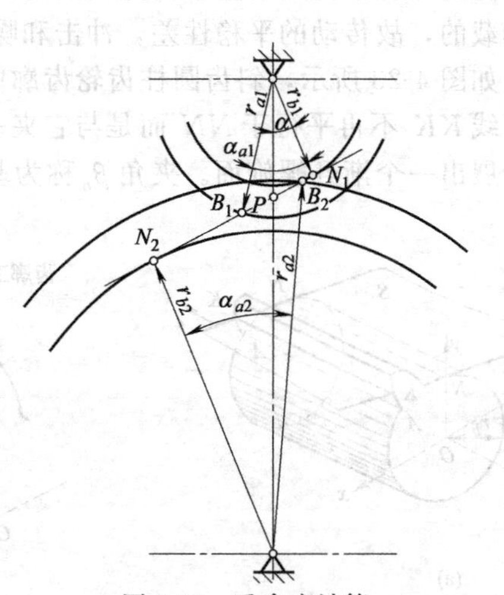

图 4-21　重合度计算

理论上讲，重合度 $\varepsilon_\alpha=1$，就能保证齿轮的连续传动。但因齿轮的制造、安装不免有误差，为了确保齿轮传动的连续性，应使计算所得的重合度 ε_α 的值大于 1。在工程上，重合度 ε_α 值应大于或至少等于一定的许用重合度值 $[\varepsilon_\alpha]$，即

$$\varepsilon_\alpha \geqslant [\varepsilon_\alpha] \tag{4-23}$$

许用重合度 $[\varepsilon_\alpha]$ 的值是随齿轮机构的使用要求和制造精度而定的，常用的推荐值见表 4-3。

表 4-3 许用重合度 $[\varepsilon_\alpha]$ 的推荐值

使用场合	一般机械制造业	汽车拖拉机	金属切削机床
$[\varepsilon_\alpha]$	1.4	1.1～1.2	1.3

至于重合度 ε_α 的计算，可由图 4-21 可推导而得：

$$\varepsilon_\alpha=\overline{B_1B_2}/p_b=(\overline{PB_1}+\overline{PB_2})/\pi m\cos\alpha$$

$$\varepsilon_\alpha=[z_1(\tan\alpha_{a1}-\tan\alpha')+z_2(\tan\alpha_{a2}-\tan\alpha')]/2\pi \tag{4-24}$$

式中，α' 为啮合角，α_{a1}、α_{a2} 分别为齿轮 1、2 的齿顶圆压力角。

重合度的大小表示同时参与啮合的轮齿对数的平均值。重合度大，意味着同时参与啮合的轮齿对数多，对提高齿轮传动的平稳性和承载能力都有重要意义。

4.7 平行轴斜齿圆柱齿轮机构

4.7.1 斜齿圆柱齿轮齿廓曲面的形成及其啮合特性

以上研究直齿圆柱齿轮的啮合原理时，由于轮齿齿向和轴线平行，所以所有垂直于轴线的平面内的齿形完全相同，因而只需研究其中一个平面即可。

实际轮齿具有一定宽度，因此，如图 4-22（a）所示，直齿圆柱齿轮的齿廓曲面是发生面 S 在基圆柱上做纯滚动时，其上与基圆柱母线 NN 平行的某一条直线 KK 所展成的渐开线面。这个渐开线面与基圆柱的交线 AA 是一条与轴线平行的直线，因此渐开线直齿圆柱齿轮啮合时，齿廓曲面间的接触线是一条与轴平行的直线，如图 4-22（b）所示。由此可知直齿轮的啮合情况是沿整个齿宽突然地同时进入啮合和退出啮合，因而轮齿是突然加载或突然卸载的，故传动的平稳性差，冲击和噪声大。

如图 4-23 所示，斜齿圆柱齿轮齿廓曲面的形成方法与直齿轮相同，只不过发生面 S 上的直线 KK 不再平行于 NN 而是与它夹一个 β_b，当发生面 S 沿基圆柱作纯滚动时，线 KK 就会展出一个渐开螺旋面。夹角 β_b 称为基圆柱上的螺旋角。

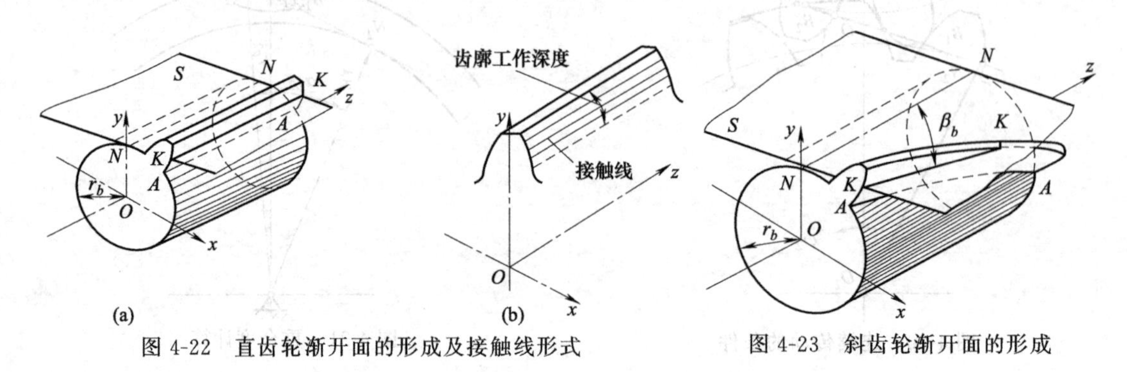

图 4-22 直齿轮渐开面的形成及接触线形式

图 4-23 斜齿轮渐开面的形成

渐开螺旋面斜齿轮齿廓具有以下特点：

ⅰ．相切于基圆柱的平面与齿廓曲面的交线为斜直线，它与基圆柱母线的夹角总是 β_b；

ⅱ．垂直于齿轮轴线的平面与齿廓曲面的交线为渐开线；

ⅲ．基圆柱面以及和它同轴的圆柱面与齿廓曲面的交线都是螺旋线，但其螺旋角不等，分度圆柱面上的螺旋角简称螺旋角，用 β 表示；

ⅳ．齿轮螺旋线的旋向有左、右之分，如图 4-24 所示。

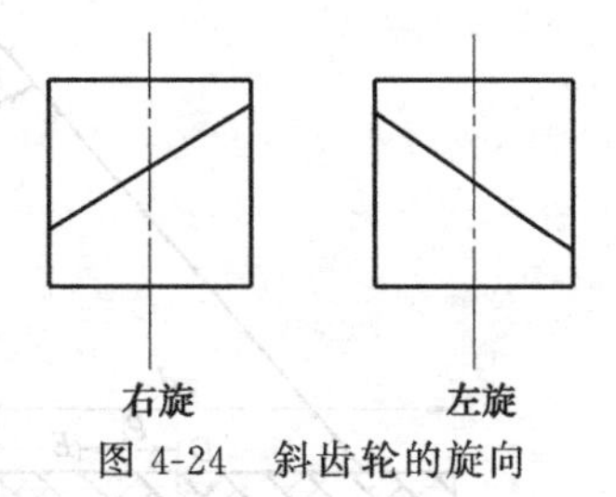

图 4-24　斜齿轮的旋向

一对斜齿轮齿廓曲面的啮合情况如图 4-25（a）所示，具有以下特点。

ⅰ．两斜齿齿廓的公法面既是两基圆柱的公切面，又是传动的啮合面。

ⅱ．两齿廓的接触线 KK 与轴线的夹角总为 β_b。两斜齿轮啮合时，齿廓曲面的接触线是斜直线，如图 4-25（b）所示。其啮合过程是在前端面上从动轮的齿顶点开始接触，然后接触线由短变长，再由长变短，最后在后端面上主动轮齿顶点分离。因此轮齿上所受的力，也是由小到大，再由大到小，故传动较平稳，冲击和噪声小。

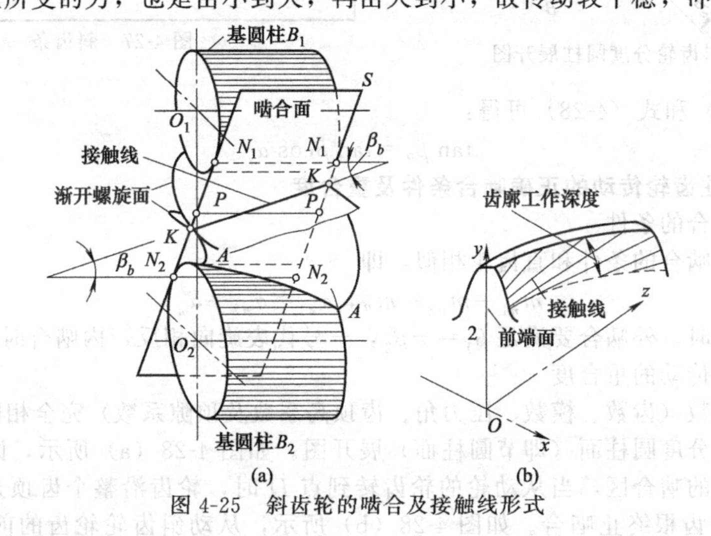

图 4-25　斜齿轮的啮合及接触线形式

4.7.2　斜齿轮的基本参数

由于轮齿倾斜，因而斜齿轮的基本参数可以分为法面（垂直于分度圆柱面上螺旋线的切线的平面）参数和端面（垂直于轴线的平面）参数，分别用角标 n 和 t 来区别。由于无论是采用范成法还是仿形法加工斜齿轮，刀具都只能沿轮齿的螺旋齿槽方向运动，即垂直于法面进刀，因此法面上的参数与刀具的参数相同，所以法面参数是标准值。而在进行几何尺寸计算时却需要应用端面参数，因此需要建立法面参数和端面参数之间的换算关系。

（1）法面模数 m_n 和端面模数 m_t

如图 4-26 所示为一斜齿轮分度圆柱的展开图，显然 $p_n = p_t \cos\beta$，式中 p_n 为法面齿距，p_t 为端面齿距，β 为分度圆柱的螺旋角，则有：

$$m_t = m_n / \cos\beta \tag{4-25}$$

（2）法面压力角 α_n 和端面压力角 α_t

如图 4-27 所示的斜齿条中，平面 ABD 为前端面，故 $\tan\alpha_t = \overline{AB}/\overline{BD}$，平面 ACE 为法面，故 $\tan\alpha_n = \overline{AC}/\overline{CE}$，因 $AC \perp BC$，所以 $AC = AB\cos\beta$，又因 $\overline{BD} = \overline{CE}$，故得：

$$\tan\alpha_t = \tan\alpha_n / \cos\beta \tag{4-26}$$

（3）斜齿轮的螺旋角 β 和基圆柱螺旋角 β_b

如图 4-26 所示，斜齿轮分度圆柱面上的螺旋角 β 为：

$$\tan\beta=\pi d/p_z \tag{4-27}$$

式中，p_z 为螺旋线的导程，即螺旋线旋转一周时，螺旋线上任一点沿轮轴方向前进的距离。因为斜齿轮各个圆柱面上的螺旋线的导程相同，所以基圆柱面上的螺旋角 β_b 应为：

$$\tan\beta_b=\pi d_b/p_z \tag{4-28}$$

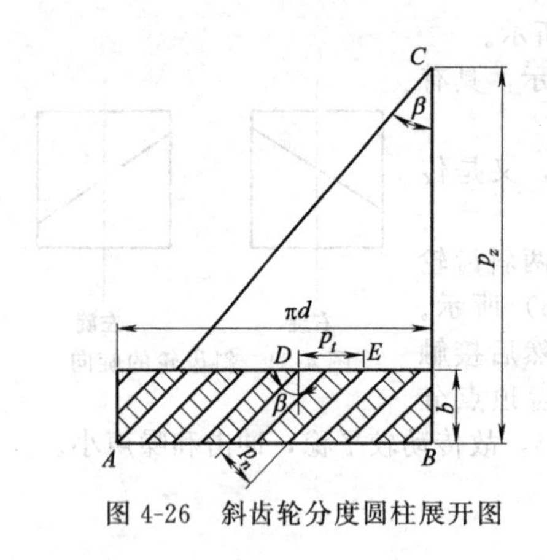

图 4-26　斜齿轮分度圆柱展开图

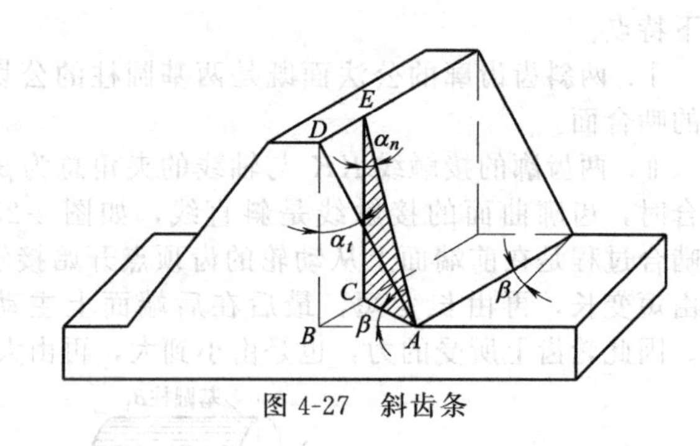

图 4-27　斜齿条

由式（4-27）和式（4-28）可得：

$$\tan\beta_b=\tan\beta\cos\alpha_t \tag{4-29}$$

4.7.3　斜齿圆柱齿轮传动的正确啮合条件及重合度

（1）正确啮合的条件

斜齿轮正确啮合的条件和直齿轮相似，即

$$m_{n1}=m_{n2}=m_n,\ \alpha_{n1}=\alpha_{n2}=\alpha_n$$

当两轴平行时，外啮合要满足 $\beta_1=-\beta_2$，一号代表旋向相反，内啮合时 $\beta_1=\beta_2$。

（2）斜齿轮传动的重合度

两个端面参数（齿数、模数、压力角、齿顶高系数及顶隙系数）完全相同的标准直齿轮和标准斜齿轮的分度圆柱面（即节圆柱面）展开图。如图 4-28（a）所示，区域 CD 为直齿轮的作用弧展开的啮合区，当从动轮的轮齿转到点 D 时，轮齿沿整个齿顶开始啮合，转到点 C 时，沿整个齿根终止啮合。如图 4-28（b）所示，从动斜齿轮轮齿的前端面转到点 D 时，在前端面的齿顶尖角开始啮合（位置Ⅰ），这时该齿的整个齿廓的其他部分尚未啮合。当该齿后端面转到点 D'（位置Ⅰ′）时，后端面的齿顶尖角进入啮合，此刻整个齿才全部啮合。又当该齿前端面转到点 C 时，前端面齿廓开始分离（位置Ⅰ″），可是这时齿廓的其他部分仍在啮合之中，直到该齿的后端面到达点 C'（位置Ⅰ‴）时，后端面齿廓开始分离，整个齿才终止啮合，至此完成一对齿的啮合过程。显然，平行轴斜齿轮的总作用弧为 DC_1，它比直齿轮多转了一个弧长 s，则平行轴斜齿轮的总重合度 ε 为：

$$\varepsilon=\varepsilon_\alpha+b\tan\beta/p_t \tag{4-30}$$

式（4-30）表明，平行轴斜齿轮的重合度可随螺旋角 β 和齿宽 b 的增大而增大，因此斜齿轮的重合度可远大于直齿轮。

4.7.4　斜齿轮的当量齿数

用仿形铣刀加工斜齿轮时，铣刀是沿螺旋齿槽的方向进刀的，所以必须按照齿轮的法面齿形来选择铣刀的号码。又在计算斜齿轮轮齿的弯曲强度时，因为力是作用在法面内的，所以也需要知道它的法面齿形。这就要求研究具有 z 个齿的斜齿轮，其法面的齿形应与多少个齿的直齿轮的齿形相同或者最接近。

如图 4-29 所示为斜齿轮的分度圆柱，过任一轮齿齿厚中点 P 作法面 n-n，则法面 n-n 截轮齿所得的齿形为斜齿轮的法面齿形。又此法面 n-n 截斜齿轮的分度圆柱可得到一个椭圆，

它的长半轴 $a=r/\cos\beta$，短半轴 $b=r$。由图 4-28 可见，以点 P 处的曲率半径 ρ 为分度圆半径，并采用斜齿轮的 m_n 和 α_n 作一个虚拟的直齿轮，其齿形与斜齿轮的法面齿形最为接近。这个虚拟的直齿轮称为斜齿轮的当量齿轮，它的齿数 z_v 称为当量齿数。由解析几何可知，椭圆在点 P 处的曲率半径 ρ 为：

$$\rho=a^2/b=r/\cos^2\beta \tag{4-31}$$

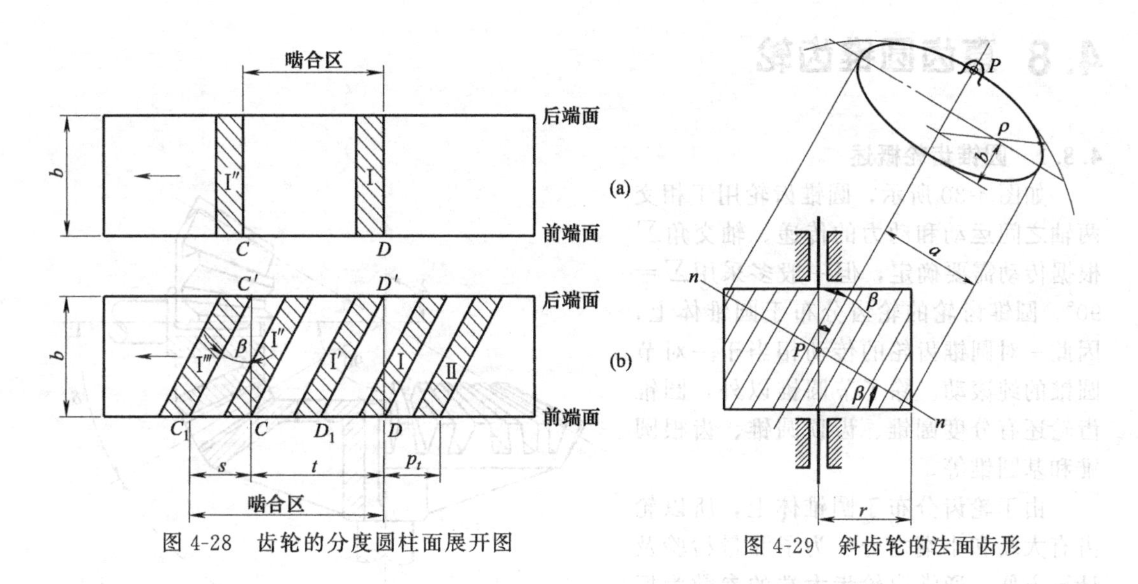

图 4-28　齿轮的分度圆柱面展开图　　图 4-29　斜齿轮的法面齿形

因此当量齿数 z_v 为：

$$z_v=2\rho/m_n=2r/m_n\cos^2\beta=m_t z/m_n\cos\beta$$

$$z_v=z/\cos^3\beta \tag{4-32}$$

当量齿数常用于斜齿轮弯曲强度计算及铣刀号的选择。

4.7.5　斜齿轮的几何尺寸计算

平行轴斜齿轮在端面内的几何尺寸关系与直齿轮相同，但在进行计算时，必须把法面标准参数换算为端面参数，其主要几何尺寸的计算公式见表 4-4。

表 4-4　斜齿圆柱齿轮的参数及几何尺寸计算

名称	符号	参数值或计算公式	名称	符号	参数值或计算公式
螺旋角	β	一般取 8°～20°	最少齿数	$z_{\min}$	$z_{\min}=z_{v\min}\cos^3\beta$
基圆柱螺旋角	β_b	$\tan\beta_b=\tan\beta\cos\alpha_t$	分度圆直径	d	$d=m_t z=m_n z/\cos\beta$
法面模数	m_n	按表 4-1 中所列数值取标准值	齿顶高	h_a	$h_a=h_{an}^*m_n$
端面模数	m_t	$m_t=m_n/\cos\beta$	齿根高	h_f	$h_f=(h_{an}^*+c_n^*)m_n$
法面压力角	α_n	20°	齿顶圆直径	d_a	$d_a=d+2h_a$
端面压力角	α_t	$\tan\alpha_t=\tan\alpha_n/\cos\beta$	齿根圆直径	d_f	$d_f=d-2h_f$
法面齿顶高系数	h_{an}^*	1	基圆直径	d_b	$d_b=d\cos\alpha_t$
法面顶隙系数	c_n^*	0.25	标准中心距	a	$a=m_n(z_1+z_2)/2\cos\beta$
当量齿数	z_v	$z_v=z/\cos^3\beta$			

注：1. 此表所列为标准外斜齿轮及外啮合的计算公式。

2. 端面模数 m_t 应计算到小数后第四位，其余尺寸计算到小数后第三位。

3. 螺旋角 β 计算应精确到××°××′××″。

4.7.6 斜齿轮的优缺点

综上所述，平行轴斜齿轮与直齿轮比较，其主要优点为：ⅰ重合度大、齿面接触情况好，因此传动平稳、承载能力高；ⅱ斜齿轮的最少齿数比直齿轮的少，故机构更紧凑。因此，斜齿轮被广泛地用于高速、重载的传动中。

平行轴斜齿轮的主要缺点为：因存在螺旋角 β，故传动时会产生轴向力，对传动不利。为了既能发挥斜齿轮的优点，又不致使轴向力过大，一般采用的螺旋角 $\beta=8°\sim20°$。

4.8 直齿圆锥齿轮

4.8.1 圆锥齿轮概述

如图 4-30 所示，圆锥齿轮用于相交两轴之间运动和动力的传递。轴交角 Σ 根据传动需要确定，但一般多采用 $\Sigma=90°$。圆锥齿轮的轮齿分布于圆锥体上，因此一对圆锥齿轮的传动相当于一对节圆锥的纯滚动。除了节圆锥以外，圆锥齿轮还有分度圆锥、齿顶圆锥、齿根圆锥和基圆锥等。

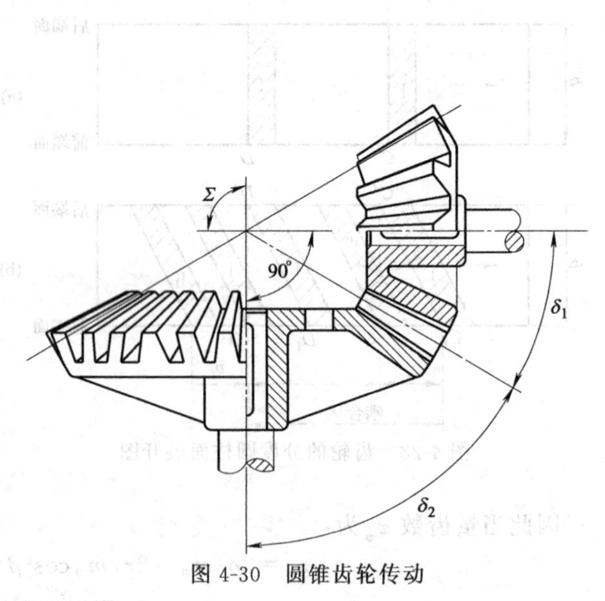

图 4-30 圆锥齿轮传动

由于轮齿分布于圆锥体上，所以轮齿有大端和小端之分。为了测量检验及计算方便，通常取轮齿大端的参数为标准值，即轮齿大端的模数按表 4-5 选取，其压力角一般为 20°，齿顶高系数 $h_a^*=1$，顶隙系数 $c^*=0.2$。

表 4-5 锥齿轮标准模数系列（GB/T 12368—1990）

1	1.125	1.25	1.375	1.5	1.75	2	2.25	2.5	2.75	3	3.25
3.5	3.75	4	4.5	5	5.5	6	6.5	7	8	9	10

注：小于 1 大于 10 的模数值未列入。

圆锥齿轮有直齿、斜齿和曲齿三种，本节仅介绍直齿圆锥齿轮。圆锥齿轮正确啮合的条件是两齿轮的大端模数和压力角分别相等。如图 4-30 所示，为一对正确安装的标准直齿圆锥齿轮，其节圆锥与分度圆锥重合。设 δ_1 和 δ_2 分别为小齿轮和大齿轮的分度圆锥角，Σ 为两轴线的交角，因 $r_1=\overline{OC}\sin\delta_1$、$r_2=\overline{OC}\sin\delta_2$，故传动比

$$i_{12}=\omega_1/\omega_2=r_2/r_1=z_2/z_1=\sin\delta_2/\sin\delta_1 \tag{4-33}$$

当 $\Sigma=\delta_1+\delta_2=90°$时，则有

$$i_{12}=\omega_1/\omega_2=r_2/r_1=z_2/z_1=\tan\delta_2=\cot\delta_1 \tag{4-34}$$

4.8.2 背锥和当量齿数

圆锥齿轮转动时，其上任一点与锥顶 O 的距离保持不变，所以该点与另一锥齿轮的相对运动轨迹为一球面曲线。直齿圆锥齿轮的理论齿廓曲线为球面渐开线。因球面不能展开成平面，设计计算和制造都很困难，故采用下述近似方法加以研究。

如图 4-31 所示，图的上部为一对互相啮合的直齿圆锥齿轮在其轴平面上的投影。$\triangle OCA$ 和$\triangle OCB$ 分别为两轮的分度圆锥。线段 OC 称为锥距。过大端上 C 点作 OC 的垂线

与两轮的轴线分别交于 O_1 和 O_2 点。分别以 OO_1 和 OO_2 为轴线，以 O_1C 和 O_2C 为母线作两个圆锥 O_1CA 和 O_2CB，该两圆锥称为锥齿轮的背锥。两背锥分别与球面相切于 C 点和 A 点及 C 点和 B 点，并与分度圆锥直角相截。若在背锥上过 C、A 和 B 点沿背锥母线方向取齿顶高和齿根高，背锥面上的齿高部分与球面上的齿高部分非常接近，可以认为一对直齿圆锥齿轮的啮合近似于背锥面上的齿廓啮合。因圆锥面可展开成平面，故可以近似地把球面渐开线简化成平面曲线来进行研究。

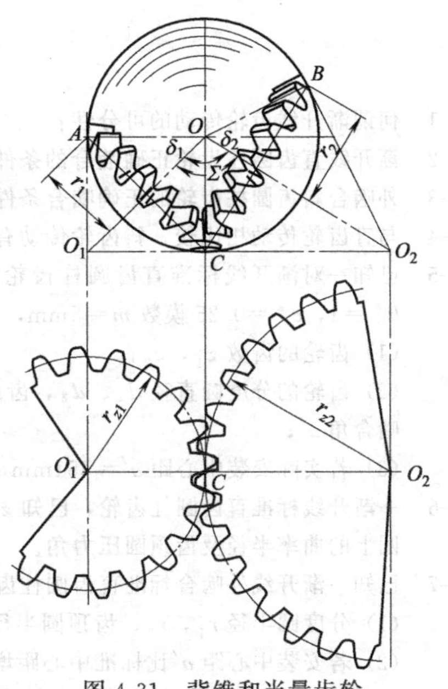

图 4-31 背锥和当量齿轮

如图 4-31 的下部分所示，将背锥 O_1CA 和 O_2CB 展开为两个扇形平面。以 O_1C 和 O_2C 为分度圆半径，以圆锥齿轮大端的模数和压力角为模数和压力角，按照圆柱齿轮的作图法画出两扇形齿轮的齿廓，该齿廓即为圆锥齿轮大端的近似齿廓，两扇形齿轮的齿数即为两圆锥齿轮的真实齿数。将两扇形补足为完整的圆柱齿轮，则它们的齿数分别增加到 z_{v1} 和 z_{v2}。齿数 z_{v1} 和 z_{v2} 称为圆锥齿轮的当量齿数，上述圆柱齿轮称为圆锥齿轮的当量齿轮。由图 4-31 可知：

$$r_{v1}=mz_{v1}/2=r_1/\cos\delta_1=mz_1/2\cos\delta_1$$

$$z_{v1}=z_1/\cos\delta_1$$

同理

$$r_{v2}=mz_{v2}/2=r_2/\cos\delta_2=mz_2/2\cos\delta_2$$

$$z_{v2}=z_2/\cos\delta_2 \tag{4-35}$$

应用背锥和当量齿数就可以把圆柱齿轮的原理近似用到圆锥齿轮上。例如直齿圆锥齿轮的最少齿数 $z_{\min}$，与当量圆柱齿轮的最少齿数 $z_{v\min}$ 之间的关系为：

$$z_{\min}=z_{v\min}\cos\delta \tag{4-36}$$

由式（4-36）可见，直齿圆锥齿轮的最少齿数比直齿圆柱齿轮的少。

4.8.3 直齿圆锥齿轮几何尺寸计算

根据圆锥齿轮的啮合特点，可得出 $\Sigma=90°$ 的直齿圆锥齿轮的几何尺寸计算公式，列于表 4-6 中。

表 4-6 标准直齿圆锥齿轮传动几何尺寸计算公式（$\Sigma=90°$）

名称	符号	计算公式	名称	符号	计算公式
分度圆锥角	δ	$\delta_1=\operatorname{arccot}z_2/z_1,\delta_2=90°-\delta_1$	齿根角	θ_f	$\theta_f=\arctan(h_f/R)$
分度圆直径	d	$d=mz$	齿顶角	θ_a	正常收缩齿：$\theta_a=\arctan(h_a/R)$ 等顶隙收缩齿：$\theta_a=\theta_f$
锥距	R	$R=0.5\sqrt{d_1^2+d_2^2}$	齿顶圆锥角	δ_a	正常收缩齿：$\delta_a=\delta+\theta_a$ 等顶隙收缩齿：$\delta_a=\delta+\theta_f$
齿顶高	h_a	$h_a=h_a^*m$	齿根圆锥角	δ_f	$\delta_f=\delta-\theta_f$
齿根高	h_f	$h_f=(h_a^*+c^*)m$	当量齿数	z_v	$z_v=z/\cos\delta$
齿顶圆直径	d_a	$d_a=d+2h_a\cos\delta$	分度圆齿厚	s	$s=\pi m/2$
齿根圆直径	d_f	$d_f=d-2h_f\cos\delta$			

习　题

4-1　何谓渐开线齿轮传动的可分性？

4-2　渐开线直齿圆柱齿轮正确啮合的条件、连续传动的条件是什么？

4-3　外啮合斜齿圆柱齿轮的正确啮合条件是什么？

4-4　与直齿轮传动相比较，斜齿轮传动有哪些优缺点？

4-5　已知一对渐开线标准直齿圆柱齿轮传动，标准中心距 $a=350\text{mm}$，传动比 $i=2.5$ 压力角 $\alpha=20°$，$h_a^*=1$，$c^*=0.25$ 模数 $m=5\text{mm}$，试计算：

(1) 齿轮的齿数 z_1，z_2；

(2) 齿轮的分度圆直径 d_1、d_2，齿顶圆直径 d_{a1}、d_{a2}，齿根圆直径 d_{f1}、d_{f2}，按标准中心距安装时啮合角 α'；

(3) 若实际安装中心距 $a'=351\text{mm}$，上述哪些参数发生变化？数值为多少？

4-6　一渐开线标准直齿圆柱齿轮，已知 $z=26$，$m=3\text{mm}$，$h_a^*=1$，$\alpha=20°$，求齿廓曲线在分度圆及齿顶圆上的曲率半径及齿顶圆压力角。

4-7　已知一渐开线外啮合标准直齿圆柱齿轮的参数为 $m=5\text{mm}$，$z_1=20$，$z_2=30$，$\alpha=20°$，求：

(1) 分度圆半径 r_1，r_2；齿顶圆半径 r_{a1}，r_{a2}；齿根圆半径 r_{f1}，r_{f2}；标准中心距 a；

(2) 若安装中心距 a' 比标准中心距增大 2mm 时，啮合角 α' 及两轮的节圆半径 r'_1，r'_2 各为多少？

4-8　已知一对正确啮合的标准直齿圆柱齿轮机构，测得小齿轮齿数为 24，大齿轮齿数为 60，小齿轮齿顶圆直径为 208mm，齿根圆直径为 172mm，两齿轮的齿全高相等，压力角为 20°，求：

(1) 这对齿轮的模数 $m=$？$h_a^*=$？$c^*=$？

(2) 若将这对齿轮装在中心距为 340mm 的轴上，问这时传动比 $i_{12}=$？啮合角 $\alpha'=$？

(3) 若用相同齿数、相同模数的一对斜齿圆柱齿轮传动来代替这对直齿轮传动，中心距仍然为 340mm，要求两齿轮啮合时的齿侧间隙为零，求两斜齿轮的螺旋角 $\beta=$？

4-9　一对标准外啮合斜齿圆柱齿轮传动，已知：$m_n=4\text{mm}$，$z_1=24$，$z_2=48$，$a=150\text{mm}$，试求：螺旋角 β；两轮的分度圆直径 d_1，d_2；两轮的齿顶圆直径 d_{a1}，d_{a2}。

5 轮系

在实际中，为了满足不同的工作需要，仅仅使用一对齿轮是不够的，常常将一系列相互啮合的齿轮组成传动系统，以实现变速、分路传动、运动分解与合成等功能。这种由一系列齿轮组成的传动系统称为轮系。

5.1 轮系的分类

在工程上，根据轮系中各齿轮轴线在空间的位置是否固定，将轮系分为定轴轮系和周转轮系。所有齿轮轴线相对于机架都是固定不动的轮系称为定轴轮系。定轴轮系又分为平面定轴轮系和空间定轴轮系。所有齿轮的轴线互相平行的称为平面定轴轮系，平面定轴轮系完全由圆柱齿轮组成，如图 5-1（a）所示；各齿轮的轴线不完全平行的称为空间轮系，空间定轴轮系中有圆锥齿轮或蜗杆，如图 5-1（b）、（c）所示。

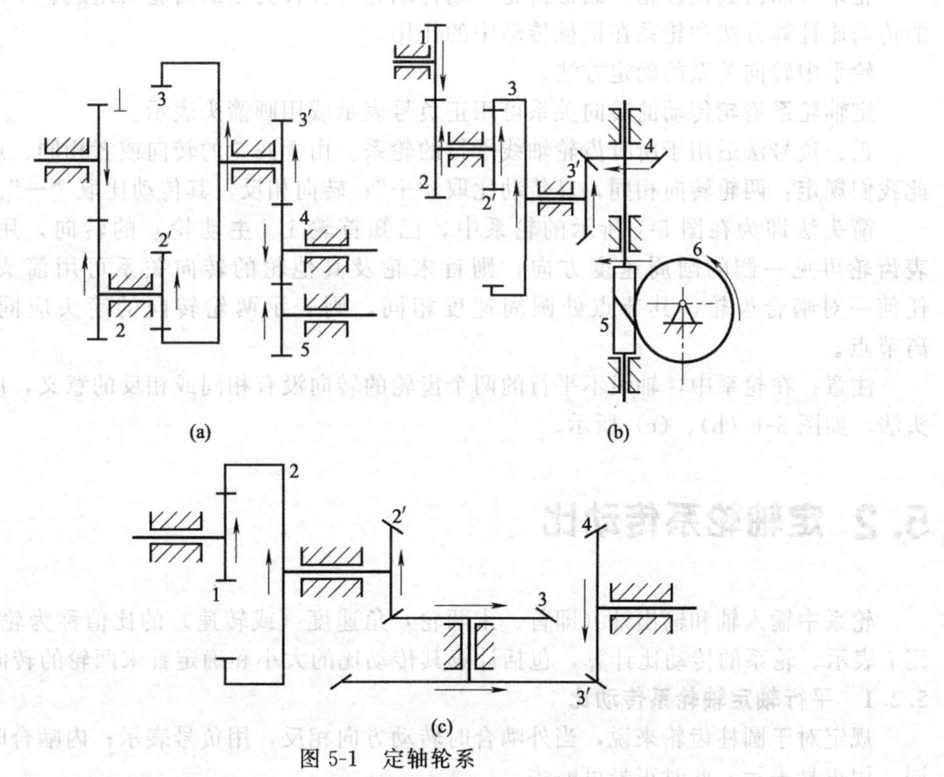

图 5-1 定轴轮系

轮系中，至少有一个齿轮的几何轴线不固定，而绕其它齿轮的固定几何轴线回转，称为周转轮系，如图 5-2 所示。绕固定轴线 OO 回转的外齿轮 1 和内齿轮 3，称作太阳轮或中心轮；齿轮 2 安装在构件 H 上，既绕 O_2O_2 进行自转，又随 H 本身绕 OO 有公转，称作行星轮；安装行星轮的构件 H 称作行星架（或称作系杆、转臂）。

在周转轮系中，一般都以太阳轮或行星架作为运动的输入和输出构件，所以它们就是周转轮系的基本构件。OO 轴线称作主轴线。一个周转轮系是由一个行星架、一个或若干个行星轮以及与行星轮啮合的太阳轮组成。

周转轮系根据其自由度数目不同可分为差动轮系和行星轮系。如果轮系中两个太阳轮都可以转动，其自由度为 2，称为差动轮系，如图 5-2（a）所示；如果轮系中有一个太阳轮是固定的，则其自由度为 1，称作行星轮系，如图 5-2（b）所示。

如果轮系由定轴轮系和周转轮系组成，则称作混合轮系，如图 5-3 所示。

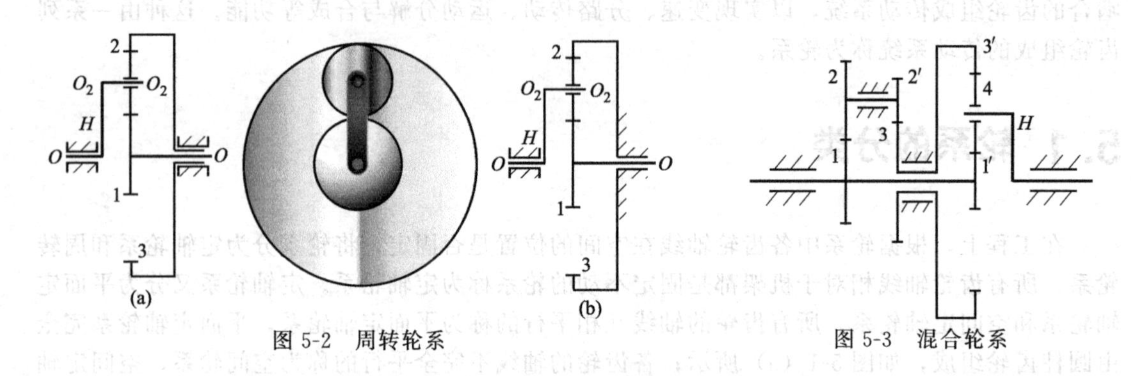

图 5-2　周转轮系　　图 5-3　混合轮系

轮系可以由圆柱齿轮、圆锥齿轮、蜗杆蜗轮等各种类型的齿轮所组成。本章只讨论轮系的传动比计算方法和轮系在机械传动中的作用。

轮系中转向关系的确定方法。

定轴轮系齿轮传动的转向关系可用正负号表示或用画箭头表示。

正、负号法适用于所有齿轮轴线平行的轮系。由于两轮的转向或者相同、或者相反，因此我们规定：两轮转向相同，其传动比取“+”；转向相反，其传动比取“−”。

箭头法即为在图 5-1 所示的轮系中，已知首轮 1（主动轮）的转向，用箭头方向代表齿轮可见一侧的圆周速度方向，则首末轮及其他轮的转向关系可用箭头表示。因为任何一对啮合齿轮，其节点处圆周速度相同，则表示两轮转向的箭头应同时指向或背离节点。

注意：在轮系中，轴线不平行的两个齿轮的转向没有相同或相反的意义，所以只能用箭头法，如图 5-1（b）、（c）所示。

5.2 定轴轮系传动比

轮系中输入轴和输出轴（即首、末两轮）角速度（或转速）的比值称为轮系的传动比，用 i 表示。轮系的传动比计算，包括计算其传动比的大小和确定首末两轮的转向关系。

5.2.1　平行轴定轴轮系传动比

规定对于圆柱齿轮来说，当外啮合时转动方向相反，用负号表示；内啮合时转动方向相同，用正号表示，此时正号可略去。

如图 5-1（a）所示平行轴定轴轮系，要计算其传动比 i_{15}，首先计算轮系中各对齿轮的传动比

$$i_{12}=\frac{\omega_1}{\omega_2}=-\frac{z_2}{z_1}$$

$$i_{2'3}=\frac{\omega_{2'}}{\omega_3}=\frac{z_3}{z_{2'}}$$

$$i_{3'4}=\frac{\omega_{3'}}{\omega_4}=-\frac{z_4}{z_{3'}}$$

$$i_{45}=\frac{\omega_4}{\omega_5}=-\frac{z_5}{z_4}$$

将上式中各传动比连乘，由于齿轮 2 与 $2'$同轴，3 与 $3'$同轴，则 $\omega_2=\omega_2'$，$\omega_3=\omega_3'$，得：

$$i_{15}=i_{12}i_{2'3}i_{3'4}i_{45}=\frac{\omega_1\omega_{2'}\omega_{3'}\omega_4}{\omega_2\omega_3\omega_4\omega_5}=\frac{\omega_1}{\omega_5}=(-1)^3\frac{z_2z_3z_4z_5}{z_1z_{2'}z_{3'}z_4}=-\frac{z_2z_3z_5}{z_1z_{2'}z_{3'}}$$

式中，齿轮 4 的齿数不影响传动比的大小，这种齿轮称为惰轮。惰轮只改变转动方向。图 5-1（a）中，如果没有齿轮 4，则轮 5 与轮 1 转动方向相同。

由上式可知，轮系中首末两轮的传动比等于组成该轮系的各对啮合齿轮传动比的连乘积，其大小等于分子为轮系中所有从动轮齿数积，分母为轮系中所有主动轮齿数积；当轮系中有一对外啮合时，两轮转向相反一次，有一个负号，此轮系中有三对外啮合齿轮，则其传动比符号为 $(-1)^3$。推而广之，设 1 为轮系的首轮，K 为末轮，则该轮系的传动比为：

$$i_{1K}=\frac{\omega_1}{\omega_K}=(-1)^m\frac{\text{所有从动轮齿数之积}}{\text{所有主动轮齿数之积}} \tag{5-1}$$

如果 m 为偶数，则 i_{1K} 为正值，表明首末两轮转动方向相同；反之，首末两轮转动方向相反。首末两轮的转向关系亦可用画箭头确定。

5.2.2 空间定轴轮系传动比

由于空间定轴轮系各齿轮轴线不都在同一平面内，所以，大小仍用式（5-1）计算，但首末两轮的转向关系只能在图上画箭头得到，而不用 $(-1)^m$ 表示。若首末两轮轴线平行，转向相反，则在计算数值前加负号。

如图 5-1（b）所示，各轮的方向用箭头表示，其传动比的大小为：

$$i_{16}=\frac{\omega_1}{\omega_6}=\frac{z_2z_3z_4z_6}{z_1z_{2'}z_{3'}z_5}$$

如图 5-1（c）所示，已知各轮的齿数 $z_1=20$，$z_2=50$，$z_{2'}=20$，$z_3=30$，$z_{3'}=60$，$z_4=40$，各轮的方向用箭头表示如图，但由于首末轮轴线平行，转向相反，所以其传动比在计算数值后加负号。

$$i_{14}=\frac{\omega_1}{\omega_4}=\frac{z_2z_3z_4}{z_1z_{2'}z_{3'}}=\frac{50\times30\times40}{20\times20\times60}=-2.5$$

5.3 周转轮系传动比

由于周转轮系中行星轮的轴线不是绕固定轴线转动，所以周转轮系的传动比不能直接用式（5-1）计算。可应用转化轮系法，即根据相对运动原理，假想对整个行星轮系加上一个与 n_H 大小相等而方向相反的公共转速 $-n_H$，则行星架被固定，而原构件之间的相对运动关系保持不变，如图 5-4 所示。这样，原来的行星轮系就变成了假想的定轴轮系。这个经过一定条件转化得到的假想定轴轮系，称为原行星轮系的转化轮系。轮系转化前后转速关系见表 5-1。

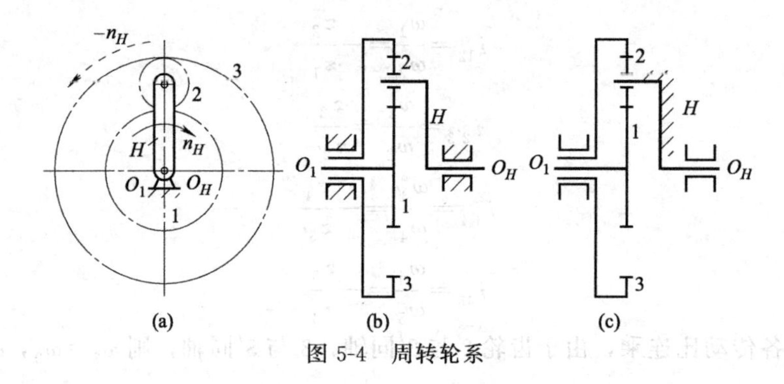

图 5-4 周转轮系

表 5-1 轮系转化前后转速关系

构件名称	原来的转速	转化轮系中的转速
太阳轮 1	n_1	$n_1^H=n_1-n_H$
行星轮 2	n_2	$n_2^H=n_2-n_H$
太阳轮 3	n_3	$n_3^H=n_3-n_H$
行星架(系杆)H	n_H	$n_H^H=n_H-n_H=0$

转化后轮系的传动比可用式（5-1）求得：

$$i_{13}^H=\frac{n_1-n_H}{n_3-n_H}=(-1)\frac{z_2z_3}{z_1z_2}=-\frac{z_3}{z_1}$$

推而广之，设 n_A 和 n_B 为周转轮系中任意两齿轮 A 和 B 的转速，则它们与行星架 H 转速 n_H 间的关系为：

$$i_{AB}^H=\frac{n_A-n_H}{n_B-n_H}=(-1)^m\frac{\text{齿轮}A\text{至}B\text{间所有从动轮齿数之积}}{\text{齿轮}A\text{至}B\text{间所有主动轮齿数之积}} \tag{5-2}$$

m 为齿轮 A 至齿轮 B 间外啮合齿轮的对数。

值得注意的是，式（5-2）只适用于齿轮 A、齿轮 B 和行星架 H 轴线平行的场合。代入已知转速时，必须带入正负号，求得的转速与哪个已知量的符号相同就与它的转向相同；i_{AB}^H 不是周转轮系的传动比，是转化后周转轮系的传动比，是利用定轴轮系解决行星轮系问题的过渡环节。

【例 5-1】 如图 5-5 所示周转轮系，已知 $z_1=15$，$z_2=25$，$z_3=20$，$z_4=80$，$n_1=250\text{r/min}$，$n_4=60\text{r/min}$，且两太阳轮 1、4 转向相反。试求行星架转速 n_H 及行星轮转速 n_2（n_3）。

解 设 n_1 的转动方向为正。

$$i_{14}^H=\frac{n_1-n_H}{n_4-n_H}=-\frac{z_2z_4}{z_1z_3}$$

$$i_{14}^H=\frac{250-n_H}{-60-n_H}=-\frac{25\times80}{15\times20}$$

$$n_H=-10.85\text{r/min}$$

n_H 与 n_1 转动方向相反。

$$n_2=n_3$$

$$i_{12}^H=\frac{n_1-n_H}{n_2-n_H}=-\frac{z_2}{z_1}$$

$$i_{12}^H=\frac{250-(-10.85)}{n_2-(-10.85)}=-\frac{25}{15}$$

$$n_2=-167.36\text{r/min}=n_3$$

行星轮的转向与 n_1 相反。

【例 5-2】 图 5-6 所示的行星轮系中，已知 $z_1=20$，$z_2=30$，$z'_2=25$，$z_3=60$，$z_4=70$。电动机的转速 $n_1=1500\text{r/min}$。试求输出轴转速 n_4 的大小与方向。

解 1-2-3-H 为行星轮系

$$i_{13}^H=\frac{n_1-n_H}{n_3-n_H}=-\frac{z_3}{z_1}$$

$$\frac{1500-n_H}{0-n_H}=-\frac{60}{20}$$

$$n_H=375\text{r/min}$$

1-2-2′-4-H 为行星轮系

$$i_{14}^H=\frac{n_1-n_H}{n_4-n_H}=-\frac{z_2 z_4}{z_1 z'_2}$$

$$\frac{1500-375}{n_4-375}=-\frac{30\times 75}{20\times 25}$$

$$n_4=125\text{r/min}$$

与 n_1 转向相同。

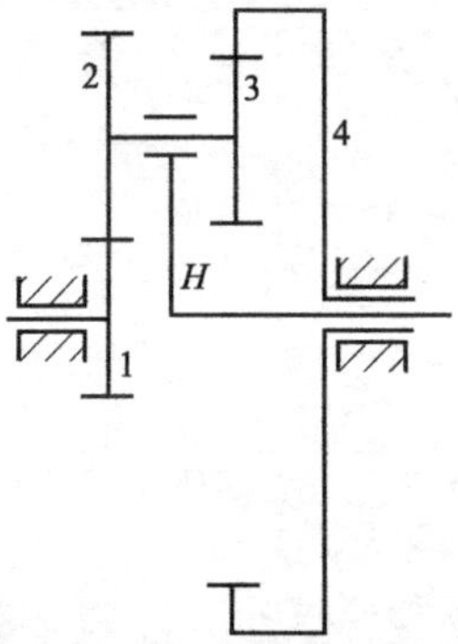

图 5-5 周转轮系

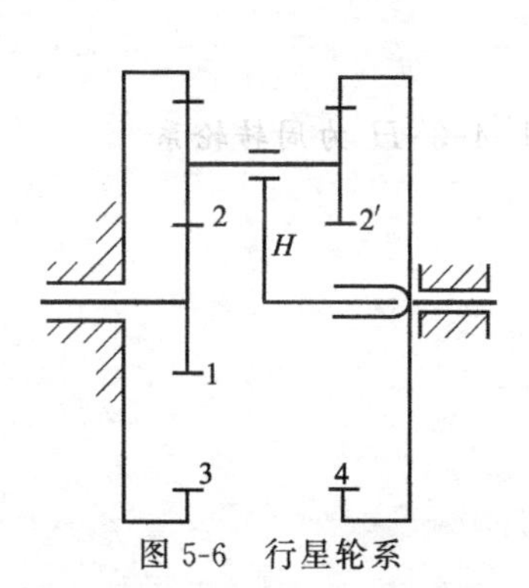

图 5-6 行星轮系

【例 5-3】 如图 5-7 所示由圆锥齿轮组成的周转轮系。已知 $z_1=80$，$z_2=60$，$z'_2=30$，$z_3=20$，$n_1=100\text{r/min}$，$n_3=50\text{r/min}$。设中心轮 1、3 的转向相反，试求 n_H 的大小与方向。

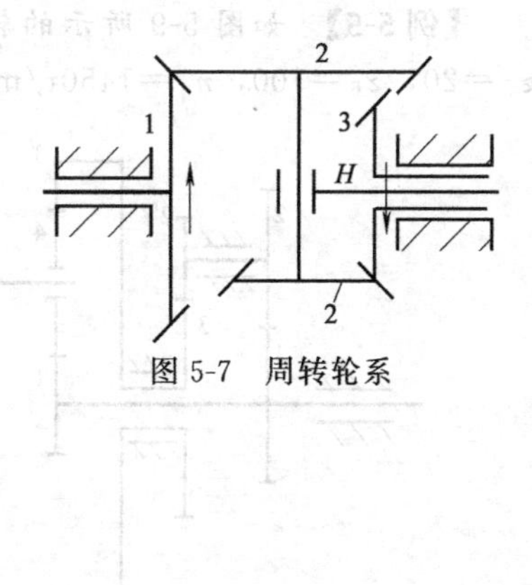

图 5-7 周转轮系

解 设 n_1 为正

$$i_{13}^H=\frac{n_1-n_H}{n_3-n_H}=\frac{z_2 z_3}{z_1 z'_2}$$

$$\frac{100-n_H}{-50-n_H}=\frac{60\times 20}{80\times 30}$$

$$n_H=-150\text{r/min}$$

n_H 与 n_1 方向相反。

5.4 复合轮系

一个轮系中同时包含有定轴轮系和周转轮系时，称之为复合轮系（或混合轮系）。一个复合轮系可能同时包含几个定轴轮系和若干个基本周转轮系。对于这种复杂的混合轮系，求解其传动比时，既不可能单纯地采用定轴轮系传动比的计算方法，也不可能单纯地按照基本周转轮系传动比的计算方法来计算。

ⅰ. 将该复合轮系所包含的各个定轴轮系和各个基本周转轮系一一地划分出来。

ⅱ. 找出各基本轮系之间的关联关系。

ⅲ. 分别写出各定轴轮系和周转轮系传动比的计算关系式。

ⅳ. 联立求解这些关系式，从而求出该混合轮系的传动比。

求解复合轮系的关键是划分轮系。若一系列互相啮合的齿轮的几何轴线都是固定不动的，则这些齿轮和机架便组成一个基本定轴轮系。划分周转轮系时，首先需要找出既有自转、又有公转的行星轮（有时行星轮有多个）；然后找出支持行星轮作公转的行星架；最后找出与行星轮相啮合的两个太阳轮（有时只有一个太阳轮），这些构件便构成一个基本周转轮系，而且每一个基本周转轮系只含有一个行星架。

【例 5-4】 如图 5-8 所示的轮系。已知 $z_1=z_2=40$，$z'_1=z'_2=20$，$z_3=60$，$z'_3=120$，$z_4=40$。试求 i_{1H} 的大小与方向。

解 1-2-2′-3 为定轴轮系

$$i_{13}=\frac{n_1}{n_3}=(-1)^2\frac{z_2z_3}{z_1z'_2}=\frac{40\times60}{40\times20}=3$$

1′-4-3′-H 为周转轮系

$$i^H_{1'3'}=\frac{n_{1'}-n_H}{n_{3'}-n_H}=-\frac{z_{3'}}{z_{1'}}=-\frac{120}{20}=-6$$

$$n_1=n_{1'},n_3=n_{3'}$$

$$i_{1H}=\frac{n_1}{n_H}=\frac{7}{3}$$

【例 5-5】 如图 5-9 所示的轮系。已知 $z_1=15$，$z_2=40$，$z_3=10$，$z_4=30$，$z'_4=40$，$z_5=20$，$z_6=100$，$n_1=1450\text{r/min}$。试求 n_H 的大小与方向。

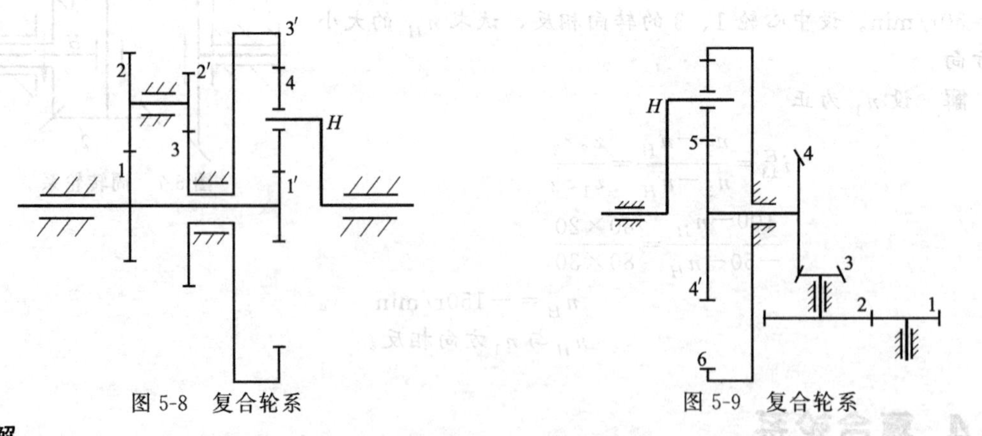

图 5-8　复合轮系　　　图 5-9　复合轮系

解

1-2-3-4 为定轴轮系

$$i_{14}=\frac{n_1}{n_4}=\frac{z_2z_4}{z_1z_3}$$

$$=\frac{40\times30}{15\times10}=8$$

4′-5-6-*H* 为周转轮系

$$i_{4'6}^{H}=\frac{n_{4'}-n_H}{n_6-n_H}=-\frac{z_6}{z_{4'}}$$

$$=-\frac{100}{50}=-2$$

$$n_6=0, n_4=n_{4'}$$

$$n_H=60.41\text{r/min}$$

5.5 轮系的应用

5.5.1 轮系的齿数条件

在轮系中，当轮系的类型确定后，需要确定各轮的齿数条件。各轮的齿数选配需要满足以下几个方面的条件，保证轮系的安装和完成预期的工作要求。

ⅰ. 要保证实现给定的传动比；

ⅱ. 保证满足同心要求。要保证行星轮系能正常回转，两中心轮及系杆三个基本构件的回转轴线必须重合；

ⅲ. 保证满足安装条件。为使各行星轮都能均匀地装入两中心轮之间，行星轮的数目与各轮齿数必须满足一定的关系，否则行星轮与太阳轮将会发生装配干涉；

ⅳ. 保证邻接条件。各行星轮不致互相碰撞。

5.5.2 轮系的功用

(1) 实现较远距离的两轴间的运动和动力

当两轴间的中心距较大时，如果仅用一对齿轮传动，两个齿轮的尺寸必然很大，将占用较大的结构空间，使机器过于庞大、浪费材料。改用轮系便可以克服这个缺点，如图 5-10 (a) 所示；当齿轮一定时，如果仅采用一对齿轮，实现的中心距较小，如果采用一组齿轮，即可实现较远距离的传递，如图 5-10 (b) 所示。

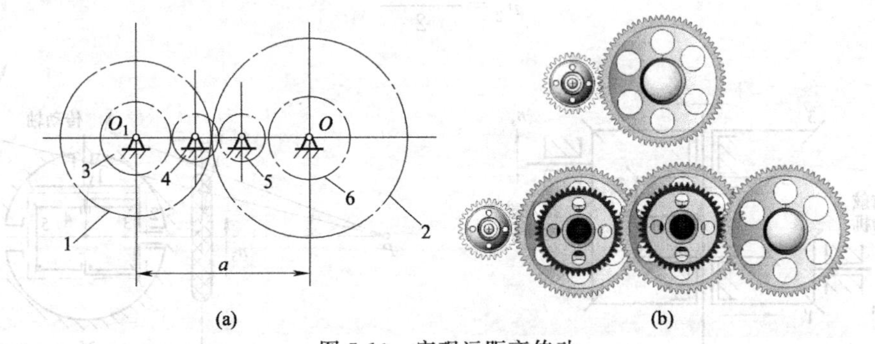

图 5-10 实现远距离传动

(2) 实现较大的传动比

一对外啮合圆柱齿轮传动，其传动比一般可为 $i\leqslant5\sim7$。但是行星轮系传动比可达 $i=1000$，而且结构紧凑。

在图 5-11 所示减速器，如果各轮齿数分别为 $z_1=100$，$z_2=101$，$z'_2=100$，$z_3=99$，则 $i_{H1}=10000$。如果 $z_1=99$，其他各轮齿数不变，则 $i_{H1}=-100$。

(3) 实现变速和换向

在图示 5-12 所示的车床走刀丝杆的三星轮换向机构中，在主动轮转向不变的情况下，此时轮系的 $i_{14}=-\frac{z_2 z_4}{z_1 z_3}$，齿轮 4 与齿轮 1 转动方向相反；如果扳动手柄，使齿轮 1、3、4 啮合，此时轮系的 $i_{14}=-\frac{z_4}{z_1}$，齿轮 4 与齿轮 1 转动方向相同。

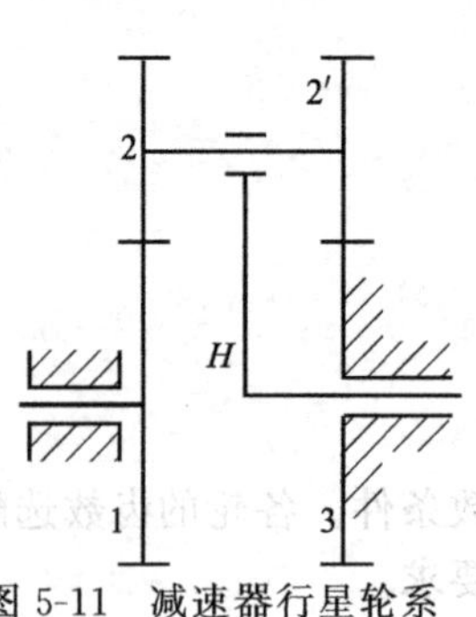

图 5-11 减速器行星轮系

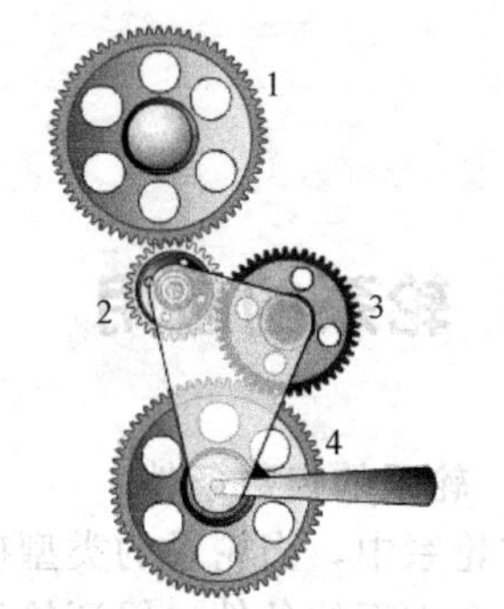

图 5-12 车床走刀丝杆行星轮机构

(4) 实现运动的合成与分解

如图 5-13 所示船用航向指示器传动机构简图。两个输入一个输出的差动轮系，实现运动的合成。

差动轮系不仅能将两个独立的运动合成为一个运动，而且还可将一个基本构件的主动转动按所需比例分解成另两个基本构件的不同运动。汽车后桥的差速器就利用了差动轮系的这一特性，如图 5-14 所示。汽车发动机通过驱动齿轮 1，再驱动齿轮 2 转动，齿轮 2 亦为行星架，其上的齿轮 4 为行星轮，与行星轮 2 相啮合的齿轮 3 和齿轮 5 为太阳轮（齿轮 3 与齿轮 5 齿数相等），则

$$i_{35}^{H}=i_{35}^{2}=\frac{n_3-n_2}{n_5-n_2}=-\frac{z_5}{z_3}=-1$$

$$n_2=\frac{n_3+n_5}{2}$$

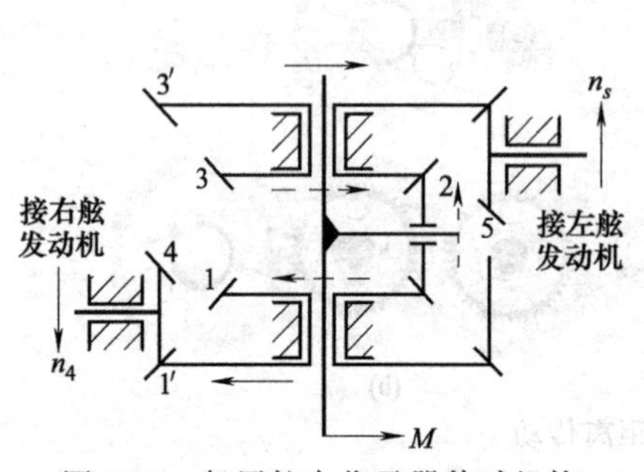

图 5-13 船用航向指示器传动机构

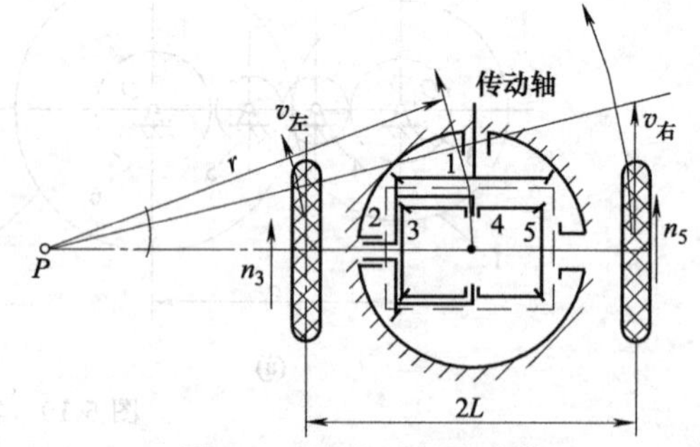

图 5-14 汽车后桥差速器

当汽车直行时，两后轮走过的路程相同，转速相同，即 $n_2=n_3=n_5$，行星轮 4 没有自转。

当汽车拐弯时，如左转弯，左轮走的是小圆弧，右轮走的是大圆弧，以保证汽车转弯时，两后轮与地面均作纯滚动，以减轻轮胎的磨损。此时 $n_3 \neq n_5$，行星轮 4 既有自转又有

公转。当车身绕瞬时转心转动时，左右两车轮走过的弧长与它们至瞬心的距离成正比。

$$\frac{n_3}{n_5}=\frac{\alpha(r-L)}{\alpha(r+L)}=\frac{r-L}{r+L}$$

又

$$i_{35}^H=i_{35}^2=\frac{n_3-n_2}{n_5-n_2}=-\frac{z_5}{z_3}=-1$$

$$n_2=\frac{n_3+n_5}{2}$$

则

$$n_3=\left(\frac{r-L}{r}\right)\frac{z_1}{z_2}n_1 \quad n_5=\left(\frac{r+L}{r}\right)\frac{z_1}{z_2}n_1$$

利用该差速器在汽车转弯时可将原动机的转速分解为两后车轮的两个不同的转速，以保证汽车转弯时，两后轮与地面均作纯滚动。

5.6 其它几种常用行星传动简介

5.6.1 渐开线少齿差行星传动

图 5-4（b）所示的行星轮系中，如果将太阳轮 1 取消，将行星轮 2 的齿数增大，安装成如图 5-15 所示的形式，即为渐开线少齿差行星传动。轮系由固定的太阳轮 1、行星轮 2、作为主动件的行星架 H 及输出轴 3 组成。输出轴转速等于行星轮的转速。

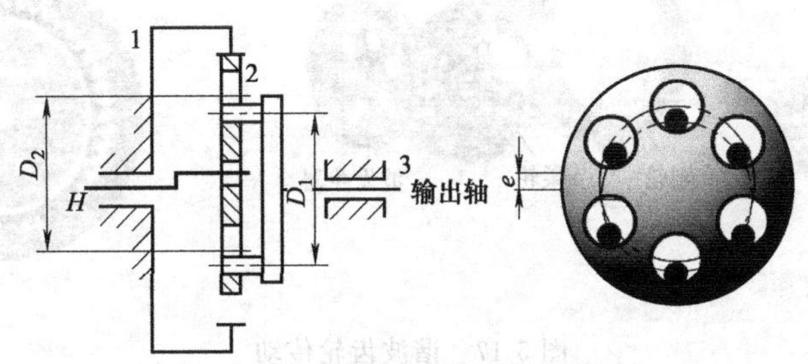

图 5-15　渐开线少齿差行星传动

$$i_{21}^H=\frac{n_2^H}{n_1^H}=\frac{n_2-n_H}{n_1-n_H}=\frac{z_1}{z_2}$$

$$i_{2H}=1-\frac{z_1}{z_2}=\frac{z_1-z_2}{z_2}$$

$$i_{HV}=i_{H2}=\frac{1}{i_{2H}}=-\frac{z_2}{z_1-z_2}$$

两齿轮齿数相差越大，传动比越大，通常取 $z_1-z_2=1\sim4$。

渐开线少齿差行星传动的特点是传动比大，结构紧凑，加工容易，同时啮合齿数少，承载能力低。

5.6.2 摆线针轮行星传动

摆线针轮行星传动的工作原理、输出机构与渐开线少齿差行星传动基本相同，其结构上的差别在于固定太阳轮的内齿是带套筒的圆柱形针齿，称为针轮，行星轮 2 改为短幅外摆线的等距曲线作齿廓，称为摆线轮，如图 5-16 所示。

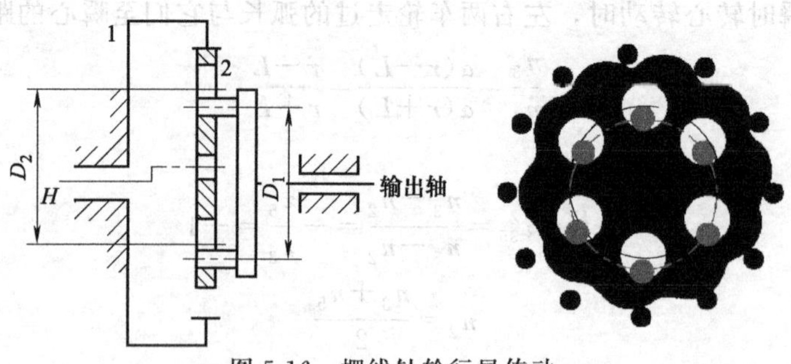

图 5-16　摆线针轮行星传动

摆线针轮行星传动的特点是传动比大，结构紧凑，效率高，同时承担载荷的齿数多齿廓间为滚动摩擦，所以传动平稳，承载能力高，磨损小，寿命长，加工工艺复杂，精度要求高，加工摆线齿轮需专用机床和刀具。

5.6.3　谐波齿轮传动

谐波齿轮传动是借助波发生器迫使相当于行星轮的柔轮产生弹性变形，来实现与钢轮的啮合。谐波齿轮传动由谐波发生器、刚轮、柔轮三个基本构件组成，如图 5-17 所示。谐波发生器作为输入端，由椭圆形的凸轮及薄壁轴承组成，随着凸轮转动，薄壁轴承的外环作弹性范围内的椭圆形变形运动；刚轮是刚性的内齿轮；柔轮作为输出端，是一个具有弹性的外齿轮，为薄壳形元件。

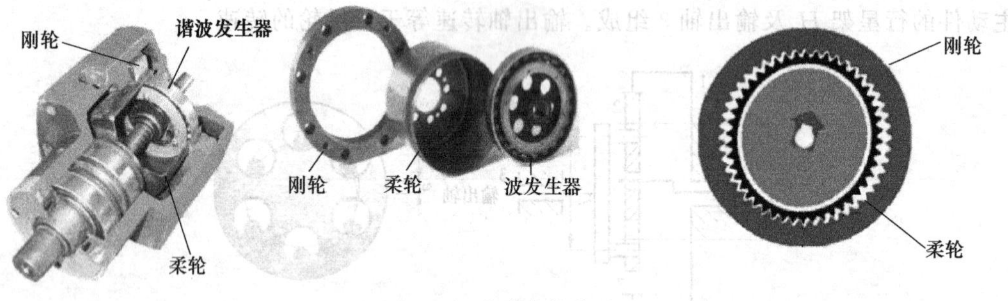

图 5-17　谐波齿轮传动

设刚轮 1，柔轮 2，波发生 H，柔轮 2 比刚轮 1 少 z_2-z_1 个齿，则

$$i_{H2}=\frac{n_H}{n_2}=\frac{1}{(z_2-z_1)/z_2}=\frac{z_2}{z_2-z_1}=-\frac{z_2}{z_1-z_2}$$

谐波齿轮传动的特点是传动比大，结构紧凑，效率高，不需等角速比机构，同时啮合的齿数多，传动平稳，承载能力高，齿侧间隙小，适于反向传动。柔轮材料加工热处理要求高；避免柔轮变形过大，传动比一般要大于 35。

习　题

5-1　轮系有几种类型？生产实际中为什么应用轮系？

5-2　定轴轮系和周转轮系各有什么特点？如何区别差动轮系和行星轮系？

5-3　什么是转化机构？i_{AB}^{H} 是不是周转轮系中齿轮 A 与齿轮 B 的传动比？

5-4　什么是惰轮？其作用是什么？

5-5　确定轮系各轮齿数应满足哪些条件？

5-6　在图 5-18 所示的轮系中，$z_1=60$，$z_1'=40$，$z_2=15$，$z_2'=20$，$z_3=30$，$z_3'=100$，$z_4=20$，求传动比 i_{1H}。

5-7 在图 5-19 所示传动装置中，已知各轮齿数为：$z_1=20$，$z_2=40$，$z_3=20$，$z_4=50$，$z_5=80$，Ⅰ轴为输入，Ⅱ轴为输出，$n_{\mathrm{I}}=1500\mathrm{r/min}$，转动方向如图所示。试求输出轴Ⅱ的转速 n_{II} 及转动方向。

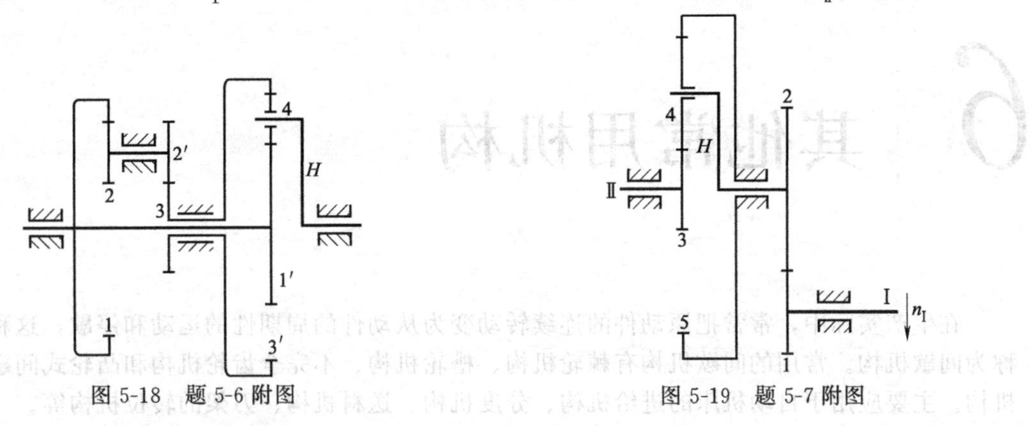

图 5-18 题 5-6 附图　　图 5-19 题 5-7 附图

5-8 如图 5-20 所示轮系。已知各轮齿数为 $z_1=z_3=60$，$z_2=z_4=40$，$z_3=z_5=100$。试求该轮系的传动比 i_{1H}，并说明轮 1 和系杆 H 的转向是否相同。

5-9 在图 5-21 所示轮系中，设已知各轮齿数，$n_1=1000\mathrm{r/min}$。试求行星架 H 的转速 n_H 的大小和转向。

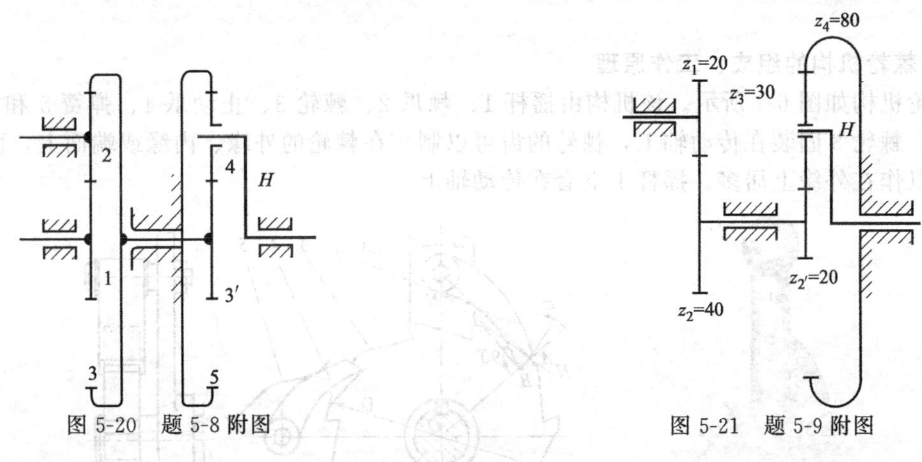

图 5-20 题 5-8 附图　　图 5-21 题 5-9 附图

5-10 在图 5-22 所示轮系中，已知各轮齿数为：$z_1=80$，$z_2=20$，$z_{2'}=30$，$z_3=120$，$z_4=50$，$z_5=30$，试求传动比 i_{15}，并说明轮 1 和轮 5 的转向是否相同。

5-11 在图 5-23 所示传动装置中，已知各轮齿数为 $z_1=20$，$z_2=40$，$z_{2'}=20$，$z_3=60$，3′为单头右旋蜗杆，4 为蜗轮，$z_4=40$，轮 1 为输入，$n_1=1430\mathrm{r/min}$，方向如图所示。试求蜗轮 4 的转速 n_4 的大小和方向。

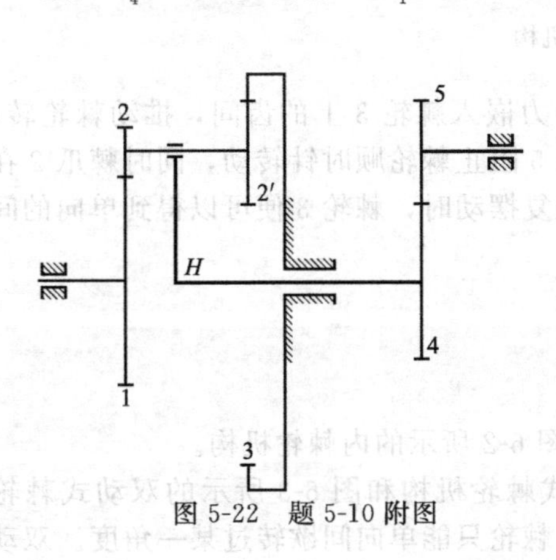

图 5-22 题 5-10 附图

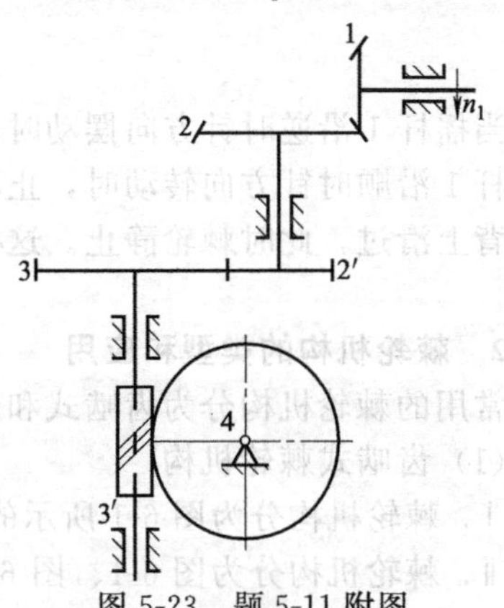

图 5-23 题 5-11 附图

6 其他常用机构

在生产实际中，常常把原动件的连续转动变为从动件的周期性的运动和停歇，这种机构称为间歇机构。常用的间歇机构有棘轮机构、槽轮机构、不完全齿轮机构和凸轮式间歇运动机构。主要应用于自动机床的进给机构、分度机构、送料机构、刀架的转位机构等。

6.1 棘轮机构

6.1.1 棘轮机构的组成、工作原理

棘轮机构如图 6-1 所示。该机构由摇杆 1、棘爪 2、棘轮 3、止动爪 4、弹簧 5 和机架 6 所组成。棘轮 3 固装在传动轴上，棘轮的齿可以制作在棘轮的外缘、内缘或端面上，而实际应用中以作在外缘上居多。摇杆 1 空套在传动轴上。

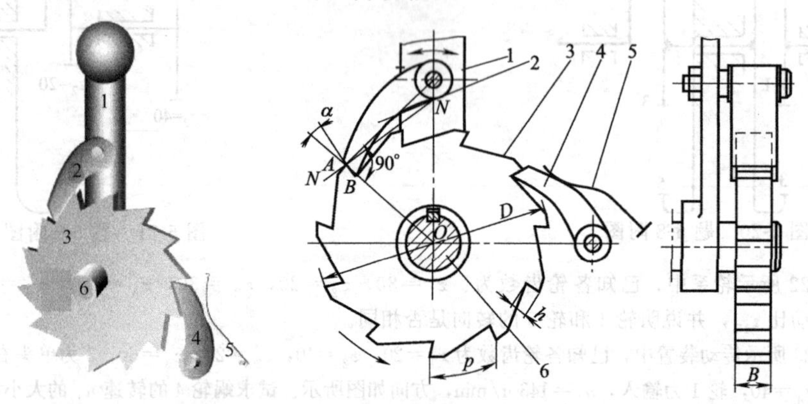

图 6-1　棘轮机构

当摇杆 1 沿逆时针方向摆动时，棘爪 2 借助外力嵌入棘轮 3 上的齿间，推动棘轮转动。当摇杆 1 沿顺时针方向转动时，止动爪 4 借助弹簧 5 阻止棘轮顺时针转动，同时棘爪 2 在棘轮齿背上滑过，此时棘轮静止。这样，当摇杆 1 往复摆动时，棘轮 3 便可以得到单向的间歇运动。

6.1.2 棘轮机构的类型和应用

常用的棘轮机构分为齿啮式和摩擦式两种。

(1) 齿啮式棘轮机构

ⅰ. 棘轮机构分为图 6-1 所示的外棘轮机构与图 6-2 所示的内棘轮机构。

ⅱ. 棘轮机构分为图 6-1、图 6-2 所示的单动式棘轮机构和图 6-3 所示的双动式棘轮机构。单动式棘轮机构当主动摇杆往复摆动一次时，棘轮只能单向间歇转过某一角度。双动式棘轮机构，当摇杆作往复摆动时，使棘轮都能够沿同一方向作间歇转动，则可以采用所谓双

动式棘轮机构，这种机构每次停歇时间短，棘轮每次转角小。机构的棘爪可以制成直的或钩头的。

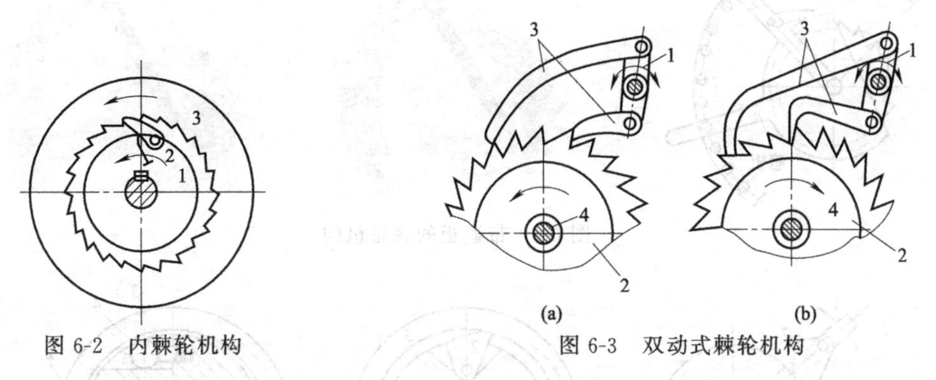

图 6-2　内棘轮机构　　　　图 6-3　双动式棘轮机构

ⅲ. 棘轮机构分为图 6-4（a）所示的单向式棘轮机构和图 6-4（b）所示的双向式棘轮机构。如果工作需要，要求棘轮能作不同转向的间歇运动，则可把棘轮的齿作成矩形，而将棘爪作成图 6-4（a）所示的可翻转的棘爪。当棘爪处在图示 B 的位置时，棘轮可得到逆时针方向的单向间歇运动；而当棘爪绕其销轴 A 翻转到虚线位置 B'时，棘轮可以得到顺时针方向的单向间歇运动。

如图 6-4（b）所示为一种棘爪可以绕自身轴线转动的棘轮机构。当棘爪按图示位置安放时，棘轮可以得到逆时针方向的单向间歇运动；而当棘爪提起，并绕本身轴线旋转 180°后再放下时，就可以使棘轮获得顺时针方向的单向间隙运动。

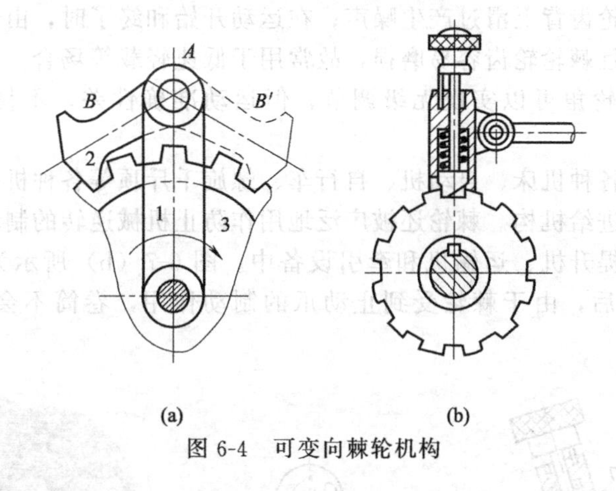

图 6-4　可变向棘轮机构

上述的齿啮式棘轮机构，棘轮是靠摇杆上的棘爪推动其棘齿运动的，所以棘轮每次转动角都是棘轮齿距角的倍数。在摇杆一定的情况下，棘轮每次的转动角是不变的。若工作时需要改变棘轮转动角，除采用改变摇杆的转角外，还可以采用如图 6-5 所示的结构，在棘轮上加一个遮板，用以遮盖摇杆摆角范围内棘轮上的一部分齿。这样，当摇杆逆时针方向摆动时，棘爪先在遮板上滑动，然后才插入棘轮的齿槽推动棘轮转动。被遮住的齿越多，棘轮每次转动的角度就越小。

（2）摩擦式棘轮机构

如图 6-6 所示为摩擦式棘轮机构。这种棘轮机构是通过棘轮 2 与棘爪 3 之间的摩擦而使棘爪实现间歇传动的。摩擦式棘轮机构可无级变更棘轮转角，且噪声小，但与棘轮之间容易产生滑动。为增大摩擦力，可将棘轮做成槽轮形。

在棘轮机构中，棘轮多为从动件，由棘爪推动其运动。而棘爪的运动则可用连杆机构、

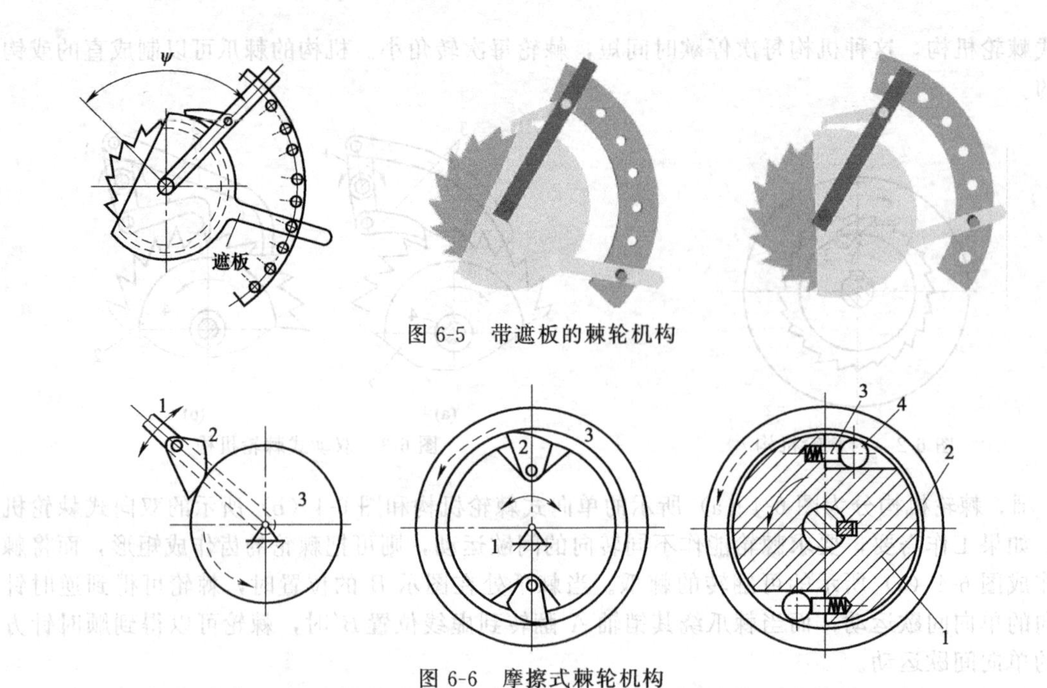

图 6-5　带遮板的棘轮机构

图 6-6　摩擦式棘轮机构

凸轮机构或电磁装置等来实现。

齿啮式棘轮机构结构简单、运动可靠、棘轮的转角容易实现有级的调节。但是这种机构在回程时，棘爪在棘轮齿背上滑过产生噪声；在运动开始和终了时，由于速度突变而产生冲击，运动平稳行差，且棘轮轮齿容易磨损，故常用于低速轻载等场合。摩擦式棘轮传递运动较平稳、无噪声，棘轮角可以实现无级调节，但运动准确性差，不易用于运动精度高的场合。

棘轮机构常用在各种机床、自动机、自行车、螺旋千斤顶等各种机械中，图 6-7（a）所示牛头刨工作台横向进给机构。棘轮还被广泛地用作防止机械逆转的制动器中，这类棘轮制动器常用在卷扬机、提升机、运输机和牵引设备中。图 6-7（b）所示为一提升机中的棘轮制动器，重物被提升后，由于棘轮受到止动爪的制动作用，卷筒不会在重力作用下反转下降。

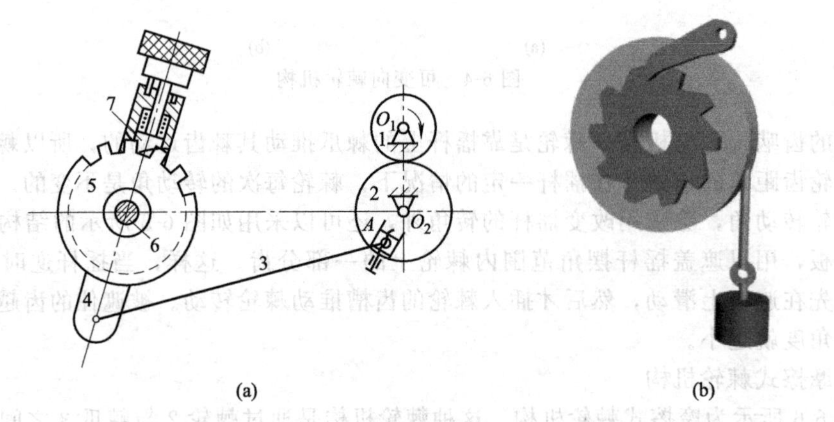

图 6-7　棘轮机构应用

6.1.3　棘轮机构的设计要点

在确定棘爪回转轴轴心 O' 的位置时，最好使 O' 点至棘轮轮齿顶尖 A 点的连线 $O'A$ 与

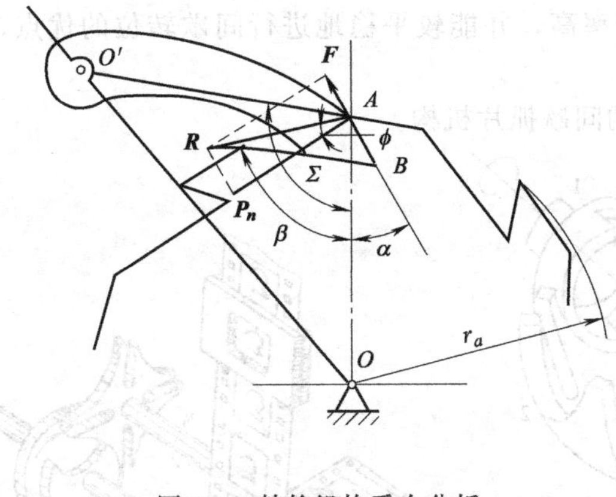

图 6-8 棘轮机构受力分析

棘轮过 A 点的半径 OA 垂直，这样，当传递相同的转矩时，棘爪受力最小。设计的棘轮齿与棘爪接触的工作齿面应与半径 OA 的倾斜角 α 应保证棘爪在受力时能顺利地滑入棘轮轮齿的齿根。如图 6-8 所示。已知$\angle OAO'=\Sigma$，若不计棘爪的重力和转动副中的摩擦，则棘爪受到棘轮轮齿对其作用的法向压力$\boldsymbol{P}_n$和摩擦力$\boldsymbol{F}$（ϕ 为摩擦角）。为使棘爪不致从棘轮轮齿上滑脱出来，则要求$\boldsymbol{P}_n$和$\boldsymbol{F}$的合力$\boldsymbol{R}$对 O' 的力矩方向，应迫使棘爪进入棘轮齿底。即合力$\boldsymbol{R}$的作用线应位于$\overline{OO'}$之间，即

$$\beta<\Sigma \tag{6-1}$$

式中，β 为合力$\boldsymbol{R}$与 OA 方向之间的夹角，如图可知：

$$\beta=90^\circ-\alpha+\phi \tag{6-2}$$

代入上式，得：

$$\alpha>90^\circ+\phi-\Sigma \tag{6-3}$$

为了在传递相同的转矩时，棘爪受力最小，一般取 $\Sigma=90^\circ$，所以：

$$\alpha>\phi \tag{6-4}$$

在钢对钢的情况下，$f=0.2$，$\phi=11^\circ30'$，故常用 $\alpha=20^\circ$

6.2 槽轮机构

6.2.1 槽轮机构的工作原理和类型

图 6-9 所示为一外槽轮机构。它由带有圆销的主动拨盘 1、具有径向槽的从动槽轮 2 和机架所组成。

当拨盘 1 以等角速度连续转动，拨盘上的圆销 A 没进入槽轮的径向槽时，槽轮上的内凹锁止弧 nn 被拨盘上的外凸弧 mm 卡住，槽轮静止不动。当拨盘上的圆销刚开始进入槽轮径向槽时，锁止弧 nn 也刚好被松开槽轮在圆销 A 的推动下开始转动。当圆销在另一边离开槽轮的径向槽时，锁止弧 nn 又被卡住，槽轮又静止不动，直至圆销 A 再一次进入槽轮的另一径向槽时，槽轮重复上面的过程。该机构是一种典型的单向间歇传动机构。

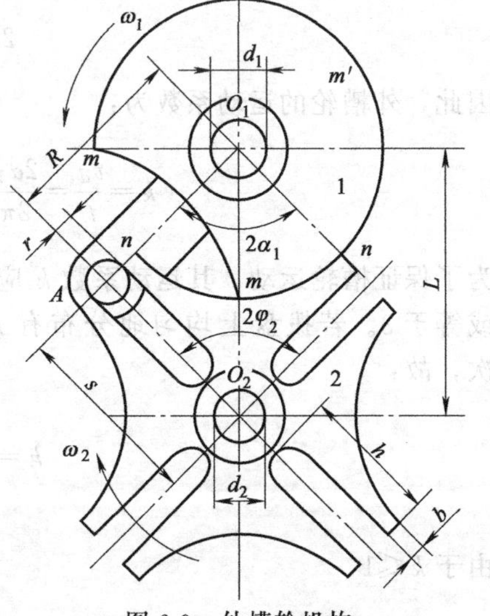

图 6-9 外槽轮机构

槽轮机构分为图 6-9 所示的外槽轮机构和图 6-10 所示的内槽轮机构。内啮合槽轮机构的工作原理与外啮合槽轮机构一样。相比之下，内啮合槽轮机构比外槽轮机构运动平稳、结构紧凑。但是槽轮机构的转角不能调节，且运动过程中加速度变化比较大，所以一般只用于转速不高的定角度分度机构中。

槽轮机构分为图 6-9、图 6-10 所示的平面槽轮机构和图 6-11 所示的球面槽轮机构。

槽轮机构具有结构紧凑、制造简单、传动效率高，并能较平稳地进行间歇转位的优点，故在工程上得到了广泛应用。

如图6-12所示为槽轮机构在电影放映机中的间歇抓片机构。

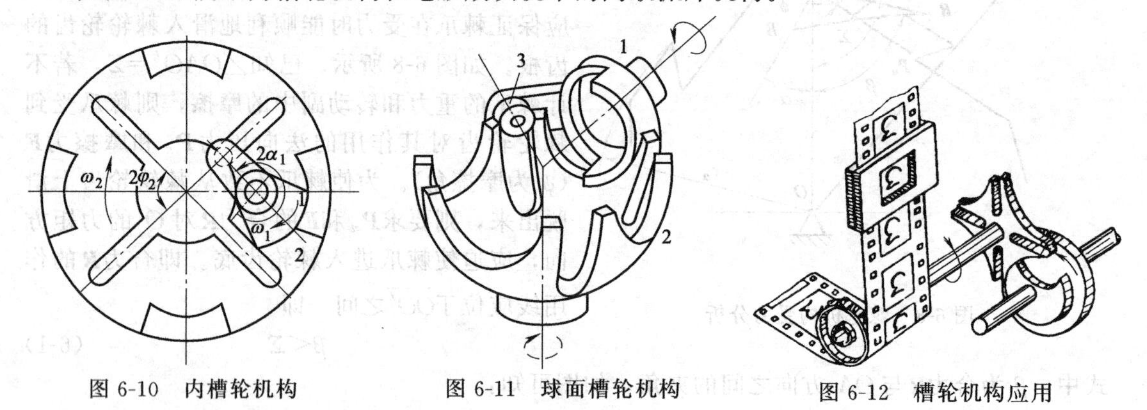

图6-10　内槽轮机构　　图6-11　球面槽轮机构　　图6-12　槽轮机构应用

6.2.2　槽轮机构的运动系数及运动特性

如图6-9所示外槽轮机构中，当拨盘1回转一周时，槽轮2的运动时间t_d与主动拨盘转一周的总时间t之比，称为该槽轮机构的运动系数，用k表示。在单圆销槽轮机构，时间t_d和t分别对应的拨盘转角为$2\alpha_1$和2π，即

$$k=\frac{t_d}{t} \tag{6-5}$$

设槽轮的槽数为z，拨盘圆销数为n。若设z为均匀分布的径向槽数目，为使槽轮在开始和终止运动时的瞬时角速度为零，避免圆销与槽发生撞击产生刚性冲击，在圆销进入或退出槽轮径向槽时，槽的中心线O_2A应垂直于O_1A，圆销的速度方向应与槽轮槽的中心线重合，即径向槽的中心线应切于圆销中心的运动圆周。设槽轮的槽均布，则槽轮2转过$2\varphi_2=\frac{2\pi}{z}$时，拨盘1的转角为：

$$2\alpha_1=\pi-2\varphi_2=\pi-\frac{2\pi}{z} \tag{6-6}$$

因此，外槽轮的运动系数为：

$$k=\frac{t_d}{t}=\frac{2\alpha_1}{2\pi}=\frac{\pi-2\pi/z}{2\pi}=\frac{1-2/z}{2}=\frac{1}{2}-\frac{1}{z} \tag{6-7}$$

为了保证槽轮运动，其运动系数k应大于零（t_d大于零）。由上式知，外槽轮的槽数应大于或等于3。若拨盘上均匀地分布有n个圆柱销数，则当拨盘转一周时，槽轮将被拨动n次，故：

$$k=n\left(\frac{1}{2}-\frac{1}{z}\right)=\frac{n(z-2)}{2z} \tag{6-8}$$

由于$k\leqslant 1$

$$\frac{n(z-2)}{2z}\leqslant 1$$

即

$$n\leqslant\frac{2z}{z-2} \tag{6-9}$$

所以，槽数z与圆柱销数n的关系列于表6-1中。

表 6-1　槽数 z 与圆柱销数 n 的关系

槽数 z	3	4	5,6	≥7
圆柱销数 n	1～6	1～4	1～3	1～2

增加槽数 z 可以增加机构运动的平稳性，但是机构尺寸随之增大，导致惯性力增大。所以一般取 $z=4\sim8$。

槽轮机构中拨盘上的圆销数、槽轮上的径向槽数以及径向槽的几何尺寸等均视运动要求的不同而定。每一个圆销在对应的径向槽中相当于曲柄摆动导杆机构。因此，该机构为分析槽轮的速度、加速度带来了方便。

图 6-13 所示为单圆销槽轮机构，图 6-14 所示为双圆销槽轮机构。

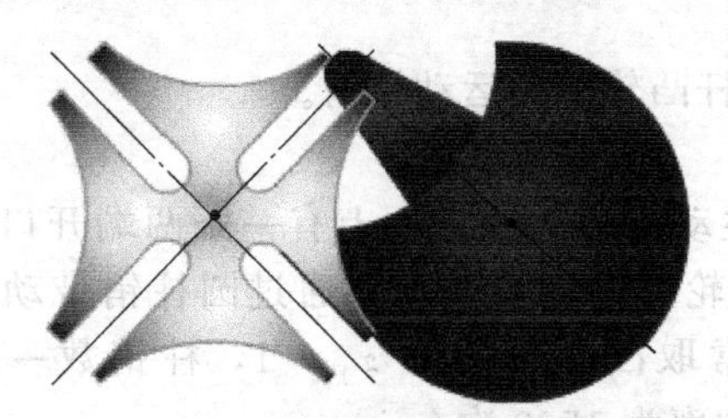

图 6-13　单圆销槽轮机构

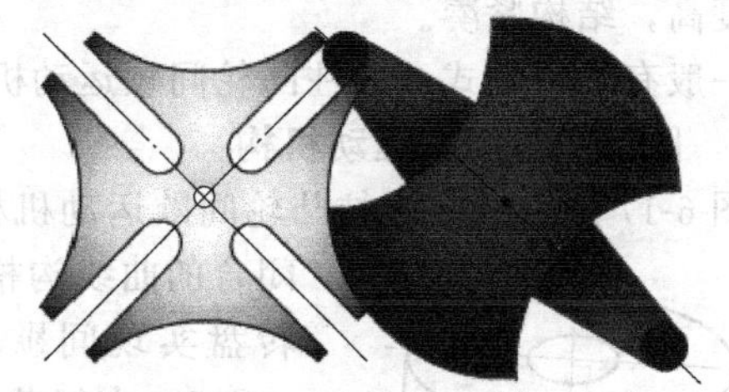

图 6-14　双圆销槽轮机构

6.3 不完全齿轮机构

不完全齿轮机构是由普通渐开线齿轮机构演变而成的间歇运动机构。它与普通渐开线齿轮机构的主要区别在于该机构中的主动轮仅有一个或几个齿，如图 6-15 所示。

当主动轮 1 的有齿部分与从动轮轮齿结合时，推动从动轮 2 转动；当主动轮 1 的有齿部分与从动轮脱离啮合时，从动轮停歇不动。因此，当主动轮连续转动时，从动轮获得时动时停的间歇运动。

图 6-15（a）所示为外啮合不完全齿轮机构，其主动轮 1 转动一周时，从动轮 2 转动六分之一周，从动轮每转一周停歇 6 次。当从动轮停歇时，主动轮上的锁止弧与从动轮上的锁止弧互相配合锁住，以保证从动轮停歇在预定位置。图 6-15（b）为内啮合不完全齿轮机构。

图 6-16 所示为不完全齿轮齿条机构，当主动轮 1 连续转动时，从动齿条 2 作时动时停的往复间歇移动。

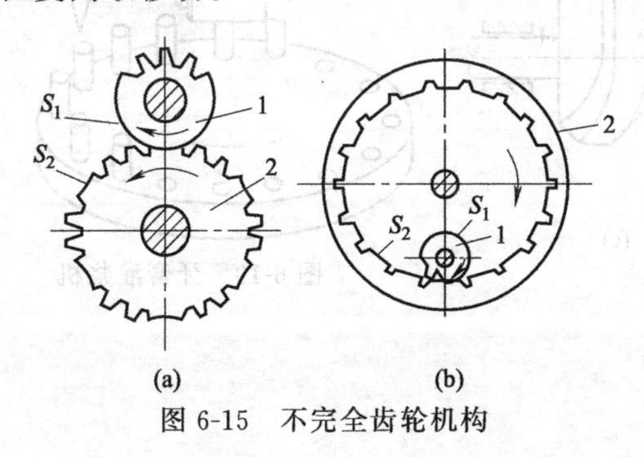

图 6-15　不完全齿轮机构

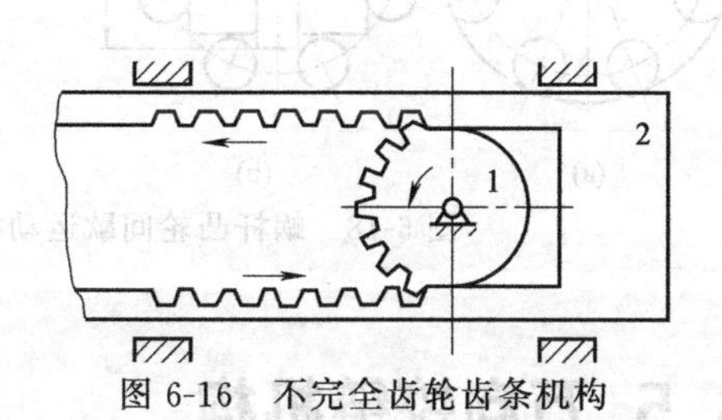

图 6-16　不完全齿轮齿条机构

与普通渐开线齿轮机构一样，当主动轮匀速转动时，其从动轮在运动期间也保持匀速转动，但在从动轮运动开始和结束时，即进入啮合和脱离啮合的瞬时，速度是变化的，故存在冲击。

不完全齿轮机构从动轮每转一周停歇时间、运动时间及每次转动的加速度变化范围比较大，设计灵活。但由于其存在冲击，故不完全齿轮机构一般只用于低速、轻载的场合，如用于计数器、电影放映机和某些进给机构中。

6.4 凸轮式间歇运动机构

凸轮式间歇运动机构由主动凸轮、从动转盘和机架组成，以主动凸轮作连续转动，通过其凸轮廓线带动从动转盘完成预期的间歇运动。

凸轮式间歇运动机构动载荷小，无刚性和柔性冲击，适合高速运转，无需定位装置，定位精度高，结构紧凑。

一般有两种形式：圆柱凸轮间歇运动机构和蜗杆凸轮间歇运动机构。

6.4.1 圆柱凸轮间歇运动机构

图 6-17 所示，在圆柱凸轮间歇运动机构中，主动凸轮的圆柱面上有一条两端开口、不闭合的曲线沟槽。当凸轮连续地转动时，通过圆柱销带动从动转盘实现间歇转动。常取凸轮槽数为 $z_1=1$，柱销数一般取 $z_2\geqslant6$，在轻载下间歇频率为 1500 次/min。

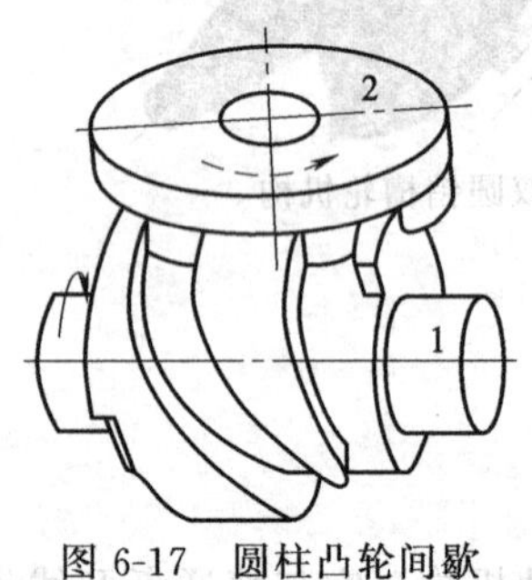

图 6-17 圆柱凸轮间歇运动机构

6.4.2 蜗杆凸轮间歇运动机构

图 6-18 所示，在蜗杆凸轮间歇运动机构中主动凸轮上有一条突脊犹如蜗杆，从动转盘的圆柱面上均匀分布有圆柱销就像蜗轮的齿。当蜗杆凸轮转动时，将通过转盘上的圆柱销推动从动转盘作间歇运动。常取单头蜗杆，凸轮 $z_2\geqslant6$，从动盘按正弦加速度规律设计，可控制中心距消除间隙，承载能力高，间歇频率为 1200 次/min，分度精度为 30″。

适用于高速、高精度的分度转位机械制瓶机、纸烟、包装机、拉链嵌齿、高速冲床、多色印刷机等机械。图 6-19 所示为牙膏灌浆机的应用。

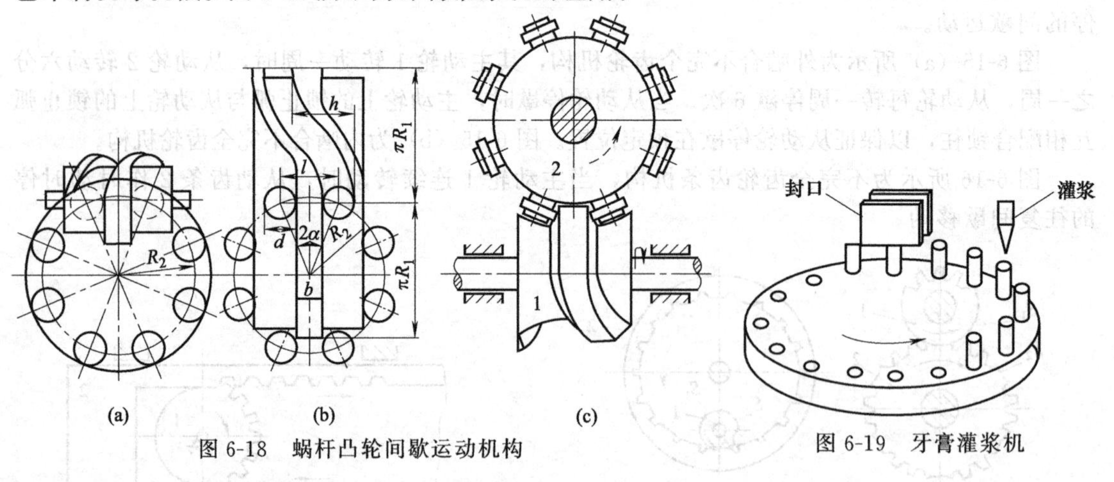

图 6-18 蜗杆凸轮间歇运动机构

图 6-19 牙膏灌浆机

6.5 万向铰链机构

万向铰链机构，用以传递两轴间夹角角可以变化的两相交轴间的运动。广泛应用在汽车、机床等机械中。

(1) 单万向铰链机构

如图 6-20 所示为单万向铰链机构。轴Ⅰ、轴Ⅱ末端各有一叉，分别用转动副 *A-A*、*B-B* 和一个十字叉相联。*A-A* 与 *B-B* 交于 *O* 点，两轴间夹角为 α。

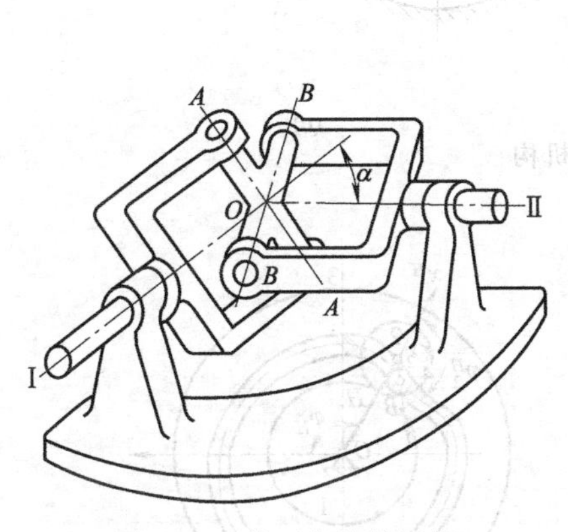

图 6-20 单万向铰链机构

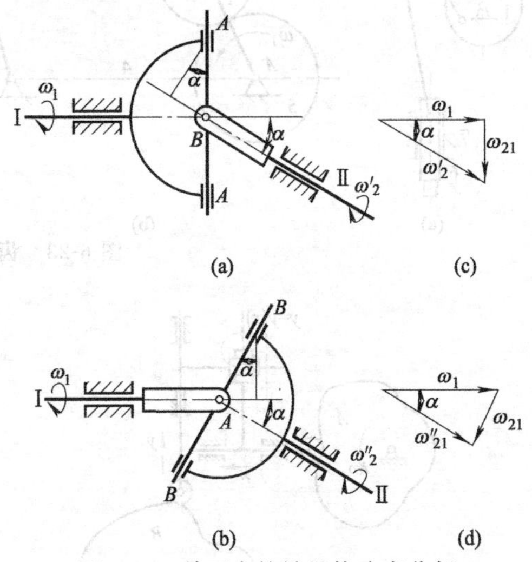

图 6-21 单万向铰链机构速度分析

图 6-21 (a) 所示为单万向铰链机构在主动轴Ⅰ的叉面与纸面平行，从动轴Ⅱ的叉面与纸面垂直时的速度分析，图 6-21 (b) 所示为单万向铰链机构在主动轴Ⅰ的叉面与纸面垂直，从动轴Ⅱ的叉面与纸面平行时的速度分析。当单万向铰链机构当主动轴Ⅰ以等角速度 ω_1 回转时，从动轴Ⅱ的角速度 ω_2 的变化范围是：

$$\omega_1 \cos\alpha \leqslant \omega_2 \leqslant \omega_1 / \cos\alpha \tag{6-10}$$

由此可见，当主动轴Ⅰ旋转一周时，从动轴Ⅱ也旋转一周，两轴的平均传动比为 1，但两轴的瞬时传动比不为 1，而是周期性变化的。

(2) 双万向铰链机构

为了消除从动轴变速传动的缺点，常将单双万向铰链机构成对使用，如图 6-22 所示，这便是双万向铰链机构。在双万向铰链机构中，为了使主、从动轴的瞬时角速度相等，则必须满足下列两个条件：

ⅰ. 主、从动轴和中间轴必须位于同一平面 (或称中间轴两端叉平面必须位于同一平面)；

ⅱ. 主、从动轴的轴线与中间轴的轴线之夹角必须相等，即 $\alpha_1 = \alpha_2$。

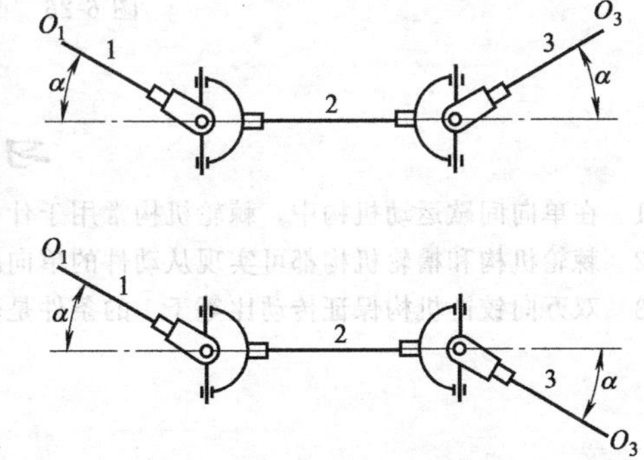

图 6-22 双万向铰链机构

6.6 组合机构

图 6-23 为齿轮-连杆组合机构。图 6-24 为联动凸轮组合机构。图 6-25 为凸轮-齿轮组合机构。图 6-26 为凸轮-连杆组合机构。

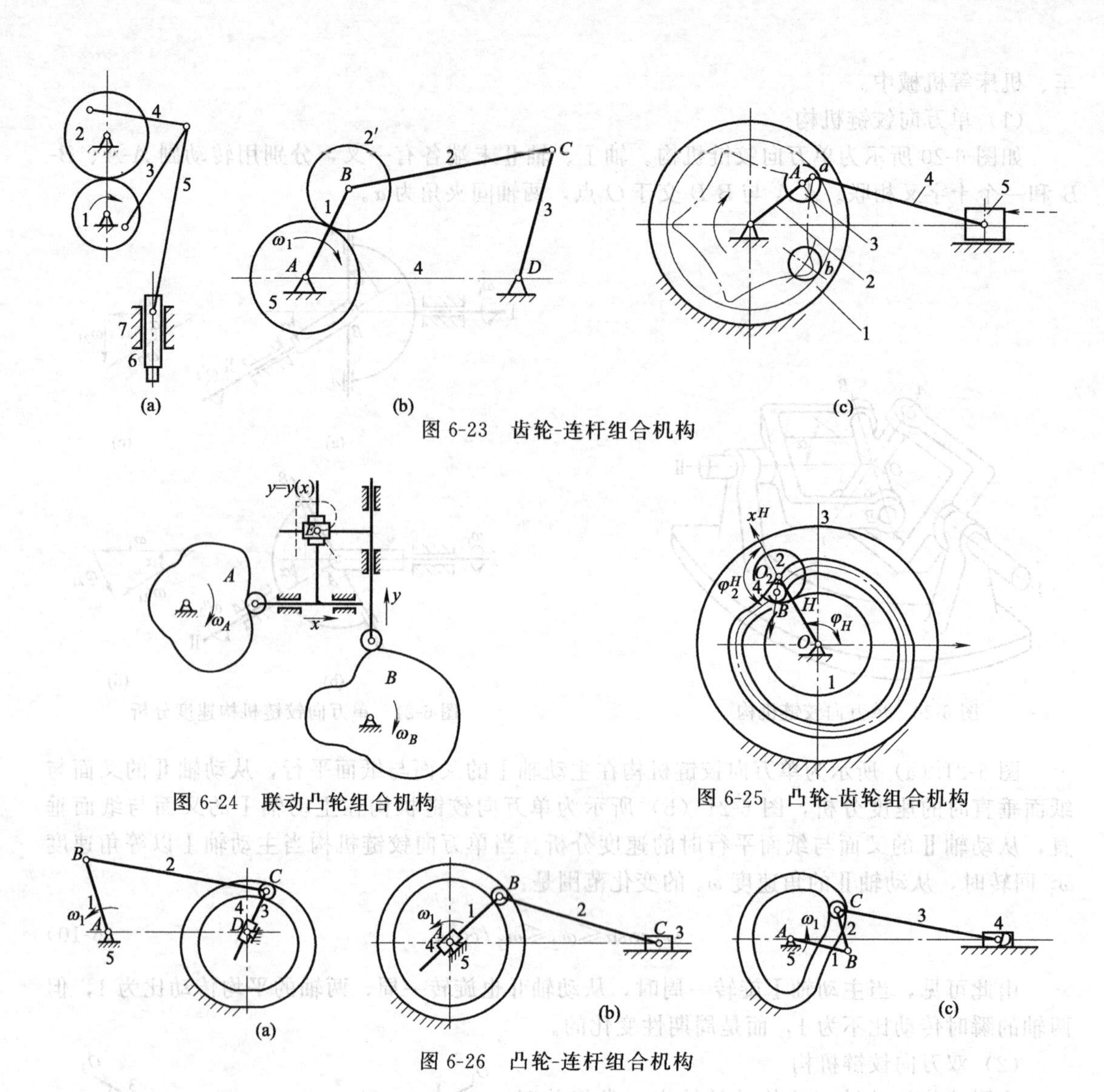

图 6-23 齿轮-连杆组合机构

图 6-24 联动凸轮组合机构

图 6-25 凸轮-齿轮组合机构

图 6-26 凸轮-连杆组合机构

习 题

6-1 在单向间歇运动机构中，棘轮机构常用于什么场合？什么机构既可避免柔性冲击又可避免刚性冲击？

6-2 棘轮机构和槽轮机构都可实现从动件的单向间歇运动，但在使用的选择上有什么不同？

6-3 双万向铰链机构保证传动比等于 1 的条件是什么？

7 机械的调速与平衡

7.1 机械运转的速度波动及其调节

7.1.1 引起机械速度波动的原因

对于大多数的机械来说，由于其原动机的驱动力矩和工作机的阻抗力矩都是变化的，若两者不能时时相适应，就会引起机械的速度波动。

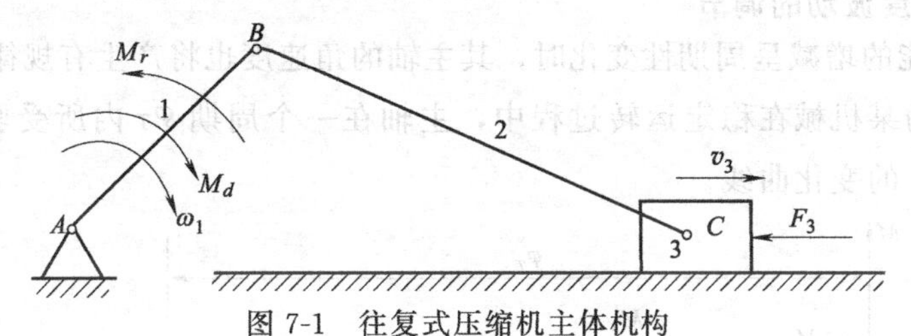

图 7-1 往复式压缩机主体机构

现以图 7-1 所示的往复式压缩机的主体机构（曲柄滑块机构）为例。设曲柄 AB 的角速度为 ω_1，作用在滑块 3（活塞）上的工作阻力为 F_3。对机构进行运动分析，可以得到滑块 3 的速度 v_3。显然，它是曲柄转角的函数。若忽略各构件惯性力的影响，根据能量守恒的原理，单位时间内的输入功等于输出功，可以求出转化到原动件上的阻力矩 M_r，即

$$M_r=\frac{F_3 v_3}{\omega_1} \tag{7-1}$$

可见，由于 v_3 随时间周期性变化，原动件上的阻力矩 M_r 也随时间变化。而原动机的驱动力矩 M_d 相对稳定，当 $M_d>M_r$ 时，驱动力矩所作的功大于克服生产阻力所消耗的功，机器的动能增加，角速度 ω_1 增加；当 $M_d<M_r$ 时，驱动力矩所作的功小于克服生产阻力所消耗的功，机器的动能减少，角速度 ω_1 降低；从而引起机器运转时的速度波动。

这种速度波动使运动副中产生附加的动压力，导致机械的振动，降低机械的寿命、效率和工作的可靠性。因此，应将周期性速度波动的幅值限制在允许范围内，称为机械运动速度波动的调节。

7.1.2 机械运转的平均角速度和速度不均匀系数

工程上一般以主轴的最大角速度 $\omega_{\max}$ 和最小角速度 $\omega_{\min}$ 的算术平均值作为机械的平均角速度 ω_m，即

$$\omega_m=(\omega_{\max}+\omega_{\min})/2 \tag{7-2}$$

或者将机器铭牌上的额定转速选为平均转速。

机械的速度波动的程度通常采用速度不均匀系数 δ 来表示，其定义为角速度的最大波动幅度 $\omega_{\max}-\omega_{\min}$ 与平均角速度 ω_m 的比值，即

$$\delta=\frac{\omega_{max}-\omega_{min}}{\omega_m} \tag{7-3}$$

速度不均匀系数愈小，表示机械运转愈均匀，运转平稳性愈好。不同类型的机械所允许的速度波动是不同的。表 7-1 列出了常用机械的许用速度不均匀系数 $[\delta]$，供设计时参考。由表中的数据可见，转速愈快的机械其速度不均匀系数的许用值愈小。设计时应保证 $\delta \leqslant [\delta]$。

表 7-1　常用机械速度不均匀系数许用值

机械名称	$[\delta]$	机械名称	$[\delta]$
碎石机	1/50～1/20	汽车、拖拉机	1/20～1/60
冲床、剪床	1/7～1/10	金属切削机床	1/30～1/50
轧钢机	1/10～1/25	纺纱机	1/60～1/100
农用机械	1/10～1/50	直流发电机	1/100～1/200
水泵、鼓风机	1/30～1/50	交流发电机	1/200～1/300

7.1.3　周期性速度波动的调节

当机械的动能的增减呈周期性变化时，其主轴的角速度也将产生有规律的周期性波动。

图 7-2 所示为某机械在稳定运转过程中，主轴在一个周期 φ_T 内所受驱动力矩 $M_d(\varphi)$ 与阻力矩 $M_r(\varphi)$ 的变化曲线。

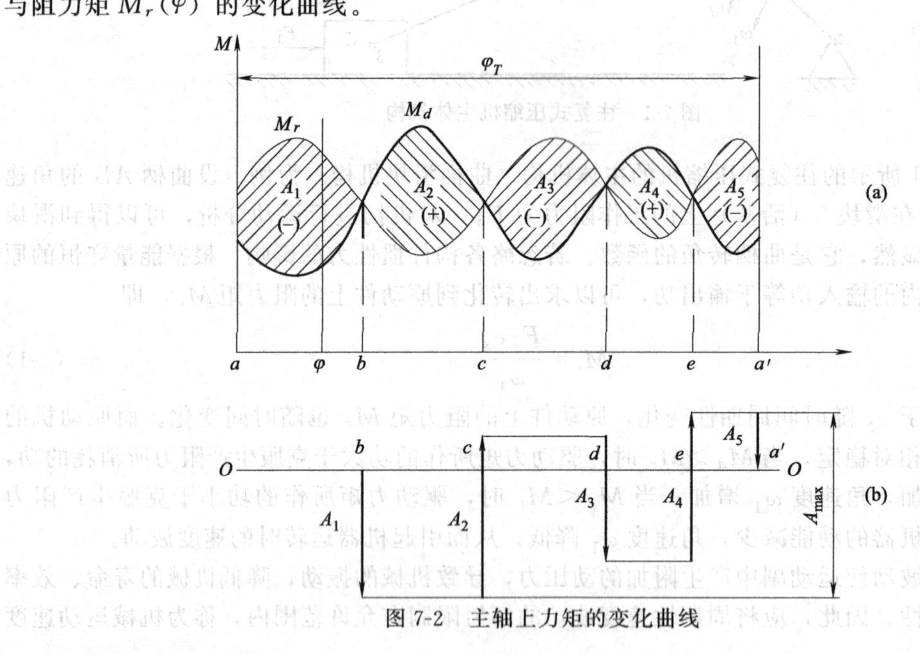

图 7-2　主轴上力矩的变化曲线

在转角的任意位置 φ，驱动力矩 M_d 所做的功为：

$$W_d=\int_{\varphi_a}^{\varphi} M_d \, d\varphi$$

即，转角从 a 到 φ，M_d 曲线下的面积。在转角的任意位置 φ，阻力矩 M_r 所消耗的功为：

$$W_r=\int_{\varphi_a}^{\varphi} M_r \, d\varphi$$

为转角从 a 到 φ，M_r 曲线下的面积。根据能量守恒原理，在同一位置机械动能的增量为：

$$\Delta E=\Delta W=W_d-W_r$$

即

$$\frac{1}{2}J(\omega_{\varphi}^2-\omega_a^2)=\int_{\varphi_a}^{\varphi}(M_d-M_r)\mathrm{d}\varphi \tag{7-4}$$

式中，J 为主轴的转动惯量。由图 7-2（a）可见，系统动能的变化 ΔE 应为 M_d 与 M_r 两线之间面积的代数和。在 $M_d>M_r$ 的区域，驱动力矩作的功大于阻力矩消耗的功，称为盈功，用“+”号标识；在 $M_d<M_r$ 的区域，驱动力矩作的功小于阻力矩消耗的功，称为亏功，用“－”号标识。所以 ΔE 也就是盈亏功的代数和。在一个周期 φ_T 里，驱动力矩作的功等于阻力矩消耗的功，盈亏功的代数和为零，即

$$\Delta E=-A_1+A_2-A_3+A_4-A_5=0$$

周期结束时主轴的角速度与周期开始时相同。显然，在一个周期里，盈亏功的代数和最大的位置，动能变化 ΔE 最大，主轴角速度最快；盈亏功的代数和最小的位置，动能变化 ΔE 最小，主轴角速度最慢。因此有：

$$\Delta E_{\max}=\frac{1}{2}J(\omega_{\max}^2-\omega_a^2)$$

$$\Delta E_{\min}=\frac{1}{2}J(\omega_{\min}^2-\omega_a^2)$$

令 $$[W]=\Delta E_{\max}-\Delta E_{\min}$$

则 $$[W]=\frac{1}{2}J(\omega_{\max}^2-\omega_a^2)-\frac{1}{2}J(\omega_{\min}^2-\omega_a^2)=\frac{1}{2}J(\omega_{\max}^2-\omega_{\min}^2) \tag{7-5}$$

$[W]$ 称为最大盈亏功，可以借助能量指示图来确定。如图 7-2（b）所示，取 a 点为起点，用向量线段依次表示相应位置驱动力矩 M_d 与阻力矩 M_r 之间所包围的面积的大小和正负，盈功为正，箭头向上；亏功为负，箭头向下。由于在一个循环中，起始位置与终了位置处的动能相等，所以能量指示图的首尾应在同一水平线上，形成封闭的台阶折线。由图中可以看出 b 处动能最小，主轴角速度最慢；e 处动能最大，主轴角速度最快。图中折线的最高点和最低点的距离 $A_{\max}$ 就代表了最大盈亏功 $[W]$ 的大小。

由式（7-2）和式（7-3）可得 $\omega_{\max}^2-\omega_{\min}^2=2\omega_m^2\delta$

代入式（7-5），则 $$[W]=J\omega_m^2\delta$$

所以 $$\delta=\frac{[W]}{J\omega_m^2} \tag{7-6}$$

可见，转动惯量 J 越大，速度不均匀系数 δ 就越小。因此，为了使速度不均匀系数 δ 降到小于 $[\delta]$，可以在机器的主轴上再加上一个具有足够大转动惯量 J_F 的飞轮，则此时：

$$\delta=\frac{[W]}{(J+J_F)\omega_m^2}\leqslant[\delta] \tag{7-7}$$

由此导出飞轮转动惯量的计算公式为：

$$J_F\geqslant\frac{[W]}{\omega_m^2[\delta]}-J \tag{7-8}$$

通常 J_F 远大于 J，所以 J 可以忽略不计，即

$$J_F\geqslant\frac{[W]}{\omega_m^2[\delta]} \tag{7-9}$$

若将上式的平均速度 ω_m 用额定转速 n(r/min) 代替，则有：

$$J_F\geqslant\frac{900[W]}{\pi^2n^2[\delta]} \tag{7-10}$$

飞轮所起的作用是当机械处于盈功时，它以动能的形式将增加的能量储存起来，从而使角速度上升的幅度减小；反之，当机械处于亏功时，飞轮又释放出所储存的能量，以弥补其能量的减小，增加角速度，从而达到对机器进行调速的目的。

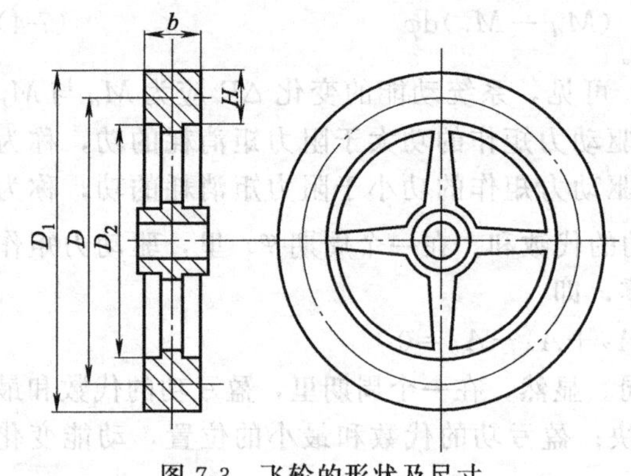

图 7-3 飞轮的形状及尺寸

求得飞轮的转动惯量以后，就可以进而确定其尺寸。飞轮通常做成图 7-3 所示的形状。它由轮缘、轮毂和轮辐三部分组成。与轮缘相比，轮辐及轮毂的转动惯量较小，常忽略不计。设 m 为轮缘的质量，D 为轮缘的平均直径，则轮的转动惯量近似为：

$$J_F=\frac{mD^2}{4} \tag{7-11}$$

式中，mD^2 称为飞轮矩，其单位为 $kg \cdot m^2$。

根据飞轮在机械中的安装空间，并考虑飞轮圆周速度不能过大，以防止轮缘因离心力过大而破裂，选择轮缘的平均直径 D 后，即可求出飞轮的质量 m。

又设轮缘的宽度为 b，材料的密度为 ρ，则

$$m=\pi DHb\rho \tag{7-12}$$

于是，轮缘的剖面尺寸可用式（7-13）得到：

$$Hb=\frac{m}{\pi D\rho} \tag{7-13}$$

【例 7-1】 设已知一机械稳定运转时，在一个周期里所受阻力矩 M_r 的变化规律如图 7-4（a）所示，主轴的额定转速为 100r/min，驱动力矩为常数。用飞轮来调节其速度波动，当速度不均匀系数 $\delta=0.05$ 时，求所需飞轮的转动惯量 J_F。

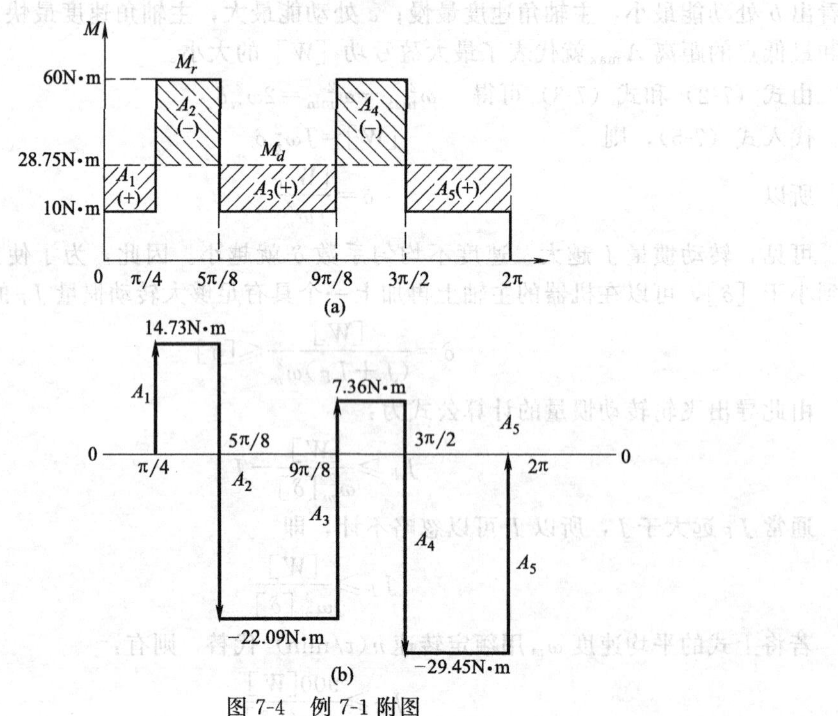

图 7-4 例 7-1 附图

解 (1) 计算驱动力矩M_d

在一个周期里，阻力矩消耗的功W_r为M_r曲线下的面积：

$$W_r=\int_0^{2\pi}M_r\mathrm{d}\varphi=180.64\mathrm{N}\cdot\mathrm{m}$$

在一个周期里，驱动力矩所作的功W_d等于阻力矩消耗的功，因为驱动力矩M_d为常数，则有：

$$M_d 2\pi=\int_0^{2\pi}M_r\mathrm{d}\varphi=180.64J$$

可得：

$$M_d=180.64/2\pi=28.75\mathrm{N}\cdot\mathrm{m}$$

(2) 计算最大盈亏功 [W]

计算驱动力矩M_d与阻力矩M_r两条曲线所夹的面积：

$$A_1=\frac{\pi}{4}(28.75-10)=14.73J$$

$$A_2=(28.75-60)\left(\frac{5\pi}{8}-\frac{\pi}{4}\right)=-36.82J$$

$$A_3=(28.75-10)\left(\frac{9\pi}{8}-\frac{5\pi}{8}\right)=29.45J$$

$$A_4=(28.75-60)\left(\frac{3\pi}{2}-\frac{9\pi}{8}\right)=-36.82J$$

$$A_4=(28.75-10)\left(2\pi-\frac{9\pi}{8}\right)=29.45J$$

画出能量指示图如图 7-4 (b) 所示。可见最大盈亏功 [W] 为：

$$\Delta W_{\max}=14.73-(-29.45)=44.18J$$

(3) 计算飞轮的转动惯量J_F

由式 (7-10) 可得：

$$J_F\geqslant\frac{900[W]}{\pi^2n^2[\delta]}=\frac{900\times44.18}{\pi^2\times100^2\times0.05}=8.06(\mathrm{kg}\cdot\mathrm{m}^2)$$

7.1.4 非周期性速度波动的调节

在机器的运转过程中，若阻力或驱动力发生突变，使输入功和输出功在较长时间内失衡，就会造成运转的非周期性速度波动。若不进行调节，长时间内$M_d>M_r$，机器的转速就会不断升高导致“飞车”，使机器发生破坏。反之若$M_d<M_r$机器的转速就会不断降低直至停车。

非周期性的速度波动有两种类型：自动调节和非自动调节。

若机器的工作状态如图 7-5 所示，其中s为机器的工作点。当$\omega>\omega_s$时，$M_r>M_d$，转

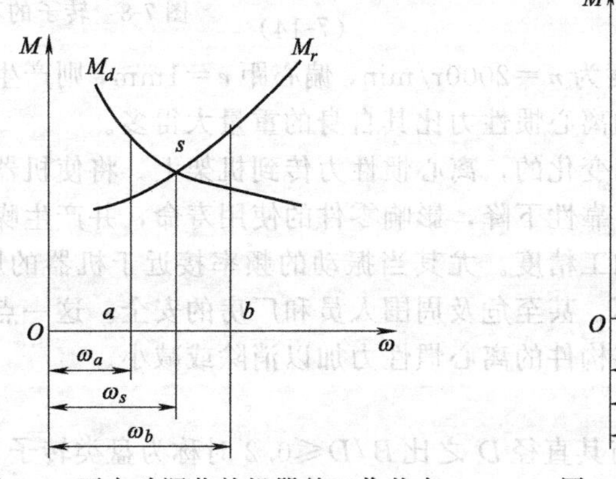

图 7-5 可自动调节的机器的工作状态

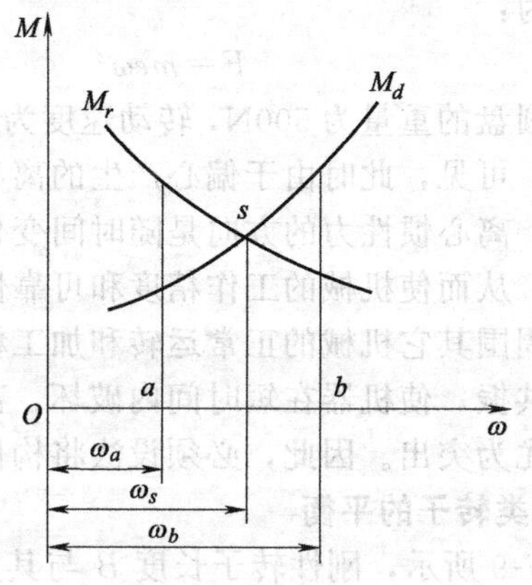

图 7-6 非自动调节的机器的工作状态

速 ω 降低并趋近于 ω_s。当 $\omega<\omega_s$ 时，$M_d>M_r$，转速 ω 增加并趋近于 ω_s。从而实现速度波动的自动调节，使机器处于一个稳定的工作状态。以电动机为原动机的机器，一般都具有较好的自动调节性。

如果机器的运行状态如图 7-6 所示，当 $\omega>\omega_s$ 时，$M_d>M_r$，机器就会越转越快，形成“飞车”直至破坏。而当 $\omega<\omega_s$ 时，$M_r>M_d$，机器就会越转越慢，直至停车。

以蒸汽机和内燃机作为原动机的机器一般都处于这种非自动调节的工作状态。因此必须安装调速器进行调节。图 7-7 为离心式调速器的工作原理。图中装有两重球 2 的支架 1 与发动机 5 轴相联，两重球 2 铰接在支架 1 上，并通过滑块 3 和连杆机构与节流阀 4 相连。当工作机 6 的外界工作条件变化而引起阻力矩减小时，发动机 5 转速增高，两重球 2 因离心力的增大而张开，通过连杆机构关小节流阀 4，使进入原动机 5 的油料减少，发动机驱动力矩下降，转速随之减少。反之，如果阻力矩增加时，发动机转速降低，两重球 2 因离心力的减小而收拢，通过连杆机构开大节流阀 4，使进入原动机的油料增加，发动机驱动力矩上升，转速随之提高。在调速器的作用下，发动机的驱动力矩与阻力矩总是处于动态平衡状态，从而保证了发动机的稳定运转。

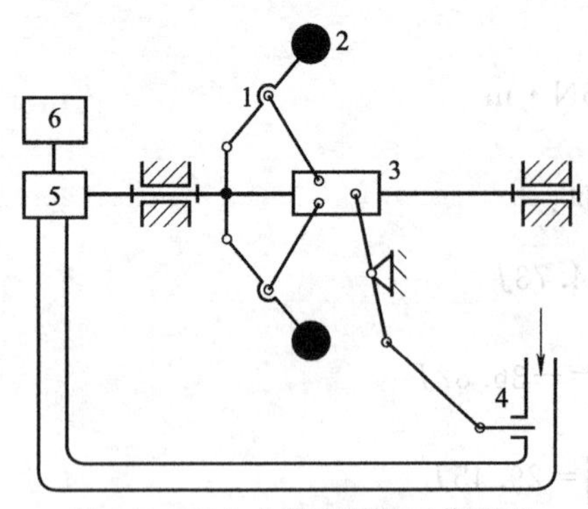

图 7-7　离心式调速器的工作原理

7.2 刚性转子的平衡

7.2.1　问题的提出

机械中绕某一轴线回转的构件称为转子。转子又分为刚性转子和挠性转子两种情况。运转过程中产生弹性变形很小的转子称为刚性转子；运转过程中，在离心惯性力的作用下产生明显弯曲变形的转子，称为挠性转子。本节主要讨论刚性转子的平衡问题。

若转子质心与其转动中心不重合，当机器运转时就会产生方向随时间变化的离心惯性力，使机器发生振动。

如图 7-8 所示的圆盘，其质心与转动中心不重合，其偏心质量为 m，偏心距为 e。若转子以角速度 ω 等速回转，产生的离心惯性力为：

$$F=me\omega^2 \tag{7-14}$$

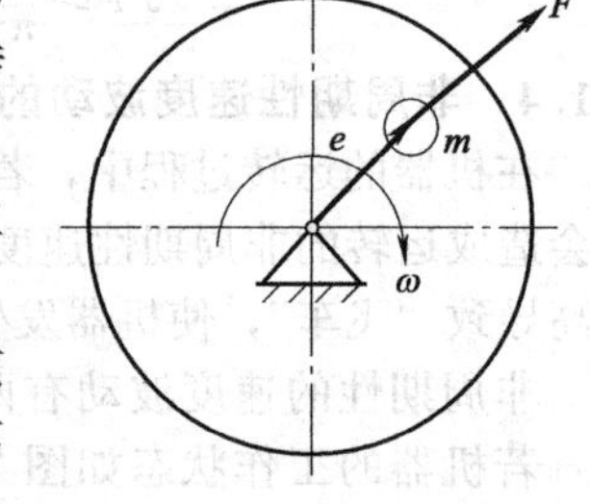

图 7-8　转子的不平衡

假定圆盘的重量为 500N，转动速度为 $n=2000\text{r/min}$，偏心距 $e=1\text{mm}$，则产生的离心力为 2238N。可见，此时由于偏心产生的离心惯性力比其自身的重量大得多。

此外，离心惯性力的方向是随时间变化的，离心惯性力传到机架上，将使机器产生周期性的振动。从而使机械的工作精度和可靠性下降，影响零件的使用寿命，并产生噪声。振动还将影响周围其它机械的正常运转和加工精度。尤其当振动的频率接近于机器的原频率时，将会产生共振，使机器在短时间内破坏，甚至危及周围人员和厂房的安全。这一点在高速运转机械中尤为突出。因此，必须设法将构件的离心惯性力加以消除或减小。

7.2.2　盘类转子的平衡

如图 7-9 所示，刚性转子长度 B 与其直径 D 之比 $B/D\leqslant 0.2$ 时称为盘类转子，如叶轮、飞轮、砂轮、齿轮、皮带轮、盘形凸轮等。对于盘类转子，可以近似地认为各偏心质量均位于同一回转平面内。在这种情况下，如果发生不平衡，是由于转子的质心不在回转轴上的缘故。这样的不平衡状态，在转子静止时即可显示出来。如果转子的质心不在回转轴上，当轴转动时，必然要产生离心惯性力。而当转子静止时，质心必然处于最下方。或者说，只有当质心处于最下方时，回转体才能静止。把这样的当回转体静止时，就能判别偏心方位的方法称为静平衡。这样的盘形的不平衡转子称为静不平衡的转子。

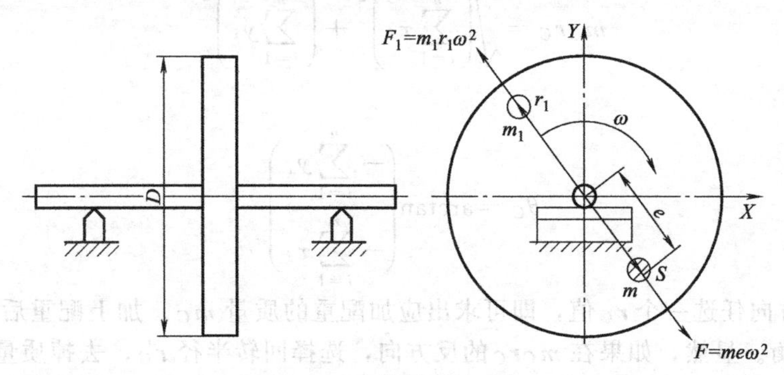

图 7-9　盘类转子的平衡

假定圆盘的质量为 m，质心与转动中心的距离为 e，则圆盘以角速度 ω 转动时，产生的惯性力为 $F=me\omega^2$。为了消除离心惯性力的不良影响，可在质心 S 的对面 A 处加一质量 m_1，其到回转轴 O 的距离为 r_1，由此产生的离心惯性力 $F_1=m_1r_1\omega^2$。因为力是有方向的，所以 r_1 也有方向，称为向径。调整 m_1 和 r_1 的大小，使得：

$$me\omega^2=m_1r_1\omega^2$$

即

$$me=m_1r_1$$

就可以使质心移动到转轴 O 上去，从而去掉离心惯性力。同样在 S 处去掉质量 m，也可以达到此目的。

如图 7-10 所示，已知盘类转子的偏心质量分别是 m_1、m_2 和 m_3，其向径分别为 $\boldsymbol{r}_1$、$\boldsymbol{r}_2$ 和 $\boldsymbol{r}_3$，则当转子以角速度 ω 等速回转时，会产生三个离心惯性力。为了平衡这些离心惯性力，可以在此转子上加一质量为 m_C 的配重，其向径为 $\boldsymbol{r}_C$，所产生的离心惯性力 $\boldsymbol{F}_C$ 与 $\boldsymbol{F}_1$、$\boldsymbol{F}_2$ 和 $\boldsymbol{F}_3$ 相平衡，亦即

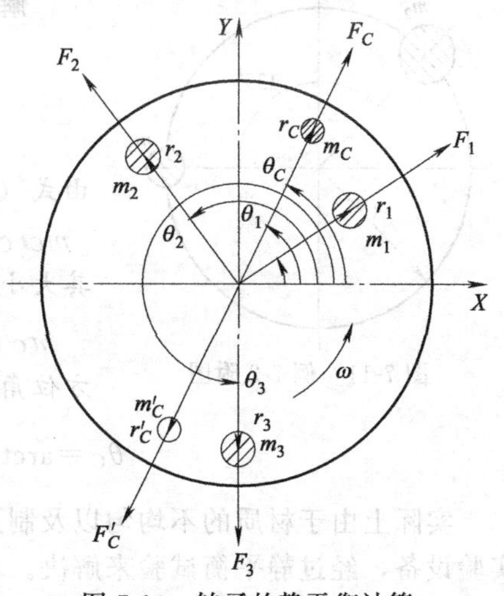

图 7-10　转子的静平衡计算

$$\boldsymbol{F}_C+\boldsymbol{F}_1+\boldsymbol{F}_2+\boldsymbol{F}_3=0$$

也即

$$m_C\boldsymbol{r}_C\omega^2+m_1\boldsymbol{r}_1\omega^2+m_2\boldsymbol{r}_2\omega^2+m_3\boldsymbol{r}_3\omega^2=0$$

故

$$m_C\boldsymbol{r}_C+m_1\boldsymbol{r}_1+m_2\boldsymbol{r}_2+m_3\boldsymbol{r}_3=0 \tag{7-15}$$

式中，$m_i\boldsymbol{r}_i$ 称为质径积。上式写成一般的形式为：

$$m_C\boldsymbol{r}_C+\sum m_i\boldsymbol{r}_i=0 \tag{7-16}$$

由此可得盘类回转构件的平衡条件：分布于转子上的所有质径积之和为零。

配重的质径积 m_Cr_C 可以通过矢量分析的方法获得。式（7-16）中的各质径积可用其在 X 和 Y 轴上的分量 x_i 和 y_i 来表示，即

$$m_i\boldsymbol{r}_i=x_i\boldsymbol{i}+y_i\boldsymbol{j}$$

其中，$x_i = r_i \cos\theta_i$，$y_i = r_i \sin\theta_i$。θ_i 为相位角，以 X 轴为起始，逆时针为正，则

$$m_C \boldsymbol{r}_C = -\sum_{i=1}^{n}(x_i \boldsymbol{i} + y_i \boldsymbol{j}) = -\left(\sum_{i=1}^{n} x_i \boldsymbol{i} + \sum_{i=1}^{n} y_i \boldsymbol{j}\right) \tag{7-17}$$

$m_C \boldsymbol{r}_C$ 的大小为：

$$m_C \boldsymbol{r}_C = \sqrt{\left(\sum_{i=1}^{n} x_i\right)^2 + \left(\sum_{i=1}^{n} y_i\right)^2} \tag{7-18}$$

$m_C \boldsymbol{r}_C$ 的方向为：

$$\theta_C = \arctan\left(\frac{-\sum_{i=1}^{n} y_i}{-\sum_{i=1}^{n} x_i}\right) \tag{7-19}$$

在 $m_C \boldsymbol{r}_C$ 方向任选一个 $\boldsymbol{r}_C$ 值，即可求出应加配重的质量 m_C。加上配重后，转子的惯性力即可得到平衡。显然，如果在 $m_C \boldsymbol{r}_C$ 的反方向，选择回转半径 $\boldsymbol{r}'_C$，去掉质量 m'_C 后，也可以平衡离心惯性力。

由以上的分析可知，一个静不平衡的转子无论含有多少个不平衡质量，均可在一个平面内的适当位置用增加或去除一个平衡质量的方法予以平衡，故静平衡又称为单面平衡。

【例 7-2】 在图 7-11 所示的半径 $r=200\text{mm}$ 的盘类转子中存在两偏心质量，$m_1=10\text{kg}$，$m_2=20\text{kg}$，方位如图所示。求为平衡离心惯性力应加的平衡质径积的大小和方位角。

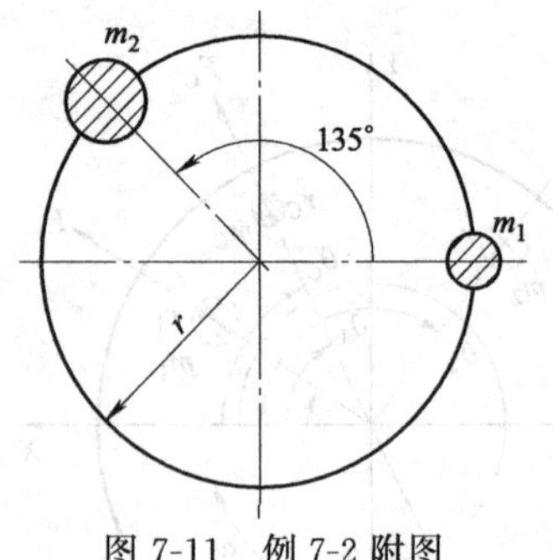

图 7-11 例 7-2 附图

解 偏心质量 m_1 和 m_2 的质径积分别为：

$$m_1 \boldsymbol{r}_i = 10 \times 200\boldsymbol{i} = 2000\boldsymbol{i}$$

$$m_2 \boldsymbol{r}_2 = 20 \times 200\cos(135°)\boldsymbol{i} + 20 \times 200\sin(135°)\boldsymbol{j} = -2828.43\boldsymbol{i} + 2828.43\boldsymbol{j}$$

由式 (7-17) 应加平衡质径积为：

$$m_C \boldsymbol{r}_C = -[(2000-2828.43)\boldsymbol{i} + 2828.43\boldsymbol{j}] = 828.43\boldsymbol{i} - 2828.43\boldsymbol{j}$$

其大小为：

$$m_C r_C = \sqrt{828.43^2 + (-2828.43)^2} = 2947.25(\text{kg} \cdot \text{mm})$$

方位角为：

$$\theta_C = \arctan\left(\frac{-2828.43}{828.43}\right) = -73.68°$$

实际上由于材质的不均匀以及制造和安装的偏差等原因，产生的不平衡问题只能借助于实验设备，经过静平衡试验来解决。利用静平衡架找出转子不平衡质径积的方向，并在反方向上选定位置，通过加配重的方法使转子的质心移到回转轴线上，以达到静平衡。当然也可以在不平衡质径积的方向上，通过减配重的方法实现。静平衡架有圆盘式和导轨式两种，如图 7-12 所示。

7.2.3 轴类转子的平衡

对于长度 B 与其直径 D 之比 $B/D>0.2$ 的刚性转子，如压缩机的曲轴、电动机和汽轮机的转子以及车床的主轴等。不能再近似地认为其偏心重量都位于同一回转面内，而必须看作分布在几个不同的回转平面内，这类转子称为轴类转子。

如图 7-13 (a) 所示的转子，含有两个不平衡的质量 m_1 和 m_2，方位如图所示。若 $m_1=m_2$，$r_1=r_2$，则 $m_1 r_1 = m_2 r_2$，该转子是静平衡的，可以在任意位置静止下来，如图 7-13 (b) 所示。但是当转子以角速度 ω 转动时，将会产生一个方向周期性变化的惯性力偶。惯性力偶作用在机架上，使机器发生振动。转子的不平衡只有当其转动起来之后才能显示出

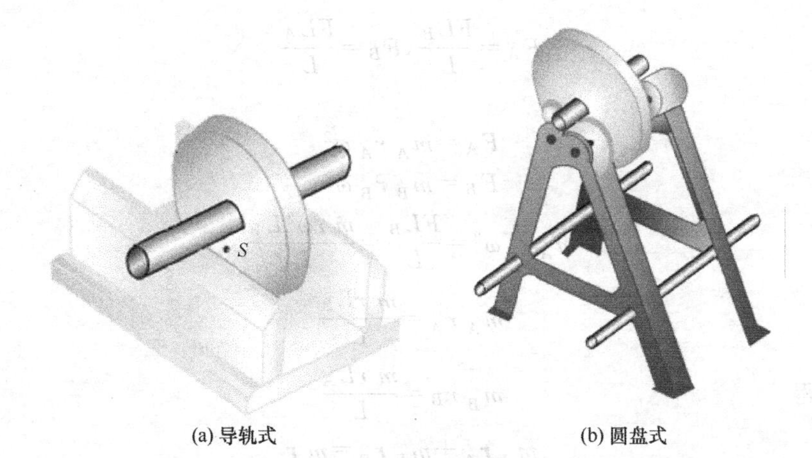

图 7-12　静平衡实验设备

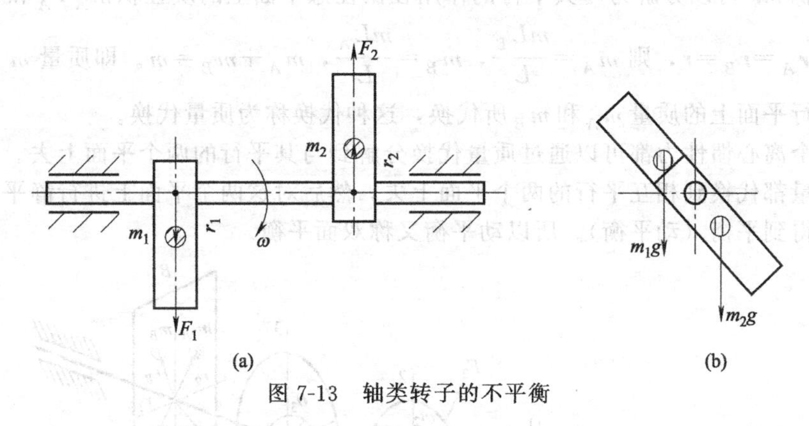

图 7-13　轴类转子的不平衡

来，因此，这样的平衡问题称为动平衡问题。

因此，要使不平衡的轴类转子得到平衡，除了要使作用在转子上的所有惯性力之和为零，还要保证作用在转子上的所有惯性力偶之和为零，即$\sum \boldsymbol{F}=0$，$\sum \boldsymbol{M}=0$。

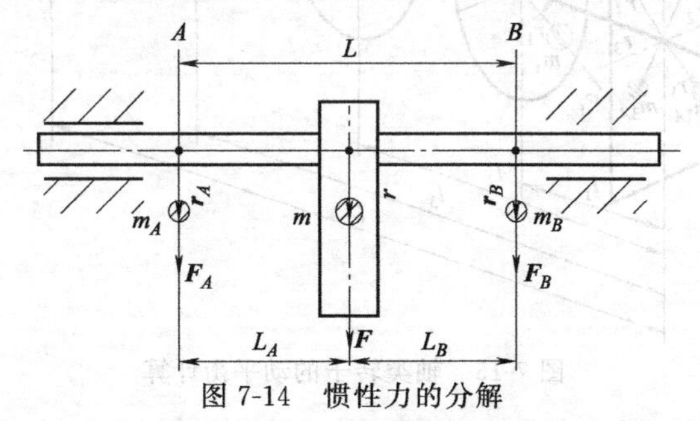

图 7-14　惯性力的分解

惯性力偶只能用力矩来平衡。所以，轴类转子的平衡必须在两个平面上进行。由理论力学的理论可知，一个力 $\boldsymbol{F}$ 可以分解为与其平行的两个力。如图 7-14 所示的转子，可以选择与离心惯性力 $\boldsymbol{F}$ 作用面平行的两个平面作为平衡面 A 与 B，将 $\boldsymbol{F}$ 分解到这两个平衡面上

$$\begin{cases} \mathrm{F}_A+\mathrm{F}_B=\mathrm{F} \\ \mathrm{F}_A L_1=\mathrm{F}_B L_2 \end{cases}$$

解方程可以得到

$$F_A=\frac{FL_B}{L},F_B=\frac{FL_A}{L}$$

因为

$$F_A=m_A r_A \omega^2$$
$$F_B=m_B r_B \omega^2$$

故 $$m_A r_A\omega^2=\frac{FL_B}{L}=\frac{m r\omega^2 L_B}{L}$$

可得 $$m_A r_A=\frac{m rL_B}{L}$$

同理可得 $$m_B r_B=\frac{m rL_A}{L}$$

$$m_A \boldsymbol{r}_A+m_B \boldsymbol{r}_B=m \boldsymbol{r}$$

即质径积 $m\boldsymbol{r}$ 可以分解为与其平行的作用在两任意平面上的质径积 $m_A \boldsymbol{r}_A$ 和 $m_B \boldsymbol{r}_B$。

若选择 $\boldsymbol{r}_A=\boldsymbol{r}_B=\boldsymbol{r}$，则 $m_A=\frac{mL_B}{L}$，$m_B=\frac{mL_A}{L}$，$m_A+m_B=m$。即质量 m 可以被任意选择的两平行平面上的质量 m_A 和 m_B 所代换，这种代换称为质量代换。

任何一个离心惯性力都可以通过质量代换分解到与其平行的两个平面上去。因此，将转子上所有质量都代换到相互平行的两个平面上去，然后对这两个平面上进行静平衡，就可以使整个转子得到平衡（动平衡）。所以动平衡又称双面平衡。

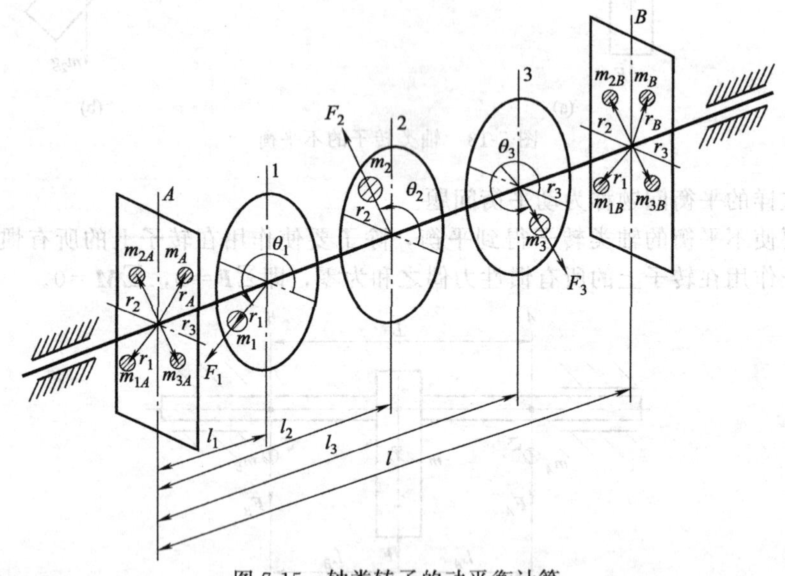

图 7-15　轴类转子的动平衡计算

如图 7-15 所示的转子，含有三个偏心质量 m_1、m_2 和 m_3，分别位于平面 1、2、3 内，其向径分别为 $\boldsymbol{r}_1$、$\boldsymbol{r}_2$ 和 $\boldsymbol{r}_3$，方位角分别为 θ_1、θ_2 和 θ_3，当该转子等速回转时，将产生离心惯性力 F_1、F_2 和 F_3。选择 A、B 两个平面作为平衡平面，分别对 m_1、m_2 和 m_3 进行质量代换

$$\begin{cases}m_{1A}=\dfrac{m_1(l-l_1)}{l}\\ m_{1B}=\dfrac{m_1 l_1}{l}\end{cases}\quad\begin{cases}m_{2A}=\dfrac{m_2(l-l_2)}{l}\\ m_{2B}=\dfrac{m_2 l_2}{l}\end{cases}\quad\begin{cases}m_{3A}=\dfrac{m_3(l-l_3)}{l}\\ m_{3B}=\dfrac{m_3 l_3}{l}\end{cases}$$

然后，然后在 A、B 两个平面内通过加配重的方法使其静平衡，就可以使该转子达到

完全平衡。

转子的动平衡试验一般需要在专用的实验机上进行。动平衡机的形式很多，但其原理大都是通过测量转子不平衡时产生振动的大小和方位，在两个选定的平衡平面内确定所需的平衡质径积的大小和方位。然后通过在这两个平面内加减配重的方法，使转子达到平衡。

习 题

7-1 已知某机器主轴转动一周为一个稳定运动循环，若转化到主轴上的阻力矩 M_r 如图 7-16 所示。设驱动力矩 M_d 为常数。试求：

(1) 最大盈亏功，并指出最大和最小角速度 $\omega_{\max}$ 和 $\omega_{\min}$ 出现的位置。

(2) 设主轴的平均角速度 $\omega_m=100\text{rad/s}$，在主轴上装一个转动惯量 $J_F=0.52\text{kg}\cdot\text{m}^2$ 的飞轮，试求运转不均匀系数。

7-2 如图 7-17 所示的盘形转子中，有四个偏心质量 $m_1=3\text{kg}$，$m_2=6\text{kg}$，$m_3=7\text{kg}$，$m_4=9\text{kg}$，它们位于同一回转平面内，其回转半径分别为 $r_1=20\text{mm}$，$r_2=12\text{mm}$，$r_3=10\text{mm}$，$r_4=8\text{mm}$，其间夹角互为 90°。又设平衡质量 m_C 的回转半径 $r_C=10\text{mm}$，试求平衡质量 m_C 的大小及方位。

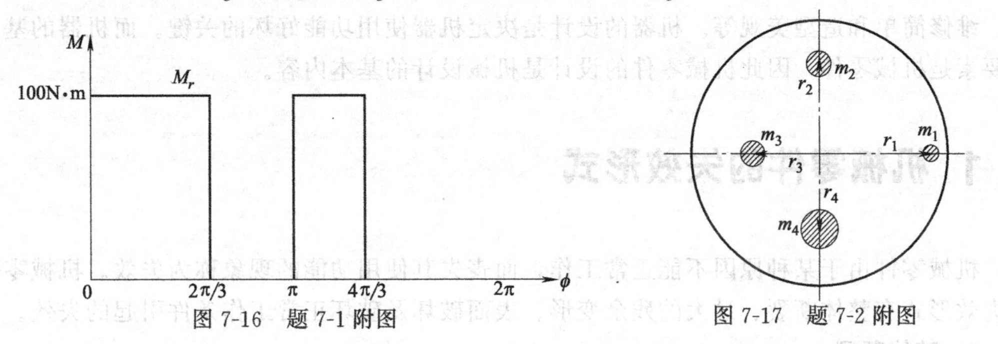

图 7-16 题 7-1 附图　　　　图 7-17 题 7-2 附图

7-3 图 7-18 所示为一转子，其上有不平衡质量 $m_1=1\text{kg}$、$m_2=2\text{kg}$，与轴线的距离分别为，$r_1=300\text{mm}$，$r_2=150\text{mm}$。试计算在 A、B 两平衡面上应加的平衡质径积的大小和方位。

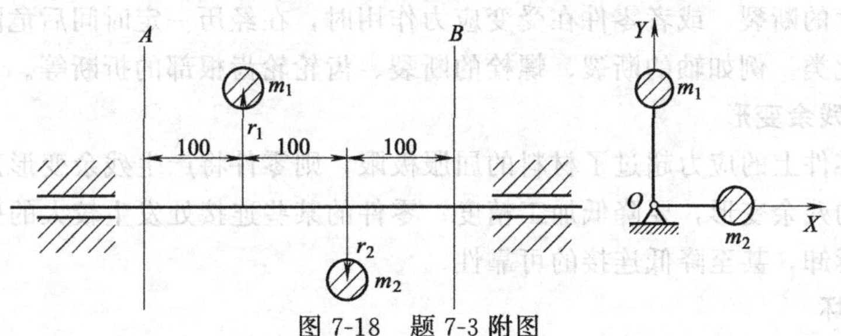

图 7-18 题 7-3 附图

8 机械零件设计概论

机械设计可分为两种设计：ⓘ应用新技术、新方法开发、创造新机械；ⓘⓘ在原有机械的基础上重新设计或进行局部改造，从而改变或提高原有机械的性能。机械设计质量的好坏，直接关系到机械产品的质量的好坏以及产品价格和经济效益。机械设计应满足的要求是：在满足预期功能的前提下，性能好、效率高、成本低，在预定使用期限内安全可靠，操作方便、维修简单和造型美观等。机器的设计是决定机器使用功能好坏的关键。而机器的基本组成要素是机械零件，因此机械零件的设计是机械设计的基本内容。

8.1 机械零件的失效形式

机械零件由于某种原因不能正常工作，而丧失其使用功能的现象称为失效。机械零件主要失效形式有整体断裂、过大的残余变形、表面破坏及破坏正常工作条件引起的失效。

8.1.1 整体断裂

零件在受拉、压、弯、剪、扭等外载荷作用时，由于某一危险截面上的应力超过零件的强度极限而发生的断裂，或者零件在受变应力作用时，在经历一定时间后危险截面上发生的疲劳断裂均属此类。例如轴的断裂、螺栓的断裂、齿轮轮齿根部的折断等。

8.1.2 过大的残余变形

当作用在零件上的应力超过了材料的屈服极限，则零件将产生残余变形。机床上夹持定位零件的过大的残余变形，要降低加工精度；零件的某些连接处发生较大的残余变形，将影响零件的装配拆卸，甚至降低连接的可靠性。

8.1.3 表面破坏

零件的表面破坏主要是腐蚀、磨损和接触疲劳。

腐蚀是发生在金属表面的一种电化学或化学侵蚀现象。腐蚀的结果是使金属表面产生锈蚀，从而使零件表面遭到破坏。磨损是两个接触表面在作相对运动的过程中表面物质丧失或转移的现象，主要以磨粒磨损为主。接触疲劳即点蚀，是受到接触变应力长期作用于零件表面产生裂纹或微粒剥落的现象。

8.1.4 破坏正常工作条件引起的失效

有些零件只有在一定的工作条件下才能正常地工作。如果不能满足或破坏零件的工作条件，零件就会发生不同类型的失效。例如，带传动和摩擦轮传动，只有在传递的有效圆周力小于临界摩擦力时才能正常地工作，若不满足此条件，则摩擦轮和带传动将发生打滑的失效；塑料齿轮只能在较低的温度下工作，如达到或超过塑料的软化温度，则将发生变形而无法正常工作。

8.2 机械零件设计应满足的基本要求

零件是组成机器的基本单元，要使所设计的机器满足基本使用要求，就必须使组成机器的零件满足以下要求。

8.2.1 避免在预定寿命期内失效的要求

在预定寿命期内不失效的要求包括三方面：强度、刚度、寿命。

(1) 强度

零件在工作中发生断裂、磨损或不允许的变形统属强度不足。上述失效形式，除了用于安全装置中预定适时破坏的零件外，对任何零件都是应当避免的。因此保证零件有足够的强度，是机器正常工作的一个基本要求。

为了提高机械零件的强度，在设计时原则上可以采用以下的措施：采用强度高的材料；使零件具有足够的截面尺寸；合理地设计零件的截面形状，以增大截面的惯性矩；采用热处理和化学热处理方法，以提高材料的力学性能；提高运动零件的制造精度，以降低工作时的动载荷；合理地配置机器中各零件的相互位置，以降低作用于零件上的载荷等。

(2) 刚度

零件在工作时所产生的弹性变形不超过允许的限度，就叫做满足了刚度要求。对于弹性变形过大就要影响机器工作性能的零件，设计时除了要作强度计算外，还必须作刚度计算。

为了提高零件的整体刚度，可采取如下措施：增大零件截面尺寸或增大截面的惯性矩；缩短支承跨距或采用多支点结构，以减小挠曲变形等。

(3) 寿命

有的零件在工作初期虽然能够满足各种要求，但在工作一定时间后，却可能由于某些原因而失效。这个零件正常工作延续的时间就叫零件的寿命。

零件寿命是决定机器寿命的基础，零件的破坏会导致机器无法正常工作。影响零件寿命的主要原因有：材料的疲劳，材料的腐蚀以及相对运动零件接触表面的磨损。

8.2.2 结构工艺性要求

零件具有良好的结构工艺性，是指在既定的生产条件下，能够方便而经济地生产出来，并便于装配。所以零件的结构工艺性应从毛坯制造、机械加工过程及装配等几个生产环节加以综合考虑。工艺性还和批量大小及具体的生产条件相关。为了改善零件的工艺性，就应当熟悉当前的生产水平及条件。对零件的结构工艺性具有决定性影响的零件结构设计，在整个设计工作中占有很大的比重，因而必须予以足够的重视。

8.2.3 经济性要求

零件的经济性首先表现在零件本身的生产成本上。零件的经济性决定了机器的经济性，设计零件时，应力求设计出耗费（包括钱财、制造时间及人工）最少的零件。

要降低零件的成本，首先要采用轻型的零件结构，以降低材料消耗，并且采用廉价而供应充足的材料以代替贵重材料，可以降低材料费用；采用少余量或无余量的毛坯或简化零件结构，以减少加工工时；工艺性良好的结构就意味着加工及装配费用低，所以工艺性对经济性有着直接的影响，对于大型零件采用组合结构以代替整体结构，这些对降低零件成本均有显著的作用。另外，尽可能采用标准化的零、部件，就可在经济性方面取得很大的效益。

8.2.4 质量小的要求

对绝大多数零件来说，都应当力求减小其质量。减小质量有两方面的好处：一方面可以节约材料，节约材料就意味着节省成本；另一方面，对于运动零件来说，可以减小惯性，改善机器的动力性能。

可采取以下措施减小零件的质量：采用缓冲装置来降低零件上所受的冲击载荷；使用安全装置来限制作用在主要零件上的最大载荷；适当减少零件上应力较小处材料，以改善零件受力的均匀性，从而提高材料的利用率；施加与工作载荷相反方向的预载荷，以降低零件上的工作载荷；采用轻型薄壁的冲压件或焊接件来代替铸、锻零件，以及采用强重比高的材料等。

8.2.5 可靠性要求

机器的可靠性是由零件的可靠性保证的，零件可靠度是指在规定的使用时间内和预定的环境条件下，零件能够正常地完成其功能的概率。对于绝大多数机械来说，失效的发生都是随机性的。因此，为了提高零件的可靠性，就应当在工作条件和零件的性能两个方面使其随机变化尽可能地小。此外，在使用中加强维护和对工作条件进行监测，也可以提高零件的可靠性。

8.3 机械零件的设计准则

不同的零件或相同的零件在差异较大的环境中工作，都应有不同的设计准则。为了保证所设计的机械零件能安全、可靠地工作，在进行设计工作之前，应根据失效形式确定相应的设计准则，也就是针对失效形式提出一种设计要求以及相应的设计计算方法。一般来讲，大体有以下设计准则。

8.3.1 强度准则

强度准则就是指零件中的应力不得超过允许的限度，是确保零件不发生破坏或者不发生表面磨损和塑性变形的一种要求，通常包括材料的强度极限，零件的疲劳极限和材料的屈服极限。其表达式为：

$$\sigma \leqslant [\sigma] = \frac{\sigma_{\lim}}{S} \tag{8-1}$$

考虑到各种偶然性或难以精确分析的影响，式（8-1）右边引入了设计安全系数 S（简称为安全系数）。

8.3.2 刚度准则

在外载荷作用下，有些零件不会发生断裂等破坏，但产生过大的弹性变形也是不允许的，因此零件在载荷作用下产生的弹性变形量，小于或等于机器工作性能所允许的极限值(即许用变形量)，就叫做满足了刚度要求，或符合了刚度设计准则。其表达式为：

$$y \leqslant [y] \tag{8-2}$$

弹性变形量 y 可按各种求变形量的理论或实验方法来确定，而许用变形量 $[y]$ 则应随不同的使用场合，根据理论或经验来确定其合理的数值。

8.3.3 寿命准则

寿命是与零件的腐蚀、磨损和疲劳相关的，因此保证零件寿命就是在规定期内不发生腐蚀、磨损和疲劳，但由于影响寿命的主要因素——腐蚀、磨损和疲劳是三个不同范畴的问题，所以它们各自发展过程的规律也就不同。迄今为止，还没有提出实用有效的腐蚀寿命计算方法，因此本书不讨论。关于疲劳寿命，通常是根据使用寿命确定零件的疲劳极限或依据额定载荷来进行工作寿命的计算。

8.3.4 振动稳定性准则

高速机器容易产生振动，振动会产生附加动载荷，加速零件的损坏。而振动是外载荷作用冲击的频率和机器固有频率吻合，发生共振的，并且使零件工作振幅越来越大，最终使零件破坏。因此在设计时要使机器中受激振作用的各零件的固有频率与激振源的频率错开，保证不发生共振。令 f 代表零件的固有频率，f_p 代表激振源的频率，则通常应保证如下的条件：

$$0.85f>f_p \text{ 或 } 1.15f<f_p \tag{8-3}$$

如果不能满足上述条件，可以通过改变机械零件和系统的刚度，改变支承位置，增加或减少辅助支承和质量改变其固有频率。另外采取减振措施，采用阻尼系统，提高制造精度，减少安装的误差，对旋转零件进行较为精准的动平衡都会改善零件的振动稳定性。

8.3.5 可靠性准则

可靠度是评价可靠性的数值指标之一，零件可靠度是在规定的条件下和规定的时间内，零件能够正常完成其规定功能的概率，具有分散性。强度准则、刚度准则、寿命准则及振动稳定性准则都与可靠性有关。

如有一大批某种零件，其件数为 N_0，在一定的工作条件下进行试验。如在 t 时间后仍有 N 件在正常地工作，则此零件在该工作环境条件下工作 t 时间的可靠度即可表示为：

$$R=\frac{N}{N_0} \tag{8-4}$$

如试验时间不断延长，则 N 将不断地减小，故可靠度也将改变。这就是说，零件的可靠度本身是一个时间的函数。

机械系统由若干零件组成，每个零件的可靠度都影响着整个系统可靠性水平的高低，所以机械零件的设计应保证每个零件具有所需的可靠度。

8.4 机械零件常用材料及其选择

机械零件常用材料有金属材料、非金属材料和复合材料。一般机械用材料大部分是金属材料，其中钢和铸铁应用最广，其次是铝合金和铜合金等。

8.4.1 机械零件常用的材料

(1) 金属材料

金属材料是使用最多的工程材料。由于钢铁具有较好的力学性能（如强度、塑性、韧性等），能满足多种性能和用途的要求，价格相对便宜并且容易获得，因此在金属材料中，钢铁应用最广。在各类钢铁材料中，由于合金钢的性能优良，且可通过热处理方法改变其力学性能，因而常常用来制造重要的零件。

钢铁被称为黑色金属，除此以外的金属材料均称为有色金属。在有色金属中，铝、铜及其合金的应用最多。

(2) 非金属材料

高分子材料、陶瓷材料和复合材料均属非金属材料。

高分子材料通常包含三大类型，即塑料、橡胶及合成纤维。高分子材料容易获取，密度小，耐腐蚀，在适当的温度范围内有很好的弹性，及减振和降低噪声等优点，但高分子材料容易老化，耐热性不好。

作为工程结构陶瓷材料，主要特点是硬度极高、耐磨、耐腐蚀、熔点高、绝缘性好、刚度大以及密度比钢铁低等。在非常严苛的环境或工程应用条件下，具有高稳定性与优异的力学性能，目前，陶瓷材料已应用于密封件、滚动轴承和切削刀具等结构中。但是陶瓷材料的主要缺点是比较脆，断裂韧度低，价格昂贵，加工工艺性差等。

复合材料是由两种或两种以上具有明显不同的物理和力学性能的材料复合制成的，不同的材料可分别作为材料的基体相和增强相。各种材料在性能上互相取长补短，使复合材料的综合性能优于原组成材料而满足各种不同的要求，从而获得单一材料难以达到的优良性能。具有重量轻、强度高、加工成型方便、弹性优良、耐化学腐蚀和耐候性好等特点，但复合材料的耐热性、导热和导电性能较差，此外，复合材料的价格比较贵。

8.4.2 机械零件材料的选择原则

从各种各样的材料中选择出合适的材料，需要考虑多方面因素。以下是选用金属材料（主要是钢铁）应遵循的基本原则。

（1）载荷的大小和性质

脆性材料原则上只适用于制造在静载荷下工作的零件。在有冲击的情况下，应以塑性材料作为主要使用的材料。

（2）零件的工作条件

零件的工作情况是指零件所处的环境特点、工作温度、摩擦磨损的程度等。

在湿热环境下工作或与腐蚀性介质相接触的零件，应选择有良好的防锈和耐腐蚀的能力的材料。工作温度对选择材料也有影响，一方面要考虑互相配合的两零件的材料的线膨胀系数不能相差过大，以免在温度变化时产生过大的热应力，或者使配合松动；另一方面也要考虑材料的力学性能随温度而改变的情况。对于在工作中有可能发生磨损的零件，可选用适于进行表面处理的淬火钢、渗碳钢、氮化钢等品种，并进行相应的热处理，以提高其接触表面的硬度，从而增强耐磨性。

（3）零件的尺寸及质量

零件尺寸及质量的大小与材料的品种及毛坯制取方法有关。用铸造材料制造毛坯时、一般可以不受尺寸及质量大小的限制；而用锻造材料制造毛坯时，则须注意锻压机械及设备的生产能力。

（4）零件结构的复杂程度及材料的加工性能

结构复杂的零件宜选用铸造毛坯，或用板材冲压出元件后再经焊接而成。结构简单的零件可用锻造法制取毛坯。

加工性能主要是考虑材料的铸造性能、切削性能、焊接性能、冲压性能、热处理性能等。

（5）材料的经济性

为提高材料的经济性，在选择时应考虑材料本身的相对价格、材料的加工费用、材料的利用率并适当采用组合结构。同时还应考虑到当时当地材料的供应状况，为了简化供应和贮存的材料品种，对于小批制造的零件，应尽可能地减少同一部机器上使用的材料品种和规格。

8.5 机械设计中的标准化

所谓零件的标准化，就是通过对零件的尺寸、结构要素、材料性能、检验方法、设计方法、制图要求等，制定出各式各样的大家共同遵守的标准。设计工作中采用标准化有以下好处。

1. 可以减轻设计工作量，提高设计工作效率。采用标准零部件和标准结构简化了设计工作，设计人员不必进行重复设计，设计中只要从有关手册标准中直接查取选用即可，缩短了设计周期，提高了设计质量，很多标准零部件具有互换性，便于维修。

ⅱ. 能够采用先进技术并安排专门工厂大规模地集中生产标准零部件，有利于合理使用材料，合理地确定生产工艺，保证产品质量，降低成本。

ⅲ. 可以由技术水平较高的工厂生产标准件的专用机床，保证产品的精度和性能指标，提高了零件性能的可靠性，提高生产效率，降低了消耗。

现已发布的与机械零件设计有关的标准，按使用范围分为国家标准（GB）、行业标准和企业标准三个等级；按使用的强制性分为必须执行的（如有关度、量、衡及涉及人身安全的标准等）和推荐使用的（如标准直径等）两类标准。推荐使用的标准常在代号后加上“/T”表示，如“GB/T”。

系列化设计就是以基础型产品为基础，根据不同的使用要求，按标准化原理，将其主要参数和型式排成系列，以设计出同一系列内各种形式、规格的产品。例如，对于同一结构、同一内径的滚动轴承，制定出不同外径和宽度的产品，即滚动轴承系列。系列大小的规定，一般是以优先数系为基础的。优先数系就是按几何级数关系变化的数字系列，而级数项的公比一般取为10的某次方根。例如取公比 $q=\sqrt[n]{10}$，通常取根式指数 $n=5$，10，20，40。按它们求出的数字系列（要作适当的圆整）分别称为5、10、20和40系列（详见GB/T 321—1980）。

8.6 机械零件的许用应力

8.6.1 材料的疲劳特性

（1）交变应力

按应力随时间变化的特性不同，可分为静应力和变应力。静应力的大小、方向不随时间变化，而交变应力是随时间发生变化的应力，主要包括稳定变应力和非稳定变应力，在本书学习中以讨论稳定变应力为主。其包括对称循环变应力，脉动循环变应力，非对称循环变应力。描述规律性的交变应力可有5个参数，但其中只有两个参数是独立的，这5个参数分别为最大应力 σ_{max}、最小应力 σ_{min}、应力幅 σ_a、平均应力 σ_m 和应力比（循环特性）r。其中平均应力、应力幅及循环特性的表达式分别为：

$$\sigma_m=\frac{\sigma_{max}+\sigma_{min}}{2} \tag{8-5}$$

$$\sigma_a=\frac{\sigma_{max}-\sigma_{min}}{2} \tag{8-6}$$

$$r=\frac{\sigma_{min}}{\sigma_{max}} \tag{8-7}$$

各应力变化规律如表8-1所示。

（2）材料的疲劳特性

零件在变应力作用下的破坏，零件的损坏形式称为疲劳破坏，也称疲劳失效。其产生的过程是在变应力作用下，零件表面首先产生初始裂纹，形成一个或数个疲劳源。在变应力的继续作用下，初始裂纹处的应力集中促使裂纹扩展，使零件的实际承载面积逐渐减小，直至不能承受外载荷时，导致零件突然发生脆性断裂。由此可见，疲劳破坏不仅仅与应力的大小有关，而且还与应力循环次数和应力循环特性有关。

表 8-1 应力变化规律

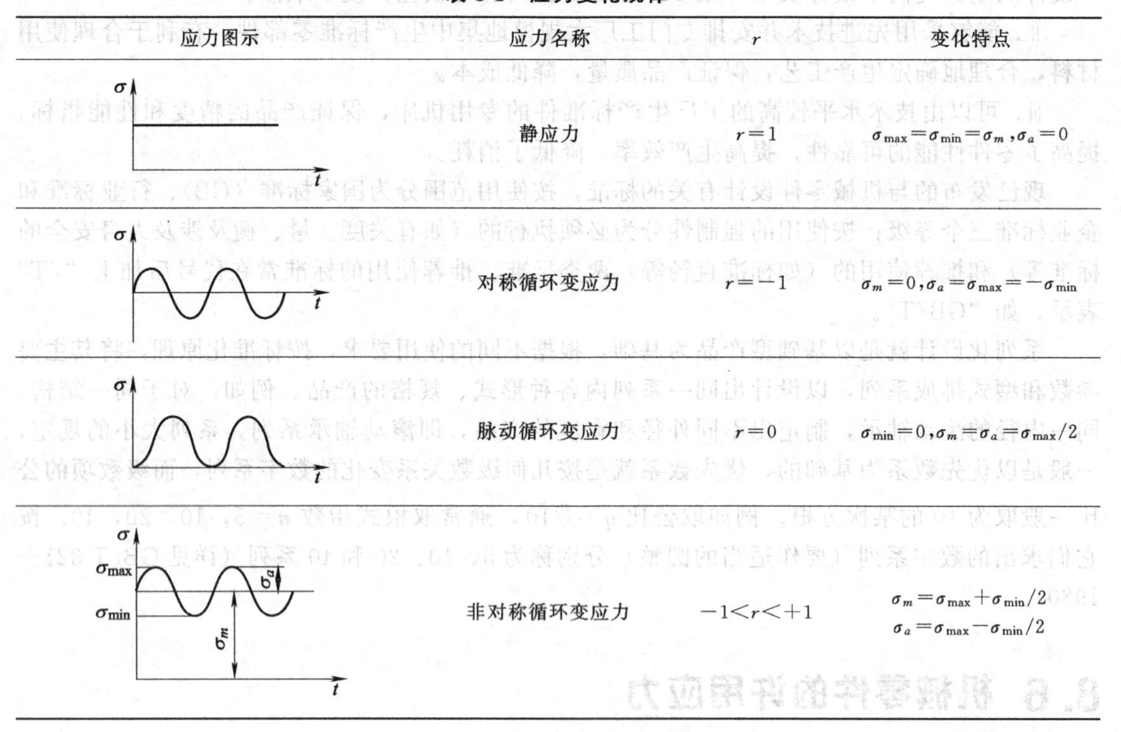

应力图示	应力名称	r	变化特点
	静应力	$r=1$	$\sigma_{\max}=\sigma_{\min}=\sigma_m, \sigma_a=0$
	对称循环变应力	$r=-1$	$\sigma_m=0, \sigma_a=\sigma_{\max}=-\sigma_{\min}$
	脉动循环变应力	$r=0$	$\sigma_{\min}=0, \sigma_m=\sigma_a=\sigma_{\max}/2$
	非对称循环变应力	$-1<r<+1$	$\sigma_m=\sigma_{\max}+\sigma_{\min}/2$ $\sigma_a=\sigma_{\max}-\sigma_{\min}/2$

① σ-N 疲劳曲线　在一定的应力比 r 下，变应力状态下极限应力 $\sigma_{\lim}$（以最大应力 $\sigma_{\max}$表征）是应力变化次数 N 的函数，其关系常用由试验方法获得的疲劳曲线表示，称之为 σ-N 疲劳曲线，如图 8-1 所示。

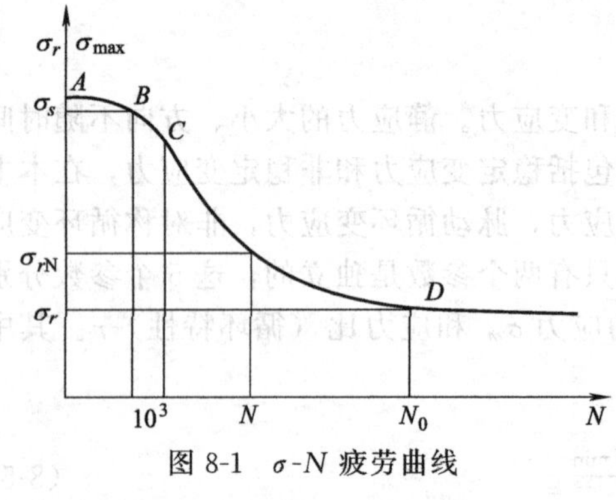

图 8-1　σ-N 疲劳曲线

图中 AB 段，即在循环次数约为 10^3 之前，可以看做使材料试件发生破坏的最大应力值基本保持不变，因此可以将此阶段看做是静应力强度的状况。图中 BC 段在 C 点的循环次数约在 10^4 左右，随着循环次数增加材料已具有发生塑性变形的特征，因此，这一阶段的疲劳现象称为应变疲劳。实践证明，机械零件的疲劳大多发生在 CD 段，因此图中 CD 段代表了有限寿命疲劳阶段。此段上的任一点所代表的疲劳极限，称为有限疲劳极限，在此范围内，试件经过一定次数的交变应力作用后总会发生疲劳破坏。曲线 CD 可以描述为：

$$\sigma_{rN}^m=C, N_C \leqslant N \leqslant N_D \tag{8-8}$$

式中　m——与应力性质、试验条件有关的常数，对钢，受弯曲时 $m=9$（$r=-1$）；

C——常数，与材料有关；

r——循环特性；

N——循环次数。

由式（8-8）可以看出 σ_r-N 曲线表达了特定 r 下（一般 $r=-1$），一定 N 不产生疲劳破坏的最大应力 σ_{rN}；D 点后为水平线，代表着无限寿命区，D 点对应的疲劳极限 $\sigma_{r\infty}$ 称为无限寿命持久疲劳极限，对应的循环次数为 N_D，由于 N_D很大，因此规定一个循环基数 N_0，用 N_0 和 N_0 对应的疲劳极限 σ_{rN_0}（简写为 σ_r）近似表示 N_D和 $\sigma_{r\infty}$，式（8-8）可以改写为：

$$\sigma_{rN}^{m}N=\sigma_{r}^{m}N_{0}=C \tag{8-9}$$

CD 区间内循环次数 N 与疲劳极限 σ_{rN} 的关系为：

$$\sigma_{rN}=\sigma_{r}\sqrt[m]{\frac{N_{0}}{N}}=K_{N}\sigma_{r} \tag{8-10}$$

式中　K_N——寿命系数，等于 σ_{rN} 与 σ_r 的比值。

【例 8-1】 某材料的对称循环弯曲极限 $\sigma_{-1}=180\text{MPa}$，取循环基数 $N_0=5\times10^6$，$m=9$，试求循环次数 N 分别为 7000，620000 次时的有限寿命疲劳极限。

解　根据式（8-10）

$$\sigma_{rN}=\sigma_{r}\sqrt[m]{\frac{N_{0}}{N}}$$

$$\sigma_{-1N}=\sigma_{-1}\sqrt[9]{\frac{5\times10^{6}}{7000}}=373.6\text{MPa}$$

$$\sigma_{-1N}=\sigma_{1}\sqrt[9]{\frac{5\times10^{6}}{620000}}=227.0\text{MPa}$$

② 等寿命疲劳曲线（极限应力线图）　机械零件材料的疲劳特性除了用 σ-N 曲线表示外，还可用在特定的应力循环次数 N 下，疲劳极限的应力幅 σ_a 与平均应力 σ_m 之间的关系曲线即等寿命曲线来描述，该曲线表达了不同应力比时疲劳极限的特性。如图 8-2（a）所示。在工程中常将其用直线代替，如图 8-2（b）、（c）所示。考虑其近似性常用双折线代替，如图 8-3 所示。

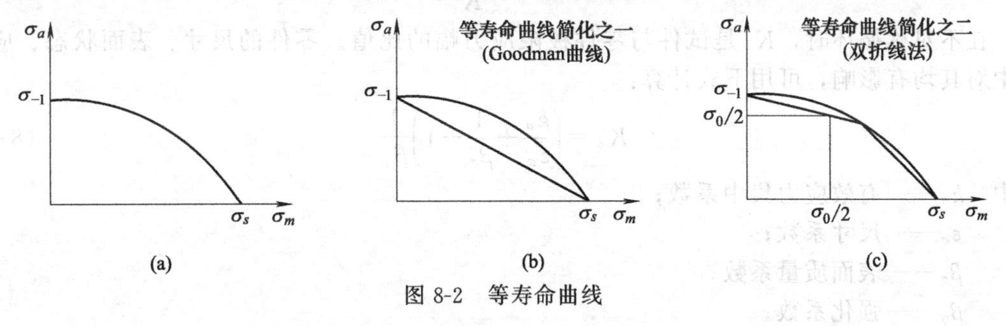

图 8-2　等寿命曲线

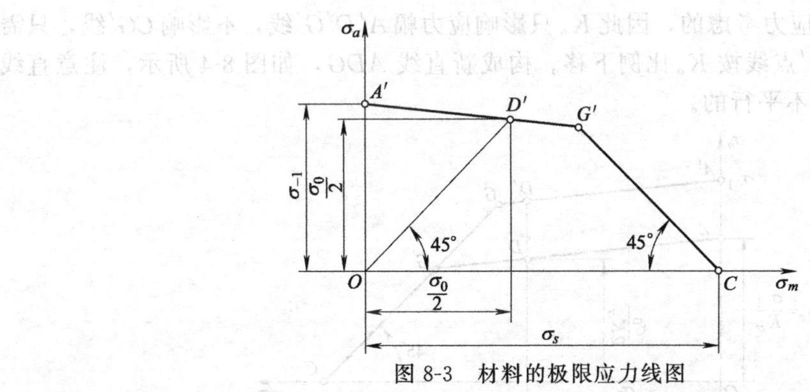

图 8-3　材料的极限应力线图

由于对称循环的 $\sigma_m=0$，$\sigma_a=\sigma_{\max}$，图中 A' 点纵坐标即对称循环疲劳极限 σ_{-1}，脉动循环变应力的 $\sigma_m=\sigma_a=\sigma_0/2$，所以由 O 点做 45°射线上的 D' 表示，$\sigma_a=0$ 可看作是静应力，C 点横坐标为其屈服极限 σ_s，过 C 点做与 CO 反向成 45°的射线，与 $A'D'$ 交于 G' 点，如果材料的工作应力在 $OA'G'C$ 范围内，就不会发生疲劳破坏，反之就会发生疲劳破坏，位于折线上，表示正好在极限的工作应力状态。直线 $A'D'G'$ 表示疲劳特性，其方程可据 A' 点 $(0,\ \sigma_{-1})$，D' 点 $(\sigma_0/2,\ \sigma_0/2)$ 求得：

$$\sigma_{-1}=\sigma'_a+\left(\frac{2\sigma_{-1}-\sigma_0}{\sigma_0}\right)\sigma'_m=\sigma'_a+\psi_\sigma\sigma'_m \tag{8-11}$$

式中，$\psi_\sigma=\frac{2\sigma_{-1}-\sigma_0}{\sigma_0}$，为试件受弯曲时材料常数（或称折算系数）可由试验确定（碳钢 0.1～0.2，合金钢 0.2～0.3）。

直线 $C'G$ 方程为：

$$\sigma_s=\sigma'_a+\sigma'_m=\sigma_{\max} \tag{8-12}$$

8.6.2 零件的极限应力线图

由于材料试件是一种特殊的结构，而实际机械零件与标准试件之间在绝对尺寸、表面状态、应力集中、环境介质等方面往往有差异，这些因素的综合影响，使零件的疲劳极限不同于材料的疲劳极限，而是要小于材料试件的疲劳极限，其中尤以应力集中、零件尺寸和表面状态三项因素对机械零件的疲劳强度影响最大。

设材料的对称循环弯曲疲劳极限为σ_{-1}，零件的对称循环弯曲疲劳极限为σ_{-1e}，弯曲疲劳极限的综合影响系数 K_σ为：

$$K_\sigma=\frac{\sigma_{-1}}{\sigma_{-1e}} \tag{8-13}$$

根据已知 K_σ及σ_{-1}就可估算出零件的对称循环弯曲疲劳极限：

$$\sigma_{-1e}=\frac{\sigma_{-1}}{K_\sigma} \tag{8-14}$$

在不对称循环时，K_σ是试件与零件极限应力幅的比值。零件的尺寸、表面状态、应力集中对其均有影响，可用下式计算：

$$K_\sigma=\left(\frac{k_\sigma}{\varepsilon_\sigma}+\frac{1}{\beta_\sigma}-1\right)\frac{1}{\beta_q} \tag{8-15}$$

式中 k_σ——有效应力集中系数；

ε_σ——尺寸系数；

β_σ——表面质量系数；

β_q——强化系数。

由于CG'线是按静应力考虑的，因此 K_σ只影响应力幅$A'D'G'$线，不影响CG'线，只需将试件图中的A'点、D'点线按 K_σ比例下移。构成新直线 ADG，如图 8-4 所示，注意直线 ADG 与直线$A'D'G'$是不平行的。

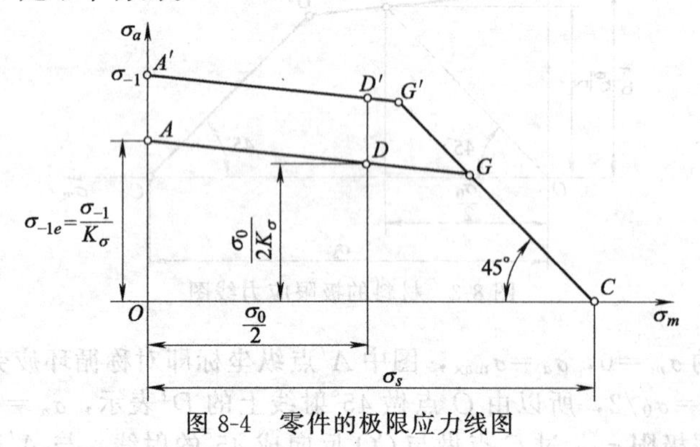

图 8-4 零件的极限应力线图

直线 AG 方程可由 $A\left(0,\ \frac{\sigma_{-1}}{K_\sigma}\right)$及 $D\left(\frac{\sigma_0}{2},\ \frac{\sigma_0}{2K_\sigma}\right)$求得：

$$\sigma_{-1e}=\frac{\sigma_{-1}}{K_\sigma}=\sigma'_{ae}+\psi_{\sigma e}\sigma'_{me} \tag{8-16}$$

或

$$\sigma_{-1}=K_\sigma\sigma'_{ae}+\psi_\sigma\sigma'_{me} \tag{8-17}$$

直线 CG 方程为：

$$\sigma_s=\sigma'_{ae}+\sigma'_{me} \tag{8-18}$$

式中 σ_{-1e}——零件的对称循环弯曲疲劳极限，MPa；

σ'_{ae}——零件受循环弯曲应力时的极限应力幅，MPa；

σ'_{me}——零件受循环弯曲应力时的平均应力幅，MPa；

$\psi_{\sigma e}$——零件受循环弯曲应力时的材料特性或折算系数，可按式（8-19）计算

$$\psi_{\sigma e}=\psi_\sigma/K_\sigma \tag{8-19}$$

ψ_σ——试件受循环弯曲应力时的材料特性或折算系数；

K_σ——弯曲疲劳极限综合影响系数。可按式（8-15）计算。

对受切应力的零件，只需将式中的 σ 换成 τ 即可。

8.6.3 提高机械零件疲劳强度的措施

ⅰ. 尽可能降低零件的应力集中。这是提高零件疲劳强度的首要措施。影响应力集中的四大因素是有效应力集中、尺寸因素、表面质量、表面强化。愈是高强度材料，对应力集中的敏感性愈强，就更应采取降低应力集中的措施，在不可避免地要产生较大应力集中的结构处，可采用减载槽来降低应力集中的作用。

ⅱ. 在综合考虑零件的性能要求和经济性后，选用疲劳强度高的材料，采用能提高疲劳强度的热处理方法和强化工艺。如表面淬火、渗碳淬火、氮化、碳氮共渗、表面滚压、表面喷丸等。

ⅲ. 提高零件的表面质量，特别是提高有应力集中部位的表面加工质量，必要时表面作适当的防护处理。

ⅳ. 尽可能减小或消除零件表面可能发生的初始裂纹的尺寸，对于延长零件的疲劳寿命有着比提高材料性能更为显著的作用。

8.7 机械零件的接触强度

高副零件工作时，理论上是点接触或线接触，实际上由于接触部分的局部弹性变形而形成面接触，由于接触面积很小，使表层产生的局部应力却很大，该应力称为接触应力，这时零件的强度称为接触强度。机械零件的接触应力通常是随时间作周期性变化的，在载荷重复作用下，在零件表面形成一些小的凹坑（图 8-5）。这种现象称为疲劳点蚀。本书中只研究线接触情况，如图 8-6 所示。

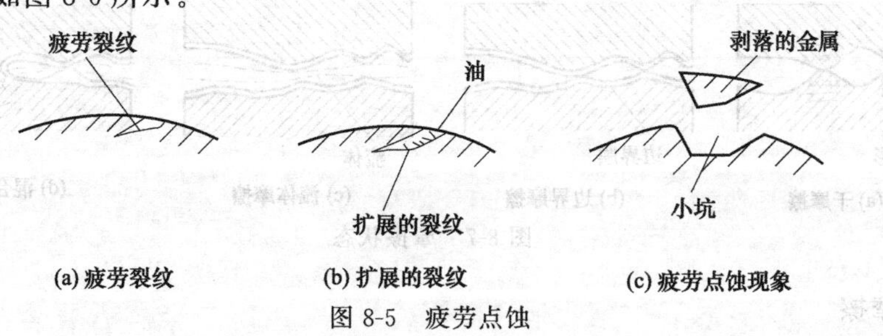

图 8-5 疲劳点蚀

由弹性力学的赫兹（Hertz）公式可知，最大接触应力：

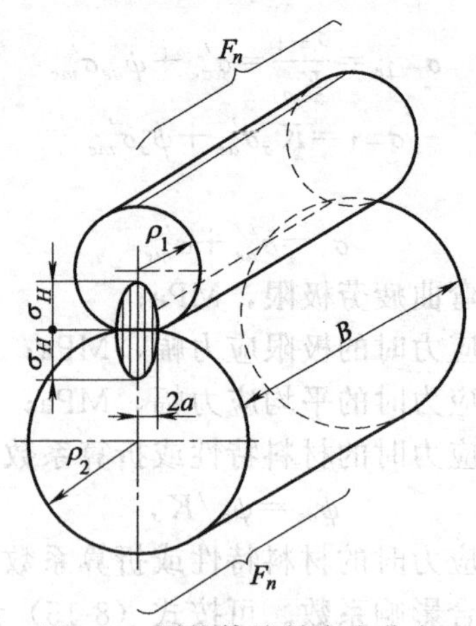

图 8-6　圆柱体接触应力分布

$$\sigma_{H\max}=\sqrt{\frac{F_n\left(\frac{1}{\rho_\Sigma}\right)}{\pi B\left(\frac{1-\mu_1^2}{E_1}+\frac{1-\mu_2^2}{E_2}\right)}} \tag{8-20}$$

式中　F_n——作用于接触面上总压力，N；

B——初始接触线长度，mm；

ρ_Σ——综合曲率半径，$\frac{1}{\rho_\Sigma}=\frac{1}{\rho_1}\pm\frac{1}{\rho_2}$（＋用于外接触，－用于内接触），mm；

μ_1，μ_2——零件 1 与零件 2 的泊松比；

E_1，E_2——零件 1 与零件 2 的弹性模量。

8.8 摩擦、磨损及润滑

8.8.1　摩擦

两接触的物体在接触表面间相对滑动或有这一趋势时产生阻碍其发生相对滑动的切向阻力，这种现象叫摩擦。摩擦可分为滑动摩擦与滚动摩擦，本书将只讨论金属表面间的滑动摩擦。根据摩擦面间存在润滑剂的情况，滑动摩擦又分为干摩擦、边界摩擦、流体摩擦及混合摩擦，如图 8-7 所示。

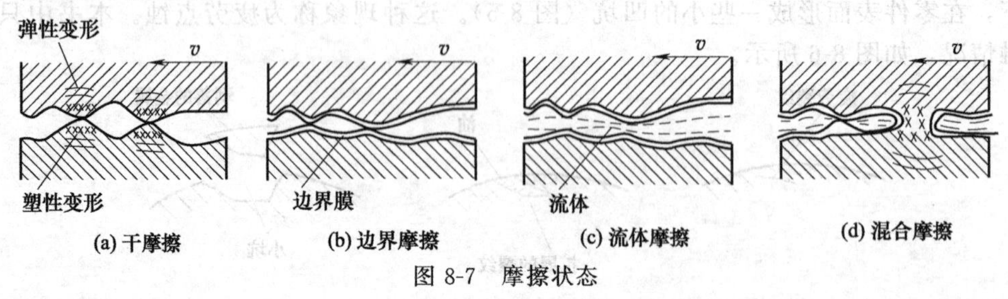

图 8-7　摩擦状态

（1）干摩擦

干摩擦是指表面间无任何润滑剂或保护膜的纯金属直接接触时的摩擦。干摩擦的摩擦阻力最大，磨损最严重，发热量大，会导致零件寿命缩短，应避免。

固体表面之间的摩擦，在18世纪就提出了至今仍在沿用的、关于摩擦力的数学表达式：$F_f = fF_n$（式中，F_f为摩擦力、F_n为法向载荷、f为摩擦系数）。但是，有关摩擦的机理，直到20世纪中叶才比较清楚地揭示出来，并逐渐形成现今被广泛接受的分子-机械理论、黏附理论等。对于金属材料，特别是钢，目前较多采用1964年鲍登等人提出的修正黏附理论。这个理论与实际情况比较接近，可以在相当大的范围内解释摩擦现象。

（2）边界摩擦

当运动副的摩擦表面被吸附在表面的边界膜隔开，摩擦性质取决于边界膜和表面的吸附性能时的摩擦称为边界摩擦。润滑剂中的脂肪酸是一种极性化合物，它的极性分子对金属表面具有吸附能力，并且通过吸附作用在金属表面形成油膜，这种比较牢固地吸附在金属表面上的分子膜，称为边界膜。边界膜极薄，润滑油中的一个分子长度平均约为0.002μm，如果边界膜有十层分子，其厚度也仅为0.02μm。边界油膜的厚度很小，不足以将两金属表面分隔开，所以边界摩擦时，不能完全避免金属的直接接触，这时仍有微小的摩擦力产生，虽不能绝对消除表面的磨损，却可以起着减轻磨损的作用。其摩擦系数通常约在0.1左右。

按边界膜形成机理，边界膜分为吸附膜（物理吸附膜及化学吸附膜）和反应膜。温度对吸附膜影响较大，吸附强度随温度升高而下降，达到一定温度后，吸附膜发生软化、失向和脱吸现象，从而使润滑作用降低，磨损率和摩擦系数都将迅速增加。

反应膜是当润滑剂中含有以原子形式存在的硫、氯、磷时，这些元素与金属表面起化学反应而形成的薄膜。这种反应膜具有低的剪切强度和高熔点，它比吸附膜都稳定，适合于重载、高速和高温的工作情况。

影响边界摩擦的因素有温度、添加剂、摩擦副材料、粗糙度。因此合理选择摩擦副材料和润滑剂，降低表面粗糙度值，在润滑剂中加入适量的油性添加剂和极压添加剂，都能提高边界膜强度。

（3）流体摩擦

当摩擦面间的润滑膜厚度大到足以将两个表面的轮廓峰完全隔开（膜厚比$\lambda > 5$）时，即形成了完全的流体摩擦。这时润滑剂中的分子已大都不受金属表面吸附作用的支配而自由移动，摩擦是在流体内部的分子之间进行，两个运动表面不直接接触，所以摩擦系数极小（油润滑时约为0.001～0.008），是理想的摩擦状态。

（4）混合摩擦

当摩擦表面间处于边界摩擦与流体摩擦的混合状态时（膜厚比$\lambda = 1 \sim 5$），称为混合摩擦。混合摩擦时，如流体润滑膜的厚度增大，表面轮廓峰直接接触的数量就要减小，润滑膜的承载比例也随之增加。所以在一定条件下，混合摩擦能有效地降低摩擦阻力，其摩擦系数要比边界摩擦时小得多。但因表面间仍有轮廓峰的直接接触，所以不可避免地仍有磨损存在。

8.8.2 磨损

（1）磨损阶段

运动副之间的摩擦将导致零件表面材料的逐渐丧失或迁移，即形成磨损。磨损会改变零件的尺寸、配合间隙和表面状态，会影响机器的效率，产生振动，降低工作的可靠性，甚至促使机器提前报废。因此，在设计时应预先考虑如何避免或减轻磨损，以保证机器达到设计寿命。磨损过程大致可分为三个阶段，即磨合阶段、稳定磨损阶段及剧烈磨损阶段，如图8-8所示。

磨合阶段包括摩擦表面轮廓峰的形状变化和表面材料被加工硬化两个过程。由于零件加工后的表面总具有一定的粗糙度，在磨合初期，只有很少的轮廓峰接触，摩擦副的实际接触面积较小，因此接触面上真实应力很大，磨损速度较快，使接触轮廓峰压碎和塑性变形，同时薄的表层被冷作硬化，原有的轮廓峰逐渐局部或完全消失，产生出形状和尺寸均不同于原

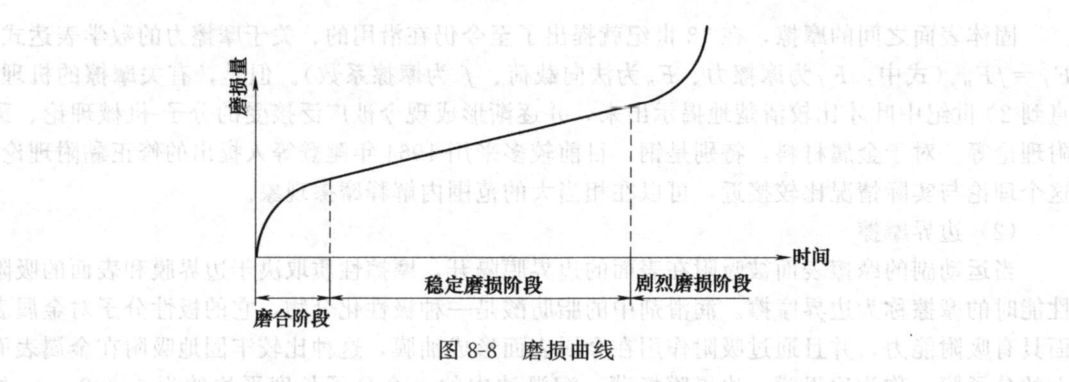

图 8-8　磨损曲线

样的新轮廓峰。在这一阶段中，磨合磨损到一定程度后，尖峰逐渐被磨平，磨损速度由快变慢，而后逐渐减小到稳定值。

稳定磨损阶段是零件在平稳而缓慢的速度下磨损，在这一阶段中磨损缓慢、磨损率稳定，零件以平稳而缓慢的磨损速度进入零件正常工作阶段，它标志着摩擦条件保持相对恒定。这个阶段的长短就代表零件使用寿命的长短。经此磨损阶段后零件进入剧烈磨损阶段。

剧烈磨损阶段的特征是磨损速度及磨损率都急剧增大。经过稳定磨损阶段后，零件的表面遭到破坏，精度下降，运动副中的间隙增大，引起额外的动载荷，出现噪声和振动，这样就不能保证良好的润滑状态，摩擦副的温升便急剧增大，零件的磨损加剧，导致零件迅速失效，这时就必须更换零件。

(2) 磨损类型

根据磨损机理不同，一般把磨损分为黏附磨损、磨粒磨损、疲劳磨损、流体磨粒磨损、流体侵蚀磨损、腐蚀磨损等。

① 黏附磨损　当摩擦副受到较大正压力作用时，由于表面不平，当摩擦表面的轮廓峰在相互作用的各点处发生“冷焊”后，在相对滑动时，材料从一个表面迁移到另一个表面，这种由于黏着作用引起的磨损，称为黏附磨损。这种被迁移的材料，有时也会再附着到原先的表面上去，出现逆迁移，或脱离所黏附的表面而成为游离颗粒，促使摩擦表面进一步磨损。严重的黏附磨损会造成运动副咬死。

② 磨粒磨损　外部进入摩擦面间的游离硬颗粒（如空气中的尘土或磨损造成的金属微粒）或硬的轮廓峰尖对摩擦表面起到切削或刮擦作用，引起表层材料脱落，从而在摩擦表面上犁刨出很多沟纹，这时被移去的材料，一部分流动到沟纹的两旁，另一部分则脱落下来成为新的游离颗粒，这样的微切削过程就叫磨粒磨损。这种磨损是最常见的一种磨损形式，应设法减轻这种磨损。

③ 疲劳磨损　当作滚动或滚动和滑动的高副受到反复作用的接触应力，如齿轮传动，由于局部的弹性变形形成了小的接触区，材料表层会产生很大的接触应力，如果该应力超过材料相应的接触疲劳极限，就会在零件工作表面或表面下一定深度处形成疲劳裂纹，随着裂纹的扩展与相互连接，造成表层金属脱落，表面上就会出现许多月牙形浅坑，就形成疲劳磨损或疲劳点蚀。

④ 流体磨粒磨损和流体侵蚀磨损（冲蚀磨损）　流体磨粒磨损是指由流动的液体或气体中所夹带的硬质物体或硬质颗粒冲击材料表面引起的机械磨损。冲蚀磨损是机械设备中常见的一种磨损形式，是造成零件损坏重要原因之一。

⑤ 腐蚀磨损　当摩擦表面材料在环境的化学或电化学作用下引起腐蚀，在摩擦副相对运动时所产生的材料损失现象即为腐蚀磨损。腐蚀也可以在没有摩擦的条件下形成。

⑥ 微动磨损　名义上相对静止，实际摩擦副在微幅运动，由黏附磨损、磨粒磨损、机

械化学磨损和疲劳磨损共同形成的复合磨损形式称为微动磨损。在有振动的机械中，螺纹连接、花键连接和过盈配合连接等都容易发生微动磨损。微动磨损会降低配合表面的品质，导致摩擦表面破坏，降低零件的疲劳强度。

8.8.3 润滑

在摩擦面间加入润滑剂不仅可以减少两摩擦表面之间的摩擦和磨损，还具有减缓锈蚀、密封，缓冲吸振，降低噪声等作用，而且在采用循环润滑时还能散热降温，因此合理的润滑可以延长机器设备的使用寿命。常用的润滑剂有润滑油、润滑脂。

8.8.3.1 润滑剂

(1) 润滑油

用作润滑剂的油类、有机油、矿物油、化学合成油。矿物油因其来源充足，成本低廉，适用范围广，而且稳定性好等优点，应用最广泛。无论哪类润滑油，若从润滑观点考虑，主要是从以下几个指标评判它们的优劣。

① 黏度　润滑油的黏度可定性地定义为它的流动阻力，即流体抵抗变形的能力，它是润滑油最重要的性能之一。

ⅰ. 动力黏度：在流体中取两面积各为1m^2，相距1m，相对移动速度为1m/s时所产生的阻力称为动力黏度，常用于理论计算，单位Pa·s（帕·秒）。

ⅱ. 运动黏度：工程中常用动力黏度η与同温度下该液体密度ρ的比值表示黏度，称为运动黏度ν，即

$$\nu=\frac{\eta(\mathrm{Pa\cdot s})}{\rho(\mathrm{kg/m^3})}\quad \mathrm{m^2/s} \tag{8-21}$$

对于矿物油，密度$\rho=850\sim900\mathrm{kg/m^3}$。

在C.G.S制中运动黏度的单位是St（斯）。1%St称为cSt（厘斯），它们之间有下列关系：

$$1\mathrm{St}=1\mathrm{cm^2/s}=100\mathrm{cSt}=10^{-4}\mathrm{m^2/s},\ 1\mathrm{cSt}=10^{-6}\mathrm{m^2/s}=1\mathrm{mm^2/s}$$

润滑油黏度的大小不仅直接影响摩擦副的运动阻力，而且对润滑油膜的形成及承载能力有决定性作用。润滑油的牌号即是以运动黏度以厘斯为单位的平均值为其牌号，这是流体润滑中一个极为重要的因素。

② 润滑性（油性）　润滑性是指润滑油中极性分子与金属表面吸附形成一层边界油膜，以减小摩擦和磨损的性能。润滑性愈好，油膜与金属表面的吸附能力愈强。对于那些低速、重载或润滑不充分的场合，润滑性具有特别重要的意义。

③ 极压性　极压性能是润滑油中加入含硫、氯、磷的有机极性化合物后，油中极性分子在金属表面生成抗磨、耐高压的化学反应边界膜的性能。它在重载、高速、高温条件下，可改善边界润滑性能。

④ 闪点　当油在标准仪器中加热所蒸发出的油气，一遇火焰即能发出闪光时的最低温度，称为油的闪点。闪点是衡量油的易燃性的一种尺度，对于高温下工作的机器，这是润滑油的一个十分重要的指标，应根据工作温度考虑润滑油的闪点高低，通常应使工作温度比油的闪点低20～30℃。

⑤ 凝点　这是指润滑油在规定条件下，不能再自由流动时所达到的最高温度。它是表示润滑油低温流动性的一个重要指标，直接影响到机器在低温下的启动性能和磨损情况。凝点高的润滑油不能在低温下使用，在选用低温的润滑油时，为避免低凝点的油品，其低温黏度和黏温特性可能不符合要求，应结合油品的凝点、低温黏度及黏温特性全面考虑，一般说来，润滑油的凝点应比使用环境的最低温度低5～7℃。

⑥ 氧化稳定性　当润滑油在有高温气体环境中时，会发生氧化并生成硫、氯、磷的酸

性化合物。这是一些胶状沉积物，不但影响润滑油的性能，腐蚀金属，还会加剧零件的磨损。

(2) 润滑脂

这是除润滑油外应用最多的一类润滑剂。它是润滑油与稠化剂（如钙、锂、钠的金属皂）的稠厚的油脂状半固体混合物。在金属表面具有良好的黏附性，不易流失，起润滑、防锈和密封作用。但是润滑脂的黏滞性较大，运转时阻力大，功率损失就大，由于某些使用部位的加脂、更换比较困难，这就限制了润滑脂的使用部位。润滑脂的主要质量指标为锥入度（或稠度）和滴点。

8.8.3.2 润滑油、润滑脂的添加剂

普通润滑油、润滑脂在一些十分恶劣的工作条件下（如高温、低温、重载、真空等）会很快劣化变质，失去润滑能力。为了提高油的品质和使用性能，常加入某些分量虽少但对润滑剂性能改善起巨大作用的物质，这些物质称为添加剂。加入添加剂的润滑剂的工作性能、物理特性、使用寿命都会得到改善。添加剂的种类很多，有油性添加剂、极压添加剂、分散净化剂、消泡添加剂、抗氧化添加剂、降凝剂、增黏剂等。

习　题

8-1 机械零件的主要失效形式有哪些？

8-2 机械零件的疲劳破坏是如何发生的？

8-3 选择机械零件材料的一般原则有哪些？

8-4 什么是稳定变应力和非稳定变应力？

8-5 什么是材料的疲劳极限（又称无限寿命疲劳极限）？如何表示？

8-6 极限应力线图有何用处？

8-7 摩擦有哪些类型？

8-8 按机理不同，磨损主要有哪些形式？

8-9 某材料的对称循环弯曲疲劳极限 $\sigma_{-1}=350\text{MPa}$，屈服极限 $\sigma_s=550\text{MPa}$，强度极限 $\sigma_b=750\text{MPa}$，循环基数 $N_0=5\times10^6$，$m=9$，试求对称循环次数 N 分别为 5×10^4、5×10^5、5×10^7 次时的极限应力。

9 螺纹连接

机器中的所有零部件都不能孤立地存在，它们必须以某种方式与其它零部件连接在一起，机械中的连接分两大类：一类是机器工作时，被连接件间可以有相对运动的连接，称为机械动连接，如在机械原理中学过的各种运动副；另一类则是在机器工作时，被连接件间不允许出现相对运动的连接，称为机械静连接。

机械静连接也可分成两大类：可拆连接和不可拆连接。可拆连接是不需毁坏连接中的任一零件就可拆开的连接。常见的有螺纹连接、键连接、花键连接和销连接。不可拆连接是指必须毁坏连接中的某一部分才能拆开的连接，常见的有铆接、焊接和胶接等。另外，还有一种可做成可拆或不可拆的过盈配合连接，在机器中也常使用。

螺纹连接是利用螺纹紧固件和被连接件构成的一种可拆连接。这种连接方式具有结构简单、形式多样、工作可靠、装拆方便、互换性强、成本低、应用广泛等优点。其缺点是螺纹零件有较大的应力集中，在变载荷作用下容易发生疲劳断裂。各类螺纹及连接件多数均已形成系列并制定了国家标准，而且由专业化生产的标准件厂制造，所以产品质量高、生产率高、能够大量生产，供各部门使用。本章主要讨论螺纹连接的类型、结构以及设计计算等问题。

9.1 螺纹

9.1.1 螺纹及螺纹的主要参数

(1) 螺纹的形成

螺纹是螺纹连接的基本要素，将底边长为 πd_2 的直角三角形绕于直径为 d_2 的圆柱体上，其斜边即在圆柱体上形成螺旋线，使通过圆柱体轴线的平面牙形沿螺旋线运动，其在空间形成的螺旋体即为螺纹。

(2) 螺纹的主要参数

下面以广泛应用的圆柱普通螺纹为例来说明螺纹的主要参数。如图 9-1 (a) 所示。圆柱螺纹的主要参数有：大径、小径、中径、线数、螺距、导程、螺纹升角、牙型角、牙型半角、螺纹接触高度、旋向等。

① 大径 d　与外螺纹牙顶或内螺纹牙底相重合的假想圆柱面的直径，亦称为公称直径(管螺纹除外，英制螺纹另有一个参数，即沿螺纹轴线每英寸长度上的螺纹牙数 i，它是螺距的倒数)。即螺纹的最大直径。

② 小径 d_1　与外螺纹牙底或内螺纹牙顶相重合的假想圆柱面的直径，在强度计算中常用作危险剖面的计算直径。

③ 中径 d_2　螺纹的牙厚与牙间宽相等处的圆柱直径。近似 $d_2 \approx (d_1 + d)/2$，中径是确定几何参数和配合性质的直径。

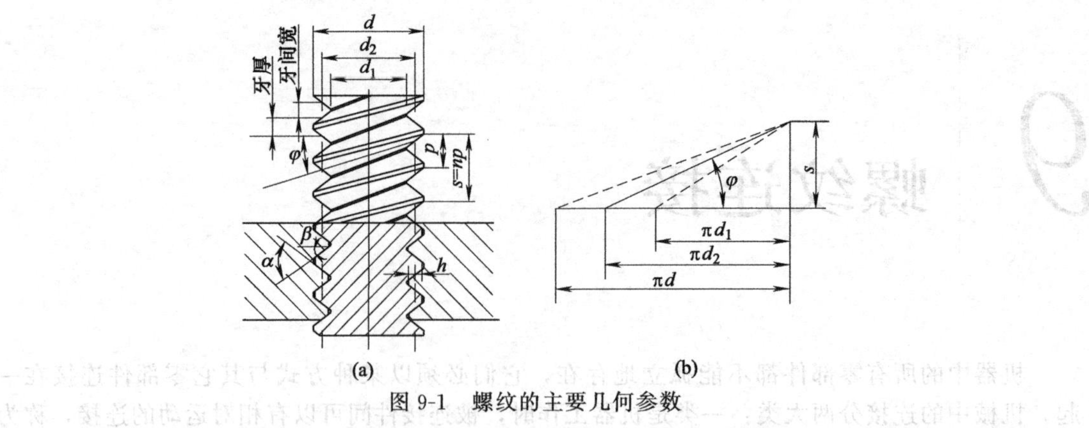

图 9-1 螺纹的主要几何参数

④ 线数 n 螺纹的螺旋线数目。沿一根螺旋线形成的螺纹称为单线螺纹；沿两根及两根以上的等距螺旋线形成的螺纹称为多线螺纹。单线螺纹有自锁性，多线螺纹传动效率高。为了便于制造，一般用线数 $n\leqslant 4$。

⑤ 螺距 p 螺纹相邻两牙型上对应点间的轴向距离。

⑥ 导程 S 在同一条螺旋线上相邻两牙型上所对应两点间的轴向距离，$S=np$。

⑦ 螺纹升角 φ 在中径圆柱上螺旋线的切线与垂直于螺纹轴线的平面间的夹角，将其展开如图 9-1（b）。计算式为：

$$\varphi=\arctan\frac{S}{\pi d_2}=\arctan\frac{np}{\pi d_2} \tag{9-1}$$

⑧ 牙型角 α 轴向剖面内，螺纹牙型两侧边的夹角称为牙型角。螺纹牙型的侧边与螺纹轴线的垂线间的夹角称为牙型半角 β。对于三角形、梯形等对称牙型，牙型半角 $\beta=\alpha/2$。

⑨ 螺纹接触高度 h 两个相互配合螺纹的牙型上，牙侧重合部分在垂直于螺纹轴线方向上的距离。

⑩ 旋向 分为左旋螺纹和右旋螺纹。逆时针旋转时旋入的螺纹称为左旋螺纹，顺时针旋转时旋入的螺纹称为右旋螺纹。

(3) 螺纹副的受力关系、效率及自锁

由于拧紧（或松开）螺纹副的过程相当于一水平力推动一重物沿斜面匀速上升（或下降）的过程。因此可推出拧紧时螺纹副的受力关系、效率及自锁公式如下：

$$F_t=F\tan(\varphi+\varphi_v) \tag{9-2}$$

$$\eta=\frac{\tan\varphi}{\tan(\varphi+\varphi_v)} \tag{9-3}$$

自锁条件

$$\varphi\leqslant\varphi_v \tag{9-4}$$

式中 F_t——圆周力，N；

F——轴向力，N；

φ——螺纹升角，(°)；

φ_v——当量摩擦角，(°)。

9.1.2 螺纹分类、特点和应用

(1) 螺纹的分类

螺纹按所在位置分为内螺纹和外螺纹，二者共同组成螺旋副用于连接或传动。根据螺纹的母体形状，可分为圆柱螺纹和圆锥螺纹。根据螺纹的牙型，可分为三角形螺纹、矩形螺纹、梯

形螺纹和锯齿形螺纹。三角形螺纹主要用于连接，而矩形、梯形和锯齿形螺纹主要用于传动，其中除矩形螺纹外均已标准化。标准螺纹的基本尺寸可查阅有关标准。根据螺纹螺旋线方向又分为左旋和右旋螺纹，最常用的是右旋螺纹。按螺纹线的数目又可分为单线、双线和多线螺纹。单线螺纹主要用于连接，多线螺纹主要用于传动。普通螺纹是牙型角 $\alpha=60°$ 的三角形米制圆柱螺纹，用于紧固连接，又分粗牙和细牙两种，其中粗牙螺纹应用最广。

(2) 常用螺纹

常用螺纹有多种，按其用途可分为以下两大类。

① 连接螺纹　连接螺纹的牙形为三角形如图 9-2 所示，其特点是当量摩擦角大、自锁性较好、强度高，常用的种类有普通螺纹、管螺纹等。

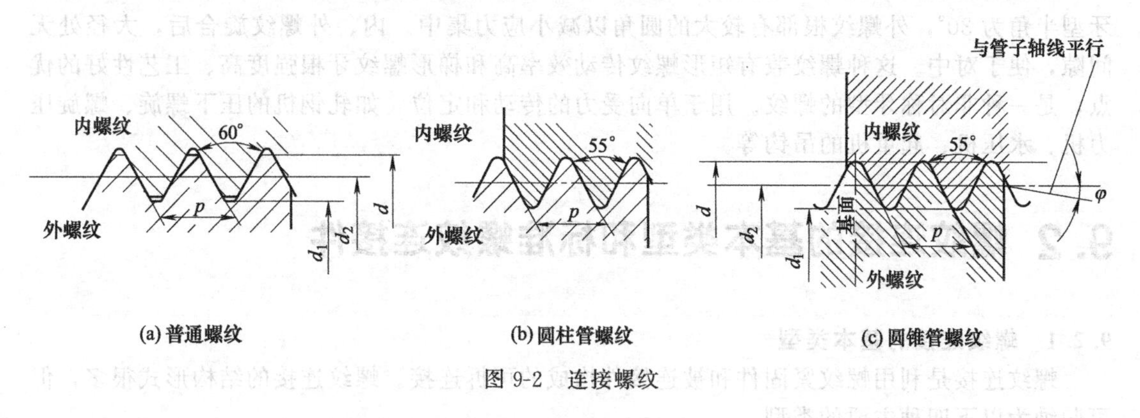

(a) 普通螺纹　(b) 圆柱管螺纹　(c) 圆锥管螺纹

图 9-2　连接螺纹

普通螺纹［图 9-2（a）］的牙型角 α 为 60°，用途最多。内、外螺纹旋合后留有径向间隙。对同一公称直径的普通螺纹，按螺距大小的不同分为粗牙普通螺纹与细牙普通螺纹。普通螺纹主要用于紧固连接。细牙螺纹螺距小、升角小、自锁性更好、强度高，但不耐磨，容易滑扣。细牙普通螺纹常用于切制粗牙螺纹对强度影响较大的零件（如轴、管状零件）或受冲击振动和变载荷的连接中，也可用作微调机构的调节螺纹。一般连接多用粗牙螺纹。粗牙螺纹的直径和螺距的比例适中，强度好，应用最为广泛。

管螺纹的牙型角 α 为 55°。牙顶和牙底均为圆弧形，牙顶有较大的圆角，内、外螺纹旋合后无径向间隙，以保证旋合的紧密性。管螺纹可分为圆柱管螺纹［图 9-2（b）］和圆锥管螺纹［图 9-2（c）］，最常用的是圆柱管螺纹，但圆锥管螺纹可制成自密封管螺纹，不用任何填料而靠牙的变形来保证螺纹副的密封性。管螺纹一般用于管道连接。

② 传动螺纹　与连接螺纹相比，传动螺纹的牙型角 α 较小，因此其传动效率较高。按牙型的不同，传动螺纹的种类有矩形螺纹、梯形螺纹和锯齿形螺纹（图 9-3）。内、外螺纹旋合后留有径向间隙。

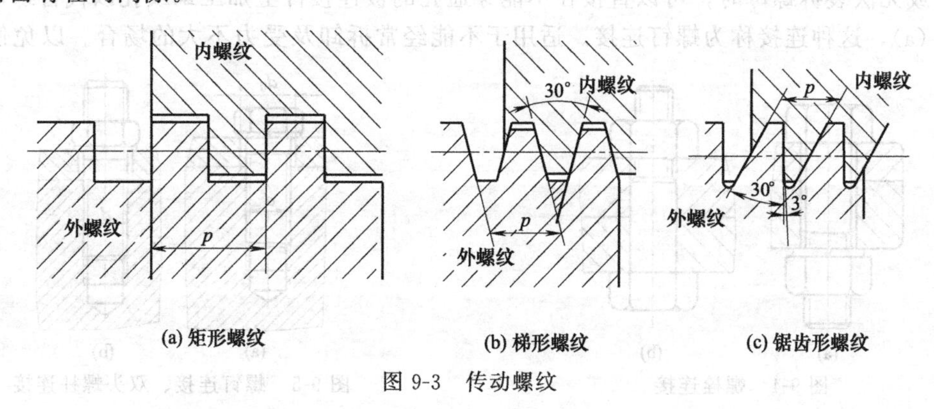

(a) 矩形螺纹　(b) 梯形螺纹　(c) 锯齿形螺纹

图 9-3　传动螺纹

矩形螺纹的牙型为正方形［图 9-3（a）］，也称方形螺纹，牙厚为螺距的一半，牙型角 α 为 0°。其传动效率较其它螺纹都高，但牙根强度弱、对中性不好，螺纹磨损后间隙难以补偿，使传动精度降低，曾用于力的传递或传导螺旋，如千斤顶、小型压力机等。目前仅用于对传动效率有较高要求的机件，已逐渐被梯形螺纹所代替。

梯形螺纹的牙型为等腰梯形［图 9-3（b）］，牙型角 α 为 30°。与矩形螺纹相比，梯形螺纹的传动效率略低，但其工艺性好、牙根强度高、对中性好。如用剖分螺母，磨损后还可以调整间隙，梯形螺纹广泛应用于各种传动和大尺寸机件的紧固连接，常用于传动螺旋，刀架丝杠等。

锯齿形螺纹的牙型为不等腰梯形［图 9-3（c）］，其工作面牙型半角 β 为 3°，非工作面牙型半角为 30°，外螺纹根部有较大的圆角以减小应力集中。内、外螺纹旋合后，大径处无间隙，便于对中。这种螺纹兼有矩形螺纹传动效率高和梯形螺纹牙根强度高、工艺性好的优点，是一种非对称牙型的螺纹。用于单向受力的传动和定位，如轧钢机的压下螺旋、螺旋压力机、水压机、起重机的吊钩等。

9.2 螺纹连接的基本类型和标准螺纹连接件

9.2.1 螺纹连接的基本类型

螺纹连接是利用螺纹紧固件和被连接件构成的可拆连接。螺纹连接的结构形式很多，但可归纳为以下四种主要的类型。

（1）螺栓连接

螺栓连接是用螺栓和螺母将被连接件连接起来。螺栓连接按其受力状况不同分为受拉螺栓连接和受剪螺栓连接，其结构有所不同。前者称为普通螺栓连接，这种连接通常用于连接两个不太厚的零件，其结构形式如图 9-4（a）所示。由于无需在被连接件的孔上切制螺纹，且不受被连接件材料的限制，在被连接件上的通孔和螺栓杆间有间隙，通孔的加工精度要求较低，因加工和装拆方便，损坏后容易更换，故应用广泛。

受剪螺栓连接称为铰制孔用螺栓连接，其特点是孔和螺栓之间采用基孔制过渡配合（H7/m6，H7/n6）如图 9-4（b），这种连接能精确固定被连接件的相对位置。铰制孔用螺栓连接，用以承受横向载荷，此时孔的加工精度要求较高，常采用配钻、铰加工。这种连接一般用于承受横向载荷或精确固定被连接件相对位置的场合。

（2）螺钉连接

当被连接件之一受结构限制，不能在其上穿通孔、或希望结构紧凑、或希望有光整的外露表面或无法装拆螺母时，可以直接在不能穿通孔的被连接件上加工螺纹孔以代替螺母，如图 9-5（a），这种连接称为螺钉连接。适用于不能经常拆卸及受力不大的场合。以免使螺纹

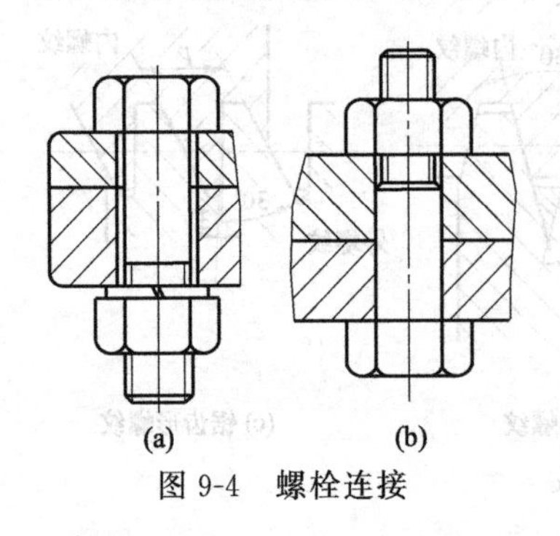

图 9-4　螺栓连接

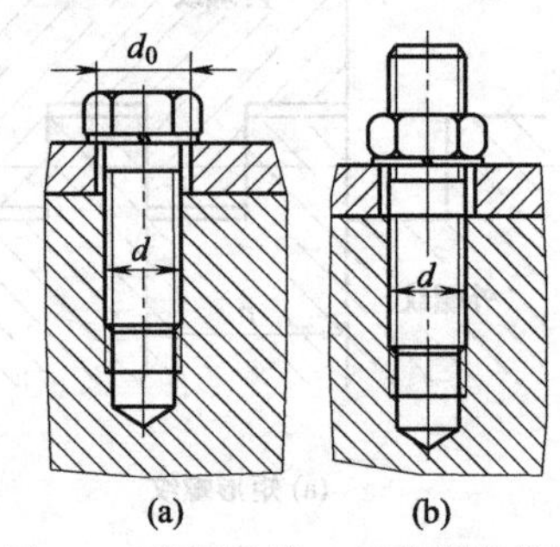

图 9-5　螺钉连接、双头螺柱连接

磨损，导致报废。

(3) 双头螺柱连接

在需要用螺钉连接的结构并且连接又需要经常拆卸或用螺钉无法安装时，则需用双头螺柱连接，双头螺柱的两端均有螺纹，其一端紧固地旋入被连接件的螺纹孔内，另一端与螺母旋合而将两被连接件连接成一体，如图 9-5 (b) 所示。拆卸时只需旋下螺母而不必拆下双头螺柱，可避免较厚被连接件上的螺纹孔损坏。

(4) 紧定螺钉连接

如图 9-6 所示，紧定螺钉连接是利用拧入一零件螺纹孔中的紧定螺钉的末端顶紧另一被连接件的表面 [图 9-6 (a)] 或顶入相应的凹坑中 [图 9-6 (b)]，以固定两个被连接零件的相对位置，可传递不大的力或转矩。此种连接结构简单，有的可任意改变被连接件在轴向或周向的位置，便于调整。

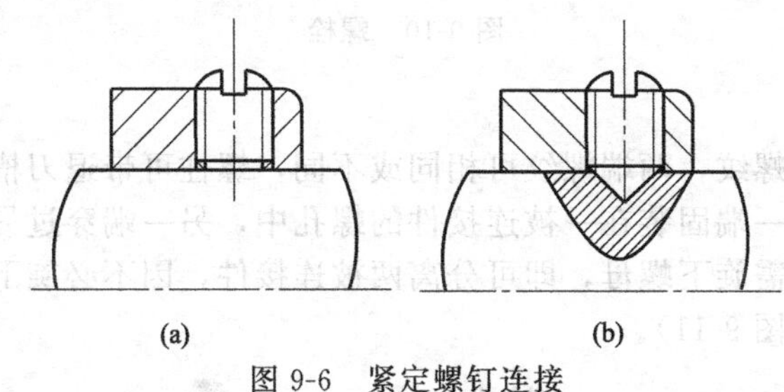

图 9-6 紧定螺钉连接

(5) 其他螺纹连接

除上述四种基本螺纹连接形式外，还有一些特殊结构的连接。例如地脚螺栓连接（图 9-7），专门用于将机座或机架固定在地基上；T 形槽螺栓连接（图 9-9），用于工装设备中结构要求比较紧凑的地方；吊环螺栓连接（图 9-8），主要装在机器或大型零部件的顶盖或外壳上便于起吊用的。

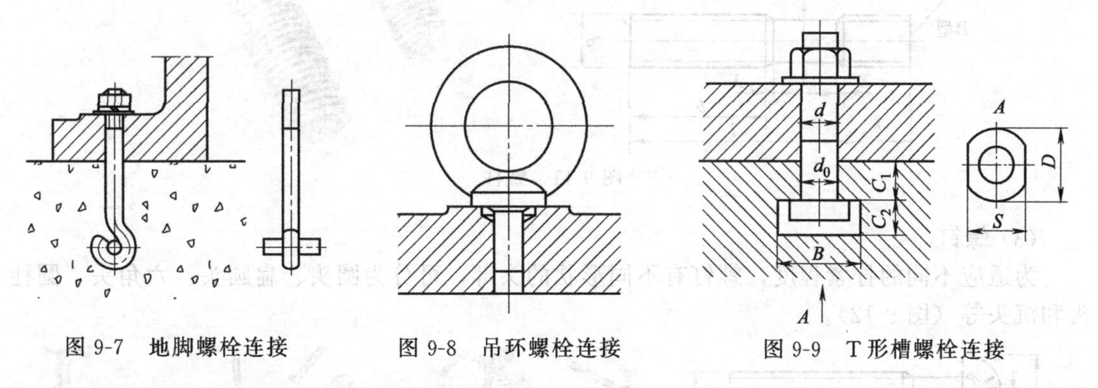

图 9-7 地脚螺栓连接　　图 9-8 吊环螺栓连接　　图 9-9 T 形槽螺栓连接

9.2.2 标准螺纹连接件

螺纹连接件的种类很多，在机械制造中常见的连接零件有螺栓、螺钉、双头螺柱、紧定螺钉、螺母、垫圈及防松零件等。这些零件的结构形式和尺寸均已标准化，它们的公称尺寸为螺纹大径 d。设计时，可根据不同使用条件选择螺纹连接件，再根据 d 的大小在相应的标准或设计手册中查出其他尺寸。

根据 GB 3103.1—2002 的规定，螺纹连接件的制造精度分为 A，B，C 三级。A 级精度最高，用于装配精确要求高的以及受冲击、振动或变载荷等的重要零件的连接；B 级精度多用于受载较大且经常拆卸、调整的连接；C 级精度多用于一般的螺纹连接（如常用螺栓、螺钉等连接件）。

（1）螺栓

螺栓的种类很多，应用很广，其头部有多种形式，最常用的是头部为六角形的六角头普通螺栓。螺栓精度分为A、B、C三级，通用机械制造中多用C级（图9-10）螺栓杆部可制出一段螺纹或全螺纹，螺纹可用粗牙或细牙（A、B级）。

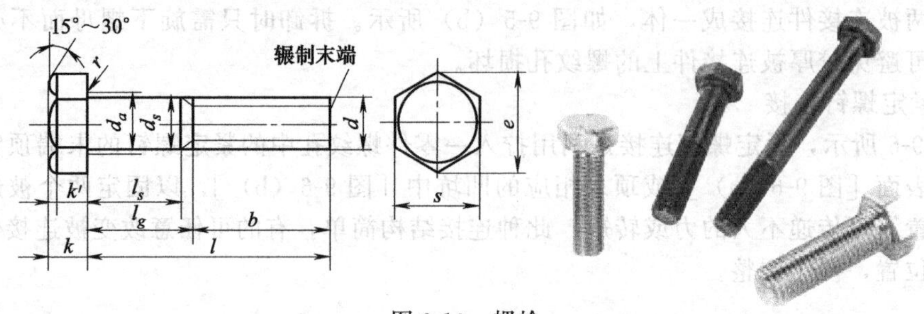

图9-10 螺栓

（2）螺柱

螺柱通常两端都有螺纹，两端螺纹可相同或不同，螺柱可带退刀槽或制成腰杆，也可制成全螺纹的螺柱。螺柱一端固装在一被连接件的螺孔中，另一端穿过另一被连接件的通孔后用螺母拧紧，拆卸时只需旋下螺母，即可分离两被连接件，因不必旋下螺柱，所以被连接件中的螺纹孔不易损坏（图9-11）。

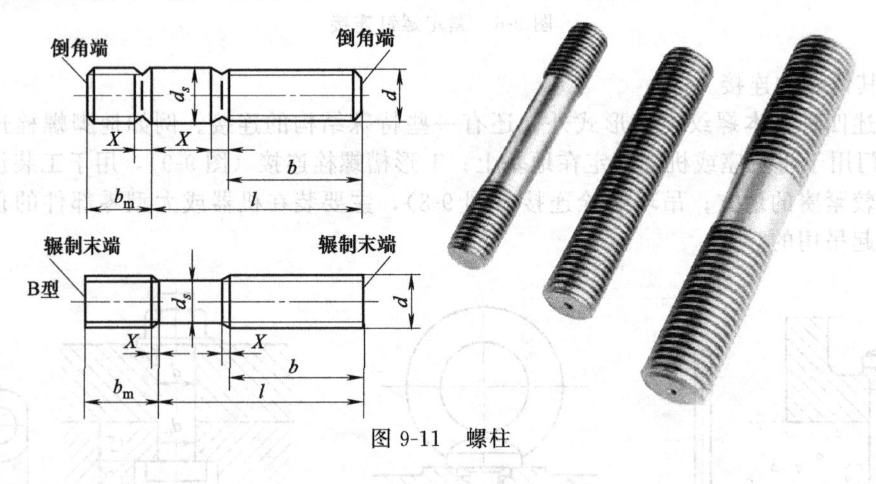

图9-11 螺柱

（3）螺钉

为适应不同的拧紧程度，螺钉有不同形状的头部，可分为圆头、扁圆头、六角头、圆柱头和沉头等（图9-12）。

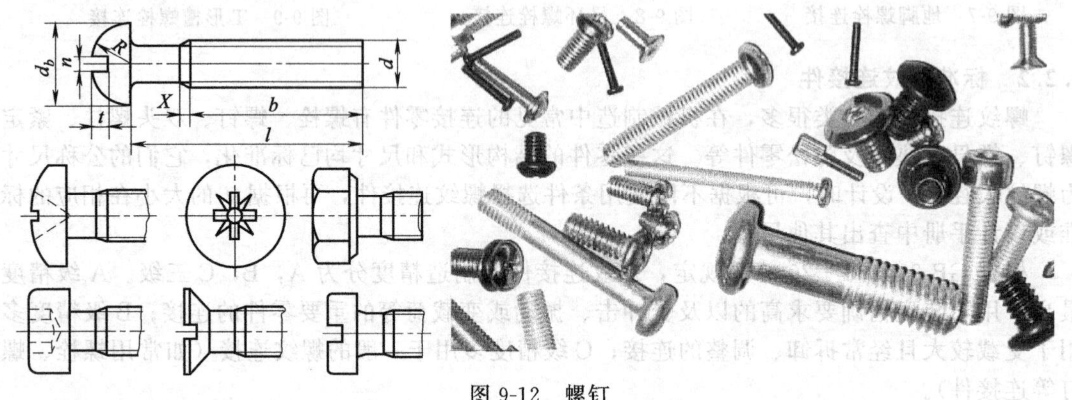

图9-12 螺钉

(4) 紧定螺钉

紧定螺钉有多种形式的末端以适应不同的使用场合。常用的有锥端、平端和圆柱端（图9-13）。

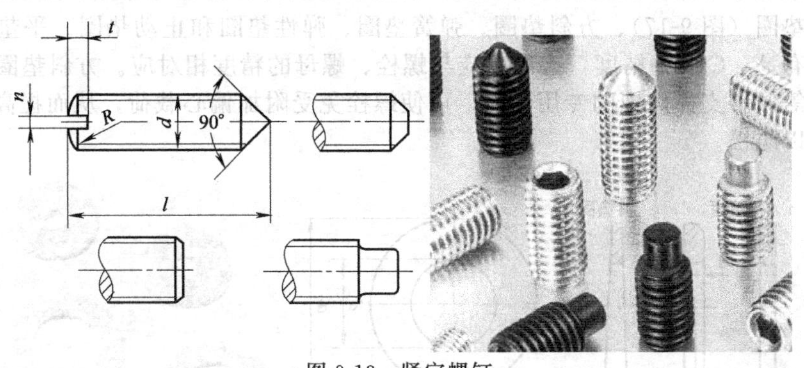

图 9-13 紧定螺钉

(5) 自攻螺钉

自攻螺钉头部形状有圆头、平头、半沉头及沉头等（图 9-14）。在被连接件上可不预先制出螺纹，在连接时利用螺钉直接攻出螺纹。

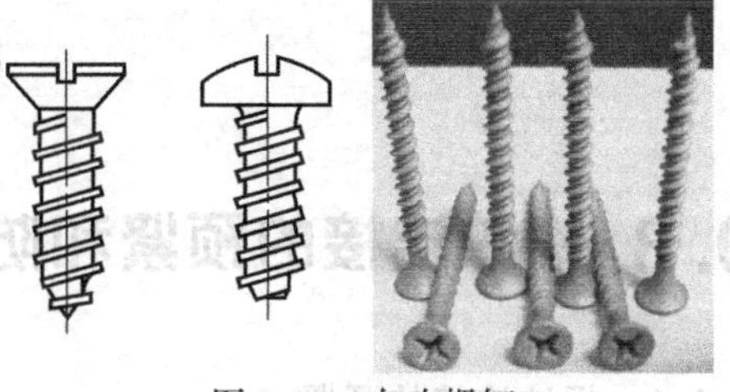

图 9-14 自攻螺钉

(6) 螺母

螺母有六角螺母（图 9-15）、六角开槽螺母、圆螺母（图 9-16）等。六角螺母按高度分正常、厚、薄三种，正常高度的应用最多。六角厚螺母用于装拆频繁处，六角薄螺母用于空间受限制的场合。六角开槽螺母（与开口销组合使用）可作防松装置。圆螺母主要用于轴上零件的轴向固定。

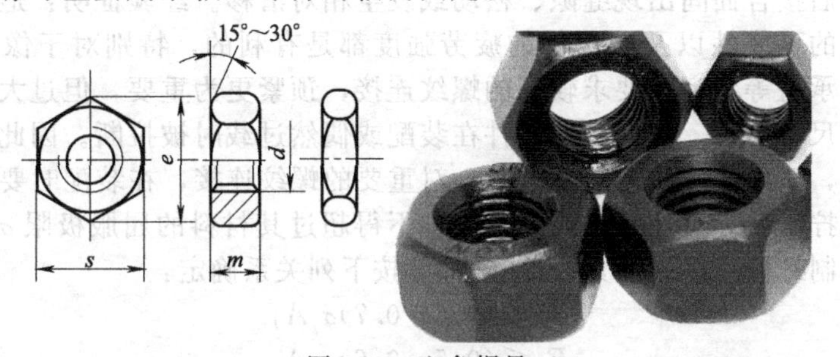

图 9-15 六角螺母

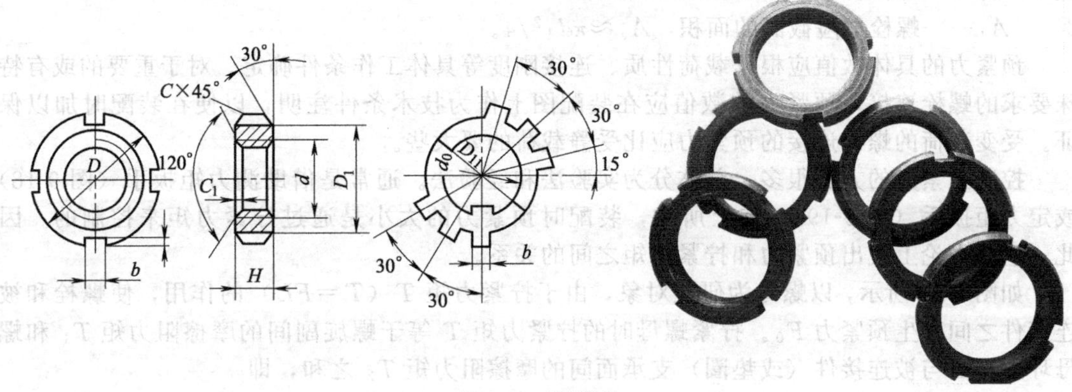

图 9-16 圆螺母

(7) 垫圈

垫圈具有增大螺母与被连接件间的支撑面积，减小压强，遮盖被连接件支撑表面的缺陷，避免拧紧螺母时擦伤被连接件的表面，消除偏心载荷和防松等作用。垫圈的类型很多，常见的有平垫圈（图 9-17）、方斜垫圈、弹簧垫圈、弹性垫圈和止动垫圈。平垫圈用以保护支撑表面，有 A、C 两种精度，选用时应与螺栓、螺母的精度相对应。方斜垫圈是供垫平槽钢、工字钢等倾斜支撑面用的专用垫圈，可使螺栓免受附加偏心载荷，从而提高强度。后三种垫圈均用以防松。

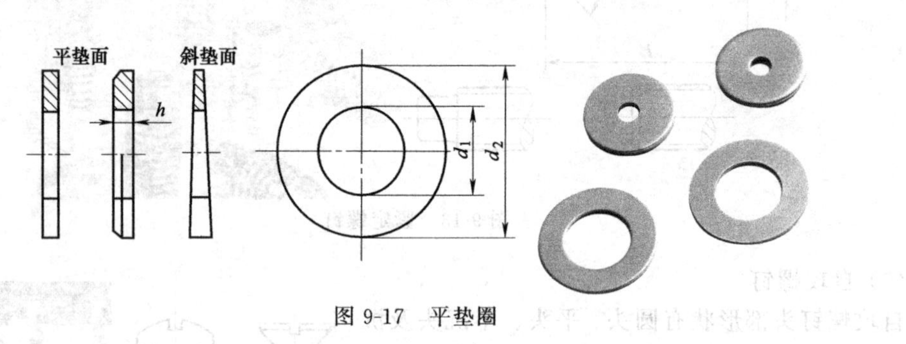

图 9-17 平垫圈

9.3 螺纹连接的预紧和防松

9.3.1 螺纹连接的预紧

螺纹连接中绝大多数在装配时都需要拧紧，在承受工作载荷之前，使连接预先受到力的作用。这个预加作用力称为预紧力，用 F_0 表示。预紧的目的在于增强连接的可靠性和紧密性，以防止受载后接合面间出现缝隙、松动或发生相对滑移。经验证明：适当选用较大的预紧力对螺纹连接的可靠性以及连接件的疲劳强度都是有利的，特别对于像汽缸盖、管路凸缘、齿轮箱、轴承盖等紧密性要求较高的螺纹连接，预紧更为重要，但过大的预紧力会导致整个连接的结构尺寸增大，也会使连接件在装配或偶然过载时被拉断。因此，为了保证连接所需要的预紧力，又不使螺纹连接件过载，对重要的螺纹连接，在装配时要控制预紧力。

通常规定，拧紧后螺纹连接件的预紧应力不得超过其材料的屈服极限 σ_s 的 80%。对于一般连接用的钢制螺栓连接的预紧力 F_0，推荐按下列关系确定：

碳素钢螺栓　　$F_0 \leqslant (0.6 \sim 0.7)\sigma_s A_1$

合金钢螺栓　　$F_0 \leqslant (0.5 \sim 0.6)\sigma_s A_1$

式中　σ_s——螺栓材料的屈服极限，MPa；

A_1——螺栓危险截面的面积，$A_1 \approx \pi d_1{}^2/4$。

预紧力的具体数值应根据载荷性质、连接刚度等具体工作条件确定。对于重要的或有特殊要求的螺栓连接，预紧力的数值应在装配图上作为技术条件注明，以便在装配时加以保证。受变载荷的螺栓连接的预紧力应比受静载荷的要大些。

控制预紧力的方法很多，总体分为实验法和经验法。通常是借助测力矩扳手（图 9-18）或定力矩扳手（图 9-19），如上所述，装配时预紧力的大小是通过拧紧力矩来控制的。因此，应从理论上找出预紧力和拧紧力矩之间的关系。

如图 9-20 所示，以螺母为研究对象，由于拧紧力矩 T（$T=FL$）的作用，使螺栓和被连接件之间产生预紧力 F_0。拧紧螺母时的拧紧力矩 T 等于螺旋副间的摩擦阻力矩 T_1 和螺母环形端面与被连接件（或垫圈）支承面间的摩擦阻力矩 T_2 之和，即

$$T = T_1 + T_2 \tag{9-5}$$

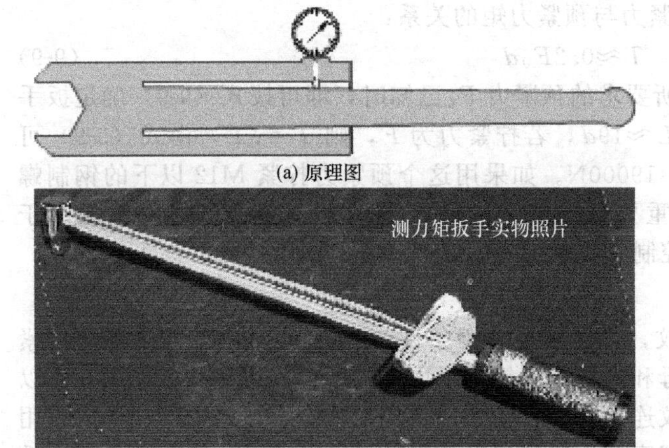

(a) 原理图

(b) 实物图

图 9-18 测力矩扳手

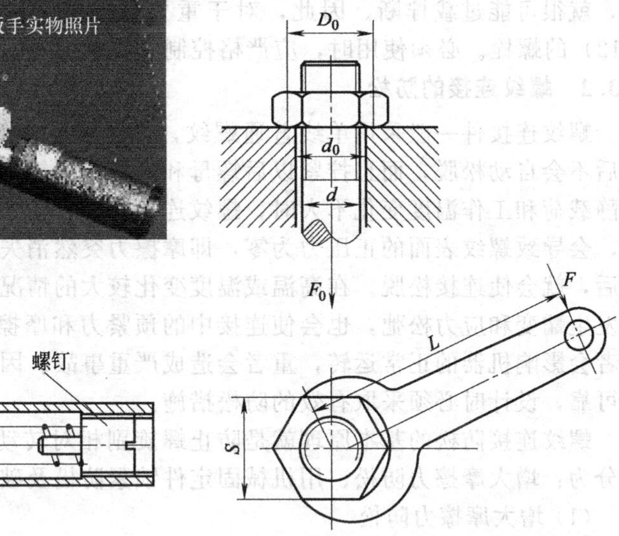

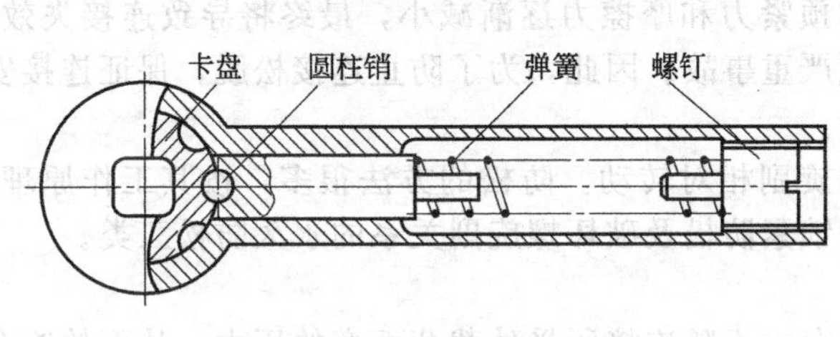

图 9-19 定力矩扳手

图 9-20 螺旋副的拧紧力矩

螺旋副间的摩擦力矩为

$$T_1=F_0\frac{d_2}{2}\tan(\varphi+\varphi_v) \tag{9-6}$$

螺母与支承面间的摩擦力矩为

$$T_2=\frac{1}{3}f_cF_0\frac{D_0^3-d_0^3}{D_0^2-d_0^2} \tag{9-7}$$

将式 (9-6)，式 (9-7) 代入式 (9-5) 得：

$$T=\frac{1}{2}F_0\left[d_2\tan(\varphi+\varphi_v)+\frac{2}{3}f_c\frac{D_0^3-d_0^3}{D_0^2-d_0^2}\right] \tag{9-8}$$

$$\varphi_v=\arctan f_v=\arctan\frac{f}{\cos\beta}$$

式中 f——螺旋副间摩擦系数，无润滑时 $f\approx0.1\sim0.2$；

f_c——螺母与支承面间的摩擦系数；

f_v——当量摩擦系数；

β——牙型半角，(°)；

φ——螺纹中径升角，(°)；

φ_v——螺旋副的当量摩擦角，(°)。

对于 M10～M64 粗牙普通螺纹的钢制螺栓，$\varphi=1°42'\sim3°2'$；$d_2\approx0.9d$；$\varphi_v\approx\arctan1.55f$；$f_c=0.15$；螺栓孔直径 $d_0\approx1.1d$；螺母环形支承面的外径 $D_0\approx1.9d$；将上

述各参数代入式（9-8）整理后可得预紧力与预紧力矩的关系：

$$T \approx 0.2F_0 d \tag{9-9}$$

对于一定公称直径 d 的螺栓，当所要求的预紧力 F_0 已知时，即可按式（9-9）确定扳手的拧紧力矩 T。一般标准扳手的长度 $L \approx 19d$，若拧紧力为 F，则 $T=FL$，由式（9-9）可得 $F_0 \approx 79F$。假定 $F=200$N，则 $F_0=19000$N。如果用这个预紧力拧紧 M12 以下的钢制螺栓，就很可能过载拧断。因此，对于重要的连接，应尽可能不采用直径过小（例如小于 M12）的螺栓。必须使用时，应严格控制其拧紧力矩。

9.3.2 螺纹连接的防松

螺纹连接件一般采用单线普通螺纹，都能满足自锁条件（$\varphi < \varphi_v$），似乎可以保证拧紧以后不会自动松脱，而且拧紧以后螺母和螺栓头部等支承面上的摩擦力也有防松作用，所以在静载荷和工作温度变化不大时，螺纹连接不会自动松脱。但在冲击、振动或变载荷的作用下，会导致螺纹表面的正压力为零，即摩擦力突然消失，打破自锁而松动，这种现象多次重复后，就会使连接松脱。在高温或温度变化较大的情况下，由于螺纹连接件和被连接件的材料发生蠕变和应力松弛，也会使连接中的预紧力和摩擦力逐渐减小，最终将导致连接失效，轻者会影响机器的正常运转，重者会造成严重事故。因此，为了防止连接松脱，保证连接安全可靠，设计时必须采取有效的防松措施。

螺纹连接防松的基本原理就是防止螺旋副相对转动。防松的方法很多，按其工作原理，可分为：增大摩擦力防松、用机械固定件锁紧防松及破坏螺旋副关系的永久防松三类。

（1）增大摩擦力防松

增大摩擦力防松的原理是使螺纹副中存在不随连接所受外载荷而变的压力，从而始终存在摩擦力以阻止相对转动，达到防松目的。常用的方法有弹簧垫圈、双螺母、自锁螺母等。

① 弹簧垫圈　如图9-21（a）所示，靠拧紧螺母把垫圈压平后产生的弹性反力来保持螺纹副间一定的附加摩擦力，同时，垫圈切口处的锐边顶住螺母及被连接件的支承面，也起防松作用。这种方法结构简单、使用方便。其缺点是使载荷向一侧偏移，在冲击振动下工作不太可靠，一般用于不太重要的连接。

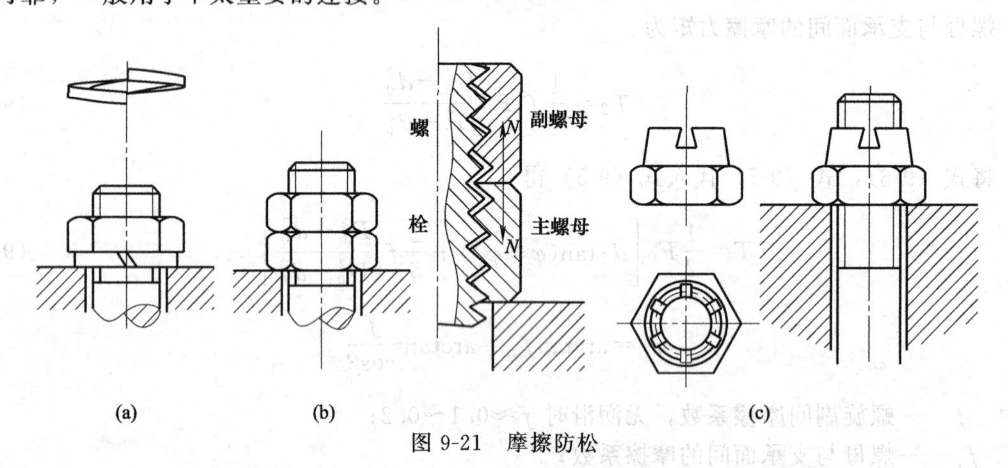

图 9-21　摩擦防松

② 双螺母　如图 9-21（b）所示，其两螺母对顶拧紧后，由于两螺母的相互作用力使旋合段的螺纹面上产生附加摩擦力，它们不受外载变化的影响，即使外载消失，该摩擦力依然存在。双螺母防松适用于低速、重载和载荷平稳的连接。

③自锁螺母　如图 9-21（c）所示，其一端开缝后径向收口。当拧紧螺母后收口胀开使螺纹副横向压紧。这种方法结构简单、工作可靠，可多次拆装而不降低防松性能，适用于较重要的连接。

(2) 用机械固定件锁紧防松

用机械固定件锁紧防松是采用专门的锁住螺纹副而阻止其相对运动，从而达到防止松动的目的。常用的种类有以下几种。

① 开口销与槽形螺母　如图 9-22 (a) 所示，将六角槽形螺母拧紧后，把开口销插入螺母槽与螺栓尾部孔内，并将开口销尾部掰开，防止螺母与螺栓相对转动。由于槽数少，栓杆销孔不易与螺母最佳锁紧位置时的槽口吻合，故装配困难。可用于冲击、载荷变化较大的场合。

② 止动垫圈　如图 9-22 (b) 所示，一边上弯贴在螺母的侧面上，另一边下弯贴紧在被连接件的侧面上。此法防松可靠，但只能用于连接部分有容纳弯耳的场合。

③ 圆螺母止动垫圈　如图 9-22 (c) 所示，将止动垫圈的内舌插入轴槽，拧紧螺母后将垫圈的外舌折入螺母的槽中，使螺母与轴不能相对转动。此法防松可靠，适用于轴上螺纹的防松。

④ 串联钢丝　如图 9-22 (d) 所示，将低碳钢丝穿入各螺钉头部的孔内，使其相互制约。但必须注意钢丝的穿绕方向，要促使螺钉旋紧。此法防松可靠，但装拆不便，仅适用于螺钉组连接。

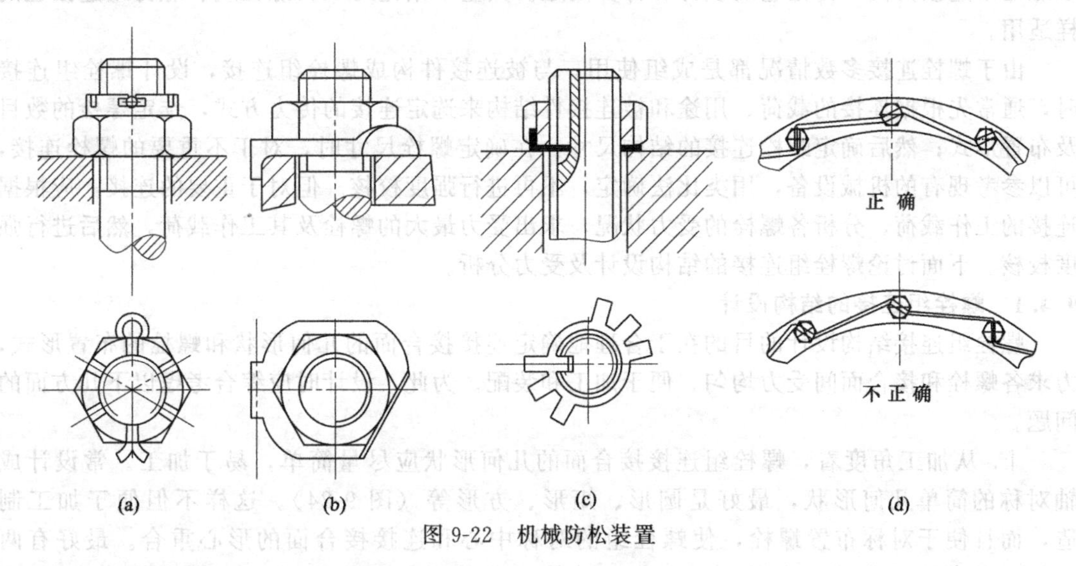

图 9-22　机械防松装置

(3) 破坏螺旋副关系的永久防松

如果连接很少被拆开，可以采用破坏螺纹副的关系来防松，常用的办法有冲点法、端焊法、黏结法和铆接法等。

① 冲点法［图 9-23 (a)］　是将螺母拧紧后，利用冲头在螺栓尾部与螺母旋合的末端打冲，这种防松方法可靠，适用于不需拆卸的连接。

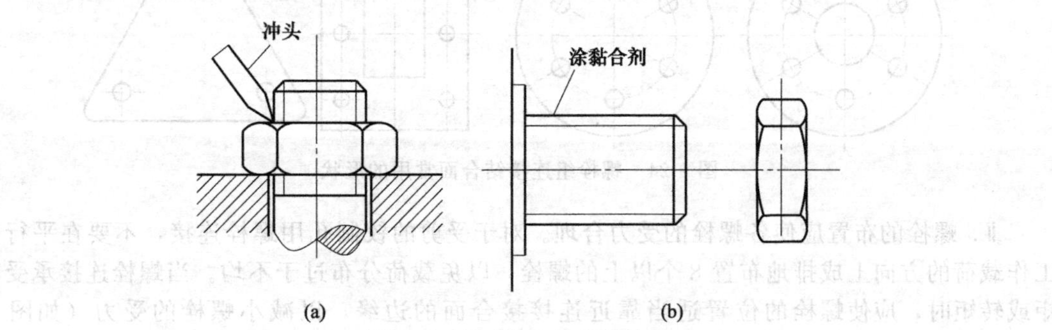

图 9-23　冲点法、黏结法防松

② 端焊法　是将螺栓尾部与螺母焊在一起，其防松可靠、不能拆卸。

③ 黏结法［图 9-23（b)］是用黏合剂涂于螺纹旋合表面，拧紧螺母待黏合剂自行固化后，即黏结成一体。如用厌氧胶作黏合剂，拆卸时可通过加热到 200℃，使黏合剂失效后，进行拆卸。黏结法防松可靠，可用于有较大冲击振动及重要连接处。

④ 铆接法　是将螺栓杆末端外露长度为（1～1.9）P（螺距）部分，拧紧螺母后铆死，用于低强度螺栓，不拆卸的场合。此法防松可靠。

防松装置和防松方法有很多种，各有各的特点，同一连接常可用不同的方法防松，至于具体用什么防松方法可根据具体的工作情况和使用要求来确定。

9.4 螺栓组连接设计

机器的螺纹连接件一般都是成组使用的，其中以螺栓组连接最具有典型性，因此，下面以螺栓组连接为例，讨论它的设计和计算问题。其基本结论对双头螺柱组、螺钉组连接也同样适用。

由于螺栓连接多数情况都是成组使用，与被连接件构成螺栓组连接，设计螺栓组连接时，通常先根据连接的载荷、用途和被连接件结构来选定连接的传力方式，选定螺栓的数目及布置形式；然后确定螺栓连接的结构尺寸。在确定螺栓尺寸时，对于不重要的螺栓连接，可以参考现有的机械设备，用类比法确定，不再进行强度校核。但对于重要的连接，应根据连接的工作载荷，分析各螺栓的受力状况，求出受力最大的螺栓及其工作载荷，然后进行强度校核。下面讨论螺栓组连接的结构设计及受力分析。

9.4.1　螺栓组连接的结构设计

螺栓组连接结构设计的目的在于合理地确定连接接合面的几何形状和螺栓的布置形式，力求各螺栓和接合面间受力均匀，便于加工和装配。为此，设计时应综合考虑以下几方面的问题。

ⅰ. 从加工角度看，螺栓组连接接合面的几何形状应尽量简单，易于加工。常设计成轴对称的简单几何形状，最好是圆形、矩形、方形等（图 9-24）。这样不但便于加工制造，而且便于对称布置螺栓，使螺栓组的对称中心和连接接合面的形心重合。最好有两个相互垂直的对称轴，这样加工方便，计算也比较容易。通常采用环状或条状接合面，以便减少加工量、减少接合面不平的影响，同时可以增加连接刚度，从而保证连接接合面受力比较均匀。

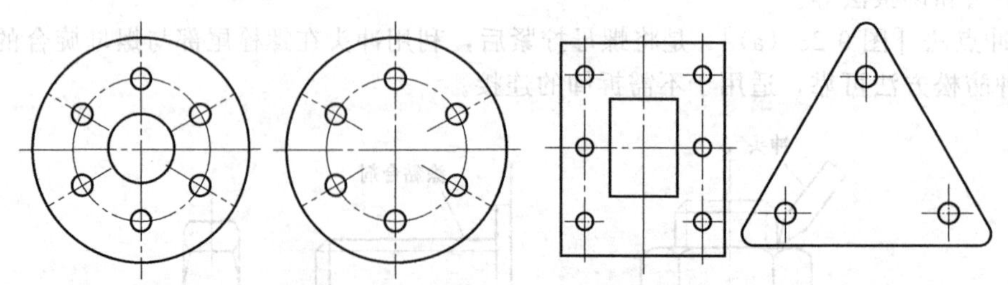

图 9-24　螺栓组连接结合面常用的形状

ⅱ. 螺栓的布置应使各螺栓的受力合理。对于受剪的铰制孔用螺栓连接，不要在平行于工作载荷的方向上成排地布置 8 个以上的螺栓，以免载荷分布过于不均。当螺栓连接承受弯矩或转矩时，应使螺栓的位置适当靠近连接接合面的边缘，以减小螺栓的受力（如图 9-25）。如果同时承受轴向载荷和较大的横向载荷时，应采用销、套筒、键等抗剪零件来承受横向载荷，以减小螺栓的预紧力及尺寸。

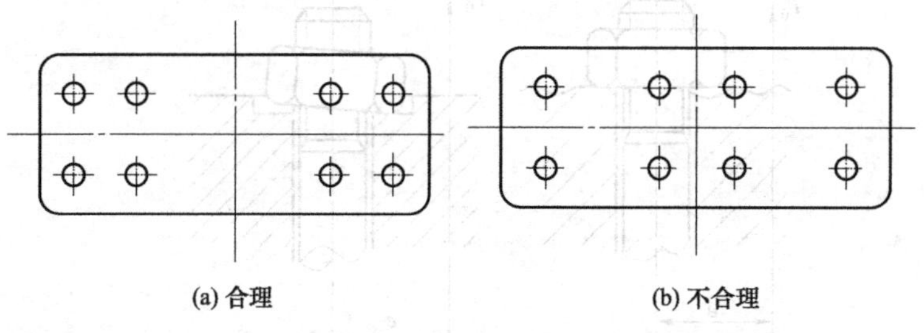

图 9-25　接合面受弯矩或转矩时螺栓的布置

ⅲ. 螺栓的排列应有合理的间距、边距。布置螺栓时，各螺栓轴线间以及螺栓轴线和机体壁间的最小距离，应根据扳手所需活动空间的大小来决定。扳手空间的尺寸（图 9-26）可查阅有关标准。对于压力容器等紧密性要求较高的重要连接，螺栓的间距 t_0 不得大于表 9-1 所推荐的数值。

表 9-1　螺栓连接的螺栓间距

	工作压力/MPa					
	≤1.6	>1.6～4	>4～10	>10～16	>16～20	>20～30
	t_0/mm					
	$7d$	$5.5d$	$4.5d$	$4d$	$3.5d$	$3d$

注：表中 d 为螺纹公称直径。

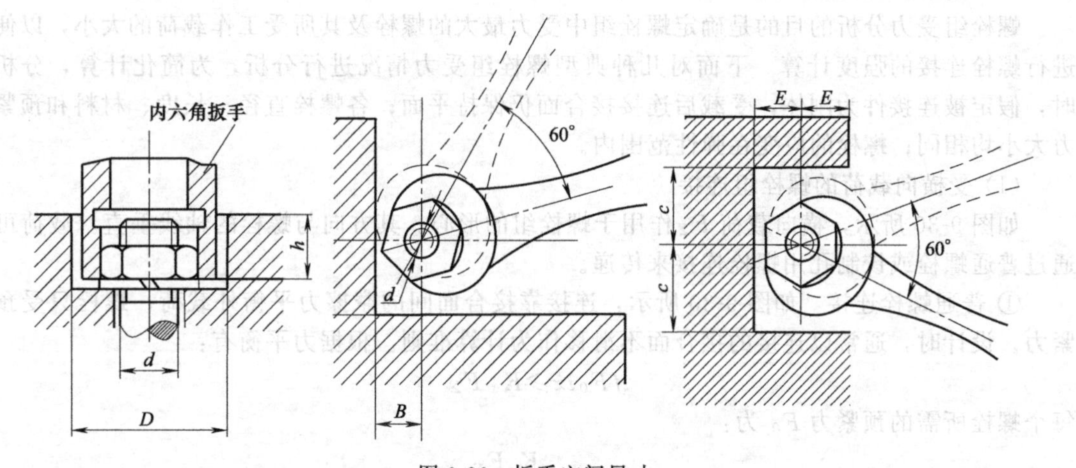

图 9-26　扳手空间尺寸

ⅳ. 分布在同一圆周上的螺栓数目，应取成 4、6、8 等偶数，以便钻孔时在圆周上分度和画线。同一螺栓组中螺栓的材料、直径和长度均应相同。

ⅴ. 避免螺栓承受偏心载荷。导致螺栓承受偏心载荷的原因如图 9-27 所示。除了要在结构上设法保证载荷不偏心外，还应在工艺上保证被连接件上螺母和螺栓头的支承面平整，并与螺栓轴线相垂直。对于铸锻件等粗糙表面上安装螺栓时，应制成凸台［图 9-28（a）］或沉头座［图 9-28（b）］。当支承面为倾斜面时，应采用斜垫圈（图 9-29）。除以上各点

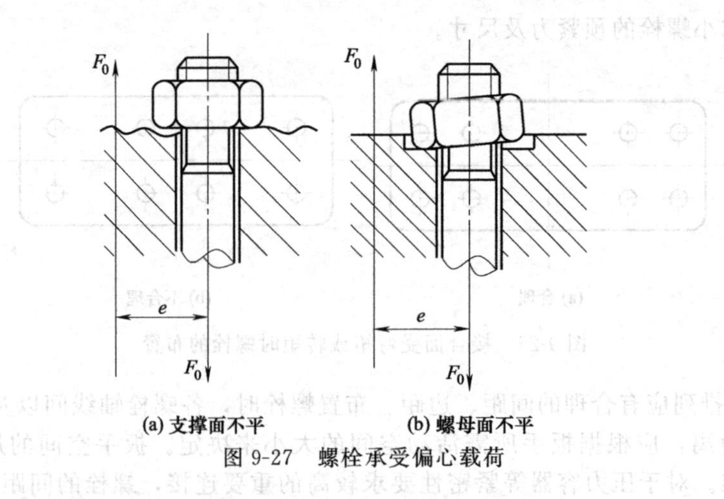

(a) 支撑面不平　(b) 螺母面不平

图 9-27　螺栓承受偏心载荷

外，还应根据工作条件合理选择螺栓的防松装置。

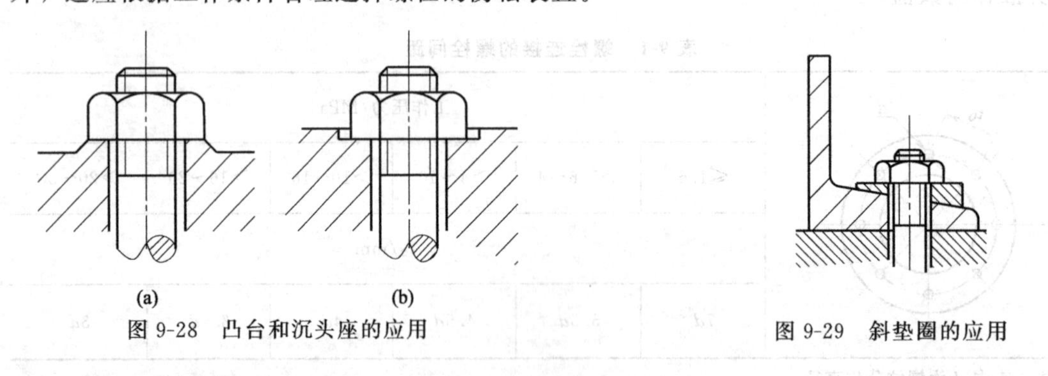

图 9-28　凸台和沉头座的应用　　图 9-29　斜垫圈的应用

9.4.2　螺栓组连接受力分析

螺栓组受力分析的目的是确定螺栓组中受力最大的螺栓及其所受工作载荷的大小，以便进行螺栓连接的强度计算。下面对几种典型螺栓组受力情况进行分析，为简化计算，分析时，假定被连接件为刚体，受载后连接接合面仍保持平面；各螺栓直径、长度、材料和预紧力大小均相同；螺栓的应变在弹性范围内。

(1) 受横向载荷的螺栓组连接

如图 9-30 所示，横向载荷 F_Σ 作用于螺栓组的形心。其方向与螺栓的轴线垂直。载荷可通过普通螺栓或铰制孔用螺栓连接来传递。

① 普通螺栓连接　如图 9-30 所示，连接靠接合面间的摩擦力平衡外载荷，螺栓只受预紧力。设计时，通常以连接的接合面不滑移作为计算准则。根据力平衡有：

$$fF_0 iz \geqslant K_s F_\Sigma$$

每个螺栓所需的预紧力 F_0 为：

$$F_0 \geqslant \frac{K_s F_\Sigma}{fzi} \tag{9-10}$$

式中 f——接合面间摩擦系数，参见表 9-2；

i——接合面对数（图 9-30 中，$i=2$）；

K_s——考虑摩擦系数不稳定及靠摩擦传力有时不可靠而引入的可靠性系数，通常取 $K_s=1.1\sim1.3$；

z——螺栓数量。

由式 (9-10) 求得的预紧力 F_0 即为每个螺栓所受的轴向载荷。

表 9-2　连接接合面间的摩擦系数 f

被连接件	接合面的表面状态	摩擦系数 f
钢或铸铁零件	有油的机加工表面	0.06～0.10
	干燥的机加工表面	0.10～0.16
钢结构件	轧制、经钢丝刷清理浮锈	0.30～0.39
	涂敷锌漆	0.39～0.40
	经喷砂处理	0.49～0.99
铸铁对砖料、混凝土或木料	干燥表面	0.40～0.49

② 铰制孔用螺栓连接　如图 9-31 所示，靠螺栓杆受剪切和螺栓与被连接件孔表面间的挤压来平衡外载荷 F_Σ。由于这种形式的连接受的预紧力很小，所以计算时忽略了预紧力和摩擦力矩的影响。假设被连接件为刚体，则各螺栓所受的剪力相等，根据力的平衡条件有

$$iFz=F_\Sigma$$

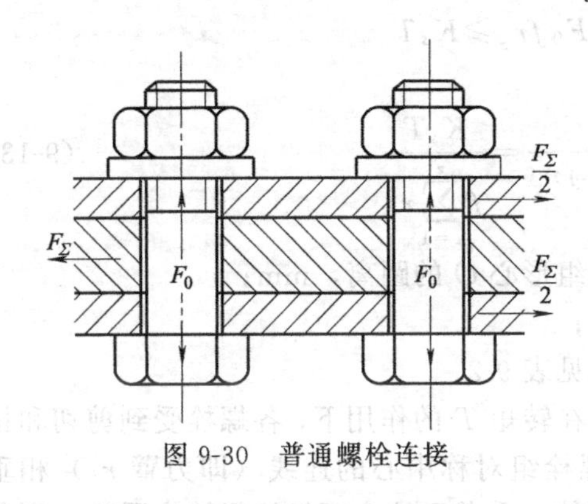

图 9-30　普通螺栓连接

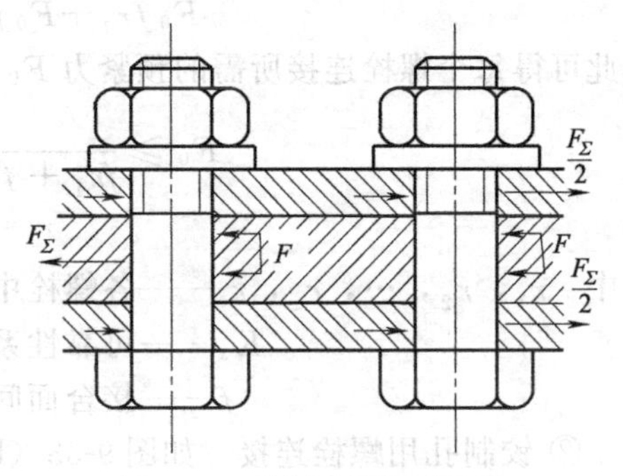

图 9-31　铰制孔用螺栓连接

每个螺栓连接所受的横向工作载荷为

$$F=\frac{F_\Sigma}{iz} \tag{9-11}$$

式中　F——每个螺栓上所受剪力，N。

(2) 受轴向载荷 F_Σ 的螺栓组连接

图 9-32 为汽缸盖螺栓组连接，外载荷 F_Σ 通过螺栓组中心，其方向与各螺栓中心线平行。由于螺栓均匀分布，所以每个螺栓所分担的轴向工作载荷 F 相等，设螺栓数目为 z，则

$$F=\frac{F_\Sigma}{z} \tag{9-12}$$

式中　z——螺栓数量；

F_Σ——螺栓组受的轴向工作载荷，N。

(3) 受转矩 T 作用

如图 9-33 所示为一机座的螺栓组连接，在转矩 T 的作用下，底板有绕通过螺栓组中心 O 并与接合面垂直的轴线回转的趋势，使每个螺栓连接都受有横向力。其传力方式和受横向载荷的螺栓组连接相同。为防止转动，可用普通螺栓［图 9-33 (a)］靠摩擦力来阻止转动，也可用铰制孔用螺栓连接［图 9-33 (b)］来防止转动。

① 普通螺栓连接　如图 9-33 (a) 所示，假设各螺栓的预紧力均为 F_0，则各螺栓连接处产生的摩擦力均相

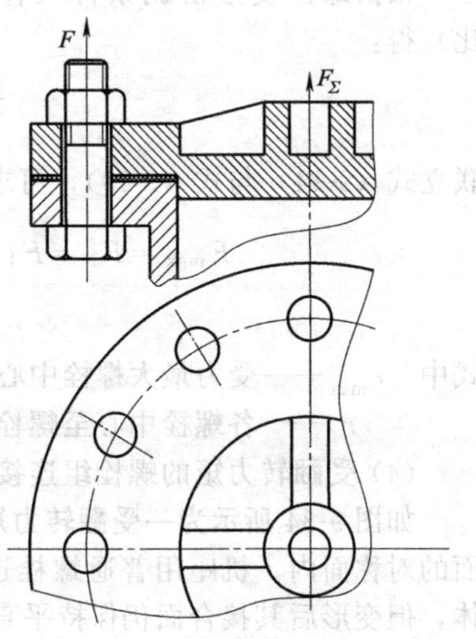

图 9-32　受轴向载荷的螺栓组连接

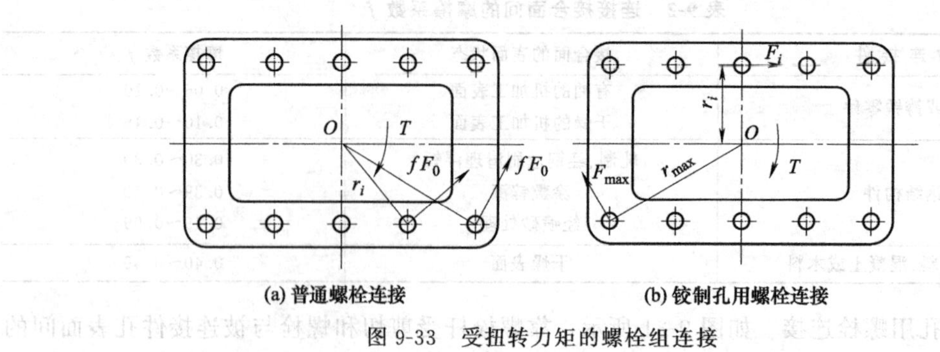

图 9-33 受扭转力矩的螺栓组连接

同，并集中作用在螺栓中心处，与螺栓中心至底板旋转中心 O 的连线垂直，根据底板上各力矩平衡条件得：

$$F_0 f r_1 + F_0 f r_2 + \cdots + F_0 f r_z \geqslant K_s T$$

由此可得每个螺栓连接所需的预紧力 F_0 为：

$$F_0 \geqslant \frac{K_s T}{f r_1 + f r_2 + \cdots + f r_z} = \frac{K_s T}{f \sum_{i=1}^{z} r_i} \tag{9-13}$$

式中 $r_1, r_2, \cdots, r_z, r_i$——各螺栓中心至螺栓组形心 O 的距离，mm；

K_s——可靠性系数，同前；

f——接合面间摩擦系数见表 9-2。

② 铰制孔用螺栓连接 如图 9-33（b）所示，在转矩 T 的作用下，各螺栓受到剪切和挤压作用，各螺栓所受的横向剪力和该螺栓轴线到螺栓组对称中心的连线（即力臂 r_i）相垂直，为求出工作剪力的大小，计算时假定底板为刚体，受载后接合面仍然保持为平面，则各螺栓的剪切变形量与各该螺栓轴线到螺栓组中心 O 的距离成正比，即距螺栓组对称中心越远，螺栓的剪切变形量越大，如果各螺栓的剪切刚度相同，则螺栓的剪切变形量越大时，其所受的工作剪力也越大。

各螺栓的工作剪力与其中心到底板旋转中心的连线垂直。根据底板的力矩平衡条件得：

$$F_1 r_1 + F_2 r_2 + \cdots + F_z r_z = T \tag{9-14}$$

根据螺栓变形协调条件（各螺栓的剪切变形与其中心到底板旋转中心的距离成正比）得：

$$\frac{F_1}{r_1} = \frac{F_2}{r_2} = \cdots = \frac{F_z}{r_z} = \frac{F_{max}}{r_{max}} \tag{9-15}$$

联立式（9-14）与式（9-19），可求得受力最大螺栓所受的工作剪力：

$$F_{max} = F_1 = F_4 = F_5 = F_8 = \frac{T r_1}{r_1^2 + r_2^2 + \cdots + r_8^2} = \frac{T r_{max}}{\sum_{i=1}^{z} r_i^2} \tag{9-16}$$

式中 r_{max}——受力最大螺栓中心至底板旋转中心的距离，mm；

r_i——各螺栓中心至螺栓组形心 O 的距离，mm。

(4) 受翻转力矩的螺栓组连接

如图 9-34 所示为一受翻转力矩 M 的螺栓组连接。M 作用在通过 x-x 轴线并垂直于接合面的对称面内。机座用普通螺栓连接在底板上。计算时假设底板为刚体，被连接件是弹性体，但变形后其接合面仍保持平直，预紧后在 M 作用下有绕 O-O 轴翻转的趋势。

拧紧后，工作前，螺栓受预紧力 F_0 作用，有均匀的伸长，地基在各螺栓预紧力 F_0 作用，有均匀的压缩。拧紧后，工作时，对称轴线左侧的螺栓被拉紧，轴向拉力和变形增大；而对称轴线右侧的螺栓被放松，使螺栓的预紧力和变形减小。对称轴线左侧的接合面被放松，压力减小；而对称轴线右侧的接合面被压紧，压力增大。

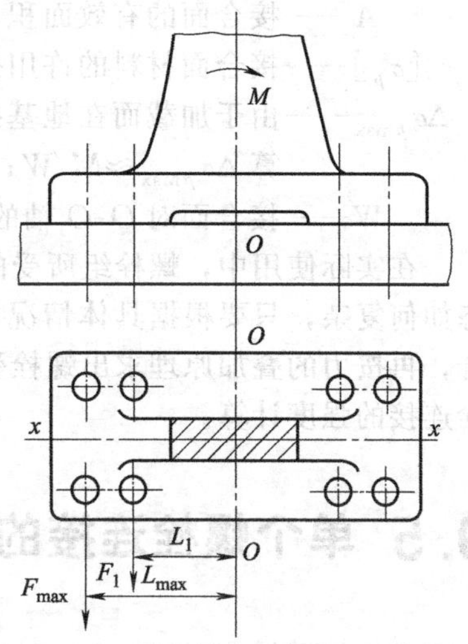

图 9-34 受翻转力矩的螺栓组连接

在底板上增加的力对对称轴线 O-O 的力矩正好与翻转力矩 M 平衡。由于对称性，作用在左侧螺栓上的工作载荷等于作用在右侧底板接合面上的工作载荷。设作用在各螺栓的工作载荷为 F_i（$i=1, 2, \cdots, z$）（它的反作用力作用在底板），根据底板静力平衡条件得：

$$F_1L_1+F_2L_2+\cdots+F_zL_z=\sum_{i=1}^{z}F_iL_i=M \quad (9\text{-}17)$$

根据变形协调条件可知，各螺栓的拉伸变形增量与它到底板对称轴线 O-O 的距离 L_i 成正比，因此，由于翻转力矩 M 的作用，各螺栓的所受工作拉力的大小也与其到底板对称轴线 O-O 的距离 L_i 成正比，即

$$\frac{F_1}{L_1}=\frac{F_2}{L_2}=\cdots=\frac{F_z}{L_z}=\frac{F_{\max}}{L_{\max}} \quad (9\text{-}18)$$

联立式 (9-17) 和式 (9-18) 解得每个螺栓所受的工作拉力 F_i，其中受力最大的螺栓为距对称轴线最远的螺栓，其工作拉力为：

$$F_{\max}=\frac{ML_{\max}}{\sum_{i=1}^{z}L_i^2} \quad (9\text{-}19)$$

式中 $F_{\max}$——螺栓所受的最大工作载荷，N；

L_i——各螺栓轴线到对称轴线 O-O 的距离，mm；

$L_{\max}$——L_i 中的最大值，mm。

受翻转力矩 M 的螺栓组连接除要求螺栓有足够的强度外，还应保证接合面既不出现缝隙也不被压溃。因此，应使受载后地基接合面挤压应力的最大值不超过底板与地基两者中最弱材料的许用值（见表 9-3）；最小值不小于零（或规定值）。因此，接合面右端应满足

$$\sigma_{p\max}=\sigma_p+\Delta\sigma_{p\max}\leqslant[\sigma_p] \quad (9\text{-}20)$$

$$\sigma_{p\max}\approx\frac{zF_0}{A}+\frac{M}{W}\leqslant[\sigma_p] \quad (9\text{-}21)$$

表 9-3 连接接合面材料的许用挤压应力 $[\sigma_p]$

接合面材料	钢	铸铁	混凝土	砖(水泥浆缝)	木材
$[\sigma_p]$/MPa	$0.8\sigma_s$	$(0.4\sim0.9)\sigma_b$	2.0～3.0	1.5～2.0	2.0～4.0

注：1. σ_s 为材料屈服极限，σ_b 为材料强度极限，单位为 MPa。

2. 当连接接合面的材料不同时应按照强度较弱者选取。

3. 连接承受静载荷时，$[\sigma_p]$ 应取表中较大值；承受变载荷时，则应取较小值。

接合面左端应满足

$$\sigma_{p\min}=\sigma_p-\Delta\sigma_{p\max}>0 \quad (9\text{-}22)$$

$$\sigma_{p\min}\approx\frac{zF_0}{A}-\frac{M}{W}>0 \quad (9\text{-}23)$$

式中 σ_p——接合面在受载前由于预紧力而产生的挤压应力，$\sigma_p=zF_0/A$，MPa；

A——接合面的有效面积，mm^2；

$[\sigma_p]$——接合面材料的许用挤压应力值见表 9-3，MPa；

$\Delta\sigma_{p\max}$——由于加载而在地基接合面上产生的附加挤压应力的最大值，可按下式近似计算 $\Delta\sigma_{p\max}\approx M/W$；

W——接合面对 O-O 轴的抗弯截面系数，mm^3。

在实际使用中，螺栓组所受的外载荷常常是以上几种受力状态的不同组合。不论受力状态如何复杂，只要根据具体情况加以分析，都可以简化成上述 4 种简单受力状态的某种组合，再按力的叠加原理求出螺栓受力。求得受力最大的螺栓所受的载荷后，即可进行单个螺栓连接的强度计算。

9.5 单个螺栓连接的强度计算

螺栓连接都是成组使用的，单个螺栓连接的工作载荷须按螺栓组受力分析求得。单个螺栓需要考虑强度的部位有：螺纹根部剪切，弯曲，螺杆截面拉伸，扭转等。由于螺栓已标准化，螺纹部分保持与螺杆等强度，因此，计算中只需考虑螺杆断面的强度。

在某些场合下，连接在承受工作载荷之前，不需要拧紧螺母，称为松连接，它只能承受轴向静载荷。下面分别叙述松连接与紧连接的强度计算方法。

9.5.1 松螺栓连接强度计算

松螺栓连接装配时，螺母不需要拧紧如图 9-35 所示。在承受工作载荷之前，螺栓不受力。这种连接应用范围有限，例如拉杆、起重吊钩等的螺纹连接均属此类。当松连接时，若螺栓所受的工作拉力为 F 时，则螺栓危险截面（一般为螺纹牙根圆柱的横截面）的拉伸强度条件为：

$$\sigma=\frac{F}{\frac{\pi}{4}d_1^2}\leqslant[\sigma] \tag{9-24}$$

图 9-35 起重吊钩的松螺栓连接

则
$$d_1\geqslant\sqrt{\frac{4F}{\pi[\sigma]}} \tag{9-25}$$

式中 d_1——螺栓危险截面的直径，mm；

$[\sigma]$——螺栓材料的许用拉应力，MPa，对钢制螺栓 $[\sigma]=\sigma_s/S$；

$[\sigma_s]$——螺栓材料的屈服极限，MPa，见表 9-3；

S——安全系数，$S=1.2\sim1.7$。

9.5.2 紧螺栓连接强度计算

紧螺栓连接在装配时必须将螺母拧紧，所以螺栓螺纹部分不仅受预紧力 F_0 所产生的拉应力的作用，同时还受螺纹副间的摩擦力矩 T_1 所产生的扭转应力的作用。下面讲两种典型的紧螺栓连接应用实例，它们分别为受横向工作载荷和受轴向工作载荷的紧螺栓连接。

（1）受横向工作载荷的紧螺栓连接

拉伸应力
$$\sigma=\frac{F_0}{\frac{\pi}{4}d_1^2}$$

扭转应力

$$\tau_T=\frac{T_1}{W_T}=\frac{F_0\frac{d_2}{2}\tan(\varphi+\varphi_v)}{\frac{\pi d_1^3}{16}}=\tan(\varphi+\varphi_v)\frac{2d_2}{d_1}\frac{F_0}{\frac{\pi}{4}d_1^2}$$

对于常用的 M10～M68 钢制普通螺纹，将 d_1，d_2，φ 取平均值代入，并取 $\varphi_v=\arctan f_v=\arctan 0.15$，则得 $\tau_T=0.5\sigma$。

由于螺栓材料是塑性材料，且受拉伸与扭转复合应力，故可按第四强度理论来确定螺栓螺纹部分的计算应力，即

$$\sigma_{ca}=\sqrt{\sigma^2+3\tau_T^2}\approx 1.3\sigma \tag{9-26}$$

由此可见，紧螺栓连接虽然受拉伸与扭转所产生的复合应力的作用，但计算时仍可按纯拉伸来计算紧螺栓的强度，仅将拉力增大 30%，以考虑扭转力矩的影响。

危险剖面的强度条件为：

$$\varphi=\frac{1.3F_0}{\frac{\pi}{4}d_1^2}\leqslant[\sigma] \tag{9-27}$$

则

$$d_1\geqslant\sqrt{\frac{4\times1.3F_0}{\pi[\sigma]}} \tag{9-28}$$

式中 $[\sigma]$——螺栓材料的许用应力，MPa，查表 9-3。

受横向工作载荷时，也常采用铰制孔用螺栓连接如图 9-36 所示。在剪力 F 的作用下，螺栓在接合面处的横截面受剪切，螺栓与孔壁接触表面受挤压。连接的预紧力和摩擦力较小可忽略不计。

螺栓杆的剪切强度条件为：

$$\tau=\frac{F}{\frac{\pi}{4}d_0^2}\leqslant[\tau] \tag{9-29}$$

则

$$d_0\geqslant\sqrt{\frac{4\times1.3F}{\pi[\tau]}}$$

螺栓杆与孔壁的挤压强度条件为：

$$\sigma_p=\frac{F}{d_0L_{\min}}\leqslant[\sigma_p] \tag{9-30}$$

式中 F——螺栓所受的工作剪力，N；

d_0——螺栓剪切面（螺栓杆）的直径，mm；

$L_{\min}$——螺栓杆与孔壁挤压面的最小长度，mm，设计时应使 $L_{\min}\geqslant1.29d_0$；

$[\tau]$——螺栓材料的许用切应力，MPa，见表 9-8；

$[\sigma_p]$——螺栓或孔壁材料的许用挤压应力，MPa，其值见表 9-8。

一般情况下用剪切强度公式来计算螺栓直径，用挤压强度校核。

注：多种材料情况下，按强度最小值的计算。

靠摩擦传递横向载荷的普通螺栓连接，具有结构简单、装配方便等优点。但在承受冲击、振动或变载荷时，工作不可靠，且需要较大的预紧力，因此所需螺栓直径较大，使连接的可靠性变差。为避免上述缺点，可采用各种抗剪元件来传递横向载荷，如用销、套、键等，如图 9-37 所示。此时螺栓仅起连接作用，所需预紧力小，螺栓直径也小。其强度计算与受剪螺栓连接相似，另外，也可改为铰制孔用螺栓连接。

(2) 受轴向工作载荷的紧螺栓连接

如图 9-38 所示的汽缸盖螺栓组连接，装配拧紧时螺栓受预紧力 F_0 作用，工作时还受到

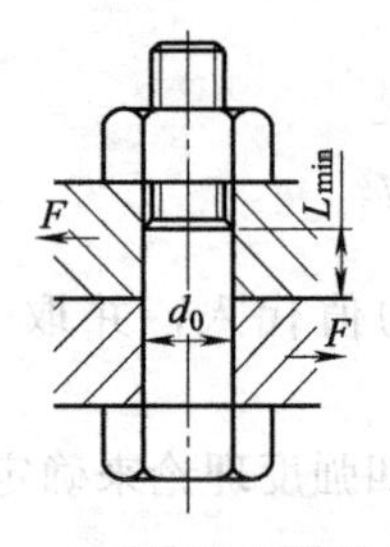

图 9-36　铰制孔用螺栓连接

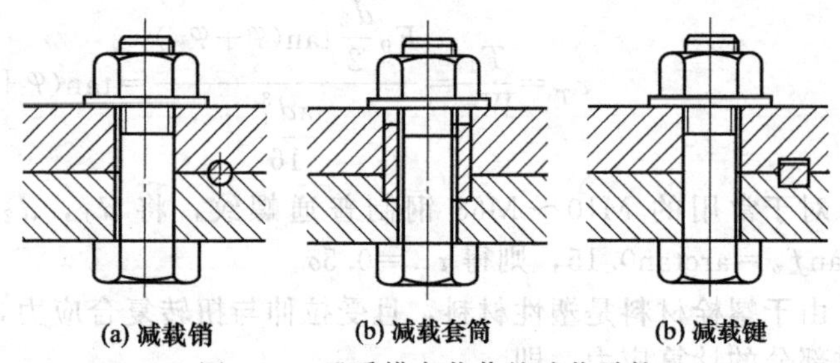

图 9-37　承受横向载荷的减载零件

工作拉力 F 作用，其总拉力 F_2 应按静力平衡和弹性变形协调条件确定。下面先对汽缸盖螺栓组中单个螺栓连接的受力、变形关系进行分析，然后讨论其强度计算。

如图 9-38 所示，图（a）为螺母刚好拧到与被连接件接触，此时，螺栓和被连接件均未受力，尚未产生变形。图（b）为拧紧螺母后，在预紧力 F_0 的作用下，螺栓产生伸长变形 λ_b，被连接件产生压缩变形 λ_m。根据静力平衡，虽然螺栓所受拉力与被连接件所受压力大小相等，但由于二者刚度不同，所以它们的变形量不同（$\Delta\lambda_b \neq \Delta\lambda_m$）。图（c）为螺栓受到轴向工作载荷 F 后，螺栓受的拉力增加，相应变形的增量为 $\Delta\lambda_b$，螺栓总的伸长变形为 $\lambda_b + \Delta\lambda_b$。与此同时，预紧后受压的被连接件，因螺栓伸长而被放松，其压缩量也随之减小 $\Delta\lambda_m$。根据变形协调条件，被连接件压缩变形量的减小等于螺栓拉伸变形量的增加，即 $\Delta\lambda_b = \Delta\lambda_m$。此时，螺栓受力由 F_0 增至 F_2，被连接件受力由预紧力 F_0 减小为 F_1，F_1 称为残余预紧力。从而可知，紧螺栓连接受轴向载荷后，由于预紧力 F_0 变为残余预紧力 F_1，所以，螺栓所受的总拉力 F_2 等于残余预紧力 F_1 与工作拉力 F 之和。

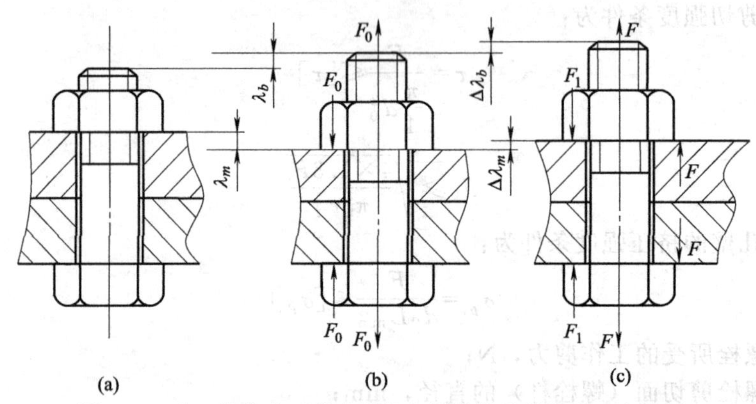

图 9-38　有工作拉力时单个螺栓和被连接件的受力、变形图

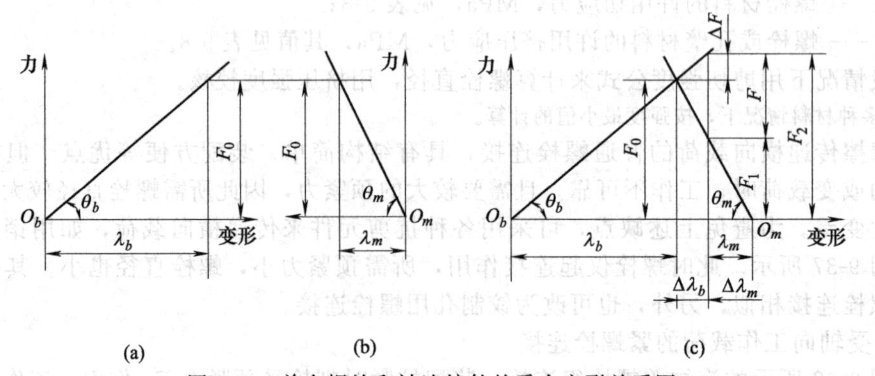

图 9-39　单个螺栓和被连接件的受力变形关系图

上述螺栓和被连接件的受力与变形关系，还可用力-变形关系线图表示。如图 9-39（a）、（b）表示螺栓和被连接件的受力与变形的关系，由于连接受载前，螺栓所受拉力和被连接件所受的压力均为 F_0，为了分析方便起见，将图（a），图（b）合并成图（c）。可见，当螺栓受工作载荷 F 时，螺栓的总拉力为 F_2，其总拉伸量为 $\lambda_b+\Delta\lambda_b$，被连接件的压力等于残余预紧力 F_1，其总压缩量为 $\lambda_m-\Delta\lambda_m$。由图可见，螺栓的总拉力 F_2 等于残余预紧力 F_1 与工作拉力 F 之和。

即

$$F_2=F_1+F \tag{9-31}$$

螺栓总拉力 F_2 的另一种表达式可从图 9-39 导出，过程如下：

由图 9-39（a）得螺栓的刚度 C_b　　$C_b=\tan\theta_b=\dfrac{F_0}{\lambda_b}$

由图 9-39（b）被连接件的刚度 C_m　　$C_m=\tan\theta_m=\dfrac{F_0}{\lambda_m}$

由图 9-39（c）得

$$F_0=F_1+(F-\Delta F) \tag{9-32}$$

按图中几何关系得

$$\Delta F=\Delta\lambda_b\tan\theta_b=\Delta\lambda_b C_b$$

$$F-\Delta F=\Delta\lambda_m\tan\theta_m=\Delta\lambda_m C_m$$

$$\Delta\lambda_b=\Delta\lambda_m$$

所以

$$\frac{\Delta F}{F-\Delta F}=\frac{C_b}{C_m}$$

整理后得

$$\Delta F=\frac{C_b}{C_b+C_m}F \tag{9-33}$$

将式（9-33）代入式（9-32）得螺栓的预紧力为：

$$F_0=F_1+\left(1-\frac{C_b}{C_b+C_m}\right)F=F_1+\frac{C_m}{C_b+C_m}F \tag{9-34}$$

螺栓的总拉力为：

$$F_2=F_0+\Delta F=F_0+\frac{C_b}{C_b+C_m}F \tag{9-35}$$

式（9-35）是螺栓总拉力的另一种表达式，即螺栓的总拉力等于预紧力加上部分工作载荷。

螺栓总拉力 F_2 与螺栓相对刚度 $\dfrac{C_b}{C_b+C_m}$ 有关。当 $C_m\gg C_b$ 时 $F_2\approx F_0$；当 $C_m\ll C_b$ 时，$F_2\approx F_0+F$。由此可见，连接的载荷很大时，不宜采用刚性小的垫片。

螺栓相对刚度的大小与螺栓及被连接件的材料、尺寸、结构形状和垫片等因素有关，其值在 0～1 之间变动，可通过计算或实验确定。设计时可按表 9-4 选取。当工作载荷过大而预紧力过小时，连接的接合面会出现缝隙，这是不允许的。

表 9-4　螺栓的相对刚度 $\dfrac{C_b}{C_b+C_m}$

被连接钢板间所用垫片类别	$\dfrac{C_b}{C_b+C_m}$	被连接钢板间所用垫片类别	$\dfrac{C_b}{C_b+C_m}$
金属垫片（或无垫片）	0.2～0.3	铜皮石棉垫片	0.8
皮革垫片	0.7	橡胶垫片	0.9

为了保证连接的紧密性，应使残余预紧力 F_1 满足如下要求。

对于有紧密性要求的连接（如汽缸、压力容器）：$F_1=(1.5\sim1.8)F$

对于一般连接，工作载荷有变化时：$F_1=(0.6\sim1.0)F$

对于工作载荷无变化时：$F_1=(0.2\sim0.6)F$

上面对汽缸盖螺栓组中单个螺栓连接的受力、变形关系进行分析，下面讨论其强度计算。

① 静强度计算　设计时，先根据连接受载情况求出螺栓工作拉力 F，再根据连接的工作要求选择残余预紧力 F_1 值，然后按 $F_2=F_1+F$，求螺栓总拉力 F_2。或为了保证残余预紧力 F_1，按式（9-34）求出所需的预紧力 F_0，由式（9-39）求出螺栓总拉力 F_2。求得 F_2 值后即可进行螺栓强度计算。

考虑到螺栓在工作时（在 F_2 力作用下），可能需要补充拧紧，为此，应将总拉力增加 30%来考虑拧紧时螺纹受摩擦力矩产生的扭转应力 τ_T 的影响。故危险剖面的拉伸强度条件为：

$$\sigma=\frac{1.3F_2}{\frac{\pi}{4}d_1^2}\leqslant[\sigma]$$

或

$$d_1\geqslant\sqrt{\frac{4\times1.3F_2}{\pi[\sigma]}} \tag{9-36}$$

② 疲劳强度计算　设计时，一般可先按受静载荷强度计算公式，初定螺栓直径，然后验算疲劳强度。如图 9-40 所示螺栓连接，螺栓所受工作拉力在 $0\sim F$ 之间变化，因而螺栓所受的总拉力在 $F_0\sim F_2$ 之间变化，此时，螺栓危险截面上的拉力幅为

$$F_a=\frac{F_2-F_0}{2}=\frac{\Delta F}{2}=\frac{1}{2}\frac{C_b}{C_b+C_m}F$$

相应的应力幅为

$$\sigma_a=\frac{F_a}{A}=\frac{\sigma_{\max}-\sigma_{\min}}{2}=\frac{\frac{\Delta F}{2}}{\frac{\pi}{4}d_1^2}=\frac{C_b}{C_b+C_m}\frac{2F}{\pi d_1^2} \tag{9-37}$$

受变载的零件多为疲劳破坏，而且主要取决于应力幅 σ_a 的大小。因此，螺栓疲劳强度的验算公式为

$$\sigma_a=\frac{C_b}{C_b+C_m}\frac{2F}{\pi d_1^2}\leqslant[\sigma_a] \tag{9-38}$$

式中　$[\sigma_a]$——螺栓的许用应力幅，MPa，按表 9-5 所给公式计算。

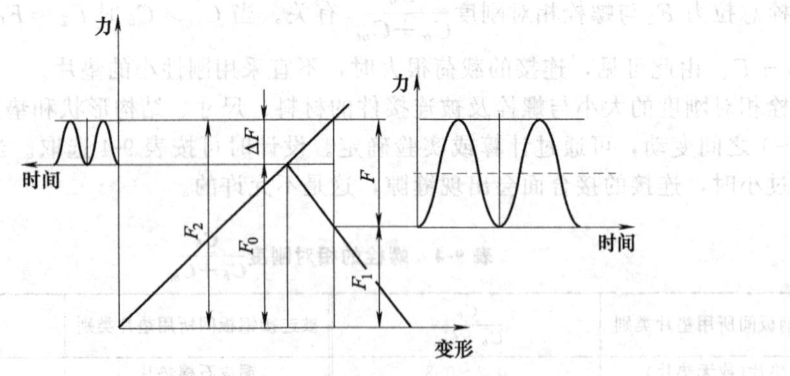

图 9-40　受轴向变载荷的螺栓拉力的变化

9.5.3　螺栓连接件的许用应力

螺栓连接件的许用应力与是否预紧、能否控制预紧力、载荷性质、螺纹连接件的材料、

结构尺寸、装配质量、使用条件等有关。精确选定许用应力必须考虑上述因素。设计时一般可参照表 9-5 或表 9-8。

表 9-5 受轴向载荷的紧螺栓连接的许用应力及安全系数

螺栓的受载情况	静载	变载	
许用应力	$[\sigma]=\frac{\sigma_s}{S}$	按最大应力$[\sigma]_t=\frac{\sigma_s}{S}$	按循环应力幅$[\sigma_a]=\frac{\varepsilon_\sigma \sigma_{-1t}}{S_a k_\sigma}$
控制预紧力时的安全系数 S	1.2～1.5	1.2～1.5	S_a=1.5～2.5

注：1. σ_{-1t}—材料在拉（压）对称循环下的疲劳极限 MPa。

2. k_σ—有效应力集中系数（见表 9-6）。

3. ε_σ—尺寸系数（见表 9-7）。

表 9-6 d=12mm 车制螺纹的有效应力集中系数 k_σ

抗拉强度 σ_B/MPa	400	600	800	1000
k_σ	3	3.9	4.8	5.2

注：碾压螺纹的 k_σ 应降低 20%～30%。

表 9-7 尺寸系数 ε_σ

d	≤12	16	20	24	32	40	48	56	64	72	80
ε_σ	1	0.88	0.81	0.75	0.67	0.65	0.59	0.56	0.53	0.51	0.49

表 9-8 受横向载荷的螺栓连接的许用应力及安全系数

		剪切		挤压	
		许用应力	安全系数 S_τ	许用应力	安全系数 S_p
静载	钢	$[\tau]=\frac{\sigma}{S_\tau}$	2.5	$[\sigma_p]=\frac{\sigma_s}{S_p}$	1.25
	铸铁			$[\sigma_p]=\frac{\sigma_b}{S_p}$	2～2.5
变载	钢	$[\tau]=\frac{\sigma}{S_\tau}$	3.5～5	按静载降低 20%～30%	
	铸铁				

9.6 螺纹连接零件的常用材料和力学性能等级

根据受载情况，螺纹连接零件可采用的材料种类很多，常用的一般分为低碳钢或中碳钢，如 Q215-A，Q235-A，39 和 45 钢等。在承受变载荷或有冲击、振动的重要的螺纹连接中，可选用力学性能较高的合金钢，如 15Cr，20Cr，40Cr，15MnVB，30CrMnSi 等。螺母材料一般较相配合螺栓的硬度低 20～40HBS，以减少螺栓磨损。

螺纹连接零件材料的力学性能见表 9-9。螺栓、螺钉、螺柱及螺母的力学性能等级见表 9-10。螺栓、螺钉（不包括紧定螺钉）和螺柱性能等级的标记代号由“·”隔开的两部分数字组成：“·”前的数字表示公称抗拉强度极限（σ_b）的 1%；“·”后的数字表示公称屈服强度极限（σ_s）与公称抗拉强度极限（σ_b）比值（屈强比）的 10 倍。这两部分数字的乘积为公称屈服强度极限（σ_s）的 1/10。螺母（公称高度大于、等于 0.8D）的标记代号由可与该螺母相配的最高性能等级的螺栓公称抗拉强度极限（MPa）的 1%表示。

表 9-9 螺纹连接零件常用材料的力学性能

钢号	抗拉强度极限 σ_b/MPa	屈服极限 σ_s/MPa	疲劳极限/MPa	
			弯曲 σ_{-1}	拉压 σ_{-t}
10	340～420	210	160～220	120～150
Q215-A	340～420	220	—	—
Q235-A	410～470	240	170～220	120～160
35	540	320	220～300	170～220
45	610	360	250～340	190～250
40Cr	750～1000	650～900	320～440	240～340
15MnVB	1000～1200	800		
30CrMnSi	1080～1200	900		

表 9-10 螺栓、螺钉、螺柱及螺母的力学性能等级（GB/T 3098.1—2000 和 GB/T 3098.2—2000）

			性能等级(标记)										
			3.6	4.6	4.8	5.6	5.8	6.8	8.8		9.8	10.9	12.9
螺栓、螺钉、螺柱	抗拉强度极限 σ_b/MPa	公称	300	400		500		600	800	800	900	1000	1200
		min	330	400	420	500	520	600	800	830	900	1040	1220
	屈服强度极限 σ_s/MPa	公称	180	240	320	300	400	480	640	640	720	900	1080
		min	190	240	340	300	420	480	640	660	720	940	1100
	伸长率 δ_s/%	min	29	22	14	20	10	8	12	12	10	9	8
	布氏硬度 /HBS	min	90	114	124	147	152	181	238	242	276	304	366
		max	209	209				238	304	318	342	361	414
	推荐材料		低碳钢	低碳钢或中碳钢					低碳合金钢、中碳钢			中碳钢、合金钢	合金钢
螺母	性能等级	所有直径	—			5		6	8		—	10	—
	螺栓、螺钉、螺柱的直径范围	≤M16	5			—			—		9	—	
		>M16	4			—							
		>M16～M39	—						9	—			
		≤M39	—										12

注：1. 9.8 级仅适用于螺纹直径≤16mm 的螺栓、螺钉和螺柱。

2. 螺母性能等级在本表仅指螺母公称高度≥0.8D。

3. 一般来说，性能等级较高的螺母，可以替换性能等级较低的螺母。

9.7 提高螺栓连接强度的措施

以螺栓为例，螺栓连接的强度主要取决于螺栓的强度，因此，正确分析螺栓连接的受力情况是保证其强度的重要因素，此外，螺纹牙间的载荷分配、应力变化幅度、应力集中、附加弯曲应力、材料的力学性能及制造工艺等都是影响螺栓强度的因素。所以从各方面采取提高螺栓强度的措施，是螺栓连接设计和正确使用螺栓所必须考虑的。下面分析各种因素对螺栓强度的影响以及提高强度的相应措施。

(1) 改善螺纹牙间的载荷分布不均的现象

通常螺栓受拉后，不管螺栓连接的具体结构如何，其所受的总拉力都是通过螺纹牙面相接触传递的。如果螺母和螺杆都是刚体，且制造和安装精度很高，则每圈螺纹之间的载荷分配是均匀的，如图 9-41 (a) 所示。但由于螺栓和螺母都是弹性体，其刚度和变形性质不同，当连接受载后，其产生的变形也不同。螺栓受拉伸，外螺纹的螺距增大；而螺母受压，内螺纹的螺距减小。这种螺距变化差靠旋合各圈螺纹牙的变形来补偿，造成各圈螺纹牙受力不均，如图 9-41 (b) 所示，由传力开始的第一圈螺纹变形最大，因而受力也最大；以后各圈受力递减。到第八至十圈之后，螺纹牙几乎不受力。因此，采用螺纹牙圈数过多的加厚螺母，并不能提高连接的强度。

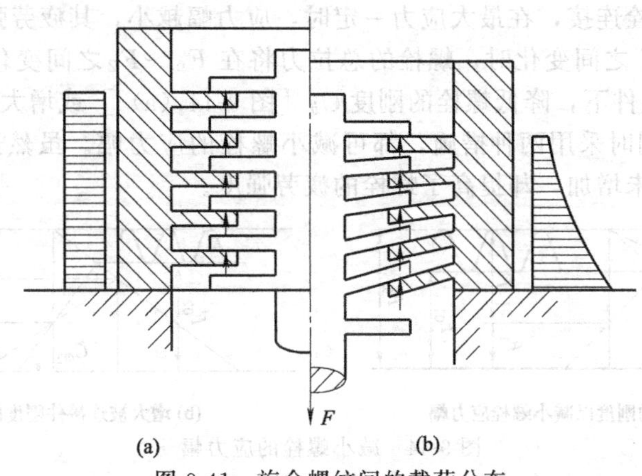

图 9-41　旋合螺纹间的载荷分布

为了使螺纹牙上载荷分布比较均匀，提高螺纹牙强度，可采用悬置螺母 [图 9-42 (a)，(b)]，使螺栓和螺母都受拉伸，减小螺距变化差，使螺纹牙上载荷分配趋于均匀，可提高螺栓疲劳强度约 40%；采用环槽螺母 [图 9-42 (c)] 可使螺母靠近支承面处与螺栓的变形性质相同，且因该处螺母弹性增大，易于变形，而使各圈螺纹受载比较均匀，可提高螺栓疲劳强度约 30%；采用内斜螺母 [图 9-42 (d)] 将螺母旋入端受力较大的几圈螺纹切去一部分，从而将力分移到原受载小的螺纹牙上以达到均载的目的，可提高螺栓疲劳强度约 20%。由于这些特殊结构的螺母，加工复杂，制造成本较高，一般只限于在重要的或大型的连接中使用。还可采用钢丝螺套（图 9-43）。用菱形钢丝盘成，似弹簧，由于钢丝螺套具有一定的

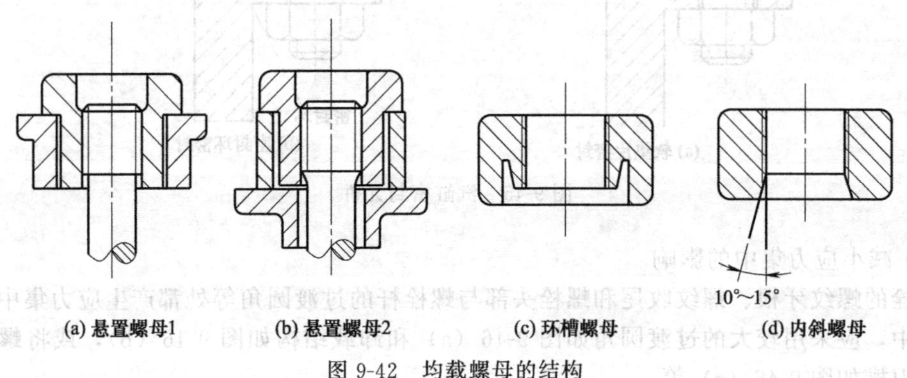

图 9-42　均载螺母的结构

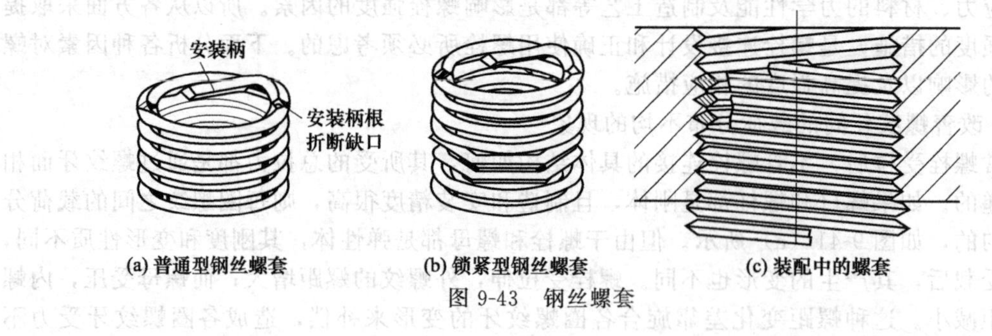

图 9-43　钢丝螺套

弹性，装于螺纹孔或螺母中，有缓冲，减振及均载作用，可提高螺栓的疲劳强度，飞机上常用。

（2）减小螺栓的应力幅

受变载荷的紧螺栓连接，在最大应力一定时，应力幅越小，其疲劳强度越高。当螺栓所受的力作拉力在 0～F 之间变化时，螺栓的总拉力将在 F_0～F_2 之间变化。因此，在保持剩余预紧力 F_1 不变的条件下，降低螺栓的刚度 C_b［图 9-44（a）］或增大被连接件的刚度 C_m［图 9-44（b）］，或同时采用两种措施，都可减小螺栓的应力幅。虽然这时预紧力增大了，但螺栓受的总拉力并未增加，却提高了螺栓的疲劳强度。

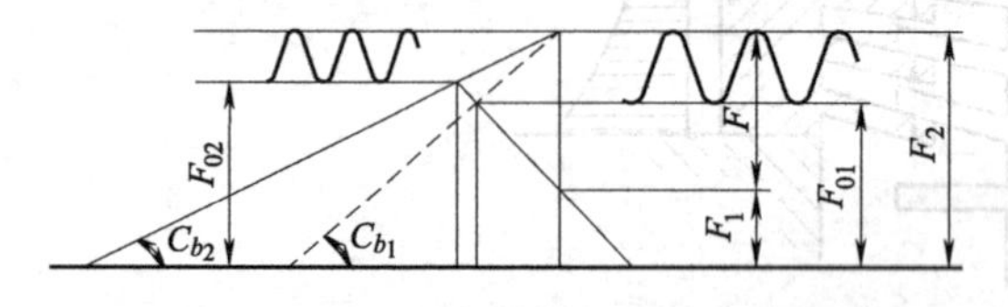

(a) 降低螺栓的刚度以减小螺栓应力幅

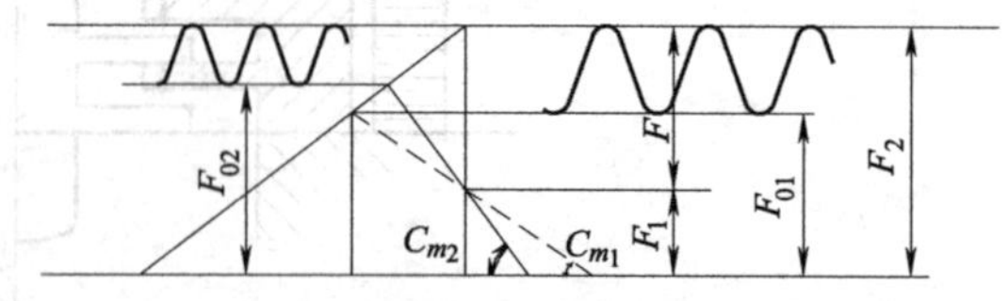

(b) 增大被连接件刚度以减小螺栓应力幅

图 9-44　减小螺栓的应力幅

为了减小螺栓刚度，可适当增加螺栓的长度；减小螺栓光杆部分的横剖面（部分减小螺杆直径或做成中空），采用柔性螺栓；在螺母下安装弹性元件等。为了增大被连接件刚度，除改进被连接件的结构外，还可采用刚度大的硬垫片；对于有紧密性要求的汽缸螺栓连接，不应采用较软的垫片如图 9-45（a）所示，而应改用密封环如图 9-45（b）所示。

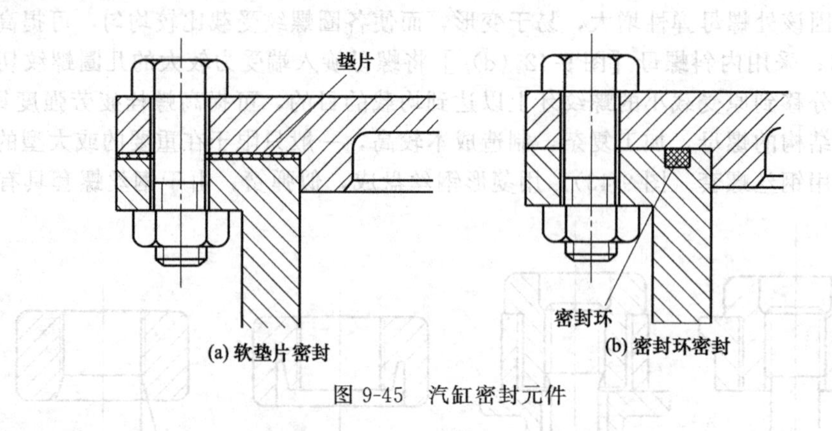

图 9-45　汽缸密封元件

（3）减小应力集中的影响

螺栓的螺纹牙根、螺纹收尾和螺栓头部与螺栓杆的过渡圆角等处都产生应力集中。减少应力集中，应采用较大的过渡圆角如图 9-46（a）和卸载结构如图 9-46（b），或将螺纹收尾改为退刀槽如图 9-46（c）等。

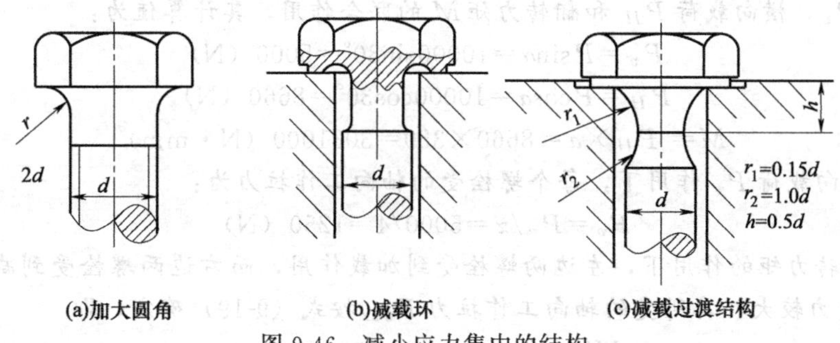

图 9-46 减小应力集中的结构

(4) 避免附加弯曲应力

除因制造和安装上的误差以及被连接部分的变形等原因可引起附加弯曲应力外，被连接件、螺栓头部和螺母等的支承面倾斜如图 9-27（a）所示，螺纹孔不正也会引起弯曲应力，如图 9-27（b）所示。可采用凸台如图 9-28（a）所示、沉头座如图 9-28（b）所示、斜垫圈如图 9-29 所示、环腰、球面垫圈等措施来减小或避免弯曲应力。

(5) 采用合理的制造工艺

制造工艺对螺栓疲劳强度有较大影响，采用冷镦头部和滚压螺纹的螺栓（利用材料的塑性成形），其疲劳强度比车制螺栓高 35%左右。这是因为滚压螺纹时，由于冷作硬化作用，表层有残余压应力，滚压后金属组织紧密，螺纹工作时，力的方向和纤维方向一致。采用冷镦头部和滚压工艺还具有材料利用高，生产率高和制造成本低等特点。

【例 9-1】 设计如图 9-47 所示铸铁支架和混凝土地基上所用螺栓连接中的螺栓。已知支架所受的外载荷 $P=10000\text{N}$，其作用线与水平面的夹角 $\alpha=30°$，支架的尺寸（mm）：$b=180$，$h=600$，$h_1=300$，$l=500$，$a=350$。连接接合面间的摩擦系数 $f=0.4$。

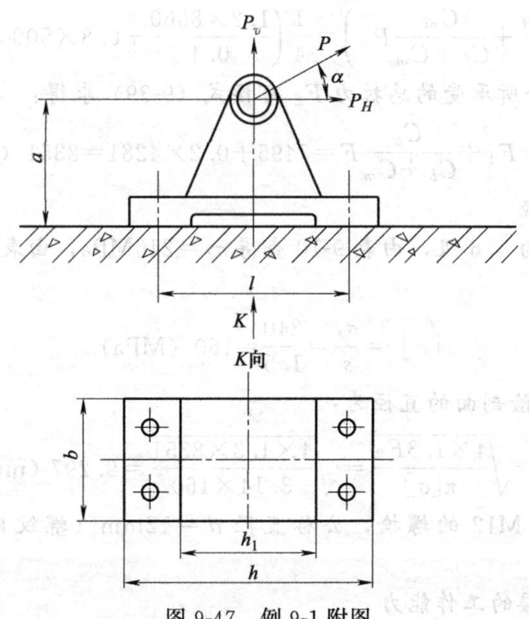

图 9-47 例 9-1 附图

解 用 4 个螺栓固定。

(1) 螺栓组受力分析

将工作载荷 P 沿垂直方向和水平方向分解，并向螺栓组形心简化，则螺栓组连接将承

受轴向载荷 P_v，横向载荷 P_H 和翻转力矩 M 的联合作用，其计算值为：

$$P_v = P\sin\alpha = 10000\sin30° = 5000 \text{ (N)}$$

$$P_H = P\cos\alpha = 10000\cos30° = 8660 \text{ (N)}$$

$$M = P_H \times a = 8660 \times 350 = 3031000 \text{ (N·mm)}$$

ⅰ. 在轴向载荷 P_v 作用下，每个螺栓受的轴向工作拉力为：

$$F_v = P_v / z = 5000/4 = 1250 \text{ (N)}$$

ⅱ. 在翻转力矩的作用下，左边两螺栓受到加载作用，而右边两螺栓受到减载作用，故左边的螺栓受力较大，其所受的轴向工作拉力 $F_{\max}$ 按式（9-19）确定，即

$$F_{\max} = \frac{Ml_{\max}}{\sum_{i=1}^{4} l_i^2} = \frac{3031000 \times 500/2}{4 \times (500/2)^2} = 3031 \text{ (N)}$$

根据以上分析可知，左边每个螺栓所受的轴向工作拉力为：

$$F = F_v + F_{\max} = 1250 + 3031 = 4281 \text{ (N)}$$

ⅲ. 在横向载荷 P_H 作用下，底板连接接合面可能产生滑移，根据支架接合面不滑移条件，并考虑轴向载荷 P_v 对预紧力的影响，求各螺栓的预紧力 F_0，由静力平衡条件得：

$$fzF_1 i \geqslant K_s P_H$$

$$f\left(zF_0 - \frac{C_m}{C_b + C_m}P_v\right)i \geqslant K_s P_H$$

由于 $i=1$，连接接合面间的摩擦系数 $f=0.4$，选金属垫片，由表 9-4 查得 $\frac{C_b}{C_b + C_m} = 0.2$

$$\frac{C_m}{C_b + C_m} = 1 - \frac{C_b}{C_b + C_m} = 1 - 0.2 = 0.8$$

则取可靠性系数 $K_s = 1.2$，则各螺栓所需要的预紧力为

$$F_0 \geqslant \frac{1}{z}\left(\frac{K_s P_H}{f} + \frac{C_m}{C_b + C_m}P_v\right) = \frac{1}{4}\left(\frac{1.2 \times 8660}{0.4} + 0.8 \times 5000\right) = 7495 \text{ (N)}$$

ⅳ. 受载最大的螺栓所承受的总拉力 F_2 可按式（9-39）求得：

$$F_2 = F_1 + \frac{C_b}{C_b + C_m}F = 7495 + 0.2 \times 4281 = 8351 \text{ (N)}$$

（2）确定螺栓的直径

选择螺栓性能等级为 4.6 级，由表 9-10 查得 $\sigma_s = 240\text{MPa}$，由表 9-5 查得 $s = 1.5$，螺栓材料的许用应力为：

$$[\sigma] = \frac{\sigma_s}{s} = \frac{240}{1.5} = 160 \text{ (MPa)}$$

根据式(9-36) 得螺栓危险剖面的直径为：

$$d_1 \geqslant \sqrt{\frac{4 \times 1.3F_2}{\pi[\sigma]}} = \sqrt{\frac{4 \times 1.3 \times 8351}{3.14 \times 160}} = 9.297 \text{ (mm)}$$

按 GB 196—1981，选用 M12 的螺栓，公称直径 $d = 12\text{mm}$（螺纹内径 $d_1 = 10.106\text{mm} > 9.297\text{mm}$）。

（3）校核螺栓组连接的工作能力

为保证接合面受拉一端不出现缝隙和受压一端的地基不被压溃，若不计 M 对预紧力的影响，则

ⅰ. 连接接合面右端最大挤压应力不得超过许用值，以保证接合面不被压溃，即 $\sigma_{p\max} \leqslant [\sigma_p]$，参照式（9-21）得：

$$\sigma_{p\max}=\frac{zF_1}{A}+\frac{M}{W}=\frac{zF_0}{A}-\frac{C_m}{C_b+C_m}\frac{P_v}{A}+\frac{M}{W}$$

$$A=hb-h_1b=(600-300)\times 180=54000\ (\mathrm{mm}^2)$$

$$W=\frac{bh^3}{6h}-\frac{bh_1^3}{6h}=\frac{180\times 600^2}{6}-\frac{180\times 300^3}{6\times 600}=9450000\ (\mathrm{mm}^3)$$

$$\sigma_{p\max}=\frac{4\times 7495}{54000}-0.8\times\frac{5000}{54000}+\frac{3031000}{9450000}=0.555-0.074+0.321=0.802\ (\mathrm{MPa})$$

式中 A——接合面有效面积，mm^2；

W——接合面有效抗弯截面系数，mm^3。

查表 9-3 知混凝土的许用挤压应力 $[\sigma_p]=(2\sim 3)\mathrm{MPa}\gg\sigma_{p\max}=0.802\mathrm{MPa}$，故安全。

ⅱ. 连接接合面左端应保持一定的残余预紧力，以防止接合面出现缝隙，即满足 $\sigma_{p\min}>0$，参照公式 (9-23) 得：

$$\sigma_{p\min}=\frac{zF_1}{A}-\frac{M}{W}=\frac{zF_0}{A}-\frac{C_m}{C_b+C_m}\frac{P_v}{A}-\frac{M}{W}$$

$$=\frac{4\times 7495}{54000}-0.8\times\frac{5000}{54000}-\frac{3031000}{8100000}=0.102\ (\mathrm{MPa})>0$$

故接合面左端受压最小处不会出现缝隙。

习 题

9-1 螺纹按牙型分有哪几种？说出其各自的特点和用途。

9-2 为什么螺纹连接常需要防松？防松的实质是什么？有哪几类防松措施？预紧的目的是什么？

9-3 螺纹连接有哪些基本优点？

9-4 提高螺栓疲劳强度的措施有哪些？

9-5 相同公称直径的粗牙与细牙螺纹相比，哪种自锁性好，哪种强度高，为什么？

9-6 螺栓组受力分析的目的是什么？

9-7 试指出普通螺栓连接、双头螺柱连接和螺钉连接的结构特点，各用在什么场合。

9-8 说明普通螺栓连接受横向工作载荷时，螺栓中将产生何种应力情况。

9-9 紧螺栓连接强度计算公式 $\sigma=\frac{1.3F_0}{\pi d_1^2/4}$ 说明系数 1.3 的含义。

9-10 画出单个螺栓连接的受力变形线图，并根据线图写出螺栓的总拉力，预紧力和残余预紧力的计算公式。

9-11 为提高螺栓连接的疲劳强度，欲减小螺栓的应力幅，应采取哪些措施？并用螺栓受力-变形协调图来说明。

9-12 如图 9-48 所示为一汽缸盖螺栓连接预紧时的受力-变形图，当螺栓再承受 $F=1000\sim 2000\mathrm{N}$ 的工作载荷时，试求：螺栓总拉力 F_2 应如何变化，其最大拉力和最小拉力为多少？螺栓受拉应力循环特性系数是多少？($\alpha=30°$, $\beta=45°$)

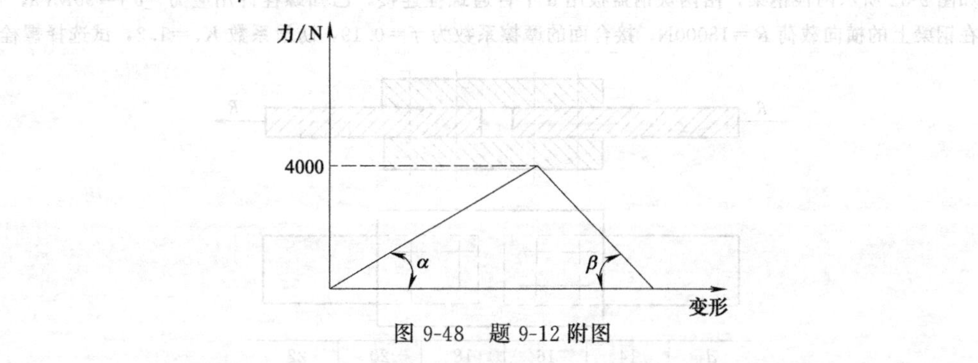

图 9-48 题 9-12 附图

9-13 如图 9-49 所示的支架，用 4 个普通螺栓连接在立柱上，已知载荷 $P=124000\mathrm{N}$，连接尺寸参数如图所示，接合面间的摩擦力系数 $f=0.2$，螺栓材料选用 45 钢，安全系数为 2，可靠性系数 $k_s=1.2$，

螺栓的相对刚度 $C_b/(C_b+C_m)=0.3$，求（1）该螺纹连接所需的预紧力；（2）受力最大螺栓所受的总拉力；（3）所需螺栓的最小直径。

9-14　如图 9-50 所示为两块边板和一块承重板焊成的起重机导轨架。两块边板各用四个螺栓与立柱采用铰制孔用螺栓相连接，托架所承受的最大载荷为 $F=20\text{kN}$，结构尺寸如图所示，若已知：$[\tau]=90\text{MPa}$，求螺栓的直径至少应为多大？

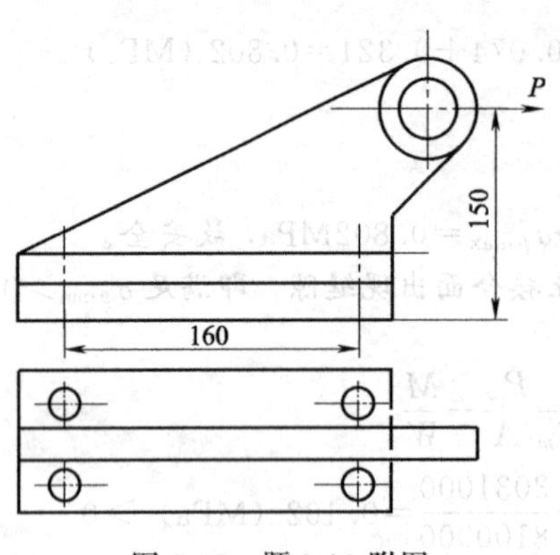

图 9-49　题 9-13 附图

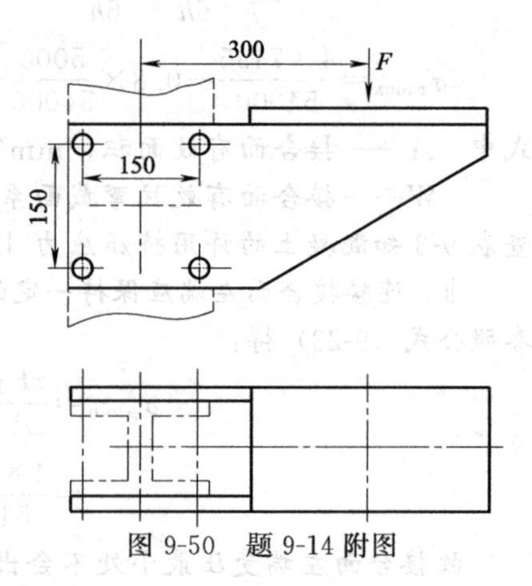

图 9-50　题 9-14 附图

9-15　如图 9-51 所示为一固定在钢制立柱上的铸铁托架，已知载荷 $P=4800\text{N}$，其作用线与垂直线的夹角为 $\alpha=50°$，底板的结构尺寸由图所示，连接接合面间的摩擦系数为 0.15，螺栓材料的屈服极限为 240MPa，安全系数为 1.9。求（1）受力最大螺栓所受的轴向工作拉力；（2）受力最大螺栓所受的总拉力；（3）螺栓的最小直径。

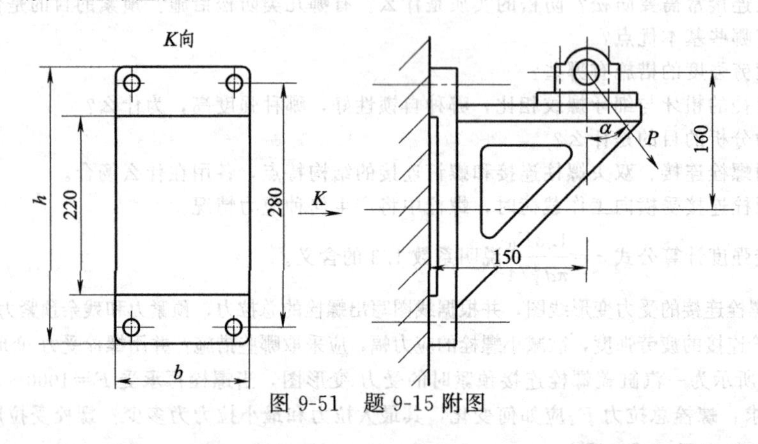

图 9-51　题 9-15 附图

9-16　如图 9-52 所示两根钢梁，由两块钢盖板用 8 个普通螺栓连接，已知螺栓许用应力 $[\sigma]=90\text{MPa}$，作用在钢梁上的横向载荷 $R=18000\text{N}$，接合面的摩擦系数为 $f=0.19$，防滑系数 $K_s=1.2$，试选择螺栓。

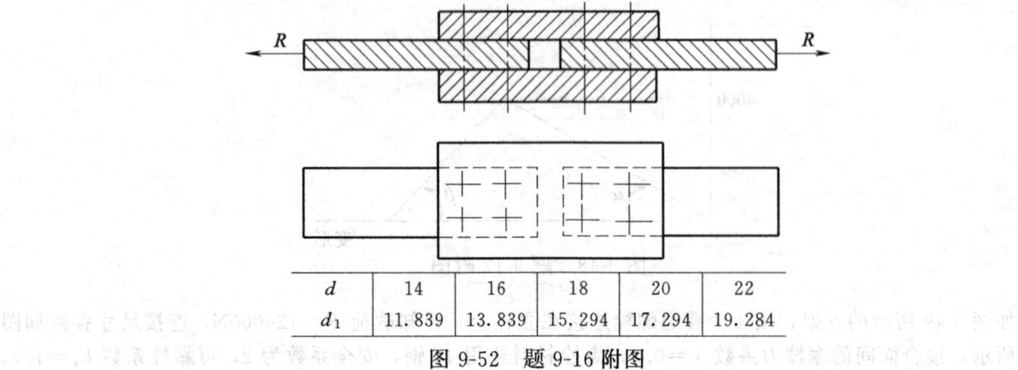

d	14	16	18	20	22
d_1	11.839	13.839	15.294	17.294	19.284

图 9-52　题 9-16 附图

9-17　如图 9-53 所示一钢制液压油缸，缸内油压 $p=3\mathrm{N/mm^2}$，已知 $D=160\mathrm{mm}$，$D_0=200\mathrm{mm}$，$D_1=240\mathrm{mm}$。为保证气密性要求，残余预紧力取为工作载荷的 1.6 倍，螺栓间弧线距离不大于 100mm。螺栓的许用应力为 $[\sigma]=180\mathrm{MPa}$。试计算螺栓的最小直径。

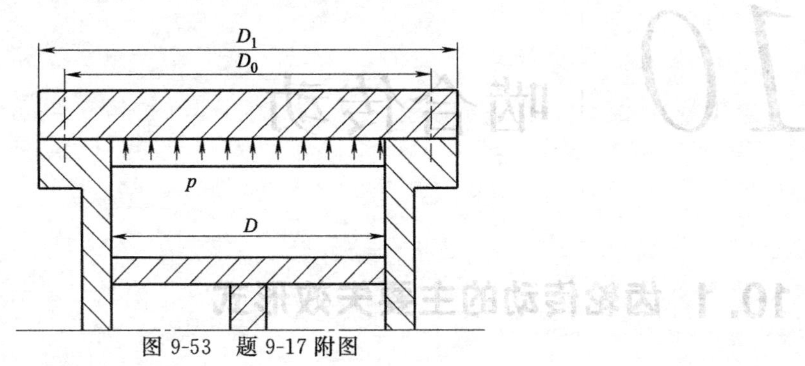

图 9-53　题 9-17 附图

10 啮合传动

10.1 齿轮传动的主要失效形式

一般地说，齿轮传动的失效主要是轮齿的失效，而轮齿的失效形式主要有轮齿折断和齿面损伤两类。齿面损伤主要包括磨损、点蚀、胶合及塑性变形等形式。至于齿轮的其它部分(如齿圈、轮辐、轮毂等)，除了对齿轮的质量大小需加严格限制者外，通常只按经验设计，强度及刚度较富裕，实际中很少失效。

(1) 轮齿折断

在正常工况下，折断一般发生在齿根部位。主要分为两种：一种是当轮齿重复受载后齿根处产生的弯曲应力，再加上齿根过渡部分的截面突变及加工刀痕等引起的应力集中作用，齿根发生弯曲疲劳折断（图 10-1)。此外，在轮齿受到突然过载时，也可能出现过载折断断。

对于齿宽较大的直齿圆柱齿轮和斜齿圆柱齿轮及人字齿轮，载荷有时会作用于一端齿顶上，就会发生局部折断。

为了提高轮齿的抗折断能力，可采取下列措施：ⓘ用增大齿根过渡圆角半径及降低表面粗糙度值；ⓘⓘ增大轴及支承的刚性，减小轮齿接触线上的偏载；ⓘⓘⓘ采用合适的热处理方法使齿芯材料具有足够的韧性；ⓘⓥ对齿根采用喷丸、滚压等工艺措施进行表层强化处理，以提高轮齿的抗疲劳折断能力。

图 10-1 轮齿疲劳折断

图 10-2 齿面点蚀

(2) 齿面点蚀

在润滑良好的闭式齿轮传动中，常见的齿面失效形式多为点蚀。点蚀属于齿面的疲劳破坏。所谓点蚀就是齿面材料在变化着的接触应力作用下，由于疲劳而产生的麻点状损伤现象(图 10-2)。新齿轮在短期工作后有时也会出现点蚀的痕迹，如果继续工作不再发展反而消失的称为收敛性点蚀，收敛性点蚀一般只发生在软齿面；齿面上最初出现的点蚀仅为针尖大小的麻点，如工作条件未加改善，麻点就会逐渐扩大，甚至数点连成一片，最后形成了明显的齿面损伤，这种随着工作时间的延长而继续扩展的点蚀称为扩展性点蚀。

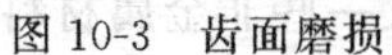
图 10-3　齿面磨损

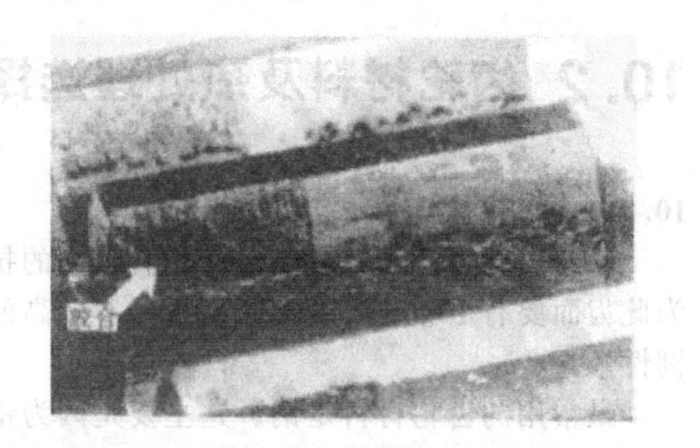

图 10-4　齿面胶合

轮齿在啮合过程中，齿面间相对滑动速度愈高，愈易在齿面间形成油膜，润滑也就愈好。轮齿在节线附近啮合时，相对滑动速度低，形成油膜的条件差，润滑不良，摩擦力较大，而且节线附近同时啮合齿对数少，轮齿受力也最大，因此，点蚀也就首先出现在靠近节线的齿根面上，然后再向其它部位扩展。从相对意义上说，也就是靠近节线处的齿根面抵抗点蚀的能力最差（即接触疲劳强度最低）。

提高轮齿抗点蚀的能力的措施：ⅰ提高齿轮材料的硬度；ⅱ在合理的限度内，提高润滑油的黏度。

开式齿轮传动，由于齿面磨损比疲劳点蚀发展得快，所以很少出现点蚀。

(3) 齿面磨损

在齿轮传动中，当粗糙的硬齿面与较软齿面相啮合时，由于齿面间存在相对滑动，软齿面易被划伤而产生齿面磨损。当啮合齿面间落入磨料性物质（如砂粒、铁屑等）时，齿面即被逐渐磨损，共轭齿廓改变，齿厚减薄最终导致轮齿因强度不足而折断（图 10-3）。齿面磨损是开式齿轮传动的主要失效形式之一。降低齿面磨损的主要措施：ⅰ改用闭式齿轮传动，这是避免齿面磨粒磨损最有效的办法；ⅱ提高齿面硬度；ⅲ降低表面粗糙度；ⅳ降低滑动系数；ⅴ定期更换润滑油和保持润滑油的清洁度。

(4) 齿面胶合

胶合是一种比较严重的黏着磨损。对于高速重载的齿轮传动，齿面间的压力大，瞬时温度高，润滑效果差，当瞬时温度过高时，相啮合的两齿面就会黏在一起，继续作相对滑动时，相黏结的部位即被撕开，于是在齿面上沿相对滑动的方向形成伤痕，称为胶合，如图 10-4 中的轮齿左部所示。传动时的齿面瞬时温度愈高、相对滑动速度愈大的地方，愈易发生胶合。

需要说明的是齿面胶合不属于疲劳破坏，如果润滑不良又是高速重载，则瞬间就会发生胶合破坏。

防止或减轻齿面胶合的主要措施有：ⅰ采用抗胶合能力强的润滑油（如硫化油），在润滑油中加入极压添加剂等；ⅱ采用变位齿轮传动，以降低齿面间的最大滑动系数；ⅲ减小模数和齿高以降低最大滑动速度；ⅳ选用抗胶合性能好的齿轮副材料；ⅴ提高齿面硬度和降低齿面粗糙度值。

(5) 塑性变形

塑性变形属于轮齿永久变形一大类的失效形式，它是由于在过大的应力作用下，轮齿材料处于屈服状态而产生的齿面或齿体塑性流动所形成的。塑性变形一般发生在硬度低的齿轮上；但在重载作用下，有时硬度高的齿轮上也会出现。

除上述五种主要形式外，齿轮还可能出现过热、侵蚀、电蚀和由于不同原因产生的多种腐蚀与裂纹等失效。

10.2 齿轮材料及热处理选择

10.2.1 齿轮材料

设计齿轮传动时，应使齿面具有较高的抗磨损、抗点蚀、抗胶合及抗塑性变形的能力，为此齿面要有足够的硬度；而齿根要有较高的抗折断的能力，要求齿轮齿芯材料要有足够的韧性。

最常用的齿轮材料是钢。这主要是因为钢材的韧性好，耐冲击，可以通过各种热处理方式获得适合工作要求的综合性能。另外还有铸铁、有色金属及一些非金属材料。

(1) 锻钢

除尺寸过大或者是结构形状复杂只宜铸造者外，一般都用锻钢制造齿轮，常用的是含碳量在0.15%～0.6%的碳钢或合金钢。尺寸较小而又要求不高时，也可选用圆钢作毛坯。

钢制齿轮可分为软齿面和硬齿面齿轮。软齿面齿轮制造工艺简便、经济，但齿面强度低。对于强度、速度及精度都要求不高的齿轮，应采用软齿面（硬度≤350HBS）以便于切齿，并使刀具不致迅速磨损变钝。切制后即为成品。其精度一般为7～9级。对于高速、重载及精密机器（如精密机床、航空发动机）所用的主要齿轮传动通常选用硬齿面齿轮。这种齿轮齿面接触强度大为提高，在相同工况下，传动尺寸要比软齿面小得多，同时，齿面的抗磨粒磨损、抗胶合和抗塑性流动的性能也有所提高。由于轮齿具有高强度及齿面具有高硬度（如58-65HBC）外，还应进行磨齿等精加工，精度可达5级或4级。硬齿面齿轮所用热处理方法有表面淬火、渗碳、氮化、软氮化及氰化等。

选择适当的合金钢，可使材料的韧性、耐冲击、耐磨及抗胶合的性能等获得提高，也可通过热处理或化学热处理等方法改善材料的力学性能。所以对于既是高速、重载，又要求尺寸小、质量小的航空用齿轮，就可用性能优良的合金钢（如20CrMnTi、20Cr2Ni4A等）来制造。

(2) 铸钢

铸钢的耐磨性及强度均较好，但为了消除残余应力，应经退火及常化处理，必要时也可进行调质。铸钢常用于尺寸较大（如顶圆直径d_a≥400mm）的齿轮。常用的牌号为ZG270-500～ZG340-640。

(3) 灰铸铁

普通灰铸铁的铸造性能和切削性能好、抗胶合及抗点蚀的能力较好、价廉，但弯曲强度低、性质较脆、抗冲击及耐磨性都较差。灰铸铁齿轮常用于工作平稳，速度较低，功率不大的场合。常用的牌号有HT200～HT350。

(4) 有色金属齿轮

在一些特殊的场合，有时也会用到有色金属齿轮，如铜齿轮。这种齿轮被广泛应用于钟表和仪器仪表中。

(5) 非金属材料

对高速、轻载及精度不高的齿轮传动。为了降低噪声和增加啮合区的散热，常用非金属材料（如夹布塑胶、尼龙等）做小齿轮，大齿轮仍用钢或铸铁制造。

常用的齿轮材料及其力学性能列于表10-1。

10.2.2 齿轮热处理

(1) 正火和调质

正火碳钢，只能用于制作在载荷平稳或轻度冲击下工作的齿轮，不能承受大的冲击载荷；

表 10-1　常用齿轮材料及其力学特性

材料牌号	热处理方法	强度极限 σ_b/MPa	屈服极限 σ_s/MPa	硬度(HBS)	
				齿芯部	齿面
HT250		250		170～241	
HT300		300		187～255	
HT350		350		197～269	
QT500-5	常化	500		147～241	
QT600-2		600		229～302	
ZG310-570		580	320	156～217	
ZG340-640		650	350	169～229	
45		580	290	162～217	
ZG340-640	调质	700	380	241～269	
45		650	360	217～255	
30CrMnSi		1100	900	310～360	
35SiMn		750	450	217～269	
38SiMnMo		700	550	217～269	
40Cr		700	500	241～286	
45	调质后表面淬火			217～255	40～50HRC
40Cr				241～286	48～55HRC
20Cr	渗碳后淬火	650	400	300	58～62HRC
20CrMnTi		1100	850		
12Cr2Ni4		1100	850	320	
20Cr2Ni4		1200	1100	350	
35CrAlA	调质后氮化(氮化层厚 $\delta \geqslant 0.3$、0.5mm)	950	750	255～321	>850HV
38CrMoAlA		1000	850		
夹布塑胶		100		25～35	

注：40Cr 钢可用 40MnB 或 40MnVB 钢代替；20Cr、20CrMnTi 钢可用 20Mn2B 或 20MnVB 钢代替。

调质碳钢可用于制作在中等冲击载荷下工作的齿轮。常用的材料为中碳钢或中碳合金钢。轮齿的精加工在热处理后进行。齿面属于软齿面，配对两轮齿面的硬度差应保持为 30～50HBS 或更多。

(2) 整体淬火

整体淬火选用的材料通常是中碳钢或中碳合金钢，如 45、40Cr 等。淬火后还需低温回火。由于是整体淬火，所以轮齿芯部韧性较低，热处理变形大，需要进行磨齿、研齿等精加工。

(3) 表面淬火

表面淬火选用的材料通常是中碳钢或中碳合金钢。中、小尺寸齿轮可采用中频或高频感应加热，大尺寸齿轮可采用火焰加热。火焰加热虽然简单，但难于得到比较均匀的齿面硬度。如果加热层较薄，轮齿变形不大，可不进行最后磨齿，但如果硬化层较深，热处理变形较大，就应该进行最后精加工。

(4) 渗碳淬火

采用渗碳工艺时的齿轮材料，应选用低碳钢或低碳合金钢，如 15、20、15Cr、20Cr、20CrMnTi 等，热处理后齿面硬度可达 58HRC～63HRC。齿轮经过渗碳淬火后，轮齿变形较大，应进行磨齿。

（5）渗氮

渗氮齿轮硬度高、变形小，适用于内齿轮和难于磨削的齿轮。常用材料有：42CrMo、38CrMoAl 等。由于硬化层很薄，在冲击载荷下易破碎，磨损较严重时也会因硬化层被磨掉而报废，所以适宜于载荷平稳、润滑良好的传动。

（6）碳氮共渗

碳氮共渗工艺时间短，且有渗氮的优点，可以代替渗碳淬火，使用的材料与渗碳淬火时的材料相同。

10.3 齿轮传动的计算载荷

10.3.1 轮齿的受力分析

齿轮的受力分析是进行齿轮传动的强度计算前所必须做的工作，同时，在进行安装齿轮的轴及轴承进行强度和寿命计算时也要用到的。由于齿轮传动一般均加以润滑，啮合轮齿间的摩擦力通常很小，计算轮齿受力时，可不予考虑。

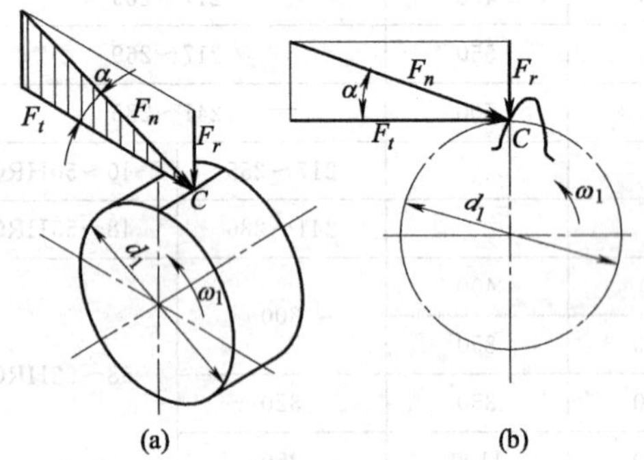

图 10-5　直齿圆柱齿轮传动的受力分析

（1）直齿圆柱齿轮传动的受力分析

沿啮合线作用在齿面上的法向载荷 F_n 垂直于齿面，为了计算方便，将法向载荷 F_n（单位为 N）在节点 P 处分解为两个相互垂直的分力，即圆周力（切向力）F_t 与径向力 F_r，如图 10-5 所示。由此得

$$\left.\begin{aligned} F_t &= 2T_1/d_1 \\ F_r &= F_t\tan\alpha \\ F_n &= F_t/\cos\alpha \end{aligned}\right\} \tag{10-1}$$

式中　T_1——小齿轮传递的转矩，N·mm；

d_1——小齿轮的节圆直径，对标准齿轮即为分度圆直径，mm；

α——啮合角，对标准齿轮，$\alpha=20°$。

以上分析的是主动轮轮齿上的力。根据作用力与反作用力的关系，从动轮轮齿上的各力分别与主动轮轮齿上的力大小相等、方向相反。主动轮上的圆周力（切向力）F_t 在啮合点附近的方向与主动轮的回转方向相反，从动轮上的圆周力 F_t 在啮合点附近的方向与从动轮的回转方向相同；径向力 F_r 分别指向各轮的轮心，内齿轮的径向力指向远离轮心的方向。

（2）斜齿圆柱齿轮传动的受力分析

在斜齿轮传动中，作用于齿面上的法向载荷 F_n 仍垂直于齿面。如图 10-6 所示，作用于主动轮上的 F_n 位于法面 $Pabc$ 内，与节圆柱的切面 $Pa'ae$ 倾斜一法向啮合角 α_n。力 F_n 可沿齿轮的周向、径向及轴向分解成三个相互垂直的分力。各力的大小为：

$$\left.\begin{aligned}
F_t &= 2T_1/d_1 \\
F' &= F_t/\cos\beta \\
F_r &= F'\tan\alpha_n = F_t\tan\alpha_n/\cos\beta \\
F_a &= F_t\tan\beta \\
F_n &= F'/\cos\alpha_n = F_t/(\cos\alpha_n\cos\beta) = F_t/(\cos\alpha_t\cos\beta_b)
\end{aligned}\right\} \tag{10-2}$$

式中　β——节圆螺旋角，对标准斜齿轮即分度圆螺旋角，(°)；

β_b——啮合平面的螺旋角，亦即基圆螺旋角，(°)；

α_n——法向压力角，(°)，对标准斜齿轮 $\alpha_n=20°$；

α_t——端面压力角，(°)。

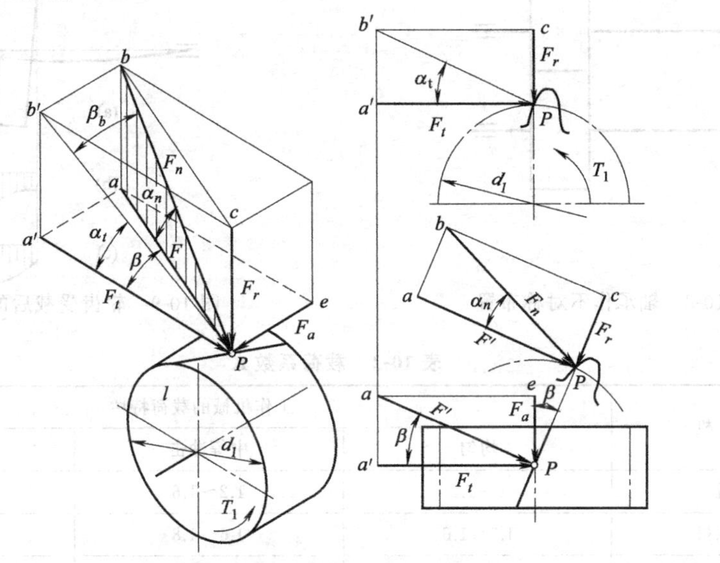

图 10-6　斜齿圆柱齿轮传动的受力分析

从动轮轮齿上的载荷 F_t、F_a 和 F_r 各力，分别与主动轮上的各力大小相等方向相反。主动轮和从动轮上的圆周力（切向力）F_t 和径向力 F_r 的方向判断方法与直齿轮相同。主动轮轴向力 F_a 的方向按左（右）手螺旋法则确定：左旋齿轮用左手（右旋齿轮用右手）四指沿齿轮的转向握住轮轴，对于主动轮，拇指的指向即为 F_a 的方向（图 10-7）；对于从动轮拇指指向的相反方向即为 F_a 的方向。

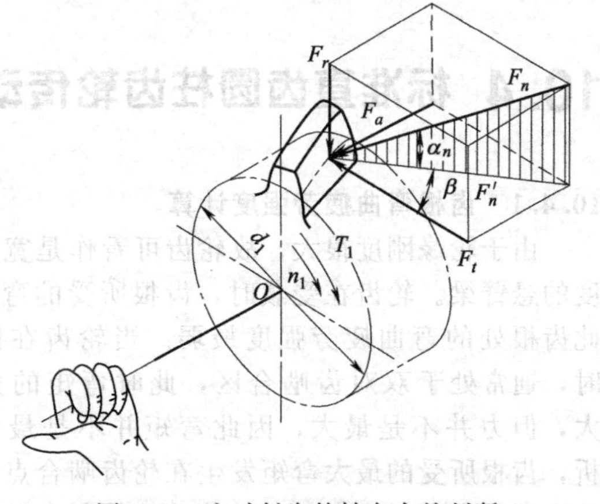

图 10-7　主动斜齿轮轴向力的判断

轴向力 F_a 通常由轴承承受，由式（10-2）可知，F_a 与 $\tan\beta$ 成正比。为了减小轴承承受的轴向力，斜齿圆柱齿轮传动的螺旋角 β 不宜选得过大，常在 $\beta=8°\sim20°$ 之间选择。在人字齿轮传动中，同一个人字齿上的两个轴向分力大小相等，方向相反，可相互抵消，因此人字齿轮的螺旋角 β 可取较大的数值（15°～40°）。人字齿轮传动的受力分析及强度计算都可沿用斜齿轮传动的公式。

10.3.2　计算载荷

根据名义转矩求得的圆周力称为名义圆周力，由于存在制造误差和安装误差，实际圆周力要比名义圆周力大。另外，在实际工作中沿齿宽方向载荷分布很可能是不均匀的，如图10-8所示，当轴承相对于齿轮作不对称配置时，受载前，轴无弯曲变形，轮齿啮合正常，两个节圆柱恰好相切；受载后，轴产生弯曲变形［图10-9（a）］，轴上的齿轮也就随之偏斜，这就使作用在齿面上的载荷沿接触线分布不均匀［图10-9（b）］。此外，轴承、支座的变形以及制造、装配的误差等也是使齿面上载荷分布不均的因素。为了考虑这些影响，采用引进载荷系数对名义圆周力进行修正，则实际的圆周力为KF_t，其值可由表10-2查取。

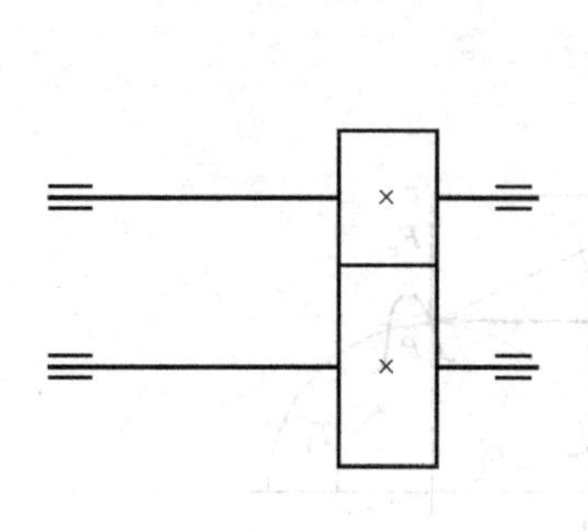

图10-8　轴承作不对称布置

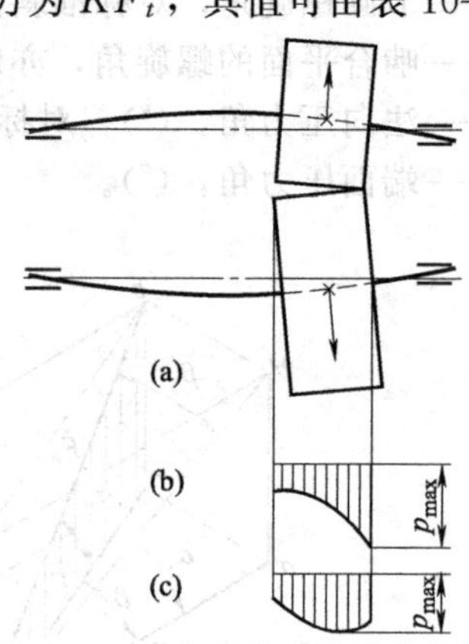

图10-9　轮齿受载后的载荷分布

表10-2　载荷系数K

原　动　机	工作机械的载荷特性		
	均匀	中等冲击	大的冲击
电动机	1～1.2	1.2～1.6	1.6～1.8
多缸内燃机	1.2～1.6	1.6～1.8	1.9～2.1
单缸内燃机	1.6～1.8	1.8～2.0	2.2～2.4

注：斜齿、圆周速度低、精度高、齿宽系数小时取小值，直齿、圆周速度高、精度低，齿宽系数大时取大值。齿轮在两轴承之间对称布置时取小值，齿轮在两轴承之间不对称布置及悬臂布置时取大值。

10.4 标准直齿圆柱齿轮传动的强度计算

10.4.1　齿根弯曲疲劳强度计算

由于轮缘刚度很大，故轮齿可看作是宽度为轮齿宽度的悬臂梁。轮齿在受载时，齿根所受的弯矩最大，因此齿根处的弯曲疲劳强度最弱。当轮齿在齿顶处啮合时，通常处于双对齿啮合区，此时弯矩的力臂虽然最大，但力并不是最大，因此弯矩并不是最大。根据分析，齿根所受的最大弯矩发生在轮齿啮合点位于单对齿啮合区最高点时。由于这种算法比较复杂，为了简化计算，通常按全部载荷作用于齿顶来计算齿根的弯曲强度。

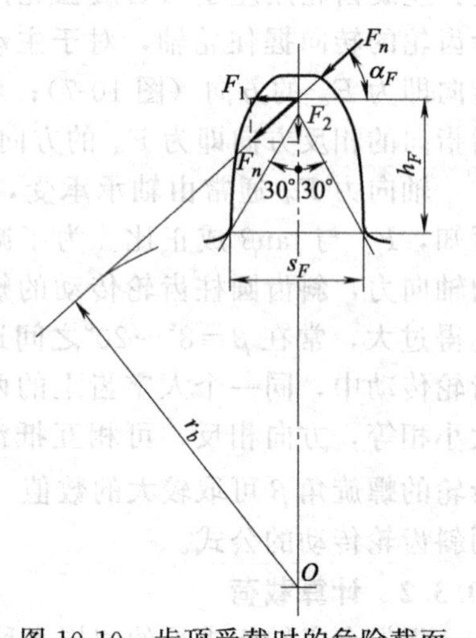

图10-10　齿顶受载时的危险截面

图10-10所示为齿顶受载时，轮齿根部的应力图。

如图10-10所示，假设轮齿为一悬臂梁，将式(10-1)代入，则考虑载荷系数K后齿根危险截面的弯

曲应力为

$$\sigma_{F0}=\frac{M}{W}=\frac{KF_n\cos\alpha_F h_F}{\dfrac{b\times s_F^2}{6}}=\frac{6KF_t\cos\alpha_F h_F}{bs_F^2\cos\alpha}$$

取 $h_F=K_h m$，$s_F=K_s m$，得

$$\sigma_{F0}=\frac{6KF_t\cos\alpha_F K_h m}{b\cos\alpha(K_s m)^2}=\frac{KF_t}{bm}\frac{6K_h\cos\alpha_F}{K_s^2\cos\alpha}$$

令
$$Y_{Fa}=\frac{6K_h\cos\alpha_F}{K_s^2\cos\alpha} \tag{10-3}$$

Y_{Fa}是一个无量纲的量，只与轮齿的齿廓形状有关，而与齿的大小（模数 m）无关，称为齿形系数。K_s 值大或K_h 值小的齿轮，Y_{Fa}的值要小些；Y_{Fa}小的齿轮抗弯曲强度高。若按 30°切线法确定齿根危险截面位置，则载荷作用于齿顶时的齿形系数 Y_{Fa} 可查图 10-11。

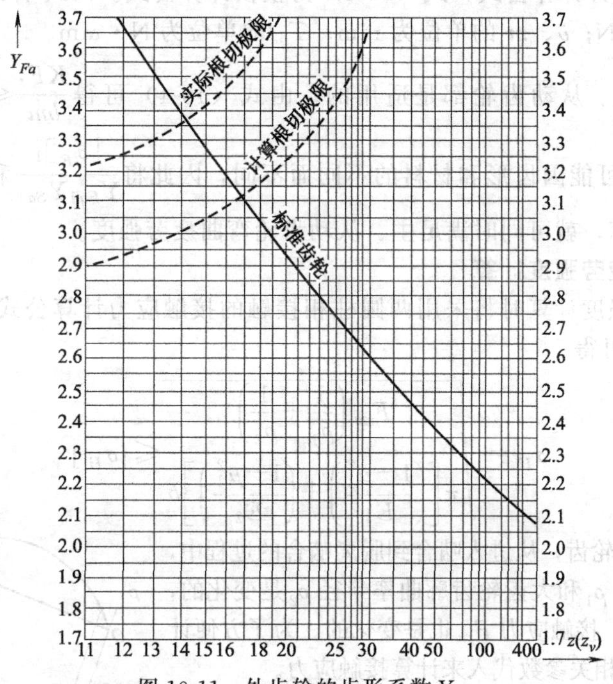

图 10-11　外齿轮的齿形系数 Y_{Fa}

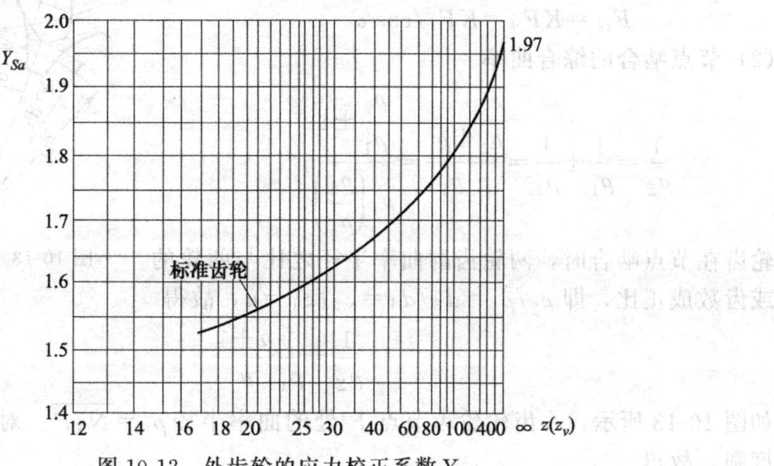

图 10-12　外齿轮的应力校正系数 Y_{Sa}

实际计算时需计入齿根危险截面处的过渡圆角所引起的应力集中作用以及弯曲应力以外的其它应力对齿根应力的影响，因此，齿根危险截面的弯曲强度条件式为

$$\sigma_F=\sigma_{F0}Y_{Sa}=\frac{KF_tY_{Fa}Y_{Sa}}{bm}\leqslant[\sigma_F] \tag{10-4}$$

式中，Y_{Sa}为载荷作用于齿顶时的应力校正系数（可查图 10-12）。

令

$$\phi_d=b/d_1$$

ϕ_d 称为齿宽系数（数值参看表 10-4），并将 $F=2T_1/d_1$ 及 $m=d_1/z_1$ 代入式（10-4），得

$$\sigma_F=\frac{2KT_1Y_{Fa}Y_{Sa}}{\phi_d m^3 z_1^2}\leqslant[\sigma_F] \tag{10-5}$$

于是得

$$m\geqslant\sqrt[3]{\frac{2KT_1}{\phi_d z_1^2}\frac{Y_{Fa}Y_{Sa}}{[\sigma_F]}} \tag{10-6}$$

式（10-6）为设计计算公式，式（10-4）为校核计算公式。两式中 σ_F、$[\sigma_F]$ 的单位为 MPa；F_t 的单位为 N；b、m 的单位为 mm；T_1 的单位为 N·mm。

式（10-4）对主、从动齿轮都是适用的。由式（10-4）可得$\frac{KF_t}{bm}\leqslant\frac{[\sigma_F]}{Y_{Fa}Y_{Sa}}$，由于主、从动齿轮的$\frac{[\sigma_F]}{Y_{Fa}Y_{Sa}}$可能因齿形和材料的不同而不同，因此将$\frac{[\sigma_F]_1}{Y_{Fa1}Y_{Sa1}}$和$\frac{[\sigma_F]_2}{Y_{Fa2}Y_{Sa2}}$中较小的值代入设计公式计算，就可同时满足主、从动齿轮弯曲疲劳强度。

10.4.2 齿面接触疲劳强度计算

齿面接触疲劳强度计算时将采用两圆柱相接触的接触应力计算公式（8-20），若以计算载荷 F_{ca}代替F_n，可得

$$\sigma_H=\sqrt{\frac{F_{ca}\left(\frac{1}{\rho_1}\pm\frac{1}{\rho_2}\right)}{\pi\left[\left(\frac{1-\mu_1^2}{E_1}\right)+\left(\frac{1-\mu_1^2}{E_2}\right)\right]b}}\leqslant[\sigma_H] \tag{10-7}$$

对于一对啮合的轮齿，从进入啮合到脱离啮合的过程中，小齿轮齿廓曲率半径 ρ_1 和大齿轮齿廓曲率半径 ρ_2 是变化的，考虑到重合度大于1，接触应力 F_{ca}也是变化的。为了方便计算，通常以节点处的相关参数代入来计算接触应力。

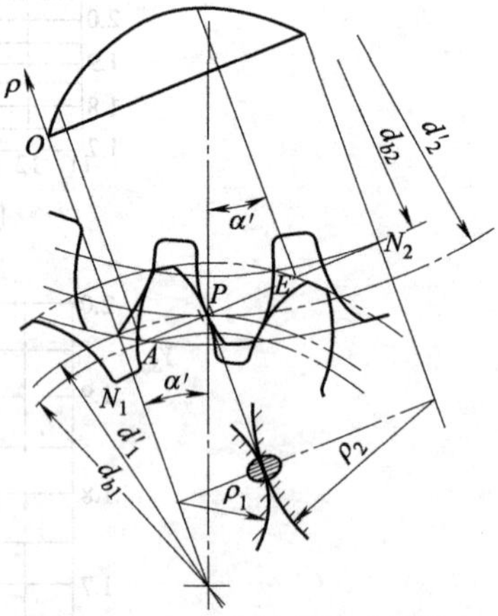

（1）计算载荷

$$F_{ca}=KF_n=KF_t/\cos\alpha$$

（2）节点啮合的综合曲率

$$\frac{1}{\rho_\Sigma}=\frac{1}{\rho_1}\pm\frac{1}{\rho_2}=\frac{\rho_2\pm\rho_1}{\rho_2\rho_1}=\frac{\frac{\rho_2}{\rho_1}\pm1}{\rho_1\left(\frac{\rho_2}{\rho_1}\right)}$$

图 10-13　齿面接触应力计算

轮齿在节点啮合时，两轮齿廓曲率半径之比与两轮的直径或齿数成正比，即 $\rho_2/\rho_1=d_2/d_1=z_2/z_1=u$，故得

$$\frac{1}{\rho_\Sigma}=\frac{1}{\rho_1}\frac{u\pm1}{u} \tag{10-8}$$

如图 10-13 所示，小齿轮轮齿节点 P 处的曲率半径 $\rho_1=\overline{N_1P}$。对于标准齿轮，节圆就是分度圆，故得

$$\rho_1 = d_1 \sin\alpha / 2$$

代入式（10-8）得

$$\frac{1}{\rho_\Sigma} = \frac{2}{d_1 \sin\alpha} \frac{u \pm 1}{u}$$

（3）求接触应力 σ_H

令

$$Z_E = \sqrt{\frac{1}{\pi\left[\left(\frac{1-\mu_1^2}{E_1}\right)+\left(\frac{1-\mu_1^2}{E_2}\right)\right]L}}$$

将以上参数代入式（10-7），得到

$$\sigma_H = \sqrt{\frac{KF_t}{b\cos\alpha}\frac{2}{d_1\sin\alpha}\frac{u\pm 1}{u}}Z_E = \sqrt{\frac{KF_t}{bd_1}\frac{u\pm 1}{u}}\sqrt{\frac{2}{\sin\alpha\cos\alpha}}Z_E \leqslant [\sigma_H]$$

令

$$Z_H = \sqrt{\frac{2}{\sin\alpha\cos\alpha}}$$

则

$$\sigma_H = \sqrt{\frac{KF_t}{bd_1}\frac{u\pm 1}{u}}Z_E Z_H \leqslant [\sigma_H] \tag{10-9}$$

式中　ρ——啮合齿面上啮合点的综合曲率半径，单位为 mm；

Z_E——弹性影响系数，单位为 $MPa^{1/2}$，数值列于表 10-3；

Z_H——区域系数（标准直齿轮 $\alpha=20°$时，$Z_H=2.5$）。

将 $F=2T_1/d_1$ 及 $\phi_d=b/d_1$ 代入上式得

$$\sqrt{\frac{2KT_1}{\phi_d d_1^3}\frac{u\pm 1}{u}}Z_E Z_H \leqslant [\sigma_H]$$

于是得

$$d_1 \geqslant \sqrt[3]{\frac{2KT_1}{\phi_d}\frac{u\pm 1}{u}\left(\frac{Z_H Z_E}{[\sigma_H]}\right)^2} \tag{10-10}$$

若将 $Z_H=2.5$ 代入式（10-9）及式（10-10），得

$$\sigma_H = 2.5 Z_E\sqrt{\frac{KF_t}{bd_1}\frac{u\pm 1}{u}} \leqslant [\sigma_H] \tag{10-11}$$

及

$$d_1 \geqslant 2.32\sqrt[3]{\frac{KT_1}{\phi_d}\frac{u\pm 1}{u}\left(\frac{Z_E}{[\sigma_H]}\right)^2} \tag{10-12}$$

式（10-10）、式（10-12）为标准直齿圆柱齿轮的设计计算公式；式（10-9）、式（10-11）为校核公式。各式中 σ_H、$[\sigma_H]$ 的单位为 MPa，d_1 的单位为 mm，其余各符号的意义和单位同前。

因配对齿轮的接触应力皆一样，即 $\sigma_{H1}=\sigma_{H2}$。同上理，若按齿面接触疲劳强度设计直齿轮传动时，应将 $[\sigma_H]_1$ 或 $[\sigma_H]_2$ 中较小的数值代入设计公式进行计算。

齿轮传动设计时，应首先按主要失效形式进行强度计算，确定其主要尺寸，然后对其他失效形式进行必要的校核。软齿面闭式传动常因齿面点蚀而失效，故通常先按齿面接触强度设计公式确定传动的尺寸，然后验算轮齿弯曲强度。硬齿面闭式齿轮传动抗点蚀能力较强，故可先按弯曲强度设计公式确定模数等尺寸，然后验算齿面接触强度。开式齿轮传动的主要失效形式是磨损，一般不出现点蚀。鉴于目前对磨损尚无成熟的计算方法，故对开式齿轮传动通常只进行弯曲强度计算，考虑到磨损对齿厚的影响，应适当降低开式传动的许用弯曲应力，以便使计算的模数值适当增大。

10.4.3　齿轮传动设计参数的选择

（1）齿数比 u

齿数比 $u=\frac{z_2}{z_1}$，对于一般减速传动，取 $u\leqslant 6\sim 8$，开式传动或手动传动，有时 u 可达 8～12。

表 10-3　弹性影响系数　　$MPa^{1/2}$

齿轮材料 \ 弹性模量 E/MPa	配对齿轮材料				
	灰铸铁	球墨铸铁	铸钢	锻钢	夹布塑胶
	11.8×10^4	17.3×10^4	20.2×10^4	20.6×10^4	0.785×10^4
锻钢	162.0	181.4	188.9	189.8	56.4
铸钢	161.4	180.5	188	—	—
球墨铸铁	156.6	173.9			
灰铸铁	143.7	—			

注：表中所列夹布塑胶的泊松比 μ 为 0.5，其余材料的 μ 均为 0.3。

（2）压力角 α 的选择

增大压力角 α，轮齿的齿厚及节点处的齿廓曲率半径亦皆随之增加，有利于提高齿轮传动的弯曲强度及接触强度。我国对一般用途的齿轮传动规定的标准压力角为 $\alpha=20°$。为增强航空用齿轮传动的弯曲强度及接触强度，我国航空齿轮传动标准还规定了 $\alpha=25°$的标准压力角。由 $F_r=F_t\tan\alpha$ 可知，在传递同样圆周力的情况下，压力角增加将导致齿轮的径向力增大，所以增大压力角并不一定都对传动有利。

（3）齿数 z 的选择

为使轮齿免于根切，对于 $\alpha=20°$的标准直齿圆柱齿轮，应取 $z_1\geqslant17$。若保持齿轮传动的中心距 a 不变，增加齿数，除能增大重合度、改善传动的平稳性外，还可减小模数，降低齿高，因而减少金属切削量，节省制造费用。另外，降低齿高还能减小滑动速度，减少磨损及减小胶合的危险性。但模数小了，齿厚随之减薄，齿轮的弯曲强度则要降低。在满足齿轮的弯曲强度的条件下，宜取较多的齿数。

通常取 $z_1\geqslant18\sim30$，闭式传动，硬度小于 350HBS，过载不大，宜取较大值；硬度大于 350HBS，过载较大，宜取较小值。开式（半开式）齿轮传动，由于轮齿主要为磨损失效，为使轮齿不致过小，齿数宜取较小值，一般可取 $z_1=17\sim20$。

小齿轮齿数确定后，按齿数比 $u=z_2/z_1$ 可确定大齿轮齿数 z_2。为了使各个相啮合齿对磨损均匀，传动平稳，z_2 与 z_1 一般应尽可能互为质数。

（4）齿宽系数 ϕ_d 的选择

由齿轮的强度计算公式可知，轮齿愈宽，承载能力也愈高，但增大齿宽又会使齿面上的载荷分布更宜趋于不均匀，故齿宽系数应取得适当。圆柱齿轮齿宽系数 ϕ_d 的荐用值列于表 10-4 中。

表 10-4　圆柱齿轮齿宽系数 ϕ_d

装置状况	两支承相对小齿轮作对称布置	两支承相对小齿轮作不对称布置	小齿轮作悬臂布置
ϕ_d	0.9～1.4(1.2～1.9)	0.7～1.15(1.1～1.65)	0.4～0.6

注：1. 大、小齿轮皆为硬齿面时，ϕ_d 应取表中偏下限值；若皆为软齿面或仅大齿轮为软齿面时，ϕ_d 可取表中偏上限的数值。

2. 括号内的数值用于人字齿轮，此时 b 为人字齿轮的总宽度。

3. 金属切削机床的齿轮传动，若传递的功率不大时，ϕ_d 可小到 0.2。

4. 非金属齿轮可取 $\phi_d=0.5\sim1.2$。

圆柱齿轮的实用齿宽，在按 $b=\phi_d d_1$ 计算后再做适当圆整。为防止大小齿轮因装配误差产生轴向错位时导致实际啮合齿宽减小而增大轮齿的工作载荷，常将小齿轮的齿宽在圆整值的基础上人为地加宽 5～10mm。

10.5 齿轮材料的许用应力与精度选择

10.5.1 齿轮传动的许用应力

本书荐用的齿轮的疲劳极限是用 $m=3\sim5\text{mm}$、$\alpha=20°$、$b=10\sim50\text{mm}$、$v=10\text{m/s}$，齿轮精度等级4～6级（GB/T 10095—1988），载荷系数 $K=1$，齿面粗糙度约为 $Ra0.8$ 的直齿圆柱齿轮副试件，按失效概率为1%，经持久疲劳试验确定的。对一般的齿轮传动，因绝对尺寸、齿面粗糙度、圆周速度及润滑等对实际所用齿轮的疲劳极限的影响不大，通常都不予考虑，只要考虑应力循环次数对疲劳极限的影响即可。

齿轮弯曲疲劳强度的许用应力 $[\sigma_F]$ 和触疲疲劳强度的许用应力 $[\sigma_H]$ 按下两式计算

$$[\sigma_F]=\frac{K_{FN}\sigma_{F\lim}}{S_F} \tag{10-13}$$

$$[\sigma_H]=\frac{K_{HN}\sigma_{H\lim}}{S_H} \tag{10-14}$$

式中 S_F——弯曲疲劳强度安全系数，对齿根弯曲疲劳强度来说，如果一旦发生断齿，就会引起严重的事故，因此在进行齿根弯曲疲劳强度计算时取 $S_F=1.25\sim1.5$，通常大于接触疲劳强度安全系数；

S_H——接触疲劳强度安全系数，对于接触疲劳强度计算，由于点蚀破坏发生后只引起噪声、振动增大，并不立即导致不能继续工作的后果，故可取 $S_H=1$；

K_{FN}、K_{HN}——考虑应力循环次数影响的系数，称为寿命系数，弯曲疲劳寿命系数 K_{FN} 查图10-14；接触疲劳寿命系数 K_{HN} 查图10-15；设 n 为齿轮的转速（单位为r/min）；j 为齿轮每转一圈时，同一侧齿面啮合的次数；L_h 为齿轮的工作寿命（单位为h），则齿轮的工作应力循环次数 N 按下式计算

$$N=60njL_h \tag{10-15}$$

双向工作时，按啮合次数较多的一侧计算；

$\sigma_{F\lim}$——齿轮的疲劳极限，弯曲疲劳强度极限值用 σ_{FE} 代入，查图10-16，图中的 $\sigma_{FE}=\sigma_{F\lim}Y_{ST}$，$Y_{ST}$ 为试验齿轮的应力校正系数，取 $Y_{ST}=2$；接触疲劳强度极限值 $\sigma_{H\lim}$ 查图10-17。

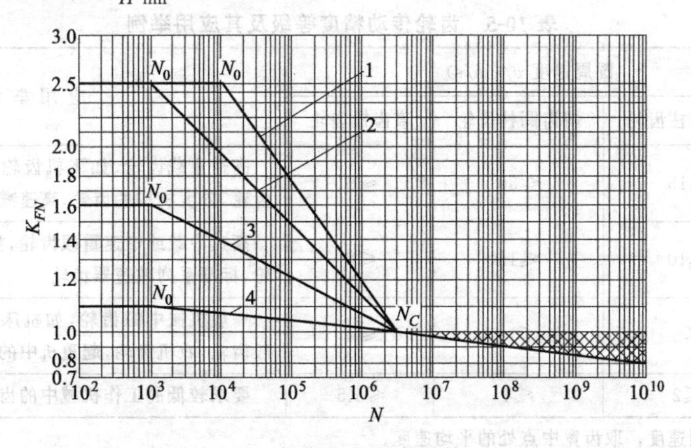

图10-14 弯曲疲劳寿命系数 K_{FN}

1—调质钢；球墨铸铁(珠光体、贝氏体)；珠光体可锻铸铁
2—渗碳淬火的渗碳钢；全齿廓火焰或感应淬火的钢、球墨铸铁
3—渗氮的渗氮钢；球墨铸铁(铁素体)；灰铸铁；结构钢
4—氮碳共渗的调质钢、渗碳钢

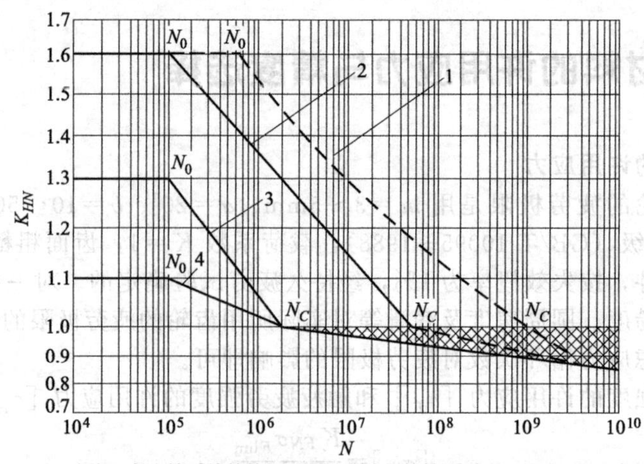

1— 允许一定点蚀时的结构钢；调质钢；球墨铸铁(珠光体、贝氏体)；珠光体可锻铸铁；渗碳淬火的渗碳钢

2— 结构钢；调质钢；渗碳淬火钢；火焰或感应淬火的钢、球墨铸铁；球墨铸铁(珠光体、贝氏体)；珠光体可锻铸铁

3— 灰铸铁；球墨铸铁(铁素体)；渗氮的渗氮钢；调质钢、渗碳钢

4— 氮碳共渗的调质钢、渗碳钢

图 10-15　接触疲劳寿命系数 K_{HN}

由于材料品质的不同，对齿轮的疲劳强度极限共给出了代表材料质量等级的三条线，其中 ML 是齿轮材料品质和热处理质量达到最低要求时的疲劳强度取值线，MQ 是齿轮材料品质和热处理质量达到中等要求时的疲劳强度极限取值线，ME 是齿轮材料品质和热处理质量很高时的疲劳强度极限取值线。另外，在 GB/T 3480—1997 的强度极限图中还列有 MX 线，它是齿轮材料对淬透性及金相组织有特别考虑的调质合金钢的疲劳强度极限的取值线。

图 10-16、图 10-17 所示的极限应力值，一般选取其中间偏下值，即在 MQ 及 ML 中间选值。图 10-16 所示为脉动循环应力的极限应力。对称循环应力（中间轮、行星轮的齿根弯曲应力）的极限应力值仅为脉动循环应力的 70%。

10.5.2　齿轮精度的选择

通常齿轮的精度越高，齿轮的制造成本就越高，所以精度等级要选得合适。各类机器所用齿轮传动的精度等级范围列于表 10-5 中。

表 10-5　齿轮传动精度等级及其应用举例

精度等级	圆周速度 v/(m/s)			应用举例
	直齿圆柱齿轮	斜齿圆柱齿轮	直齿锥齿轮	
6	≤15	≤30	≤9	高速重载齿轮，如飞机齿轮，机床、汽车中的重要齿轮，分度机构的齿轮，高速减速器的齿轮
7	≤10	≤15	≤8	高速中载或中速重载齿轮，如机床、汽车变速箱齿轮，标准系列减速器齿轮
8	≤5	≤10	≤4	一般机械中的齿轮，如机床、汽车、拖拉机中的一般齿轮，农机齿轮，起重机中的齿轮
9	≤2	≤4	≤1.5	要求较低的工作机械中的齿轮

注：锥齿轮的圆周速度，取齿宽中点处的平均速度。

【例 10-1】 设计某化工厂尿素生产线上的带式输送机二级减速器的高速级齿轮传动。齿轮相对于支承为非对称布置。已知输入功率 $P_1=11\text{kW}$，电机驱动，电机转速 $n_1=970\text{r/min}$，齿数比 $u=3.5$，工作寿命 15 年（每年工作 250 天），三班制，单向运转，工作平稳。

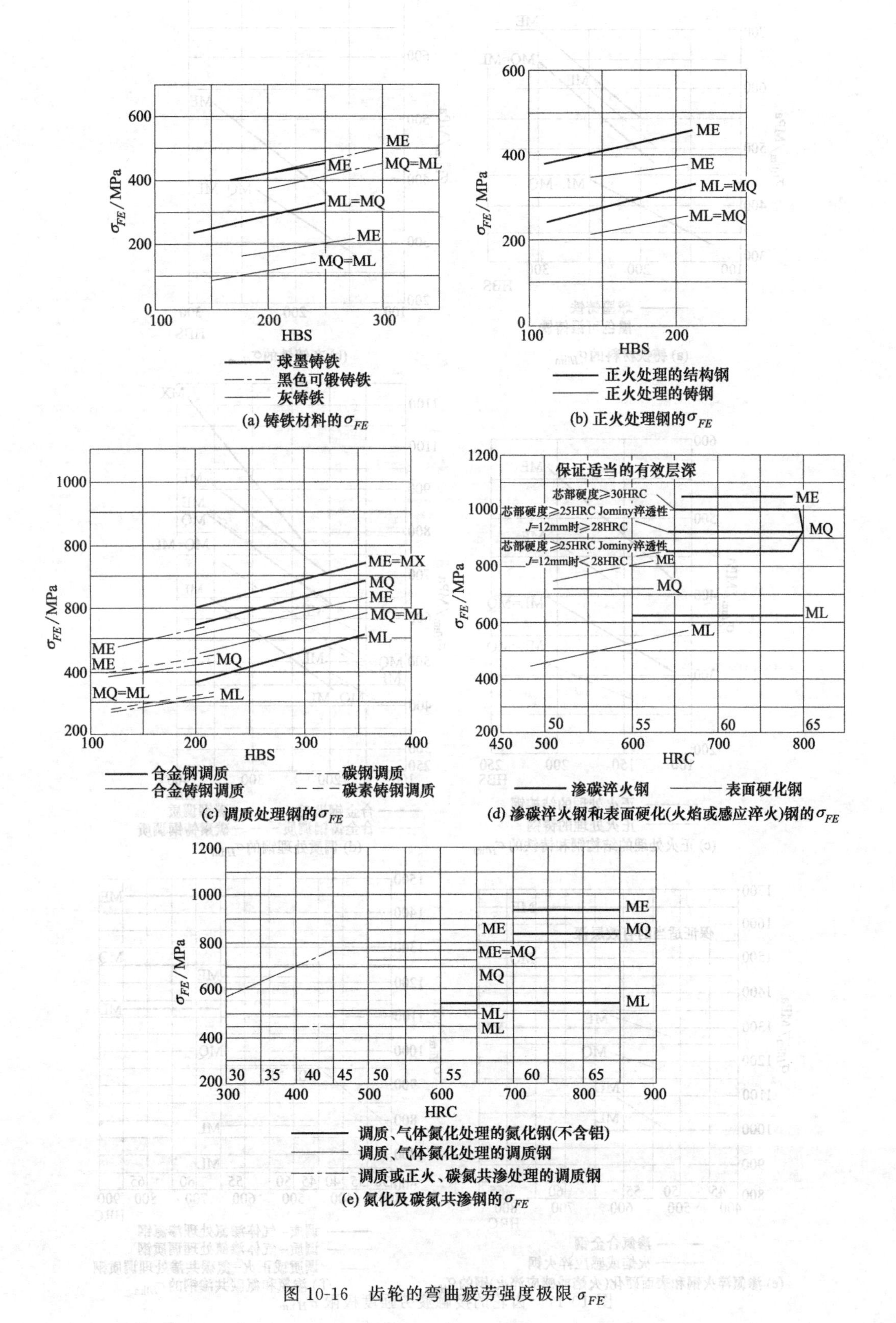

图 10-16　齿轮的弯曲疲劳强度极限 σ_{FE}

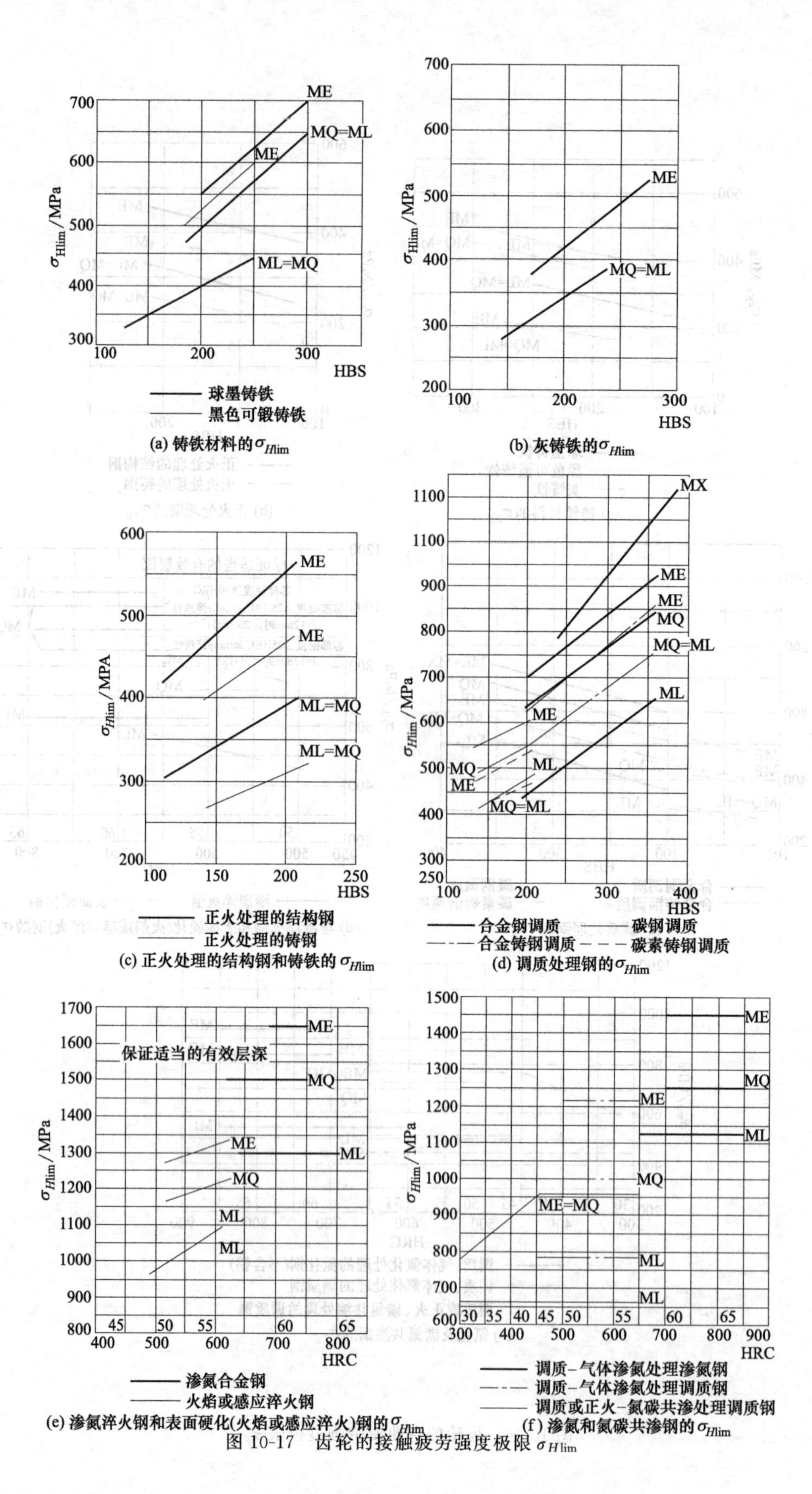

图 10-17　齿轮的接触疲劳强度极限 $\sigma_{H\lim}$

解 (1) 选定齿轮类型、精度等级、材料

ⅰ. 选用直齿圆柱齿轮传动，初选7级精度。

ⅱ. 由表10-1选小齿轮材料为40Cr（调质），硬度为270HBS，大齿轮为45钢（调质），硬度为240HBS。

(2) 齿轮强度设计与校核

① 齿面接触疲劳强度设计　初选小轮齿数 $z_1=23$，大齿轮齿数 $z_2=z_1\times u=23\times3.5=80.5$，取 $z_2=80$。

由设计公式（10-12）

$$d_1\geqslant2.32\sqrt[3]{\frac{KT_1}{\phi_d}\frac{u\pm1}{u}\left(\frac{Z_E}{[\sigma_H]}\right)^2}$$

ⅰ. 确定公式中各参数。

ⓘ 选载荷系数 $K=1.4$。

ⓘⓘ 计算小齿轮的转矩　$T_1=95.5\times10^5\frac{P_1}{n_1}=95.5\times10^5\times\frac{11}{970}=1.083\times10^5$（N·mm）

ⓘⓘⓘ 由表10-4选取 $\phi_d=0.9$；

ⓘⓥ 由表10-3查得材料的弹性影响系数 $Z_E=189.8\text{MPa}^{1/2}$。

ⓥ 由图10-17按齿面硬度查得小齿轮接触疲劳强度极限；$\sigma_{H\lim1}=650\text{MPa}$；大齿轮接触疲劳强度极限；$\sigma_{H\lim2}=550\text{MPa}$。

ⓥⓘ 由式（10-15）计算应力循环次数

$$N_1=60n_1jL_h=60\times970\times1\times(3\times8\times250\times15)=5.238\times10^9$$

$$N_2=5.238\times10^9/3.5=1.497\times10^9$$

ⓥⓘⓘ 由图10-15查得 $K_{HN1}=0.9$，$K_{HN2}=0.92$

ⓥⓘⓘⓘ 计算接触疲劳许用应力。取 $S_H=1$，由式（10-13）得到

$$[\sigma_H]_1=\frac{K_{HN1}\sigma_{H\lim1}}{S_H}=0.9\times650\text{MPa}=585\text{MPa}$$

$$[\sigma_H]_2=\frac{K_{HN2}\sigma_{H\lim2}}{S_H}=0.92\times550\text{MPa}=506\text{MPa}$$

ⅱ. 计算小齿轮分度圆直径 d_1，代入许用应力小的值

$$d_1\geqslant2.32\sqrt[3]{\frac{KT_1}{\phi_d}\frac{u+1}{u}\left(\frac{Z_E}{[\sigma_H]}\right)^2}=2.32\sqrt[3]{\frac{1.4\times1.083\times10^5}{0.9}\frac{3.5+1}{3.5}\left(\frac{189.8}{506}\right)^2}\text{mm}$$

$$=72.47\text{mm}$$

ⅲ. 计算模数：

模数　$$m=\frac{d_1}{z_1}=\frac{72.47}{23}=3.151\ (\text{mm})$$

按表4-1取　$$m=3.5\text{mm}$$

ⅳ. 计算齿宽 b：

$$b=0.9\times72.47=65.023\ (\text{mm})，取\ b=66\text{mm}$$

ⅴ. 计算 $d_1=z_1m=23\times3.5=80.5$（mm）

② 校核　按齿根弯曲疲劳强度校核

$$\sigma_F=\frac{KF_tY_{Fa}Y_{Sa}}{bm}\leqslant[\sigma_F]$$

ⅰ. 求圆周力 F_t：

$$F_t=2T_1/d_1=2\times1.083\times10^5/(23\times3.5)=2690.7\ (\text{N})$$

ⅱ. 由图10-11和图10-12查得齿形系数 Y_{Fa} 和应力校正系数 Y_{Sa}：$Y_{Fa1}=2.71$，$Y_{Sa1}=$

1.58；$Y_{Fa2}=2.23$，$Y_{Sa2}=1.78$。

ⅲ. 根据 270HBS 由图 10-16 查得小齿轮的弯曲疲劳强度 $\sigma_{FE1}=550\text{MPa}$，$\sigma_{FE2}=420\text{MPa}$，根据 N_1 和 N_2 由图 10-14 查得 $K_{FN1}=0.85$，$K_{FN2}=0.88$，取安全系数 $S_F=1.5$，由式 (10-13) 计算得：

$$[\sigma_F]_1=\frac{K_{FN1}\sigma_{FE1}}{S}=\frac{0.85\times550}{1.5}=311.7\ (\text{MPa})$$

$$[\sigma_F]_2=\frac{K_{FN2}\sigma_{FE2}}{S}=\frac{0.88\times420}{1.5}=246.4\ (\text{MPa})$$

ⅳ. 计算比较大、小齿轮的$\dfrac{[\sigma_F]}{Y_{Fa}Y_{Sa}}$

$$\frac{[\sigma_F]_1}{Y_{Fa1}Y_{Sa1}}=\frac{311.7}{2.71\times1.58}=72.796$$

$$\frac{[\sigma_F]_2}{Y_{Fa2}Y_{Sa2}}=\frac{246.4}{2.23\times1.78}=62.07$$

因为大齿轮的$\dfrac{[\sigma_F]}{Y_{Fa}Y_{Sa}}$值小，只需校核大齿轮的弯曲疲劳强度即可。

ⅴ. 校核齿根弯曲疲劳强度：

$$\sigma_{F2}=\frac{KF_tY_{Fa2}Y_{Sa2}}{bm}=\frac{1.4\times2690.7\times2.23\times1.78}{66\times3.5}=64.73\leqslant[\sigma_F]_2$$

齿轮弯曲疲劳强度满足要求。

此时齿根弯曲疲劳强度裕量较大，模数还有较大的减小空间。若希望减小模数，则可按齿根弯曲疲劳强度重新进行模数设计，但一定要同时保证满足接触疲劳强度。

(3) 最终齿轮几何尺寸

ⅰ. 分度圆直径：$d_1=z_1m=23\times3.5=80.5$ (mm)
$d_2=z_2m=80\times3.5=280$ (mm)

ⅱ. 中心距：

$$a=\frac{d_1+d_2}{2}=\frac{80.5+280}{2}=180.25\ (\text{mm})$$

ⅲ. 齿轮宽度：

取 $b_1=71\text{mm}$，$b_2=66\text{mm}$。

(4) 结构设计及绘制齿轮零件图

(从略)

10.6 标准斜齿圆柱齿轮传动的强度计算

10.6.1 标准斜齿圆柱齿轮传动重合度

标准斜齿圆柱齿轮传动端面重合度可以根据齿数 z 和螺旋角 β 由图 10-18 查得的大小齿轮端面齿顶重合度来进行计算。

斜齿轮的纵向重合度 ε_β 可按以下公式计算：

$$\varepsilon_\beta=b\sin\beta/(\pi m)=0.318\phi_d z_1\tan\beta$$

10.6.2 齿根弯曲疲劳强度计算

如图 10-19 所示，斜齿轮齿面上的接触线为一斜线。受载时，轮齿的失效形式为局部折断。斜齿轮的弯曲强度，若按轮齿局部折断分析则较繁。现对比直齿轮的弯曲强度计算，仅就其计算特点作必要的说明。

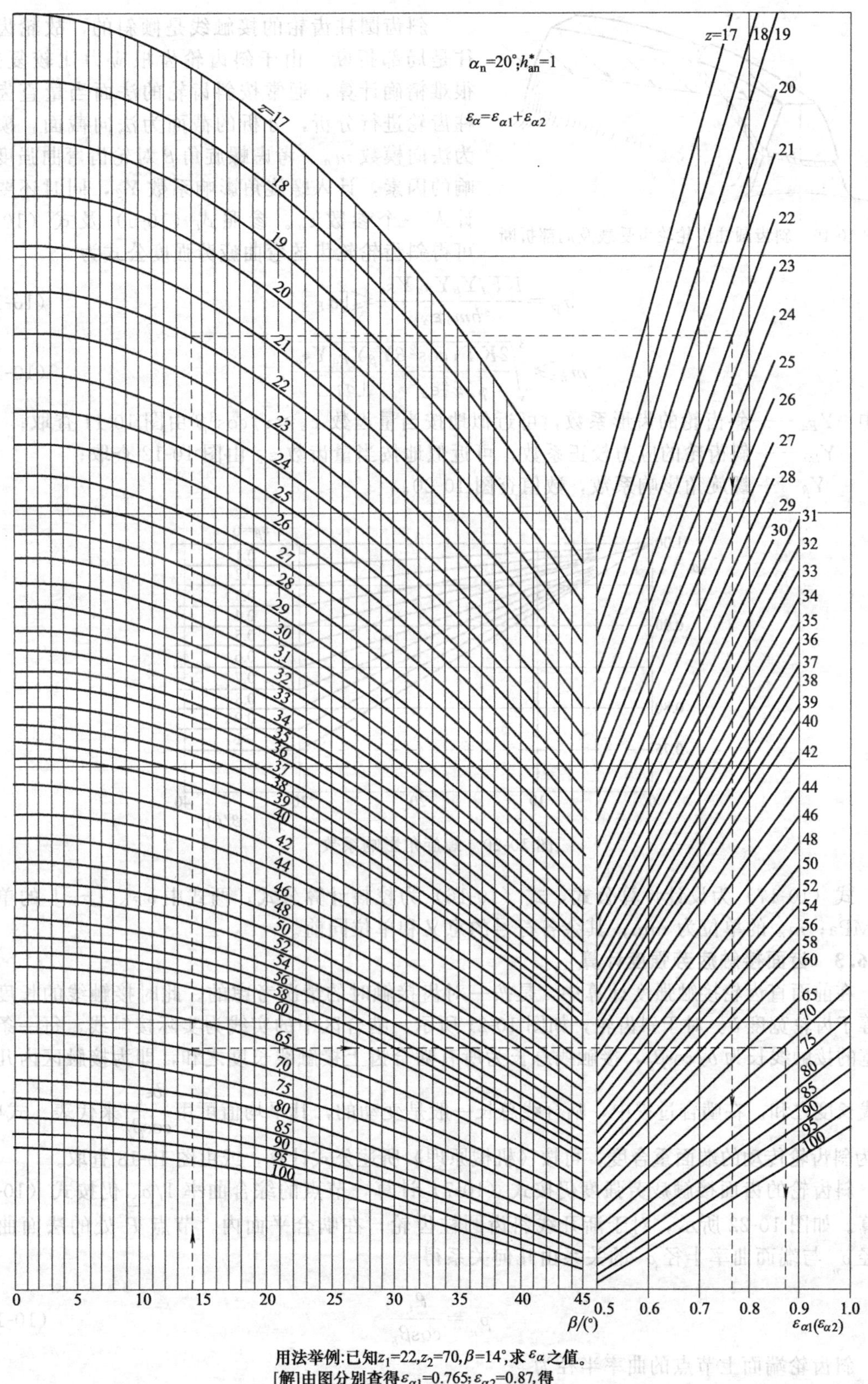

用法举例：已知$z_1=22,z_2=70,\beta=14°$，求ε_α之值。
[解]由图分别查得$\varepsilon_{\alpha1}=0.765$；$\varepsilon_{\alpha2}=0.87$，得
$\varepsilon_\alpha=\varepsilon_{\alpha1}+\varepsilon_{\alpha2}=0.765+0.87=1.635$

图 10-18　标准齿轮端面齿顶重合度

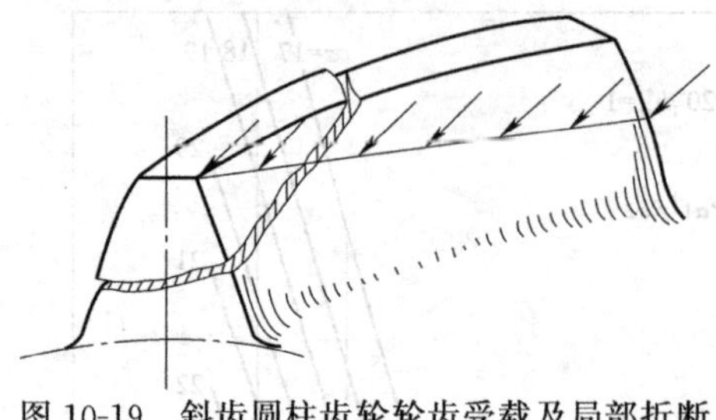

图 10-19　斜齿圆柱齿轮轮齿受载及局部折断

斜齿圆柱齿轮的接触线是倾斜的，故轮齿往往是局部折断。由于斜齿轮齿根应力比较复杂，很难精确计算，通常按斜齿轮的法面当量直齿圆柱齿轮进行分析，分析的截面为法向截面，模数为法向模数 m_n。考虑螺旋角 β 对轮齿弯曲强度影响的因素，计入螺旋角影响系数 Y_β，同时还要多计入一个参数 ε_α。参照式（10-5）及式（10-6）可得斜齿轮轮齿的弯曲疲劳强度公式为

$$\sigma_F=\frac{KF_tY_\beta Y_{Fa}Y_{Sa}}{bm_n\varepsilon_\alpha}\leqslant[\sigma_F] \tag{10-16}$$

$$m_n\geqslant\sqrt[3]{\frac{2KT_1\cos^2\beta Y_\beta}{\phi_d z_1^2\varepsilon_\alpha}\frac{Y_{Fa}Y_{Sa}}{[\sigma_F]}} \tag{10-17}$$

式中　Y_{Fa}——斜齿轮的齿形系数，可近似地按当量齿数 $z_v\approx z/\cos^3\beta$ 由图 10-11 查取；

Y_{Sa}——斜齿轮的应力校正系数，可近似地按当量齿数 z_v 由图 10-12 查取；

Y_β——螺旋角影响系数，数值查图 10-20。

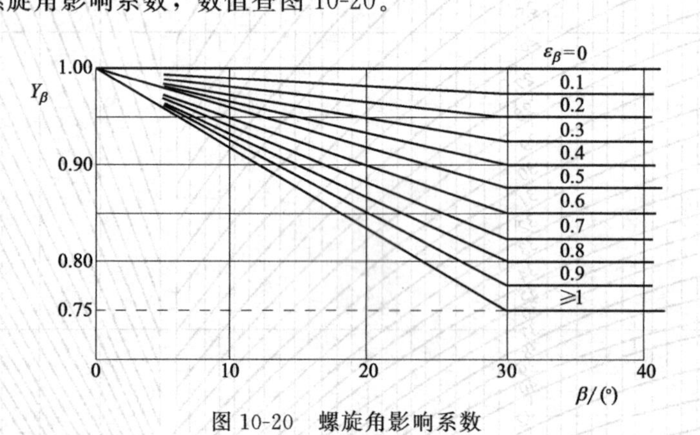

图 10-20　螺旋角影响系数

式（10-17）为设计计算公式，式（10-16）为校核计算公式。两式中 σ_F、$[\sigma_F]$ 的单位为 MPa；m_n 的单位为 mm；其余各符号的意义和单位同前。

10.6.3　齿面接触疲劳强度计算

在前面直齿轮接触强度计算中，是按一对齿接触时的情况考虑的。此时接触线的长度 L 就等于齿轮宽度 b。对于斜齿轮，如图 10-21 所示，啮合区中的实线为实际接触线，每一条全齿宽的接触线长为 $b/\cos\beta_b$，接触线总长为所有啮合齿上接触线长度之和，即为接触区内几条实线长度之和。在啮合过程中，啮合线总长一般是变动的，其平均值可用 $\frac{b\varepsilon_\alpha}{\cos\beta_b}$ 来代表。式中，ε_α 为斜齿轮传动的端面重合度，可按《机械原理》所述公式计算，或由图 10-18 查取。

斜齿轮的齿面接触疲劳强度仍按式（10-7）计算，节点的综合曲率 $1/\rho_\Sigma$ 仍按式（10-8）计算。如图 10-22 所示，对于渐开线斜齿圆柱齿轮，在啮合平面内，节点 P 处的法面曲率半径 ρ_n 与端面曲率半径 ρ_t 的关系由几何关系得

$$\rho_n=\frac{\rho_t}{\cos\beta_b} \tag{10-18}$$

斜齿轮端面上节点的曲率半径为

$$\rho_t=\frac{d\sin\alpha_t}{2} \tag{10-19}$$

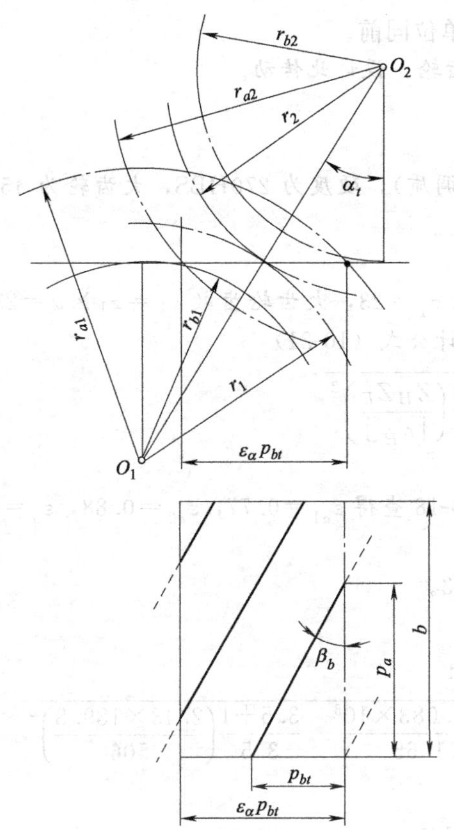

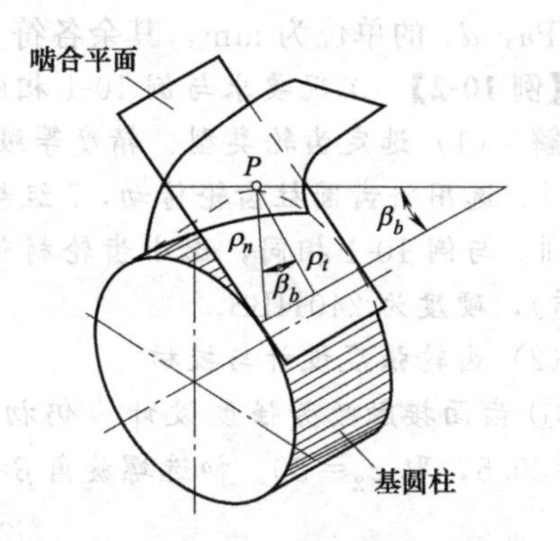

图 10-22 斜齿圆柱齿轮法面曲率半径

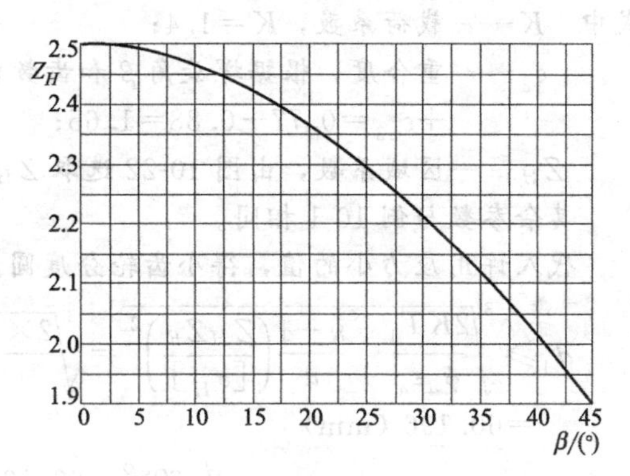

图 10-21 斜齿圆柱齿轮传动的啮合区

图 10-23 区域系数 Z_H（$\alpha_n=20°$）

因而由式（10-8）、式（10-18）及式（10-19）得

$$\frac{1}{\rho_\Sigma}=\frac{1}{\rho_{n1}}\pm\frac{1}{\rho_{n2}}=\frac{2\cos\beta_b}{d_1\sin\alpha_t}\pm\frac{2\cos\beta_b}{ud_1\sin\alpha_t}=\frac{2\cos\beta_b}{d_1\sin\alpha_t}\left(\frac{u\pm1}{u}\right)$$

将上式替代式（10-7）中的$\frac{1}{\rho_\Sigma}=\frac{2}{d_1\sin\alpha}\frac{u\pm1}{u}$，$b$ 用$\frac{b\varepsilon_\alpha}{\cos\beta_b}$替代，并考虑到斜齿轮的法向力为 $F_n=F_t/(\cos\alpha_t\cos\beta_b)$，可得到：

$$\sigma_H=\sqrt{\frac{KF_t}{b\varepsilon_\alpha\cos\alpha_t}}\sqrt{\frac{2\cos\beta_b}{d_1\sin\alpha_t}\left(\frac{u\pm1}{u}\right)}Z_E$$

$$=\sqrt{\frac{KF_t}{bd_1\varepsilon_\alpha}\frac{u\pm1}{u}}\sqrt{\frac{2\cos\beta_b}{\sin\alpha_t\cos\alpha_t}}Z_E\leqslant[\sigma_H]$$

令

$$Z_H=\sqrt{\frac{2\cos\beta_b}{\sin\alpha_t\cos\alpha_t}}$$

Z_H 称为区域系数。图 10-23 为法向压力角 $\alpha_n=20°$的标准齿轮的 Z_H 值。于是得

$$\sigma_H=\sqrt{\frac{KF_t}{bd_1\varepsilon_\alpha}\frac{u\pm1}{u}}Z_HZ_E\leqslant[\sigma_H] \tag{10-20}$$

同前理，由上式可得

$$d_1\geqslant\sqrt[3]{\frac{2KT_1}{\phi_d\varepsilon_\alpha}\frac{u\pm1}{u}\left(\frac{Z_HZ_E}{[\sigma_H]}\right)^2} \tag{10-21}$$

式（10-21）为设计计算公式，式（10-20）为校核计算公式。两式中 σ_H、$[\sigma_H]$ 的单位

为 MPa，d_1 的单位为 mm，其余各符号的意义和单位同前。

【例 10-2】 工况要求与例 10-1 相同，选用斜齿轮，设计此传动。

解 (1) 选定齿轮类型、精度等级、材料

ⅰ. 选用斜齿圆柱齿轮传动，7 级精度。

ⅱ. 与例 10-1 相同，选小齿轮材料为 40Cr（调质），硬度为 270HBS，大齿轮为 45 钢（调质），硬度为 240HBS。

(2) 齿轮强度设计与校核

① 齿面接触疲劳强度设计　仍初选小轮齿数 $z_1=23$，大齿轮齿数 $z_2=z_1\times u=23\times 3.5=80.5$，取 $z_2=80$。初选螺旋角 $\beta=14°$，由设计公式（10-21）

$$d_1\geqslant\sqrt[3]{\frac{2KT_1}{\phi_d\varepsilon_\alpha}\quad\frac{u\pm1}{u}\left(\frac{Z_HZ_E}{[\sigma_H]}\right)^2}$$

式中　K——载荷系数，$K=1.4$；

ε_α——重合度，根据螺旋角 β 和齿数由图 10-18 查得 $\varepsilon_{\alpha1}=0.77$，$\varepsilon_{\alpha2}=0.88$，$\varepsilon_\alpha=\varepsilon_{\alpha1}+\varepsilon_{\alpha2}=0.77+0.88=1.65$；

Z_H——区域系数，由图 10-22 选取 $Z_H=2.43$。

其余参数与例 10-1 相同。

代入许用应力小的值，得小齿轮分度圆直径 d_1

$$d_1\geqslant\sqrt[3]{\frac{2KT_1}{\phi_d\varepsilon_\alpha}\quad\frac{u+1}{u}\left(\frac{Z_HZ_E}{[\sigma_H]}\right)^2}=\sqrt[3]{\frac{2\times1.4\times1.083\times10^5}{0.9\times1.65}\quad\frac{3.5+1}{3.5}\left(\frac{2.43\times189.8}{506}\right)^2}$$

$=60.196$ (mm)

$$m_n=\frac{d_1\cos\beta}{z_1}=\frac{60.196\times\cos14°}{23}=2.539\ (\text{mm})$$

② 按齿根弯曲疲劳强度设计　由式（10-17）可知

$$m_n\geqslant\sqrt[3]{\frac{2KT_1\cos^2\beta}{\phi_dz_1^2\varepsilon_\alpha}\quad\frac{Y_\beta Y_{Fa}Y_{Sa}}{[\sigma_F]}}$$

式中　Y_{Fa}，Y_{Sa}——齿形系数和应力校正系数，根据 $z_{v1}=\frac{z_1}{\cos^3\beta}=25.18$，$z_{v2}=\frac{z_2}{\cos^3\beta}=87.57$，由图 10-11 和图 10-12 查得 $Y_{Fa1}=2.67$，$Y_{Sa1}=1.59$；$Y_{Fa2}=2.21$，$Y_{Sa2}=1.79$；

Y_β——螺旋角影响系数，根据纵向重合度 $\varepsilon_\beta=0.318\phi_dz_1\tan\beta=0.318\times0.9\times23\times\tan14°=1.641$，由图 10-19 查得 $Y_\beta=0.88$。

由
$$\frac{[\sigma_F]_1}{Y_{Fa1}Y_{Sa1}}=\frac{311.7}{2.67\times1.78}=65.59，\frac{[\sigma_F]_2}{Y_{Fa2}Y_{Sa2}}=\frac{246.4}{2.21\times1.79}=62.29$$

可知，大齿轮的$\frac{[\sigma_F]}{Y_{Fa}Y_{Sa}}$值小，只需按大齿轮的弯曲疲劳强度设计，在设计公式中可将此值的倒数代入，有

$$m_n\geqslant\sqrt[3]{\frac{2KT_1\cos^2\beta}{\phi_dz_1^2\varepsilon_\alpha}\quad\frac{Y_\beta Y_{Fa2}Y_{Sa2}}{[\sigma_F]_2}}$$

$$=\sqrt[3]{\frac{2\times1.4\times1.083\times10^5\cos^2 14°}{0.9\times23^2\times1.65}\quad\frac{0.88}{62.29}}=1.981\ (\text{mm})$$

根据表 4-1 查取 $m_n=2$mm。

为了同时满足接触疲劳强度要求，保证足够的分度圆直径大小，调整齿轮齿数

$$z_1=\frac{d_1\cos\beta}{m_n}=\frac{60.196\times\cos14^\circ}{2}=29.2$$

取 $z_1=29$，$z_2=z_1u=29\times3.5=101.5$，取 $z_2=101$。

(3) 最终齿轮几何尺寸

ⅰ. 中心距：

$$a=\frac{m_n}{2\cos\beta}(z_1+z_2)=\frac{2}{2\cos14^\circ}(29+101)=133.98\ (\text{mm})$$

将中心距圆整到 $a=135\text{mm}$，则需要重新计算螺旋角

$$\beta=\arccos\left(\frac{m_n(z_1+z_2)}{2a}\right)=\arccos\left(\frac{2\times(29+101)}{2\times135}\right)=15.642^\circ$$

因 β 角度变化不大，不用重新计算相关参数。

ⅱ. 分度圆直径： $d_1=\frac{z_1m_n}{\cos\beta}=\frac{29\times2}{\cos15.642^\circ}=60.231\ (\text{mm})$

$$d_2=\frac{Z_2m_n}{\cos\beta}=\frac{101\times2}{\cos15.642^\circ}=209.769\ (\text{mm})$$

由于 $d_1>60.196\text{mm}$，可同时保证接触疲劳强度。

ⅲ. 齿轮宽度：$b=0.9\times60.231=54.21\ (\text{mm})$

取 $b_1=60\text{mm}$，$b_2=55\text{mm}$。

(4) 结构设计及绘制齿轮零件图

(从略)

10.7 标准锥齿轮传动的强度计算

锥齿轮传动可设计成不同的型式，有直齿、斜齿和曲齿之分，其中直齿最常用，所以下面着重介绍最常用的、轴交角 $\Sigma=90^\circ$ 的标准直齿锥齿轮传动的强度计算。

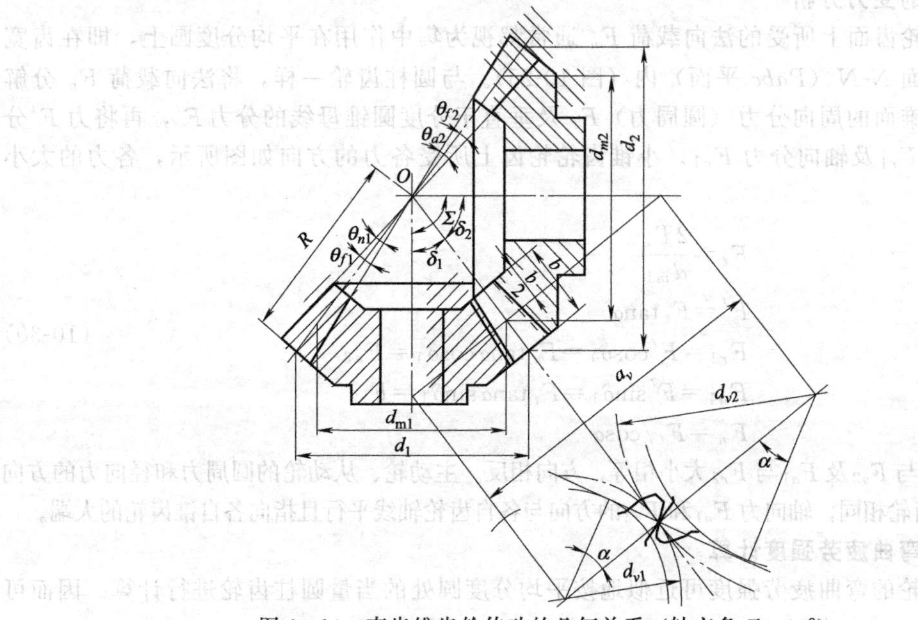

图 10-24 直齿锥齿轮传动的几何关系（轴交角 $\Sigma=90^\circ$）

10.7.1 设计参数

直齿锥齿轮传动是以大端参数为标准值的。在强度计算时，则以齿宽中点处的当量齿轮作为计算的依据。对轴交角 $\Sigma=90°$ 的直齿锥齿轮传动，其齿数比 u、锥距 R（图 10-24）、分度圆直径 d_1、d_2、平均分度圆直径 d_{m1}、d_{m2}、当量齿轮的分度圆直径 d_{v1}/d_{v2} 之间的关系分别为：

$$u=\frac{z_2}{z_1}=\frac{d_2}{d_1}=\cot\delta_1=\tan\delta_2 \tag{10-22}$$

$$R=\sqrt{\left(\frac{d_1}{2}\right)^2+\left(\frac{d_2}{2}\right)^2}=d_1\frac{\sqrt{(d_2/d_1)^2+1}}{2}=d_1\frac{\sqrt{u^2+1}}{2} \tag{10-23}$$

$$\frac{d_{m1}}{d_1}=\frac{d_{m2}}{d_2}=\frac{R-0.5b}{R}=1-0.5\frac{b}{R} \tag{10-24}$$

令 ϕ_R 称为锥齿轮传动的齿宽系数，通常取 $\phi_R=0.25\sim0.35$，最常用的值为 $\phi_R=1/3$。于是：

$$d_m=d(1-0.5\phi_R) \tag{10-25}$$

上式两边同除以齿数 z，得到平均模数 m_m 和大端模数 m 的关系为：

$$m_m=m(1-0.5\phi_R) \tag{10-26}$$

由图 10-23 可找出当量直齿圆柱齿轮的分度圆半径 r_v 与平均分度圆直径 d_m 的关系式为：

$$r_v=\frac{d_m}{2\cos\delta} \tag{10-27}$$

现以 m_m 表示当量直齿圆柱齿轮的模数，亦即锥齿轮平均分度圆上轮齿的模数（简称平均模数），则当量齿数 Z_v 为：

$$z_v=\frac{d_v}{m_m}=\frac{2r_v}{m_m}=\frac{z}{\cos\delta} \tag{10-28}$$

当量齿轮的齿数比

$$u_v=\frac{z_{v2}}{z_{v1}}=\frac{z_2\cos\delta_1}{z_1\cos\delta_2}=u^2 \tag{10-29}$$

显然，为使锥齿轮不致发生根切，应使当量齿数不小于直齿圆柱齿轮的根切齿数。

10.7.2 轮齿的受力分析

直齿锥齿轮齿面上所受的法向载荷 F_n 通常都视为集中作用在平均分度圆上，即在齿宽中点的法向截面 N-N（$Pabc$ 平面）内（图 10-25）。与圆柱齿轮一样，将法向载荷 F_n 分解为切于分度圆锥面的周向分力（圆周力）F_t 及垂直于分度圆锥母线的分力 F'，再将力 F' 分解为径向分力 F_{r1} 及轴向分力 F_{a1}。小锥齿轮轮齿上所受各力的方向如图所示，各力的大小分别为：

$$\begin{aligned}
&F_t=\frac{2T_1}{d_{m1}}\\
&F'=F_t\tan\alpha\\
&F_{r1}=F'\cos\delta_1=F_t\tan\alpha\cos\delta_1=F_{a2}\\
&F_{a1}=F'\sin\delta_1=F_t\tan\alpha\sin\delta_1=F_{r2}\\
&F_n=F_t/\cos\alpha
\end{aligned} \tag{10-30}$$

式中，F_{r1} 与 F_{a2} 及 F_{a1} 与 F_{r2} 大小相等，方向相反。主动轮、从动轮的圆周力和径向力的方向判断方法与直齿轮相同，轴向力 F_{a1} 和 F_{a2} 的方向与各自齿轮轴线平行且指向各自锥齿轮的大端。

10.7.3 齿根弯曲疲劳强度计算

直齿锥齿轮的弯曲疲劳强度可近似地按平均分度圆处的当量圆柱齿轮进行计算。因而可直接沿用式（10-4），得

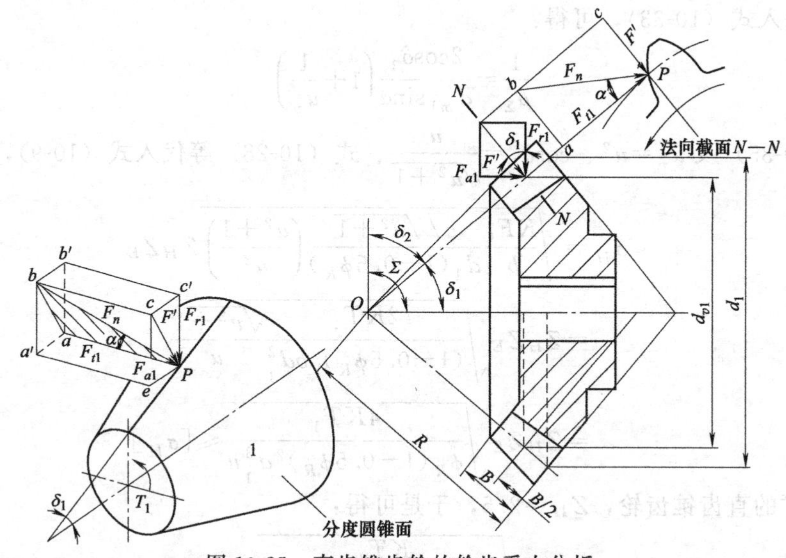

图 10-25　直齿锥齿轮的轮齿受力分析

$$\sigma_F=\frac{KF_tY_{Fa}Y_{Sa}}{bm_m}\leqslant[\sigma_F]$$

直齿锥齿轮的载荷系数 K 可由表 10-2 查取。Y_{Fa}、Y_{Sa} 分别为齿形系数及应力校正系数，按当量齿数 z_v 查图 10-11 和图 10-12。引入式（10-24），得：

$$\sigma_F=\frac{KF_tY_{Fa}Y_{Sa}}{bm(1-0.5\phi_R)}\leqslant[\sigma_F] \tag{10-31}$$

引入式（10-21），得：　$b=R\phi_R=d_1\phi_R\dfrac{\sqrt{u^2+1}}{2}=mz_1\phi_R\dfrac{\sqrt{u^2+1}}{2}$

并将　$F_t=\dfrac{2T_1}{d_{m1}}=\dfrac{2T_1}{m_mz_1}=\dfrac{2T_1}{m(1-0.5\phi_R)z_1}$

代入式（10-31），可得：$m\geqslant\sqrt[3]{\dfrac{4KT_1}{\phi_R(1-0.5\phi_R)^2z_1^2\sqrt{u^2+1}}\dfrac{Y_{Fa}Y_{Sa}}{[\sigma_F]}}$　(10-32)

式（10-32）为设计计算公式；式（10-31）为校核计算公式。两式中 σ_F、$[\sigma_F]$ 的单位为 MPa，m 的单位为 mm，其余各符号的意义和单位同前。

10.7.4　齿面接触疲劳强度计算

直齿锥齿轮的齿面接触疲劳强度，仍按平均分度圆处的当量圆柱齿轮计算，工作齿宽即为锥齿轮的齿宽 b。按式（10-6）计算齿面接触疲劳强度时，式中的综合曲率为：

$$\frac{1}{\rho_\Sigma}=\frac{1}{\rho_{v1}}\pm\frac{1}{\rho_{v2}} \tag{10-33}$$

$$\begin{cases}\rho_{v1}=\dfrac{d_{v1}}{2}\sin\alpha\\[2ex]\rho_{v2}=\dfrac{u_vd_{v1}}{2}\sin\alpha\end{cases} \tag{10-34}$$

将式（10-25）代入上式，得：

$$\begin{cases}\rho_{v1}=\dfrac{d_{m1}\sin\alpha}{2\cos\delta_1}\\[2ex]\rho_{v2}=\dfrac{u_vd_{m1}\sin\alpha}{2\cos\delta_1}\end{cases} \tag{10-35}$$

将上式代入式（10-33），可得：

$$\frac{1}{\rho_{\Sigma}}=\frac{2\cos\delta_1}{d_{m1}\sin\alpha}\left(1+\frac{1}{u_v}\right) \tag{10-36}$$

将式（10-35）及 $u_v=u^2$、$\cos\delta_1=\frac{u}{\sqrt{u^2+1}}$、式（10-28）等代入式（10-9），得：

$$\sigma_H=\sqrt{\frac{KF_t}{b}\frac{u/\sqrt{u^2+1}}{d_1(1-0.5\phi_R)}\left(\frac{u^2+1}{u^2}\right)}Z_HZ_E$$

$$=Z_HZ_E\sqrt{\frac{2KT_1}{(1-0.5\phi_R)^2bd_1^2}\frac{\sqrt{u^2+1}}{u}}$$

$$=Z_HZ_E\sqrt{\frac{4KT_1}{\phi_R(1-0.5\phi_R)^2d_1^3u}}\leqslant[\sigma_H]$$

对 $\alpha=20°$的直齿锥齿轮，$Z_H=2.5$，于是可得：

$$\sigma_H=5Z_E\sqrt{\frac{KT_1}{\phi_R(1-0.5\phi_R)^2d_1^3u}}\leqslant[\sigma_H] \tag{10-37}$$

$$d_1\geqslant 2.92\sqrt[3]{\left(\frac{Z_E}{[\sigma_H]}\right)^2\frac{KT_1}{\phi_R(1-0.5\phi_R)^2u}} \tag{10-38}$$

式（10-38）为设计计算公式；式（10-37）为校核计算公式。两式中 σ_H、$[\sigma_H]$ 的单位为 MPa，d_1 的单位为 mm，其余各符号的意义和单位同前。

10.8 齿轮的结构设计

齿轮的结构形式主要由齿轮的几何尺寸、毛坯材料、加工方法、生产批量、使用要求及经济性等因素来确定。进行齿轮的结构设计时，必须综合地考虑上述各方面的因素，各部分尺寸通常由经验公式求得。

通常是先按齿轮的直径大小，选定合适的结构形式，然后再根据荐用的经验数据，进行结构设计。

对于直径很小的钢制齿轮（图 10-26），当为圆柱齿轮时，若齿根圆到键槽底部的距离 $e<2m_t$（m_t 为端面模数）；当为锥齿轮时，按齿轮小端尺寸计算而得的 $e<1.6m$ 时，均应将齿轮和轴做成一体；对于齿数较少的小齿轮，其分度圆直径 d 与轴的直径 d_s 相差很小（$d<1.8d_s$）时，也可将齿轮和轴做成整体，叫做齿轮轴（图 10-27）。如果分度圆直径 d 与轴的直径 d_s 大得多或 e 值超过上述尺寸时，齿轮与轴以分开制造为合理。

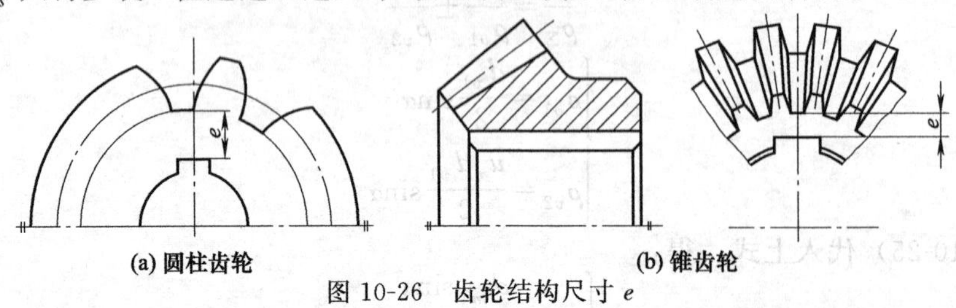

图 10-26　齿轮结构尺寸 e

当齿顶圆直径 $d_a\leqslant 160$mm 时，可以做成实心结构的齿轮（图 10-26 及图 10-28）。当齿顶圆直径 $d_a<500$mm 时，可做成腹板式结构（图 10-29），腹板上开孔的数目按结构尺寸大小及需要而定。

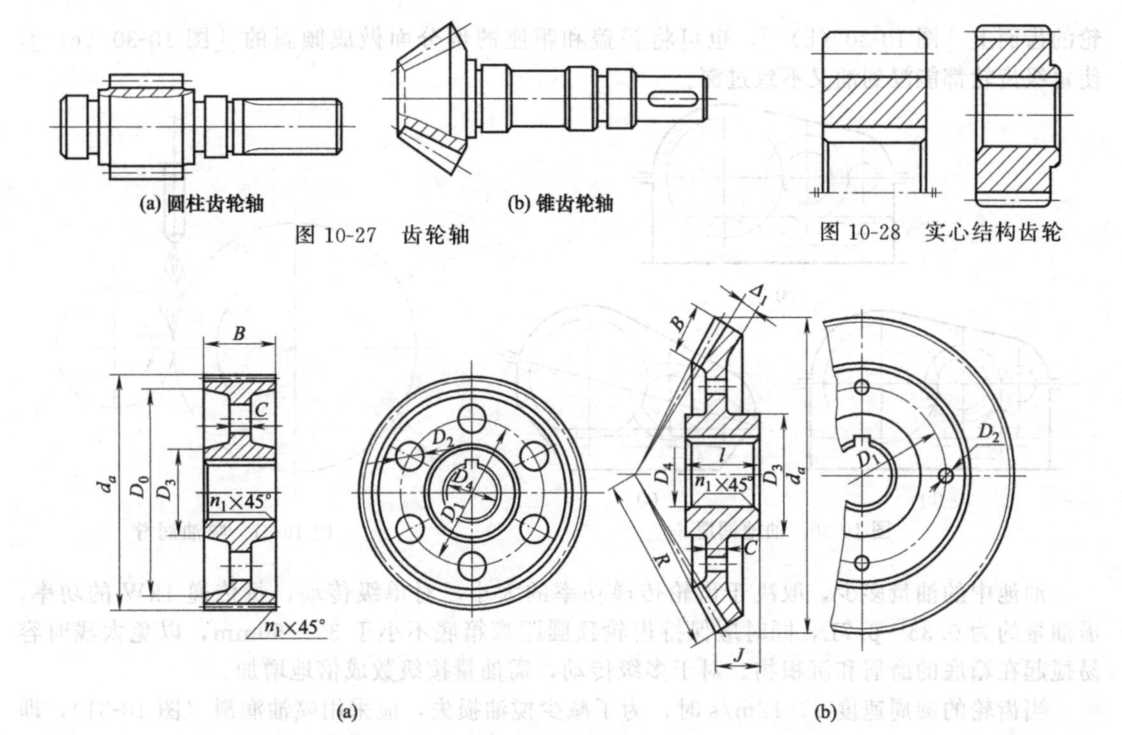

图 10-27 齿轮轴

图 10-28 实心结构齿轮

$D_1\approx(D_0+D_3)/2$；$D_2\approx(0.25\sim0.35)(D_0-D_3)$；

$D_3\approx1.6D_4$(钢材)；$D_3\approx1.7D_4$(铸铁)；$n_1\approx0.5m_n$；$r\approx5$mm；

圆柱齿轮：$D_0\approx d_a-(10\sim14)m_n$；$C\approx(0.2\sim0.3)B$；

锥齿轮：$l\approx(1\sim1.2)D_4$；$C\approx(3\sim4)m$；尺寸J由结构设计而定；$\Delta_1=(0.1\sim0.2)B$

常用齿轮的C值不应小于10mm，航空用齿轮可取$C\approx3\sim6$mm

图 10-29 腹板式结构齿轮

10.9 齿轮传动的润滑

齿轮在传动时，相啮合的齿面间有相对滑动，因此就要发生摩擦和磨损，增加动力消耗，降低传动效率。特别是高速传动，如果润滑不良，极易发生齿面胶合，此时就更需要考虑齿轮的润滑。

轮齿啮合面间加注润滑剂，主要有三个作用：ⓘ减少摩擦损失和减小磨损；ⓘⓘ散热；ⓘⓘⓘ防锈蚀。因此，齿轮传动必须进行适当地润滑，确保齿轮能运转正常，达到预期的寿命。

10.9.1 齿轮传动的润滑方式

开式及半开式齿轮传动，因速度较低，通常采用人工作周期性加油润滑，或在齿面上涂抹润滑脂，并定期补抹。

通用的闭式齿轮传动，其润滑方法根据齿轮的圆周速度大小而定。当齿轮的圆周速度在$v<12\sim15$m/s时，常将大齿轮的轮齿浸入油池中进行浸油润滑（图 10-30），自然冷却。齿轮在传动时，润滑油被带到啮合的齿面上，同时也将油甩到箱壁上，借以散热。为了减少搅油损失，齿轮浸入油中的深度通常不宜超过1～2个齿高，速度高时浸油深度应浅些，但一般亦不应小于10mm；对锥齿轮浸油深度应达到全齿宽。在多级齿轮传动中，应尽可能减少不同级之间浸油深度差。如果低速级齿轮浸油过深，可借带油轮将油带到未浸入油池内的齿

轮的齿面上［图 10-30（b）］，也可将箱盖和箱座的剖分面做成倾斜的［图 10-30（c）］，使每级齿轮都能浸到油又不致过深。

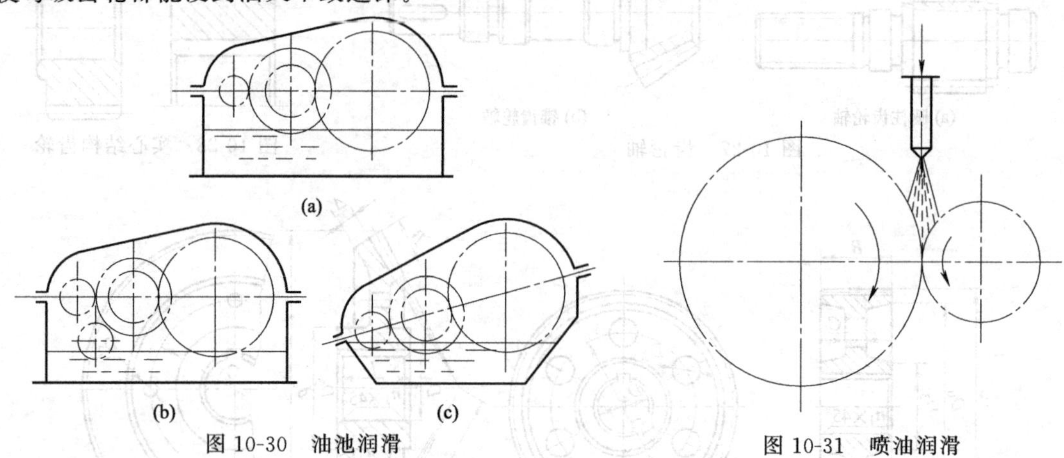

图 10-30 油池润滑　　图 10-31 喷油润滑

油池中的油量多少，取决于齿轮传递功率的大小。对单级传动，每传递 1kW 的功率，需油量约为 0.35～0.7L，同时应保持齿轮顶圆距离箱底不小于 30～50mm，以免太浅时容易搅起在箱底的磨屑和沉积物。对于多级传动，需油量按级数成倍地增加。

当齿轮的圆周速度 v＞12m/s 时，为了减少搅油损失，应采用喷油润滑（图 10-31），即由油泵或中心供油站以一定的压力供油，借喷嘴将润滑油喷到轮齿的啮合面上。

10.9.2 润滑剂的选择

齿轮传动常用的润滑剂为润滑油或润滑脂。选择润滑油时，应考虑齿轮材料、齿面上载荷、齿轮圆周速度和工作温度，以保证齿面上吸附有一定量的润滑油。表 10-6 为推荐的齿轮的润滑油黏度。选择润滑油黏度后，就可以据此选择润滑油的牌号。

表 10-6 齿轮传动的润滑油黏度推荐值

齿轮材料	强度极限 σ_b/MPa	圆周速度 v/(m/s)						
		＜0.5	0.5～1.0	1.0～2.5	2.5～5.0	5～12.5	12.5～25	＞25
		运动黏度 ν/cst(40℃)						
塑料、铸铁	—	350	220	150	100	80	55	—
钢	450～1000	500	350	220	150	100	80	55
钢	1000～1250	500	500	350	220	150	100	80
渗碳淬火钢 表面淬火钢	1250～1580	900	500	500	350	220	150	100

注：对于多级齿轮传动，应采用各级传动圆周速度的平均值来选择润滑油黏度。

10.10 蜗杆传动的组成、特点及类型

如图 10-32 所示，蜗杆传动主要由蜗杆与蜗轮组成。蜗杆的形状类似螺旋，有左旋和右旋之分，一般为主动。蜗轮是一个具有特殊形状的斜齿轮。通常用于两轴交错成 90°的传动。

按照蜗杆形状的不同，蜗杆传动可分为圆柱蜗杆传动［图 10-33（a）］、环面蜗杆传动［图 10-33（b）］和锥蜗杆传动［图 10-33（c）］。环面蜗杆和锥蜗杆的制造较困难，安装要求较高，因而应用不如圆柱蜗杆广泛。

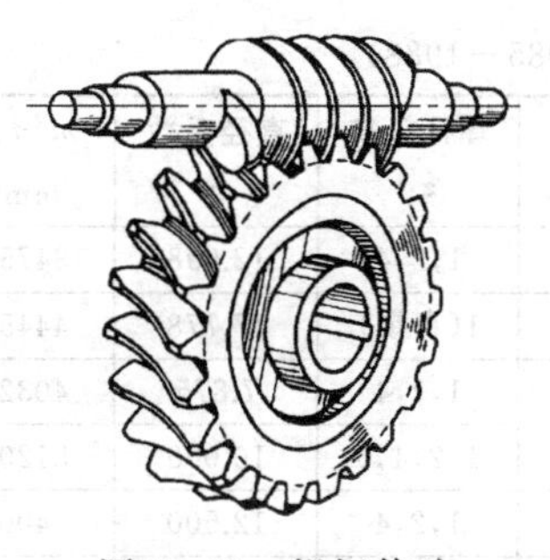

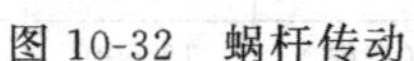

图 10-32　蜗杆传动

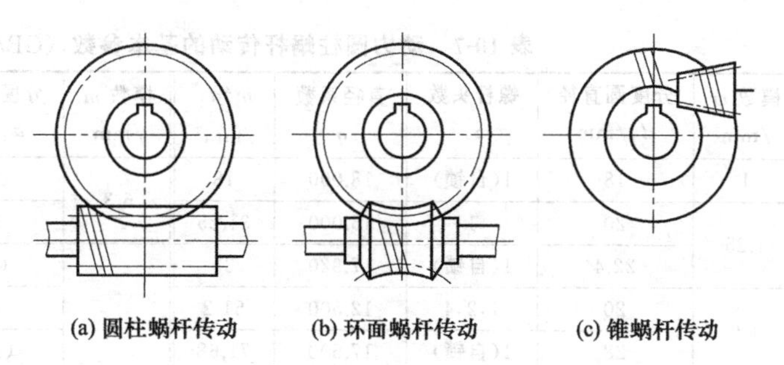

(a) 圆柱蜗杆传动　(b) 环面蜗杆传动　(c) 锥蜗杆传动

图 10-33　蜗杆传动的类型

圆柱蜗杆传动包括普通圆柱蜗杆传动和圆弧圆柱蜗杆传动两类。其中普通圆柱蜗杆传动又包括了阿基米德蜗杆（ZA 蜗杆）、渐开线蜗杆（ZI 蜗杆）、法向直廓蜗杆（ZN 蜗杆）和锥面包络蜗杆（ZK 蜗杆）四种传动。本章主要讨论阿基米德蜗杆传动。

与齿轮传动相比，蜗杆传动的主要优点是：传动比大，在动力传动中单级传动比一般为 $i=8\sim80$，在分度机构中，传动比可达 1000；且传动平稳，噪声低；结构紧凑；蜗杆导程角很小时能实现反行程自锁。蜗杆传动的主要缺点是：传动效率较低，发热大，不宜大功率长时间连续工程；蜗轮常需要用较贵重的青铜制造，故成本较高。

10.11 蜗杆传动的主要参数和几何尺寸计算

（1）模数和压力角

如图 10-34 所示，通过阿基米德蜗杆轴线并和蜗轮轴线垂直的平面称为中间平面。在中间平面内，蜗杆具有齿条形直线齿廓；其两侧边夹角 $2\alpha=40°$，在中间平面内，蜗杆与蜗轮的啮合相当于齿条与渐开线齿轮的啮合。因此蜗杆的轴向模数 m_{x1} 应与蜗轮的端面模数 m_{t2} 相等，轴向压力角 α_{x1} 应与蜗轮的端面压力角 α_{t2} 相等，即

$$m_{x1}=m_{t2}=m$$

$$\alpha_{x1}=\alpha_{t2} \tag{10-39}$$

在 GB 10088—1988 中将蜗杆轴向模数规定为标准值，简称模数，用 m 表示，其值列于表10-7。GB 10087—1988 中规定阿基米德蜗杆的轴向压力角（齿形角）α_x 为标准值，即 $\alpha_x=\alpha=20°$。

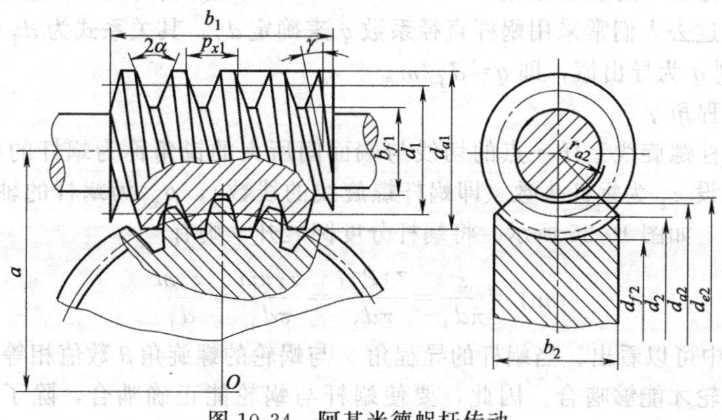

图 10-34　阿基米德蜗杆传动

表 10-7　动力圆柱蜗杆传动的基本参数（GB/T 10085—1988）

模数 m /mm	分度圆直径 d_1/mm	蜗杆头数 z_1	直径系数 q	m^2d_1 /mm³	模数 m /mm	分度圆直径 d_1/mm	蜗杆头数 z_1	直径系数 q	m^2d_1 /mm³
1	18	1(自锁)	18.000	18	6.3	(80)	1,2,4	12.698	3475
1.25	20	1	16.000	31.25		112	1(自锁)	17.778	4445
	22.4	1(自锁)	17.920	35	8	(63)	1,2,4	7.875	4032
1.6	20	1,2,4	12.500	51.2		80	1,2,4,6	10.000	5120
	28	1(自锁)	17.500	71.68		(100)	1,2,4	12.500	6400
2	(18)	1,2,4	9.000	72		140	1(自锁)	17.500	8960
	22.4	1,2,4,6	11.200	89.6	10	(71)	1,2,4	7.100	7100
	(28)	1,2,4	14.000	112		90	1,2,4,6	9.000	9000
	35.5	1(自锁)	17.750	142		(112)	1,2,4	11.200	11200
2.5	(22.4)	1,2,4	8.960	140		160	1(自锁)	16.000	16000
	28	1,2,4,6	11.200	175	12.5	(90)	1,2,4	7.200	14062
	(35.5)	1,2,4	14.200	221.9		112	1,2,4	8.960	17500
	45	1(自锁)	18.000	281		(140)	1,2,4	11.200	21875
3.15	(28)	1,2,4	8.889	277.8		200	1(自锁)	16.000	31250
	35.5	1,2,4,6	11.270	352.2	16	(112)	1,2,4	7.000	28672
	(45)	1,2,4	14.286	446.5		140	1,2,4	8.750	35840
	56	1(自锁)	17.778	556		(180)	1,2,4	11.250	46080
4	(31.5)	1,2,4	7.875	504		250	1(自锁)	15.625	64000
	40	1,2,4,6	10.000	640	20	(140)	1,2,4	7.000	56000
	(50)	12,4	12.500	800		160	1,2,4	8.000	64000
	71	1(自锁)	17.750	1136		(224)	1,2,4	11.200	896000
5	(40)	1,2,4	8.000	1000		315	1(自锁)	15.750	126000
	50	1,2,4,6	10.000	1250	25	(180)	1,2,4	7.200	112500
	(63)	1,2,4	12.600	1575		200	1,2,4	8.000	125000
	90	1(自锁)	18.000	2250		(280)	1,2,4	11.200	175000
6.3	(50)	1,2,4	7.936	1985		400	1(自锁)	16.000	250000
	63	1,2,4,6	10.000	2500					

注：括号中的数字尽可能不采用。

（2）蜗杆分度圆直径 d_1

为了减少蜗轮滚刀的规格数量，GB 10088—1988 中将蜗杆分度圆直径 d_1 规定为标准值，见表 10-7。过去人们常采用蜗杆直径系数 q 来确定 d_1，其关系式为 $d_1=mq$。现在规定 d_1 为标准值，则 q 为导出值，即 $q=d_1/m$。

（3）蜗杆导程角 γ

蜗杆分度圆柱螺旋线上任一点的切线与端面间所夹的锐角称为蜗杆的导程角，用 γ 表示（图 10-34）。设 z_1 为蜗杆头数（即蜗杆螺旋线的线数），p_{x1} 为蜗杆的轴向齿距，s 为蜗杆螺旋线的导程，如图 10-35 所示。将蜗杆分度圆展开，则有

$$\tan\gamma=\frac{s}{\pi d_1}=\frac{z_1 p_{x1}}{\pi d_1}=\frac{z_1 \pi m}{\pi d_1}=\frac{z_1 m}{d_1} \tag{10-40}$$

从图 10-36 中可以看出，当蜗杆的导程角 γ 与蜗轮的螺旋角 β 数值相等、螺旋线方向相同时，蜗杆与蜗轮才能够啮合。因此，要使蜗杆与蜗轮能正确啮合，除了满足式（10-37）的条件外，还应满足 $\gamma=\beta$ 的要求。

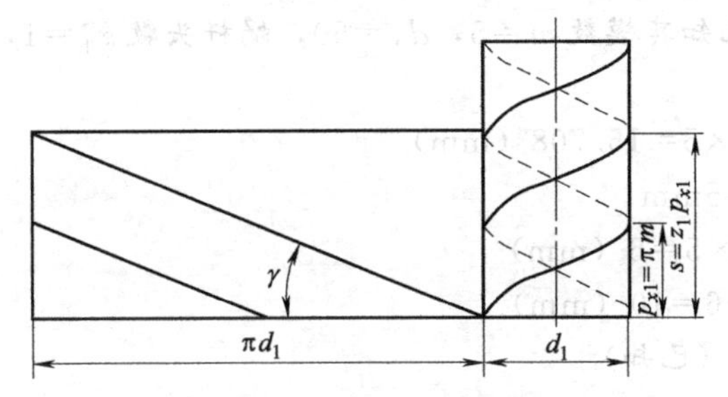

图 10-35　蜗杆分度圆展开图

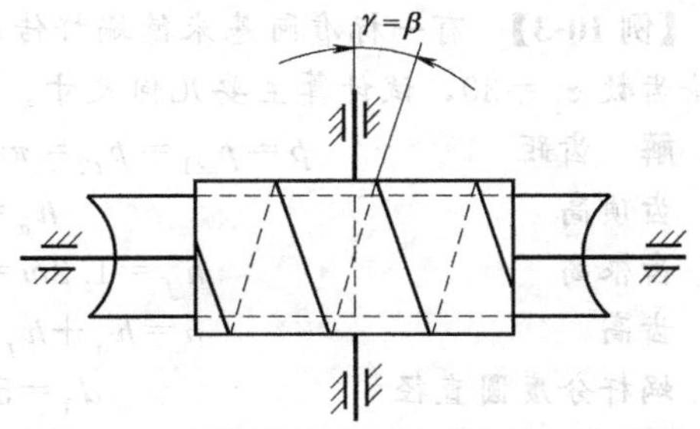

图 10-36　蜗杆导程角与蜗轮螺旋角的关系

蜗杆螺旋线有左旋和右旋两种，除特殊要求外，一般应采用右旋。

(4) 蜗杆头数 z_1 和蜗轮齿数 z_2

蜗杆头数推荐值为 $z_1=1$，2，4，6。当要求传动比大或传递转矩大时，z_1 取小值；要求自锁时取 $z_1=1$。蜗杆头数多时，传动效率高，但头数过多时，导程角大，制造困难。通常蜗杆头数可根据传动比按表 10-8 选择。

表 10-8　蜗杆头数的选取

传动比 i	5～8	7～16	15～32	30～80
蜗杆头数 z_1	6	4	2	1

蜗轮齿数 $z_2=iz_1$，在动力传动中，为增加同时啮合齿对数，使传动平稳，同时为避免产生根切，通常规定 $z_2\geqslant 28$。对于动力传动，z_2 一般不大于 80。z_2 过多会导致模数过小，使蜗轮齿根弯曲强度不足或使蜗轮直径过大，蜗杆支承间距加长而刚度不足。

(5) 中心距

当蜗杆节圆与分度圆重合时，称标准传动，此时的中心距为

$$a=\frac{1}{2}(d_1+d_2)=\frac{m}{2}(q+z_2) \tag{10-41}$$

(6) 蜗杆传动的几何尺寸计算

标准圆柱蜗杆传动的几何尺寸计算列于表 10-9（参见图 10-33）。

表 10-9　标准圆柱蜗杆传动的几何尺寸计算

名　　称	代号	公式与说明
齿距	p	$p_{x1}=p_{t2}=\pi m$
齿顶高	h_a	$h_a=m$
齿根高	h_f	$h_f=1.2m$
齿高	h	$h=h_a+h_f=2.2m$
蜗杆分度圆直径	d_1	由表 10-7 确定
蜗杆齿顶圆直径	d_{a1}	$d_{a1}=d_1+2h_a$
蜗杆齿根圆直径	d_{f1}	$d_{f1}=d_1-2h_f$
蜗杆导程角	γ	$\tan\gamma=mz_1/d_1$
蜗杆螺旋部分长度	b_1	$z_1=1\sim2$ 时，$b_1\geqslant(11+0.06z_2)m$ $z_1=3\sim4$ 时，$b_1\geqslant(12.5+0.09z_2)m$
蜗轮分度圆直径	d_2	$d_2=mz_2$
蜗轮喉圆直径	d_{a2}	$d_{a2}=d_2+2h_a=m(z_2+2)$
蜗轮顶圆直径	d_{e2}	$z_1=1$ 时，$d_{e2}\leqslant d_{a2}+2m$，$z_1=2\sim3$ 时，$d_{e2}\leqslant d_{a2}+1.5m$，$z_1=4$ 时，$d_{e2}\leqslant d_{a2}+m$
蜗轮咽喉母圆半径	r_{g2}	$r_{g2}=a-d_{a2}/2$
蜗轮螺旋角	β	$\beta=\gamma$，与蜗杆螺旋线旋向相同
蜗轮齿宽	b_2	$b_2=(0.67\sim0.75)d_{a1}$，z_1 大时取小值，z_1 小时取大值
中心距	a	$a=(d_1+d_2)/2=(d_1+mz_2)/2=0.5m(q+z_1)$

【例 10-3】 有一标准阿基米德蜗杆传动，已知其模数 $m=5$，$d_1=50$，蜗杆头数 $z_1=1$，蜗轮齿数 $z_2=30$，试计算主要几何尺寸。

解 齿距 $p=p_{x1}=p_{t2}=\pi m=\pi\times5=15.708$ (mm)

齿顶高 $h_a=m=5\text{mm}$

齿根高 $h_f=1.2m=1.2\times5=6$ (mm)

齿高 $h=h_a+h_f=5+6=10$ (mm)

蜗杆分度圆直径 $d_1=50\text{mm}$ (已知)

蜗杆齿顶圆直径 $d_{a1}=d_1+2h_a=50+2\times5=60$ (mm)

蜗杆齿根圆直径 $d_{f1}=d_1-2h_f=50-2\times6=38$ (mm)

蜗杆导程角 $\gamma=\arctan\left(\dfrac{mz_1}{d_1}\right)=\arctan\left(\dfrac{5\times1}{50}\right)=5°42'38''$

蜗杆螺旋部分长度 $b_1\geqslant(10+0.06z_2)m=(10+0.06\times30)\times5=64$ (mm)

蜗轮分度圆直径 $d_2=mz_2=5\times30=150$ (mm)

蜗轮喉圆直径 $d_{a2}=d_2+2h_a=150+2\times5=160$ (mm)

蜗轮外圆直径 $d_{e2}\leqslant d_{a2}+2m=160+2\times5=170$ (mm)

中心距 $a=(d_1+d_2)/2=(50+150)/2=100$ (mm)

蜗轮咽喉母圆半径 $r_{g2}=a-d_{a2}/2=100-160/2=20$ (mm)

蜗轮螺旋角 $\beta=\gamma=5°42'38''$，与蜗杆螺旋线方向相同。

蜗轮齿宽 $b_2=0.75d_{a1}=0.75\times60=45$ (mm)

10.12 蜗杆传动的主要失效形式、常用材料和结构

(1) 蜗杆传动的失效形式

由于材料和结构上的原因，蜗杆螺旋齿部分的强度总是高于蜗轮轮齿的强度，所以失效经常发生在蜗轮轮齿上。在蜗杆传动中，因蜗杆与蜗轮齿面间有较大的相对滑动，从而增加了产生胶合和磨损失效的可能性。在闭式传动中，蜗杆副多因齿面胶合或点蚀而失效。在开式传动中，蜗轮的失效形式主要是齿面磨损和过度磨损引起的轮齿折断。

(2) 蜗杆、蜗轮常用材料

考虑到蜗杆传动相对滑速度较大的特点，蜗杆和蜗轮的材料不但要有一定的强度，而且要有良好的减摩性和耐磨性。

蜗杆常用的材料是碳钢和合金钢。高速重载蜗杆常用 15Cr 或 20Cr，并经渗碳淬火，齿面硬度为 58～62HRC，或采用 40、45 号钢或 40Cr 钢等经淬火，硬度达到 40～55HRC。一般不太重要的低速中载蜗杆，可采用 40 或 45 号钢，并经调质处理，其硬度为 220～300HBS。

蜗轮的常用材料为青铜。在滑动速度 $v_s>3\text{m/s}$ 的高速重载的重要传动中，蜗轮可选用铸造锡青铜（ZCuSn10P1，ZCuSn5Pb5Zn5）。这种材料耐磨性最好，但价格较高。在滑动速度 $v_s\leqslant4\text{m/s}$ 的传动中，蜗轮可选用铸造铅铁青铜（ZCuAl10Fe3），它的耐磨性和抗胶合性均比锡青铜差一些，但强度高，价格便宜。在滑动速度 $v_s<2\text{m/s}$ 的低速轻载传动中，蜗轮也采用铸铁（HT150，HT200）制造。

(3) 蜗杆、蜗轮的结构

蜗杆一般常和轴做成一体，称为蜗杆轴，如图 10-37 所示。

蜗轮常见的结构有整体式和组合式两种。铸铁蜗轮和小尺寸青铜蜗轮常采用整体式结构，如图 10-38 所示。对于大尺寸的蜗轮，为了节约贵重的有色金属，常采用青铜齿圈和铸

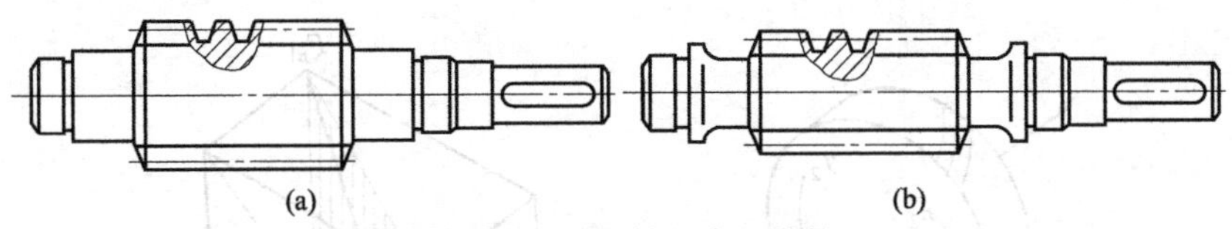

图 10-37　蜗杆轴的常见结构

铁（或钢）轮芯的组合结构，如图 10-39 所示，采用组合结构时，齿圈和轮芯间可采用过盈配合，为了增加连接的可靠性，常在接合面圆周上装上 4～8 个螺钉，螺钉孔中心线要偏向铸铁一边，以易于钻孔。当蜗轮直径较大时或磨损后需要更换齿圈的场合，齿圈和轮芯可采用铰制孔用螺栓连接，如图 10-39（c）所示。对于成批制造的蜗轮，常在铸铁轮芯上浇铸出青铜齿圈，如图 10-39（a）所示，然后切齿加工。

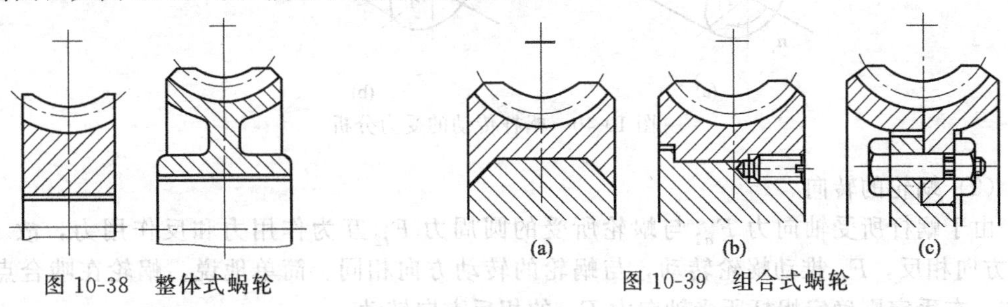

图 10-38　整体式蜗轮

图 10-39　组合式蜗轮

10.13 蜗杆传动的强度计算简介

（1）蜗杆传动的受力分析

如图 10-40 所示，蜗杆传动的作用力与斜齿圆柱齿轮相似。当不计摩擦力影响时，作用在工作面节点 C 处的法向力 F_{n1} 可分解为三个相互垂直的分力：圆周力 F_{t1}、径向力 F_{r1} 和轴向力 F_{a1}。由于蜗杆和蜗轮轴线相互垂直交错，根据力的作用原理，各力的大小可按下列各式计算：

$$F_{t1}=F_{a2}=\frac{2000T_1}{d_1} \tag{10-42}$$

$$F_{a1}=F_{t2}=\frac{2000T_2}{d_2} \tag{10-43}$$

$$F_{r1}=F_{r2}=F_{t2}\tan\alpha \tag{10-44}$$

$$T_2=T_1 i_{12}\eta \tag{10-45}$$

式中　T_1、T_2——蜗杆及蜗轮上的公称转矩，N·m；

d_1、d_2——蜗杆及蜗轮的分度圆直径，mm；

i_{12}——蜗杆蜗轮的传动比；

η——蜗杆蜗轮间的传动效率，粗略计算时可按表 10-10 选取。

表 10-10　估算效率值

蜗杆头数	1	2	4	6
传动效率	0.7～0.75	0.75～0.82	0.87～0.92	0.95

一般情况下蜗杆为主动，则 F_{t1} 的方向与蜗杆在啮合点处的运动速度方向相反，而 F_{t2} 的方向与蜗轮在啮合点处的运动速度方向相同；F_{r1}、F_{r2} 各指向自己的轴心。F_{a1}、F_{a2} 的方向可用左、右手定则判定（见本章斜齿圆柱齿轮受力分析）。

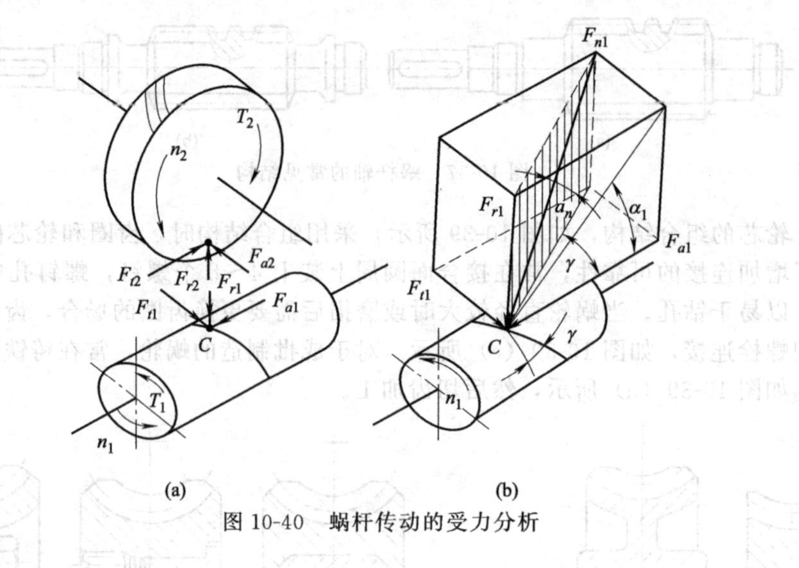

图 10-40　蜗杆传动的受力分析

(2) 蜗轮的转向

由于蜗杆所受轴向力 F_{a1} 与蜗轮所受的圆周力 F_{t2} 互为作用力和反作用力，故 F_{t2} 与 F_{a1} 方向相反，F_{t2} 推动蜗轮转动，与蜗轮的转动方向相同。简单地说，蜗轮在啮合点处沿按左、右手定则确定蜗杆所受轴向力 F_{a1} 的相反方向转动。

(3) 蜗杆传动的强度计算

在蜗杆传动中，由于材料和结构上的原因，蜗杆螺旋部分的强度总高于蜗轮轮齿的强度。在一般情况下，失效总是发生在强度较低的蜗轮轮齿上。虽然蜗杆传动的主要失效形式有齿面疲劳点蚀、胶合、磨损和轮齿折断等，但是至今对胶合与磨损计算尚无成熟的方法，故只能参照圆柱齿轮的强度计算方法，针对蜗轮进行齿面接触强度和齿根弯曲强度计算。另外由于蜗杆传动效率低，发热量大，若热量不能及时散失，易导致油温过高，黏度降低，摩擦磨损增加，甚至发生胶合。故对于连续运转的闭式蜗杆传动要进行热平衡计算。

蜗杆传动强度计算和热平衡计算可参阅有关机械设计手册。

习　　题

10-1　有一直齿圆柱齿轮传动，原设计传递功率 P，主动轴转速 n_1。若其他条件不变，轮齿的工作应力也不变，当主动轴转速提高一倍，即 $n_1'=2n_1$ 时，该齿轮传动能传递的功率 P' 应为若干？

10-2　有一直齿圆柱齿轮传动，允许传递功率 P，若通过热处理方法提高材料的力学性能，使大、小齿轮的许用接触应力 $[\sigma_{H2}]$、$[\sigma_{H1}]$ 各提高 30%，试问此传动在不改变工作条件及其他设计参数的情况下，抗疲劳点蚀允许传递的转矩和允许传递的功率可提高百分之几？

10-3　单级闭式直齿圆柱齿轮传动中，齿轮材料为 45 号钢，大齿轮正火处理，小齿轮调质处理，$P=4\text{kW}$，$n_1=720\text{r/min}$，$m=4\text{mm}$，$z_1=25$，$z_2=73$，$b_1=84\text{mm}$，$b_2=78\text{mm}$，单向传动，载荷有中等冲击。用电动机驱动，试验算其承载能力是否满足需要。

10-4　已知开式直齿圆柱齿轮传动，$i=3.5$，$P=3\text{kW}$，$n_1=50\text{r/min}$，用电动机驱动，单向转动，载荷均匀，$z_1=21$，小齿轮为 45 号钢调质，大齿轮为 45 号钢正火，试确定合理的分度圆直径 d 和模数 m。

10-5　画出图 10-41 中各齿轮轮齿所受的作用力方向。图 (a)、图 (b) 为主动轮，图 (c) 为从动轮。

10-6　两级斜齿圆柱齿轮减速器的已知条件如图 10-42 所示，试问：ⓘ低速级斜齿轮的螺旋线方向应如何选择才能使得中间轴上两齿轮的轴向力方向相反？ⓘⓘ低速螺旋角 β 应取多大值才使中间轴的轴向力互相抵消？

10-7　斜齿圆柱齿轮的齿数 z 与其当量齿数 z_v 有什么关系？在下列几种情况下应分别采用哪一种齿数：

(1) 计算斜齿圆柱齿轮传动的角速比；

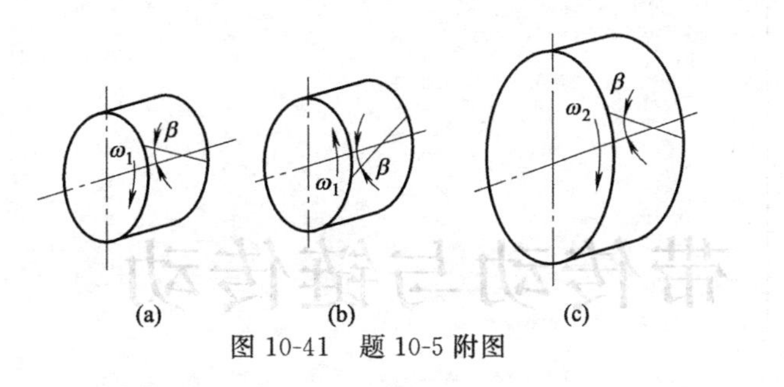

图 10-41　题 10-5 附图

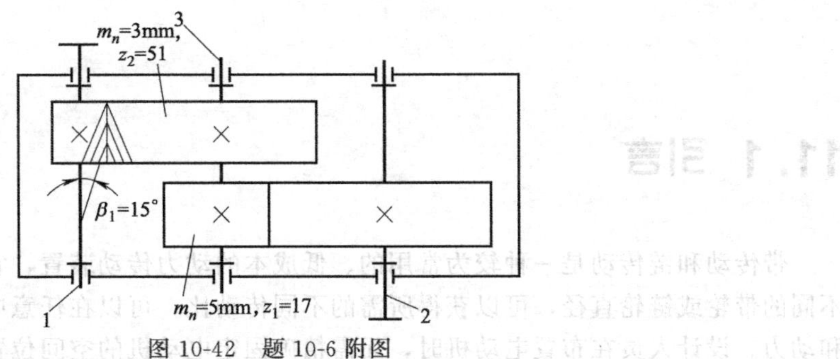

图 10-42　题 10-6 附图

(2) 用成形法切制斜齿轮时选盘形铣刀；

(3) 计算斜齿轮的分度圆直径；

(4) 弯曲强度计算时查取齿形系数。

10-8　已知单级斜齿圆柱齿轮传动的 $P=22\text{kW}$，$n_1=1470\text{r/min}$，双向转动，电动机驱动，载荷平稳，$z_1=21$，$z_2=107$，$m_n=3\text{mm}$，$\beta=16°15'$，$b_1=85\text{mm}$，$b_2=80\text{mm}$，小齿轮材料为 35SiMn 调质，大齿轮材料为 45 钢调质，试校核此闭式传动的强度。

10-9　已知单级闭式斜齿轮传动 $P=10\text{kW}$，$n_1=1210\text{r/min}$，$i=4.3$，电动机驱动，双向传动，中等冲击载荷，设小齿轮用 40Cr 调质，大齿轮用 45 钢调质，$z_1=21$，试计算此单级斜齿轮传动。

10-10　已知闭式直齿锥齿轮传动的两轴交角 $\Sigma=90°$，$i=2.7$，$z_1=16$，$P=7.5\text{kW}$，$n_1=840\text{r/min}$，用电动机驱动，单向转动，载荷有中等冲击。要求结构紧凑，故大、小齿轮的材料均选为 40Cr 表面淬火，试计算此传动。

10-11　在图 10-42 中，试画出作用在斜齿轮 3 和锥齿轮 2 上的圆周力 F_t、轴向力 F_a、径向力 F_r 的作用线和方向。

10-12　已知蜗杆头数 $z_1=2$，模数 $m=8\text{mm}$，蜗杆分度圆直径 $d_1=80\text{mm}$，蜗轮齿数 $z_2=50$，试求主要几何尺寸。

10-13　试标注图 10-43 所示蜗杆传动的各力（F_t、F_r、F_a）。

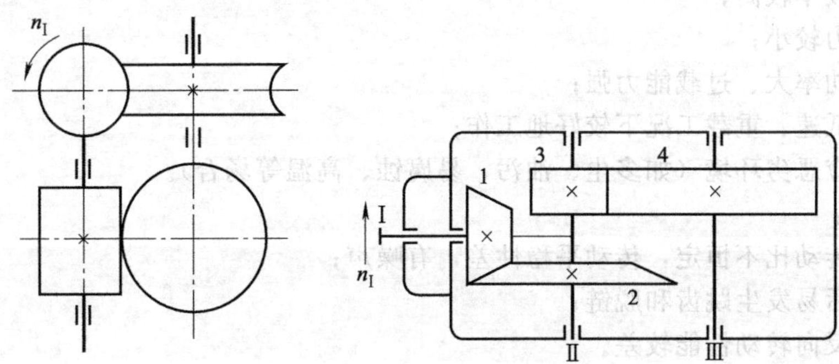

图 10-43　题 10-13 附图

11 带传动与链传动

11.1 引言

带传动和链传动是一种较为常用的、低成本的动力传动装置，它们具有许多优点，利用不同的带轮或链轮直径，可以获得所需的不同传动比，可以在任意中心距的两轴间传递运动和动力。设计人员在布置电动机时，无需精确固定电动机的空间位置便可以非常自由地选择合适的安装位置。特别是带传动，可以最简单的方式使所希望的工作机转速与原动机转速相匹配。

带传动适用于中心距较大的传动；带具有弹性，可缓冲和吸振；传动平稳，噪声小；过载时带与带轮间会出现打滑，可防止其它零件损坏，起安全保护作用；结构简单，制造容易，维护方便，成本低廉。

带传动传动的外廓尺寸较大；由于带的弹性滑动，故瞬时传动比不准确，不能用于要求传动比精确的场合；传动效率较低；

通常，带传动适用于中小功率的传动。目前V带传动应用最广，一般 $P \leqslant 100\text{kW}$；带速 $v=5 \sim 25\text{m/s}$；传动效率 $\eta=0.90 \sim 0.95$；传动比 $i \leqslant 7$，常用的传动比为2～4。带传动中由于摩擦会产生电火花，故不宜用于有爆炸危险和高温的场合。

链传动是在装于平行轴上的链轮之间，以链条作为挠性曳引元件的一种啮合传动。链传动能在较大的轴距间进行，其结构简单、耐用、易维护，在工程领域中得到广泛应用。

与带传动、齿轮传动相比，链传动的优点是：

ⅰ. 没有滑动，平均传动比准确；

ⅱ. 传动效率较高；

ⅲ. 压轴力较小；

ⅳ. 传递功率大、过载能力强；

ⅴ. 能在低速、重载工况下较好地工作；

ⅵ. 能适应恶劣环境（如多尘、油污、易腐蚀、高温等场合）。

其缺点是：

ⅰ. 瞬时传动比不恒定，传动平稳性差，有噪声；

ⅱ. 磨损后易发生跳齿和脱链；

ⅲ. 急速反向转动性能较差。

按用途不同，链可分为传动链、起重链和曳引链。传动链主要用于传递运动和动力，应用很广泛，其工作速度 $v \leqslant 15\text{m/s}$，传递功率 $P \leqslant 100\text{kW}$，传动比 $i \leqslant 8$，一般 $i=2 \sim 3$，传动效率 $\eta=0.95 \sim 0.98$。起重链主要用在起重机械中提升重物，其工作速度不大于0.25m/s。

曳引链主要用在运输机械中移动重物，其工作速度不大于 2～4m/s。本章只介绍传动链。

在精压机机组的主传动系统设计中，考虑到带传动属于摩擦传动，传递的力矩不能太大，宜布置在转矩较小的高速级；再加上它传动平稳、能缓冲减振、对机器有过载保护作用，因而放在主传动系统的高速级。顶料机构和链式输送机对运动的平稳性和准确性要求不高，在此可采用链传动。带传动、链传动具体位置如图 11-1 所示。

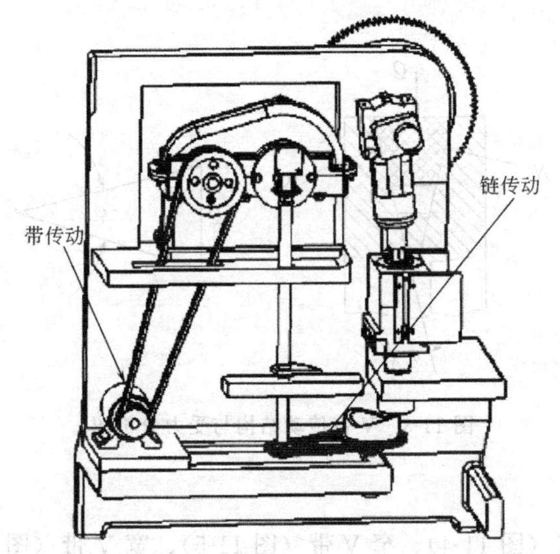

图 11-1　带传动及链传动机构在精压机机组的位置图

11.2 带传动

11.2.1　带传动的特点、组成、类型

(1) 带传动的组成及工作原理

带传动由主动带轮 1、从动带轮 2 和传动带 3 组成（图 11-2）。两带轮轴线之间的距离 a 称为中心距，带与带轮接触弧所对的中心角称为包角，α_1 为小带轮的包角，α_2 为大带轮的包角。

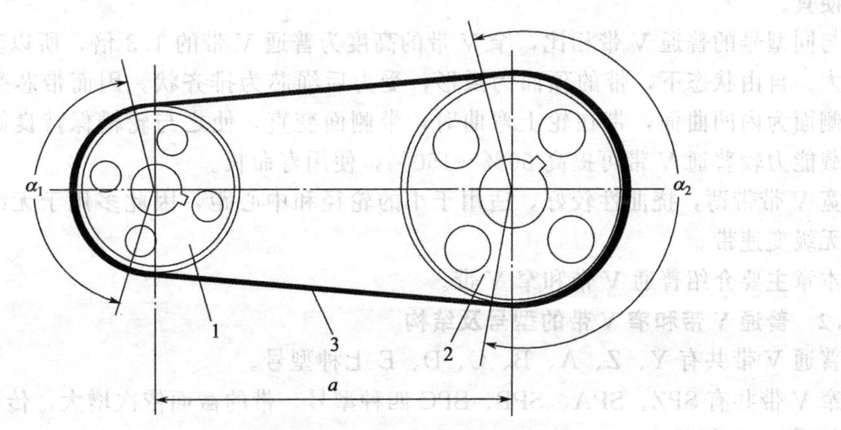

图 11-2　带传动的基本组成

1—主动带轮；2—从动带轮；3—传动带

带传动根据带的类型可分为V带传动、平带传动和圆带传动等，其中V带传动因其传动能力大，传动可靠而应用最广，本章着重讨论V带传动。

V带的横截面为等腰梯形，带轮上也做出相应的轮槽（图11-3），V带的两侧面为工作面，V带在载荷Q的作用下进入带轮的梯形槽内，并通过楔效应在两侧面上产生摩擦闭合作用，进而依靠带与带轮之间的摩擦力来传递运动和动力。

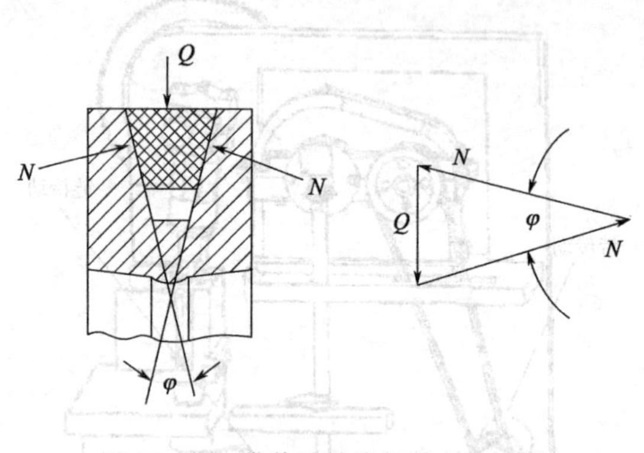

图11-3　V带传动结构与受力分析图

（2）V带的类型

V带分为普通V带（图11-4）、窄V带（图11-5）、宽V带（图11-6）等类型。

图11-4　普通V带

图11-5　窄V带

图11-6　宽V带

普通V带是在一般机械传动中应用最为广泛的一种传动带，其传动功率大，结构简单，价格便宜。

与同型号的普通V带相比，窄V带的高度为普通V带的1.3倍，所以其高度方向上刚度较大。自由状态下，带的顶面为拱形，受力后绳芯为排齐状，因而带芯受力均匀；窄V带的侧面为内凹曲面，带在轮上弯曲时，带侧面变直，使之与轮槽保持良好的贴合；窄V带承载能力较普通V带可提高50%～150%，使用寿命长。

宽V带带薄，挠曲性较好，适用于小的轮径和中心距，因此多用于无级变速装置，也称为无级变速带。

本章主要介绍普通V带和窄V带。

11.2.2　普通V带和窄V带的型号及结构

普通V带共有Y、Z、A、B、C、D、E七种型号。

窄V带共有SPZ、SPA、SPB、SPC四种型号。带的截面依次增大，传动能力也依次增大，如图11-7所示。

普通V带与窄V带尺寸规格已标准化。各种型号的截面尺寸及单位长度的带质量如表11-1所列。

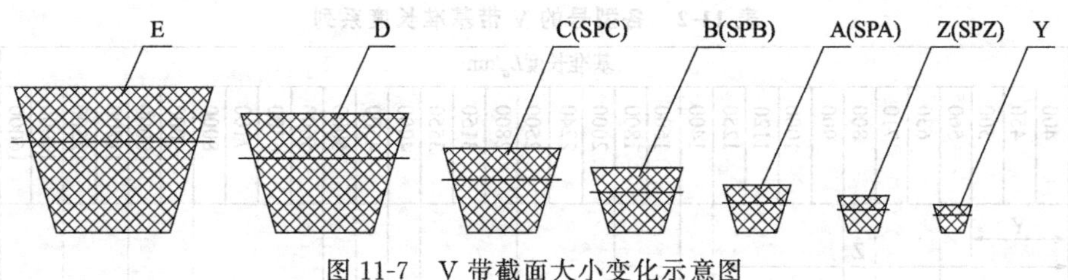

图 11-7 V 带截面大小变化示意图

表 11-1 带的截面尺寸 mm

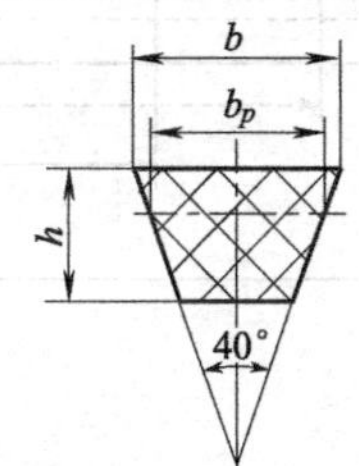

尺寸		型号										
		Y	Z		A		B		C		D	E
			SPZ		SPA		SPB		SPC			
V 带尺寸	顶宽 b	6	10		13		17		22		32	38
	节宽 b_p	5.3	8.5		11.0		14.0		19.0		27.0	32.0
	高度 h	4	6	8	8	10	11	14	14	18	19	25
带质量 q/(kg/m)		0.04	0.06	0.07	0.10	0.12	0.17	0.20	0.30	0.37	0.60	0.87

标准 V 带都制成无接头的环形带，其横截面结构如图 11-8 所示，它由以下几部分组成：

ⅰ. 包布层，由挂胶帘布组成，为保护层；

ⅱ. 伸张层（顶胶层），填满橡胶，弯曲时承受拉伸；

ⅲ. 强力层，由橡胶帘布、线绳或尼龙绳组成，承受基本拉力；

ⅳ. 压缩层（底胶层），填满橡胶，弯曲时承受压缩。

强力层的结构形式有帘布结构和线绳结构两种形式：帘布结构制造方便，抗拉强度高，应用较广；绳芯结构柔韧性好，抗弯强度高，用于转速高、带轮直径小的场合。

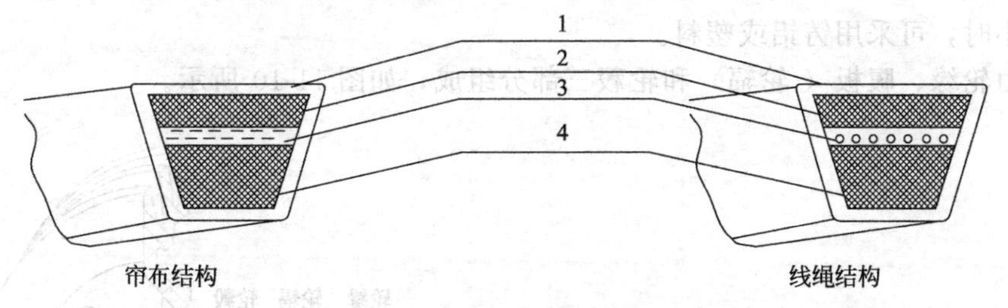

图 11-8 V 带截面的结构

1—包布层；2—顶胶层；3—强力层；4—底胶层

V 带绕在带轮上产生弯曲。当带弯曲时，顶胶层受拉伸变长（横向收缩），底胶层受压缩变短（横向扩张），顶胶层与底胶层之间存在一长度及宽度均保持不变的中性层，该层称为带的节面，其宽度称为节宽，用 b_p 表示。沿节面量得的带长 L_d 称为带的基准长度，通过节宽处量得的带长称为基准长度 L_d，并规定其为标准长度。国家标准规定了 V 带的基准长度系列，各型号的基准长度系列如表 11-2 所列。

表 11-2　各型号的 V 带基准长度系列

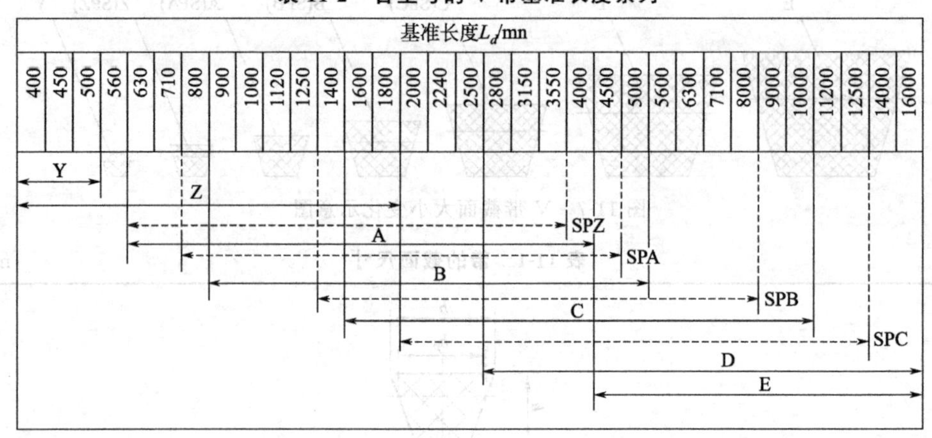

11.2.3　V 带带轮

（1）基准直径

V 带装在带轮上，与节宽 b_p 相对应的带轮直径称为基准直径，用 d_d 表示，如图 11-9 所示。国家标准规定了 V 带传动中带轮的基准直径系列，见表 11-3。带轮基准直径越小，带传动越紧凑，但带内的弯曲应力越大，导致带的疲劳强度下降，传动效率下降。选择小带轮基准直径时应使 $d_{d1} \geqslant d_{d\min}$，因此国家标准也规定了带轮的最小基准直径，见表 11-3。

表 11-3　V 带轮的最小基准直径及基准直径系列　　mm

型号	Y	Z		A		B		C		D	E
			SPZ		SPA		SPB		SPC		
$d_{d\min}$	20	50		75		125		200		355	500
			63		90		140		224		
带轮直径系列 d_d	20,22,4,25,28,31,5,35,5,40,45,50,56,63,71,75,80,85,90,95,100,106,112,118,125,132,140,150,160,170,180,200,212,224,236,250,265,280,300,315,335,355,375,400,425,450,475,500,530,560,600,630,670,710,750,800,900,1000,1060,1120,1250,1400,1500,1600,1800,2000,2240,2500										

（2）带轮常用材料及结构

带轮的常用材料为铸铁，常用材料的牌号为 HT150 和 HT200；带轮的圆周速度在 30m/s 以下用 HT150，大于 30m/s 用 HT200。转速再高时可采用铸钢或采用钢板焊接件；当功率较小时，可采用铸铝或塑料。

带轮由轮缘、腹板（轮辐）和轮毂三部分组成，如图 11-10 所示。

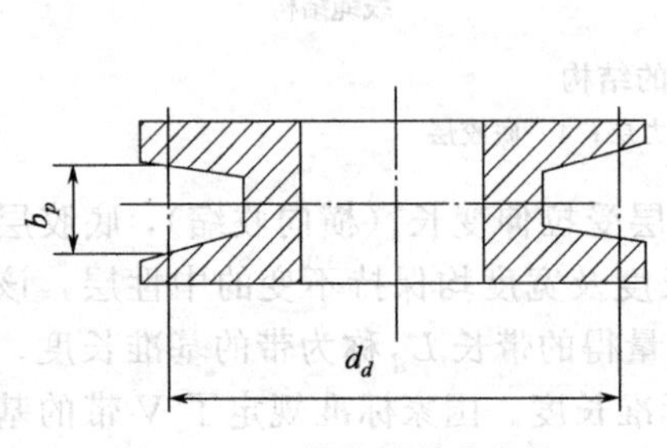

图 11-9　V 带轮的基准直径

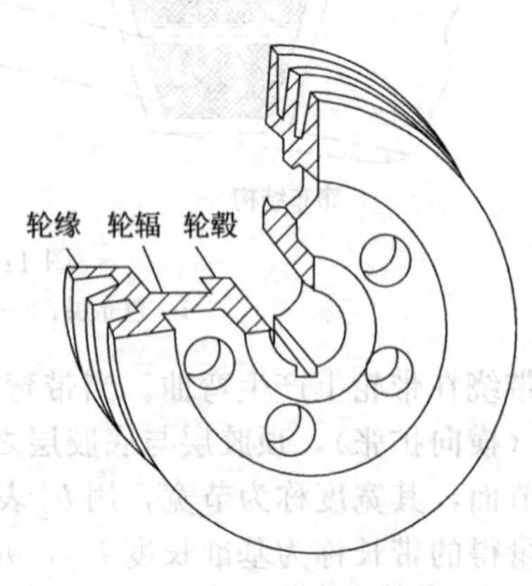

图 11-10　V 带轮的结构

轮缘是带轮的外缘部分，也是带轮的工作部分，制有梯形轮槽。轮槽尺寸参见表 11-4。

轮毂是带轮与轴相连接的部分。通常带轮与轴用键连接，轮毂上开有键槽，孔的尺寸按轴的强度、刚度要求确定。

轮缘与轮毂则用轮辐（腹板）连接成一整体。轮辐的结构形式随带轮基准直径而异。轮辐的结构也就决定了带轮的结构形式，由此，V 带轮的典型结构形式分为：实心式（图 11-11）、腹板式（图 11-12）、孔板式（图 11-13）和轮辐式（图 11-14）。带轮基准直径 $d_d \leqslant 2.5d$（d 为轴的直径，mm）时，可采用实心式结构；当 $2.5d \leqslant d_d \leqslant 300$mm 时，带轮常采用腹板式带轮结构；当 $D_1 - d_1 \geqslant 100$mm 时，带轮通常采用孔板式结构。当 $d_d > 300$mm 时，带轮常采用轮辐式带轮结构。

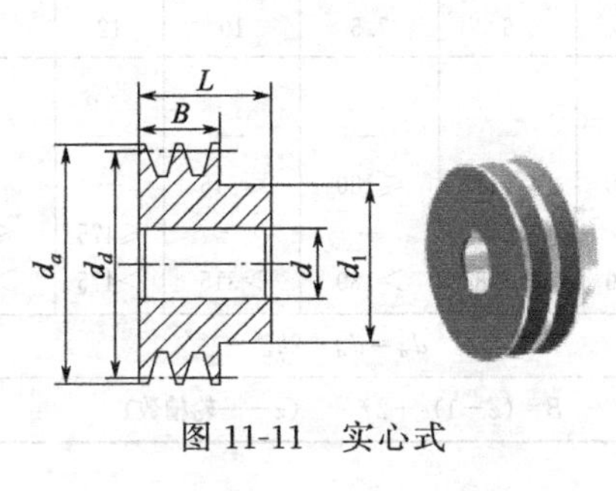

图 11-11　实心式

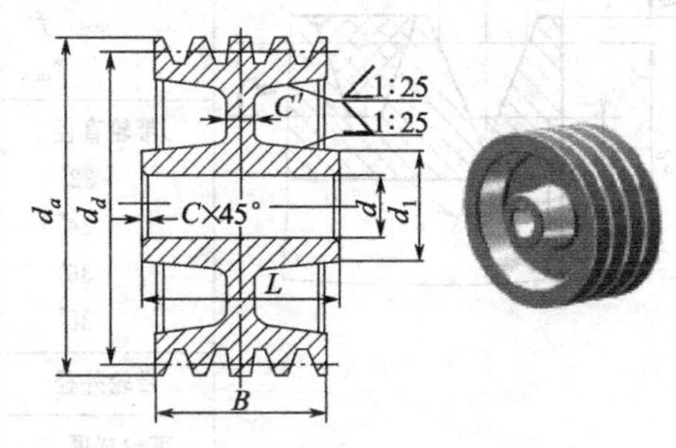

图 11-12　腹板式

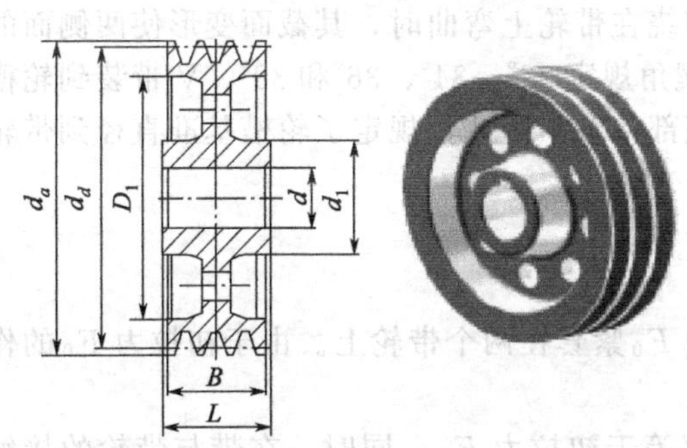

图 11-13　孔板式

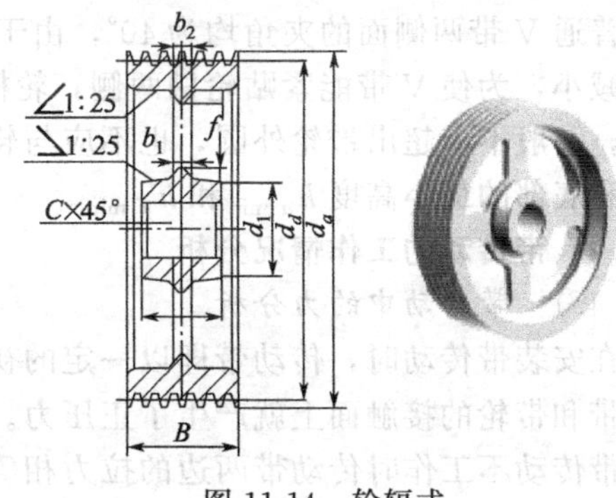

图 11-14　轮辐式

带轮结构设计经验公式：

$d_1 = (1.8 \sim 2.0)d$，d 为轴的直径　　　$h_2 = 0.8h_1$

$D_0 = 0.5(D_1 + d_1)$　　　$b_1 = 0.4h_1$

$d_0 = (0.2 \sim 0.3)(D_1 - d_1)$　　　$b_2 = 0.8b_1$

$C' = \left[\frac{1}{7} \sim \frac{1}{4}\right]B$　　$S = C'$

$L = (1.5 \sim 2)d$，（当 $B < 1.5d$ 时，$L = B$）　$f_1 = 0.2h_1$　　$f_2 = 0.2h_2$

$$h_1 = 290\sqrt[3]{\frac{P}{nA}}\ \text{mm}$$

式中　P——传递的功率，kW；

　　n——带轮的转速，r/min；

　　A——轮辐数。

带轮的结构设计，主要是根据带轮的基准直径选择结构形式；根据带的型号确定槽轮尺寸；带轮的其它结构尺寸通常按上述经验公式计算确定；带轮的宽度由带的根数及带轮轮槽尺寸（表 11-4）确定。确定了带轮的各部分尺寸后，即可绘制出零件图，并按工艺要求注出相应的技术要求等。

表 11-4　V 带轮轮槽结构尺寸　　mm

尺寸		型号						
		Y	Z	A	B	C	D	E
			SPZ	SPA	SPB	SPC		
轮缘尺寸	$h_{a\,\min}$	1.6	2	2.75	3.5	4.8	8.1	9.6
	$h_{f\,\min}$	4.7	7　9	8.7　11.0	10.8　14.0	14.3　19.0	19.9	23.4
	e	8	12 ± 0.3	15 ± 0.3	19 ± 0.4	25.5 ± 0.5	37 ± 0.6	44.5 ± 0.7
	f	7 ± 1	8 ± 1	10^{+2}_{-1}	12.5^{+2}_{-1}	17^{+2}_{-1}	24^{+3}_{-1}	29^{+4}_{-1}
	$\delta_{\min}$	5	5.5	6	7.5	10	12	15
带轮直径	32°	≤63	—	—	—	—	—	—
	34°	—	≤80	≤118	≤180	≤315	—	—
	36°	>63	—	—	—	—	≤475	≤630
	38°	—	>80	>118	>180	>315	>475	>630
带轮外径		$d_a=d_d+2h_a$						
带轮宽度 B		$B=(z-1)e+2f$　（z——轮槽数）						

普通 V 带两侧面的夹角均为 40°，由于 V 带绕在带轮上弯曲时，其截面变形使两侧面的夹角减小，为使 V 带能紧贴轮槽两侧，轮槽的楔角规定 32°、34°、36°和 38°。V 带装到轮槽中后，一般不应超出带轮外圆，也不应与轮槽底部接触。因此，规定了轮槽基准直径到带轮外圆和底部的最小高度 $h_{a\,\min}$ 和 $h_{f\,\min}$。

11.2.4　带传动的工作情况分析

11.2.4.1　带传动中的力分析

在安装带传动时，传动带即以一定的初拉力 F_0 紧套在两个带轮上。由于初拉力 F_0 的作用，带和带轮的接触面上就产生了正压力。

带传动不工作时传动带两边的拉力相等，都等于初拉力 F_0，同时，在带与带轮的接触面上产生正压力 N_i，如图 11-15（a）所示。

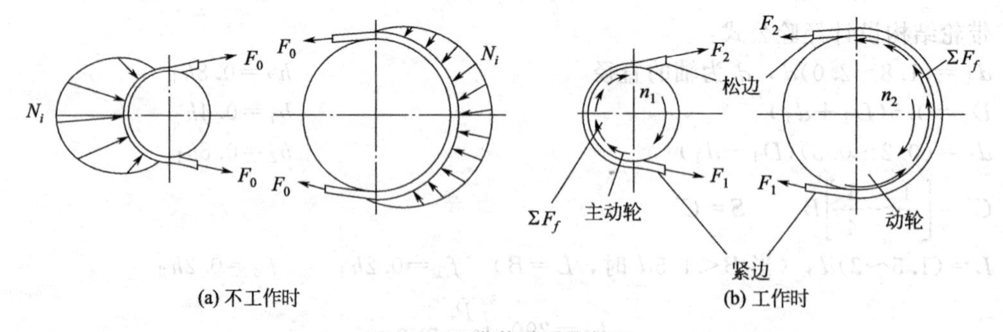

图 11-15　带传动受力情况

带在工作时，如图 11-15（b）所示，设主动轮以转速 n_1 转动，带与带轮的接触面间便产生摩擦力，主动轮作用在带上的摩擦力 ΣF_f 的方向和主动轮的圆周速度方向相同，主动轮即靠此摩擦力驱动带运动；带作用在从动轮上的摩擦力的方向，显然与带的运动方向相同，带同样靠摩擦力 ΣF_f 驱动从动轮以转速 n_2 转动。这时传动带两边的拉力也相应地发生了变化：带绕上主动轮的一边被拉紧，叫做紧边，紧边拉力由 F_0 增加到 F_1；带绕上从动轮的一边被放松，叫做松边，松边拉力由 F_0 减小到 F_2。可以认为带工作时的总长度不变，则带的紧边拉力的增加量，应等于松边拉力的减小量，即 $F_1-F_0=F_0-F_2$，也即：

$$F_1+F_2=2F_0 \tag{11-1}$$

若以主动轮一端为分离体，则有总摩擦力 ΣF_f 和两边拉力（松边拉力、紧边拉力）对轴心的力矩的代数和为零，从而可得出 $\Sigma F_f= F_1-F_2$。

在带传动中，有效拉力 F_e 并不是作用于某个固定点的集中力，而是带和带轮接触面上的各点摩擦力的总和，故整个面上的总摩擦力 ΣF_f 即等于带所传递的有效拉力，即：

$$F_e=\sum F_f=F_1-F_2 \tag{11-2}$$

带传动所传递的功率 P 为：

$$P=\frac{F_e v}{1000} \tag{11-3}$$

式中　v——带速，m/s。

由式（11-3）可知，若带速 v 一定，则带所传递的功率 P 与带轮之间的总摩擦力 ΣF_f 成正比。但总摩擦力 ΣF_f 存在一极限值，超过此值带在带轮上会发生显著的、全面的滑动——打滑。打滑使传动失效，必须避免。

带处于即将打滑、尚未打滑的临界状态时，总摩擦力达到最大值，即带的有效拉力 F_e 也达到最大值，此时，紧边拉力 F_1 和松边拉力 F_2 的关系可用柔韧体摩擦的欧拉公式表示，即

$$\frac{F_1}{F_2}=e^{f\alpha} \tag{11-4}$$

式中　e——自然对数的底数，e = 2.71828；

f——带与带轮的摩擦系数；

α——带在带轮上的包角，rad。

联立求解式（11-1）、式（11-2）和式（11-4）可得有效拉力 F_e 的最大值，即

$$F_{e\max}=2F_0\frac{e^{f\alpha}-1}{e^{f\alpha}+1} \tag{11-5}$$

由式（11-5）可知，带与带轮的包角、摩擦系数及初拉力是影响带传动传递能力的重要因素。

11.2.4.2　带传动中的应力分析

(1) 带工作时各剖面的应力分布情况

带传动工作时，带内将产生下列几种应力。

① 拉应力

$$\left.\begin{aligned}\sigma_1=F_1/A\\ \sigma_2=F_2/A\end{aligned}\right\} \tag{11-6}$$

式中　σ_1——紧边拉应力；

σ_2——松边拉应力；

A——带的横截面面积，mm^2；

F_1，F_2——紧边拉力和松边拉力。

② 离心拉应力　当带沿带轮轮缘作圆周运动时，带上每一质点都受离心力作用，离心力所引起的带的拉力总和为 F_c，此力作用于整个传动带，因此，它产生的离心拉应力 σ_c 在带的所有横剖面上都是相等的。离心力引起的拉力 $F_c=qv^2$，则离心拉应力为：

$$\sigma_c=\frac{F_c}{A}=\frac{qv^2}{A} \tag{11-7}$$

式中　q——传动带单位长度的质量，kg/m；

v——带速，m/s。

③ 弯曲应力　带绕在带轮上时，由于弯曲而产生弯曲应力 σ_b，根据材料力学公式有

$$\sigma_b=\frac{2Ey}{d_d} \tag{11-8}$$

式中　E——带的弹性模量，MPa；

d_d——带轮的基准直径，mm；

y——带的中性层到最外层的距离，mm。

带工作时某瞬间各剖面的应力分布情况如图 11-16 所示。

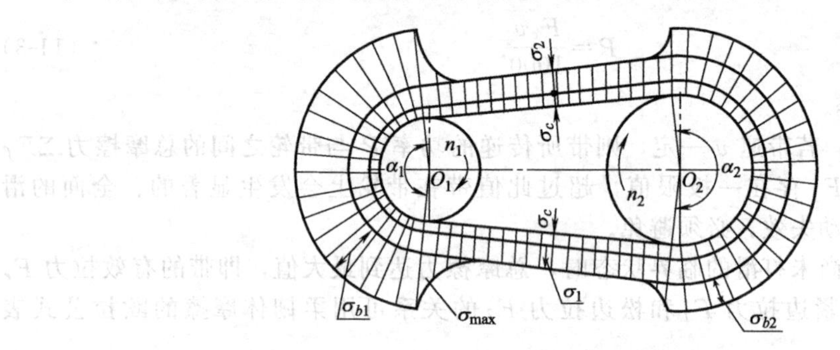

图 11-16　带的应力分布图

(2) 带中应力情况分析

由带的应力分布图可得出以下结论：

ⅰ. 带中的最大应力产生在带的紧边开始绕进小带轮处，此时最大应力值为

$$\sigma_{max}=\sigma_1+\sigma_c+\sigma_{b1} \tag{11-9}$$

ⅱ. 带某一截面上的应力随带所运动的位置而周期性变化，带每绕两带轮循环一周，某截面上的应力就变化 4 次。当应力循环次数达到一定值后，带将产生疲劳破坏。

ⅲ. 带的弯曲应力影响最大，所以，为防止过大的弯曲应力，对每种型号的 V 带，都规定了相应的最小带轮基准直径。

11.2.4.3　带传动的运动分析

(1) 弹性滑动的概念

带在工作时会产生弹性变形，由于紧边和松边两边拉力不等，因而弹性变形量也不等，如图 11-17 所示。带绕上主动带轮到离开的过程中，所受拉力不断下降，使带向后收缩，带在带轮接触面上出现局部微量的向后滑动，造成带的速度滞后于主动带轮的速度；带绕上从动带轮到离开的过程中，带所受的拉力不断加大，使带向前伸长，带在带轮接触面上出现局

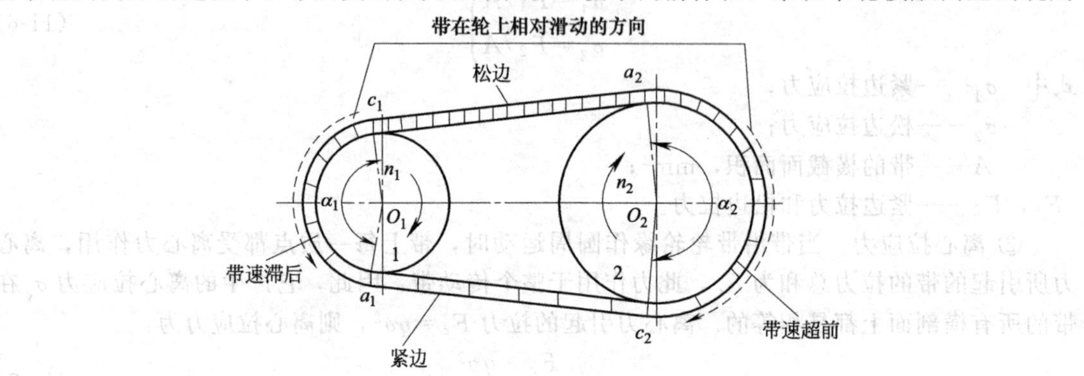

图 11-17　带传动的整体弹性滑动示意图

部微量的向前滑动，造成带的速度超前于从动带轮的速度。在带与带轮接触过程中，这种微量的滑动现象称为弹性滑动。

带传动的弹性滑动会造成功率损失、会增加带的磨损、使从动轮的圆周速度下降、使传动比不准确。

(2) 弹性滑动和打滑的区别

ⅰ. 从现象上看：弹性滑动是局部带在带轮的局部接触弧面上发生的微量相对滑动；打滑则是整个带在带轮的全部接触弧面上发生的显著相对滑动。

ⅱ. 从本质上看：弹性滑动是由带本身的弹性和带传动两边的拉力差（未超过极限值）引起的，带传动只要传递动力，两边就必然出现拉力差，所以弹性滑动是带传动的固有工作特性，是不可避免的。而打滑则是带传动载荷过大使两边拉力差超过极限摩擦力而引起的，因此打滑是可以避免的。

(3) 弹性滑动率 ε

弹性滑动使得从动轮的圆周速度 v_2 低于主动轮的圆周速度 v_1，其速度降低率用弹性滑动率 ε 表示，即

$$\varepsilon=\frac{v_1-v_2}{v_1}\times 100\% \tag{11-10}$$

则带的传动比为

$$i=\frac{n_1}{n_2}=\frac{60\times 1000v_1/\pi d_{d1}}{60\times 1000v_2/\pi d_{d2}}=\frac{d_{d2}}{d_{d1}(1-\varepsilon)} \tag{11-11}$$

可见，带传动的传动比与滑动率有关，故不能保持一个准确值。由于 $\varepsilon=1\%\sim2\%$，粗略计算时，可忽略不计。

11.2.4.4 V 带传动的失效分析和设计准则

通过对带传动应力和运动分析可知，V 带传动的主要失效形式是打滑和疲劳断裂。所以 V 带传动的设计准则是保证带传动在不打滑的前提下具有一定的疲劳寿命。

11.2.5 带传动的张紧

带在预紧力作用下，经过一定时间的运转后，会由于塑性变形而松弛，使初拉力降低。为了保证带传动的能力，应定期检查初拉力的数值，随时张紧。常见张紧方法如下。

(1) 定期张紧

采用定期改变中心距的方法来调节带的预紧力，使带重新张紧。

如图 11-18 所示，定期拧动调整螺栓，使装有带轮的电机向左移动，改变两带轮的中心

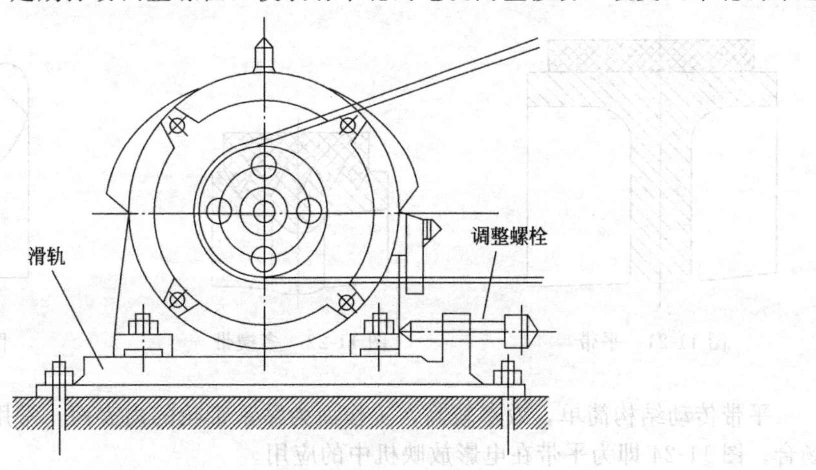

图 11-18 定期改变中心距的方法

距，从而张紧传动带。

（2）自动张紧

将装有带轮的电动机安装在浮动摆架上，利用带轮的自重，使带轮随同电动机绕固定轴摆动，以自动保持张紧力。如图 11-19 所示。

（3）张紧轮张紧

当中心距不能调节时，可采用张紧轮将带张紧，如图 11-20 所示。V 带张紧轮一般应放在松边，这样才不会增加带的最大应力；同时还必须置于内侧，使带只受单向弯曲；应尽量靠近大轮，以免过分影响小带轮的包角。张紧轮的轮槽尺寸与带轮的相同，且直径小于小带轮的直径。

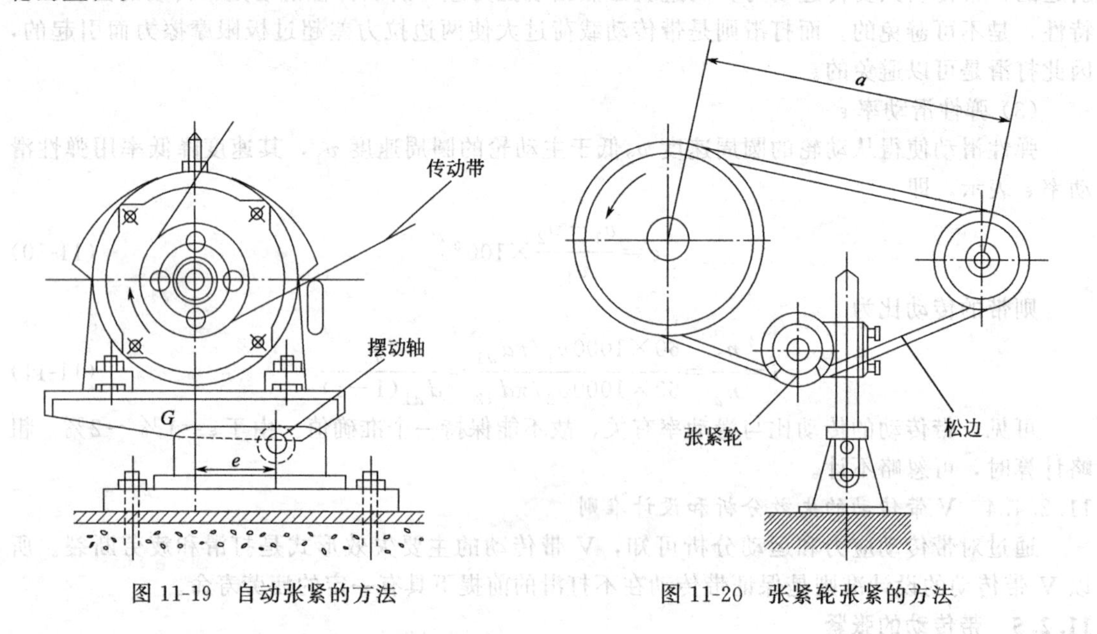

图 11-19　自动张紧的方法　　图 11-20　张紧轮张紧的方法

11.2.6　其它带传动简介

除 V 带传动外，还有许多其它类型的带传动。按用途分为传动带和输送带两类。传动带用于传递动力；输送带用于输送物品。

传动带按截面形状分又可分为平带传动（图 11-21）、多楔带传动（图 11-22）、圆带传动（图 11-23）等。

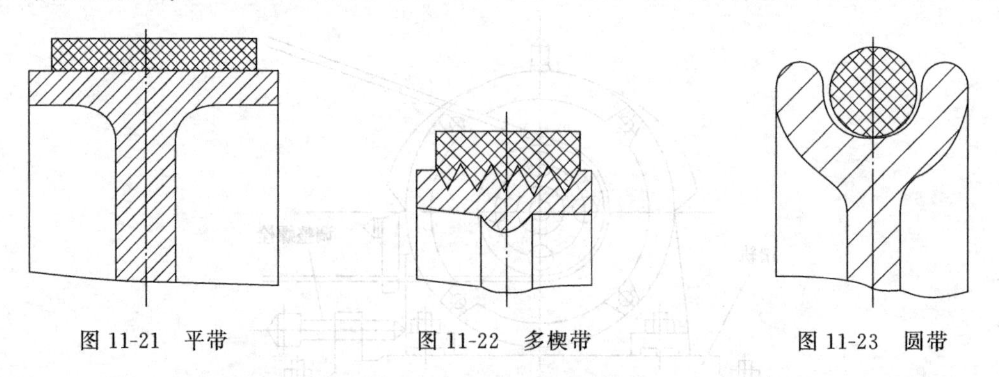

图 11-21　平带　　图 11-22　多楔带　　图 11-23　圆带

平带传动结构简单，效率较高，工作面为贴紧带轮的内表面。常用于传动中心距较大的场合。图 11-24 即为平带在电影放映机中的应用。

多楔带传动兼有平带与 V 带的优点，柔性好，摩擦力大，主要用于传递较大功率、机

图 11-24　平带在电影放映机中的应用

构要求紧凑的场合。

圆带传动传递功率较小，一般用于轻、小型机械，如缝纫机等。

另外，还有一些近年来发展较快的新型带传动，如同步带传动（图 11-25），高速带传动，磁力金属带传动等。同步带的应用日益广泛，图 11-26 即为同步带在机器人中的应用。同步带传动属于非共轭啮合传动，可以在两轴或多轴间传递运动和动力。同步带的工作面有齿，带轮的轮廓表面也制有相应的齿槽，带与带轮是靠啮合进行传动的，故传动比恒定，初拉力也小。同步带有梯形齿和圆弧齿两类，梯形齿同步带已标准化。其主要缺点是制造和安装精度要求较高，无张紧轮时，中心距要求较严格。

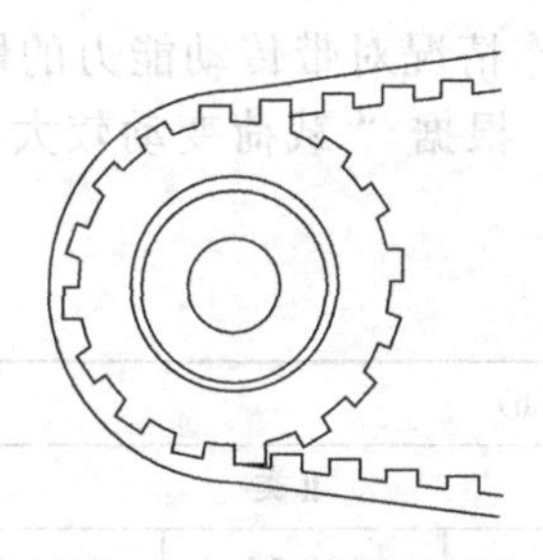
图 11-25　同步带传动

图 11-26　同步带在机器人关节中的应用

高速带传动是指带速 $v>30\text{m/ s}$、高速轴转速 $n_1=10000\sim50000\text{r/min}$ 的传动。这种传动主要用于增速以驱动高速机床、粉碎机、离心机及某些其他机器。高速带传动的增速比为 2～4，有时可达 8。高速带传动要求传动可靠、运转平稳、并有一定的寿命，故高速带都采用质量小、厚度薄而均匀、挠曲性好的环形平带，如麻织带、丝织带、锦纶编织带、薄型强力锦纶带、高速环形胶带等。薄型强力锦纶带采用胶合接头，故应使接头与带的挠曲性能尽量接近。高速带轮要求质量小而且分布对称均匀、运转时空气阻力小，通常都采用钢或铝合金制造，各个面均应进行加工，轮缘工作表面的粗糙度不得大于粗糙度 3.2，并要求进行动平衡。为防止掉带，主、从动轮轮缘表面都应加工出凸度，可制成鼓形面或 2°左右的双锥面，为了防止运转时带与轮缘表面间形成气垫，轮缘表面应开环形槽，如图 11-27 所示。

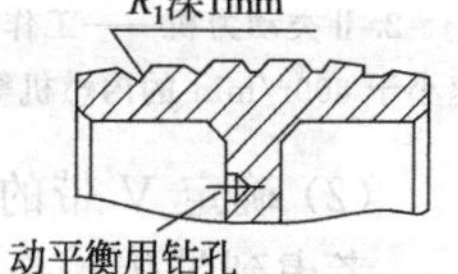

图 11-27　高速带带轮结构示意

磁力金属带传动基本原理是靠缠绕在大、小带轮轮辐上的激磁线圈产生磁场并吸引金属带，以产生较大的正压力，从而大幅度地提高摩擦力而进行传动的。同普通带传动相比，其特点是摩擦力的产生已不再是初张力单独作用的结果，而是磁场吸引力与初张力的共同作用形式。这对提高传动效率、增大传动比及改善传动性能等具有重要的理论意义。

由于磁力金属带传动具有传动功率大、传动比范围广、允许线速度高、弹性滑动率小、传动准确、效率高等特点，因而可广泛应用于机床、纺织、汽车、化工、国防、通用机械以及高速、重载等重大装备领域。

11.3 带传动案例设计与分析

11.3.1 设计要求与数据

在精压机机组中，V带传动用于主机曲柄压力机，载荷变动较大，一班制工作，通过计算确定原动件为Y系列异步电动机驱动，传递功率 $P=7.5\text{kW}$，主动带轮转速 $n_1=1440\text{r/min}$，传动比为 $i=2.6$。

11.3.2 设计内容

设计内容包括：选择带的型号、确定长度 L、根数 Z、传动中心距 a、带轮基准直径及结构尺寸等。

11.3.3 设计步骤、结果及说明

(1) 确定计算功率 P_c

$$P_c=K_AP \tag{11-12}$$

由表11-5查得 $K_A=1.2$，故 $P_c=K_AP$，$P_c=1.2\times7.5\text{kW}=9\text{kW}$。

说明 K_A 为工作情况系数，是考虑载荷性质和动力机工作情况对带传动能力的影响而引进的大于1的可靠系数，其选取详见表11-5。在本案例中，根据“载荷变动较大，一班制工作，Y系列异步电动机驱动”的要求，选择 $K_A=1.2$。

表11-5 带传动工作情况系数 K_A

工作机载荷性质	动力机(每天工作时间/h)					
	Ⅰ类			Ⅱ类		
	≤10	10～16	>16	≤10	10～16	>16
工作平稳	1.0	1.1	1.2	1.1	1.2	1.3
载荷变动小	1.1	1.2	1.3	1.2	1.3	1.4
载荷变动较大	1.2	1.3	1.4	1.4	1.5	1.6
冲击载荷	1.3	1.4	1.5	1.5	1.6	1.8

注：1. Ⅰ类动力机——工作较平稳的动力机，如普通鼠笼式交流电机、同步电机、并激直流电机、转速大于600 r/min的内燃机等。

2. Ⅱ类动力机——工作振动较大的动力机，如各种非普通鼠笼式交流电机、复激或串激直流电机、单缸发动机、转速小于600r/min的内燃机等。

(2) 确定V带的型号

考虑到带传动是整个机组中的易损环节，其故障将影响整个机组，而且相对这个机组而言，带传动的成本微不足道，所以本案例中选用窄V带。

根据 $P_c=9\text{kW}$ 及 $n_1=1440\text{r/min}$，查图11-28确定选用SPZ型的窄V带。

说明

ⅰ. 图 11-28 为窄 V 带型号选择图，图 11-29 为普通 V 带型号选择图。根据 $P=Fv$，易知，转速一定，功率越大，带中拉力越大，所需选择的带型越大；功率一定，转速越大，带中拉力越小，所需选择的带型越小。

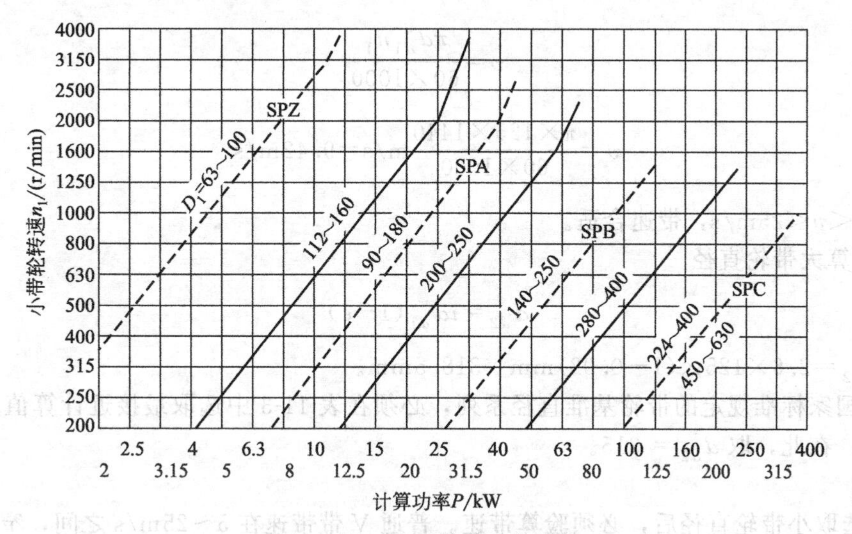

图 11-28　窄 V 带型号选择图

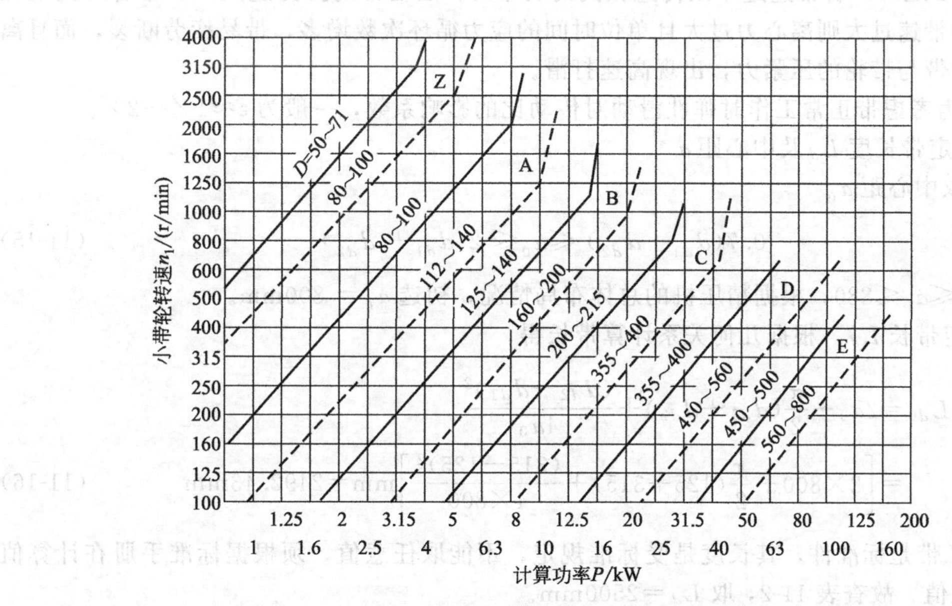

图 11-29　普通 V 带型号选择图

ⅱ. 图中实线为两种型号的分界线，虚线为该型号推荐小带轮直径的分界线。

ⅲ. 当工况位于两种型号分界线附近时，可分别选取这两种型号进行计算，择优选取。若选用截面较小的型号，则根数较多，传动尺寸相同时可获得较小的弯曲应力，带的寿命较长；选截面较大的型号时，带轮尺寸、传动中心距都会有所增加，带根数则较少。

ⅳ. 如果小带轮直径选太大，带传动结构尺寸不紧凑；选太小则带承受的弯曲应力过大，弯曲应力是引起带疲劳损坏的重要因素，所以必须按图中推荐的数据选取。

(3) 确定带轮直径 d_{d1}、d_{d2}

① 确定小带轮的基准直径 d_{d1}　依据图 11-28 的推荐，小带轮可选用的直径范围是 112～160mm，参照表 11-3，选择 $d_{d1}=125$mm。

② 验算带速 v

$$v=\frac{\pi d_{d1}n_1}{60\times1000} \tag{11-13}$$

故

$$v=\frac{\pi\times125\times1440}{60\times1000}\text{m/s}=9.42\text{m/s}$$

$5\text{m/s}<v<25\text{m/s}$，带速合适。

③ 计算大带轮直径

$$d_{d2}=id_{d1}(1-\varepsilon) \tag{11-14}$$

故 $d_{d2}=2.6\times125\times(1-0.02)\text{mm}=318.5\text{mm}$。

根据国家标准规定的带轮基准直径系列，必须在表 11-3 中选取最接近计算值 318.5mm 的标准值，在此，取 $d_{d2}=315$。

说明

ⅰ. 选取小带轮直径后，必须验算带速。普通 V 带带速在 5～25m/s 之间，窄 V 带带速在 5～35m/s 之间。若带速过小则传递相同的功率时，所需带的拉力过大，V 带容易出现低速打滑；若带速过大则离心力过大且单位时间的应力循环次数增多，带易疲劳断裂，而且离心力会减少带与带轮的压紧力，出现高速打滑。

ⅱ. ε 为考虑带正常工作时弹性滑动对传动比的影响系数，一般为 $\varepsilon\approx1\%\sim2\%$。

(4) 确定带长度 L_d 及中心距 a

① 初取中心距 a_0

$$0.7(d_{d1}+d_{d2})\leqslant a_0\leqslant 2(d_{d1}+d_{d2}) \tag{11-15}$$

得 $308\leqslant a_0\leqslant880$，根据精压机的总体布局情况，初选 $a_0=800$mm。

② 确定带长 L_d　根据几何关系计算带长得

$$\begin{aligned}L_{d0}&=2a_0+\frac{\pi}{2}(d_{d1}+d_{d2})+\frac{(d_{d2}-d_{d1})^2}{4a_0}\\&=\left[2\times800+\frac{\pi}{2}(125+315)+\frac{(315-125)^2}{4\times800}\right]\text{mm}=2492.43\text{mm}\end{aligned} \tag{11-16}$$

由于 V 带是标准件，其长度是受标准规定，不能取任意值，须根据标准手册在计算值附近选标准值。故查表 11-2，取 $L_d=2500$mm。

③ 计算实际中心距　根据几何关系估算出所需的实际中心距，即

$$a\approx a_0+\frac{L_d-L_{d0}}{2} \tag{11-17}$$

故 $a\approx\left[800+\frac{2500-2492.43}{2}\right]\text{mm}\approx808\text{mm}$。

说明

ⅰ. 带传动的中心距不宜过大，否则将由于载荷变化引起带的颤动；中心距也不宜过小，中心距愈小，则带的长度愈短，在一定速度下，单位时间内带的应力变化次数愈多，会加速带的疲劳损坏；小的中心距还将导致小带轮包角过小。

ⅱ. 考虑安装调整和补偿张紧力（如胶带伸长而松弛后的张紧）的需要，中心距的变动范围为：$(a-0.015L_d)\sim(a+0.03L_d)$。

(5) 验算包角 α_1

根据几何关系得

$$\alpha_1=180°-\frac{d_{d2}-d_{d1}}{a}\times57.3°=180°-\frac{315-125}{808}\times57.3°$$
$$=166.53°>120° \tag{11-18}$$

包角 α_1 合适。

说明 α_1 是影响带传递的功率的主要因素之一，包角大则传递功率也大，所以一般 α_1 应大于或等于 120°；若包角小于 120°，则必须加大中心距。

(6) 确定 V 带的根数 z

$$Z\geqslant\frac{P_c}{(P_0+\Delta P_0)K_\alpha K_L} \tag{11-19}$$

P_c 为计算功率，kW；P_0 为特定条件下（载荷平稳，$\alpha_1=180$，$i=1$，特定带长）测得的单根 V 带的许用功率，称为基本额定功率。窄 V 带由表 11-6 选取，普通 V 带由表 11-7 选取。

表 11-6 单根窄 V 带时基本额定功率 P_0 kW

型号	小轮基准直径 d_1/mm	小带轮转速 n_1/(r/min)											
		730	800	980	1200	1460	1600	2000	2400	2800	3200	3600	4000
SPZ	63	0.56	0.60	0.70	0.81	0.93	1.00	1.17	1.32	1.45	1.56	1.66	1.74
	75	0.79	0.87	1.02	1.21	1.41	1.52	1.79	2.04	2.27	2.48	2.65	2.81
	90	1.12	1.21	1.44	1.70	1.98	2.14	2.55	2.93	3.26	3.57	3.84	4.07
	100	1.33	1.44	1.70	2.02	2.36	2.55	3.05	3.49	3.90	4.26	4.58	4.85
	125	1.84	1.99	2.36	2.80	3.28	3.55	4.24	4.85	5.40	5.88	6.27	6.58
SPA	90	1.21	1.30	1.52	1.76	2.02	2.16	2.49	2.77	3.00	3.16	3.26	3.29
	100	1.54	1.65	1.93	2.27	2.61	2.80	3.27	3.67	3.99	4.25	4.42	4.50
	125	2.33	2.52	2.98	3.50	4.06	4.38	5.15	5.80	6.34	6.76	7.03	7.16
	160	3.42	3.70	4.38	5.17	6.01	6.47	7.60	8.53	9.24	9.72	9.94	9.87
	200	4.63	5.01	5.94	7.00	8.10	8.72	10.13	11.22	11.92	12.19	11.98	11.25
SPB	140	3.13	3.35	3.92	4.55	5.21	5.54	6.31	6.86	7.15	7.17	6.89	—
	180	4.99	5.37	6.31	7.38	8.50	9.05	10.34	11.21	11.62	11.43	10.70	—
	200	5.88	6.35	7.47	8.74	10.07	10.70	12.18	13.11	13.40	13.00	11.83	—
	250	8.11	8.75	10.27	11.99	13.72	14.51	16.19	16.89	16.40	—	—	
	315	10.91	11.71	13.70	15.84	17.84	18.70	20.00	19.44	16.70	—	—	
SPC	224	8.38	8.99	10.30	11.89	13.20	13.80	14.50	14.00	—	—		
	280	12.40	13.30	15.40	17.60	19.40	20.20	20.70	18.80	—	—		
	315	14.80	15.9	18.30	20.80	22.90	23.50	23.40	19.90	—			
	400	20.40	21.80	25.10	27.30	29.40	29.50	25.80	—				
	500	26.40	28.00	31.30	33.80	33.40	31.7	19.30	—	—	—		

表 11-7 单根普通 V 带基本额定功率 P_0 kW

型号	小轮基准直径 d_1/mm	小带轮转速 n_1/(r/min)											
		730	800	980	1200	1460	1600	2000	2400	2800	3200	3600	4000
Y	20	—	—	0.02	0.02	0.02	0.03	0.03	0.04	0.04	0.05	0.06	0.06
	31.5	0.03	0.04	0.04	0.05	0.06	0.06	0.07	0.09	0.10	0.11	0.12	0.13
	40	0.04	0.05	0.06	0.07	0.08	0.09	0.11	0.12	0.14	0.15	0.16	0.18
	50	0.06	0.07	0.08	0.09	0.11	0.12	0.14	0.16	0.18	0.20	0.22	0.23
Z	50	0.09	0.10	0.12	0.14	0.16	0.17	0.20	0.22	0.26	0.28	0.30	0.32
	63	0.13	0.15	0.18	0.22	0.25	0.27	0.32	0.37	0.41	0.45	0.47	0.49
	71	0.17	0.20	0.23	0.27	0.31	0.33	0.39	0.46	0.50	0.54	0.58	0.61
Z	80	0.2	0.22	0.26	0.30	0.36	0.39	0.44	0.50	0.56	0.61	0.64	0.67
	90	0.22	0.24	0.28	0.33	0.37	0.40	0.48	0.54	0.60	0.64	0.68	0.72
A	75	0.42	0.45	0.52	0.60	0.68	0.73	0.84	0.92	1.00	1.04	1.08	1.09
	90	0.63	0.68	0.79	0.93	1.07	1.15	1.34	1.50	1.64	1.75	1.83	1.87
	100	0.77	0.83	0.97	1.14	1.32	1.42	1.66	1.87	2.05	2.19	2.28	2.34
	125	1.11	1.19	1.40	1.66	1.93	2.07	2.44	2.74	2.98	3.16	3.26	3.28
	160	1.56	1.69	2.00	2.36	2.74	2.94	3.42	3.80	4.06	4.19	4.17	3.98
B	125	1.34	1.44	1.67	1.93	2.20	2.33	2.64	2.85	2.96	2.94	2.80	2.51
	160	2.16	2.32	2.72	3.17	3.64	3.86	4.40	4.75	4.89	4.80	4.46	3.82
	200	3.06	3.30	3.86	4.50	5.15	5.46	6.13	6.47	6.43	5.95	4.98	3.47
	250	4.14	4.46	5.22	6.04	6.85	7.20	7.87	7.89	7.14	5.60	3.12	—
	280	4.77	5.13	5.93	6.90	7.78	8.13	8.60	8.22	6.80	4.26	—	—
C	200	3.80	4.07	4.66	5.29	5.86	6.07	6.34	6.02	5.01	3.23	—	—
	250	5.82	6.23	7.18	8.21	9.06	9.38	9.62	8.75	6.56	2.93	—	—
	315	8.34	8.92	10.23	11.53	12.48	12.72	12.14	9.43	4.16	—	—	
	400	11.52	12.10	13.67	15.04	15.51	15.24	11.95	4.34	—	—		
	450	12.98	13.80	15.39	16.59	16.41	15.57	9.64	—	—	—		
D	355	14.04	14.83	16.30	16.98	17.25	16.7	15.63	12.97	—	—		
	450	21.12	22.25	24.16	24.84	24.84	22.42	19.59	13.34	—	—		
	560	28.28	29.55	31.00	30.85	29.67	22.08	15.13	—	—			
	710	35.97	36.87	35.58	32.52	27.88	—						
	800	39.26	39.55	35.26	29.26	21.32	—	—					
E	500	26.62	27.57	28.52	25.53	16.25	—	—					
	630	37.64	38.52	37.14	29.17	—	—						
	800	47.79	47.38	39.08	16.46	—	—						
	900	51.13	49.21	34.01	—	—							
	1000	52.26	48.19	—	—	—							

本案例中，根据 $d_{d1}=125\text{mm}$、$n_1=1440\text{r/min}$，查表 11-6（用插入法）得：$P_0=3.24\text{kW}$；ΔP_0为 $i\neq1$ 时基本额定功率的增量，窄 V 带由表 11-8 选取，普通 V 带由表11-10选取。

本案例 $i=2.6$、$n_1=1440\text{r/min}$，查表 11-8（用插入法）得：$\Delta P_0=0.217\text{kW}$。

表 11-8　单根窄 V 带 $i\neq1$ 时基本额定功率的增量 ΔP_0　　kW

型号	传动比 i	小带轮转速 n_1/（r/min）											
		730	800	980	1200	1460	1600	2000	2400	2800	3200	3600	4000
SPZ	1.95～3.38	0.10	0.11	0.13	0.16	0.20	0.22	0.27	0.33	0.38	0.44	0.49	0.55
	≥3.39	0.10	0.12	0.14	0.17	0.21	0.23	0.29	0.35	0.41	0.47	0.52	0.58
SPA	1.95～3.38	0.21	0.24	0.28	0.36	0.43	0.48	0.60	0.72	0.84	0.95	1.07	1.19
	≥3.39	0.22	0.25	0.30	0.38	0.46	0.51	0.63	0.76	0.89	1.01	1.14	1.27
SPB	1.95～3.38	0.41	0.49	0.58	0.74	0.89	0.98	1.23	1.47	1.72	1.96	2.21	—
	≥3.39	0.46	0.52	0.62	0.78	0.94	1.04	1.30	1.56	1.82	2.08	2.34	—
SPC	1.95～3.38	1.04	1.19	1.41	1.78	2.16	2.38	2.97	3.57	—	—	—	—
	≥3.39	1.10	1.26	1.50	1.89	2.29	2.52	3.15	3.79	—	—	—	—

K_α为$\alpha_1\neq180°$时的包角修正系数，可按$K_\alpha=1.25(1-5-\alpha/180)$计算；本案例$\alpha_1=166.53°$，$K_\alpha=1.25(1-5^{-\alpha/180})=0.968$；$K_L$为带不是特定带长时的长度修正系数，可按$K_L=1+0.5(\lg L_d-\lg L_{dT})$计算。$L_{dT}$为特定带长（表 11-9），本案例$L_{dT}=1600\text{mm}$，$L_d=2500\text{mm}$，则

$$K_L=1+0.5(\lg2500-\lg1600)=1$$

则：

$$Z\geqslant\frac{9}{(3.24+0.217)\times0.968\times1}=2.45$$

取$Z=3$。

表 11-9　V 带特定长度系列　　mm

型号	普通 V 带							窄 V 带			
	Y	Z	A	B	C	D	E	SPZ	SPA	SPB	SPC
特定长度	450	800	1700	2240	3700	6300	7100	1600	2500	3550	5600

表 11-10　单根普通 V 带 $i\neq1$ 时基本额定功率的增量 ΔP_0　　kW

型号	传动比 i	小带轮转速 n_1/（r/min）											
		730	800	980	1200	1460	1600	2000	2400	2800	3200	3600	4000
Y	1.52～1.99	0.00	0.01	0.01	0.01	0.01	0.01	0.01	0.02	0.02	0.02	0.02	0.03
	≥2.0	0.00	0.00	0.01	0.01	0.01	0.01	0.02	0.02	0.02	0.02	0.03	0.03
Z	1.52～1.99	0.01	0.02	0.02	0.02	0.02	0.03	0.03	0.04	0.04	0.04	0.05	0.05
	≥2.0	0.02	0.02	0.02	0.03	0.03	0.03	0.04	0.04	0.04	0.05	0.05	0.06
A	1.52～1.99	0.08	0.09	0.10	0.13	0.15	0.17	0.22	0.26	0.30	0.34	0.39	0.43
	≥2	0.09	0.10	0.11	0.15	0.17	0.19	0.24	0.29	0.34	0.39	0.44	0.48
B	1.52～1.99	0.20	0.23	0.26	0.34	0.40	0.45	0.56	0.68	0.79	0.90	1.01	1.13
	≥2.0	0.22	0.25	0.30	0.38	0.46	0.51	0.63	0.76	0.89	1.01	1.14	1.27
C	1.52～1.99	0.55	0.63	0.74	0.94	1.14	1.25	1.57	1.72	1.88	2.04	2.19	2.44
	≥2.0	0.62	0.71	0.83	1.06	1.27	1.41	1.76	1.94	2.12	2.29	2.47	2.75

续表

型号	传动比 i	小带轮转速 n_1/（r/min）											
		730	800	980	1200	1460	1600	2000	2400	2800	3200	3600	4000
B	1.52～1.99	1.95	2.22	2.64	3.34	4.03	4.45	—	—	—	—	—	—
	≥2.0	2.19	2.50	2.97	3.75	4.53	5.00	—	—	—	—	—	—
E	1.52～1.99	3.86	4.41	5.23	6.41	7.80	—	—	—	—	—	—	—
	≥2.0	4.34	4.96	5.89	7.21	8.78	—	—	—	—	—	—	—

说明 带的根数 Z 越大，各根带的带长、带的弹性和带轮轮槽尺寸形状间的误差越大，受力越不均匀，因而产生的带的附加载荷越大，所以 Z 不宜过大，一般 $Z\leqslant 7$。

（7）确定初拉力 F_0

$$F_0=500\frac{P_c}{vz}\left[\frac{2.5}{K_\alpha}-1\right]+qv^2 \tag{11-20}$$

由表 11-1 查得 $q=0.07\text{kg/m}$，则：

$$F_0=\left[500\times\frac{9}{9.42\times 3}\left[\frac{2.5}{0.968}-1\right]+0.07\times 9.42^2\right]\text{N}=258.21\text{N}$$

说明 初拉力 F_0 为带传动未工作时预先给定的拉力，此力保证带紧套在带轮上，使得带轮转动后能产生足够的摩擦力。初拉力的大小是保证带传动正常工作的重要因素。初拉力过小，摩擦力小，容易发生打滑；初拉力过大，则带寿命低，轴和轴承承受的压力大。

（8）计算带轮轴所受的压力 Q

$$Q=2zF_0\sin\frac{\alpha_1}{2} \tag{11-21}$$

则
$$Q=2zF_0\sin\frac{166}{2}\left[2\times 3\times 258.21\sin\frac{166.53^\circ}{2}\right]\text{N}=1538.57\text{N}$$

说明 带轮轴所受压力将作为后续轴和轴承设计的依据。

（9）带轮结构设计

（略）

11.4 链传动

11.4.1 链传动的组成、特点及应用

（1）链传动的组成及工作原理

链传动是由主动链轮 1、从动链轮 2 和与之相啮合的链条 3 组成，如图 11-30 所示。链条有多种形式，应用最多最广的是套筒滚子链，常用于载荷较大，两轴平行的开式传动，所以本课程主要讨论套筒滚子链传动。链传动兼有齿轮传动的啮合和带传动的挠性的结构特点，所以它是具有中间挠性件的啮合传动，该传动在机械中应用较广。

（2）套筒滚子链传动的特点

与属于摩擦传动的带传动相比，套筒滚子链传动无弹性滑动和打滑现象，因而能保持准确的平均传动比，传动效率较高；又因链条不需要像带那样张得很紧，所以作用于轴上的径向压力较小；在同样使用条件下，链传动结构较为紧凑。同时链传动能在高温及速度较低的情况下工作。与齿轮传动相比，链传动的制造与安装精度要求中心距使用范围较大，成本较低；缺点是瞬时链速和瞬时传动比都是变化的，传动平稳性较差，工作中有冲击和噪声，不

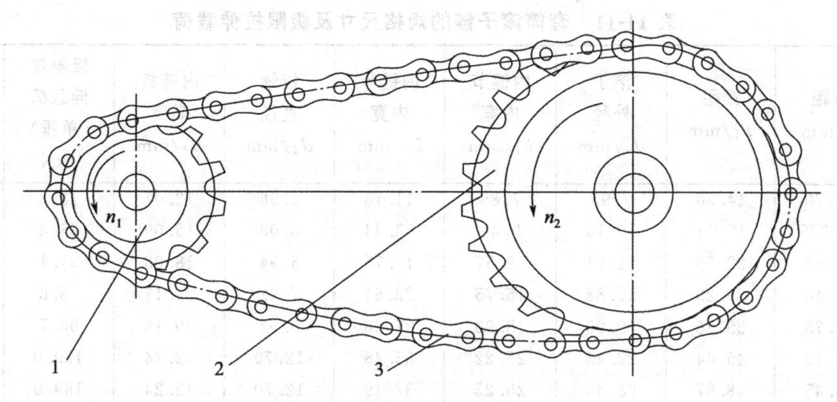

图 11-30　套筒滚子链传动的基本组成

1—主动链轮；2—从动链轮；3—链条

适合高速场合，不适用于转动方向频繁改变的情况。

11.4.2　滚子链的结构参数

（1）套筒滚子链的结构

滚子链由内链板 1、外链板 2、销轴 3、套筒 4 和滚子 5 共 5 个元件组成。各元件均由碳钢或合金钢制成，并经热处理提高强度和耐磨性。销轴与外链板之间、套筒与内链板之间均为过盈配合连接。内、外链板之间的挠曲是由以间隙配合连接的销轴与套筒之间的转动副形成的。链板的“8”字形设计是使各截面接近等强度，以减轻链的质量和运动时的惯性。如图 11-31 所示。

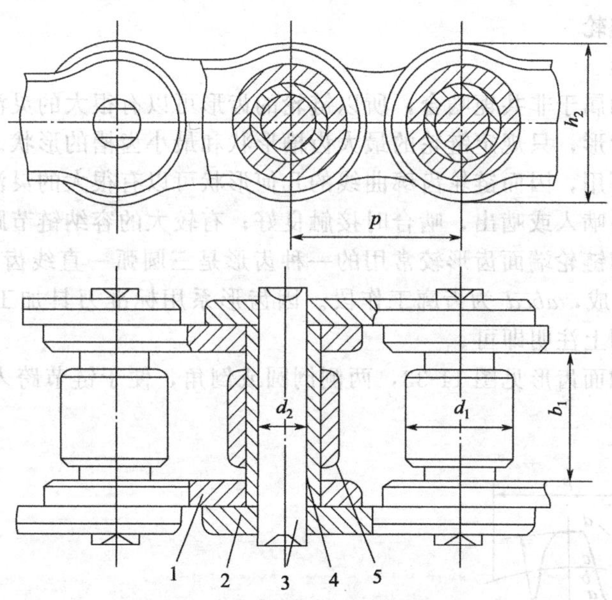

图 11-31　套筒滚子链条结构示意

1—内链板；2—外链板；3—销轴；4—套筒；5—滚子

（2）滚子链的规格和参数

滚子链是标准件，其规格由链号表示，表 11-11 列出了国家标准规定的几种规格的滚子链。表中的链号数乘以 25.4/16 即为节距值，表中的链号与相应的国际标准一致。滚子链主要参数是链的节距，它是指链条上相邻两销轴中心间的距离，用 p 表示。链节距 p 越大，链的尺寸和传递的功率就越大。

表 11-11　套筒滚子链的规格尺寸及极限拉伸载荷

链号	节距 p/mm	排距 p_1/mm	滚子外径 d_r/mm	内链节内宽 b_1/mm	内链节内宽 b_2/mm	销轴直径 d_2/mm	内链板高度 h_2/mm	极限拉伸载荷（单排）/kN	每米质量（单排）q/(kg/m)
08A	12.70	14.38	7.95	7.85	11.18	3.96	12.07	13.8	0.60
10A	15.875	18.11	10.16	9.40	13.84	5.08	15.09	21.8	1.00
12A	19.05	22.78	11.91	12.57	17.75	5.94	18.08	31.1	1.50
16A	25.40	29.29	15.88	15.75	22.61	7.92	24.13	55.6	2.60
20A	31.75	35.76	19.05	18.90	27.46	9.53	30.18	96.7	3.80
24A	38.10	45.44	22.23	25.22	35.46	12.70	42.24	169.0	7.50
28A	44.45	48.87	25.40	25.22	37.19	12.70	42.24	169.0	7.50
32A	50.80	58.55	28.58	31.55	45.21	14.27	48.24	222.4	10.10
40A	63.50	71.55	39.68	37.85	54.89	19.84	60.33	347.0	16.10
48A	76.20	87.83	47.63	47.35	67.82	23.80	72.39	500.4	22.60

注：过渡链节的极限拉伸载荷按 0.8Q 计算。

滚子链的标记方法为：链号-排数×链节数标准编号。

例如 16A-1×80 GB 1243.1—97，即为按本标准制造的 A 系列、节距 25.4mm、单排、80 节的滚子链。

链条除了接头和链节外，各链节都是不可分离的。链的长度用链节数表示，为了使链条连成环形时，正好是外链板与内链板相连接，链节数最好为偶数。为减小磨损，链轮齿数最好为奇数。

11.4.3　套筒滚子链轮

（1）链齿的齿形

套筒滚子链传动属于非共轭啮合，所以链轮的齿形可以有很大的灵活性。国家标准中尚未规定具体的链轮齿形，只规定链轮的最大齿槽形状和最小齿槽的形状。实际齿槽形状在最大、最小范围内都可用，因而链轮齿廓曲线的几何形状可以有很大的灵活性。轮齿的齿形应能使链条的链节自由啮入或啮出，啮合时接触良好；有较大的容纳链节距因磨损而增长的能力；便于加工。目前链轮端面齿形较常用的一种齿形是三圆弧一直线齿形（图 11-32）它由 aa、ab、cd 和 bc 组成，$abcd$ 为齿廓工作段。因齿形系用标准刀具加工，在链轮工作图中不必画出，只需在图上注明即可。

滚子链链轮的轴面齿形见图 11-33，两侧倒圆或倒角，便于链节跨入和退出，其几何尺寸可查有关手册。

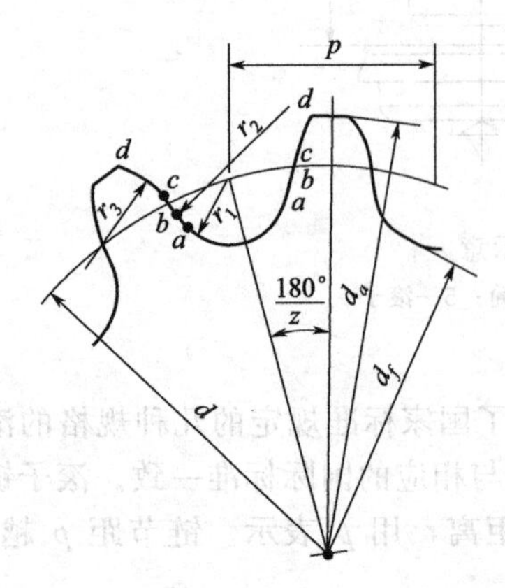

图 11-32　套筒滚子链链轮端面齿形

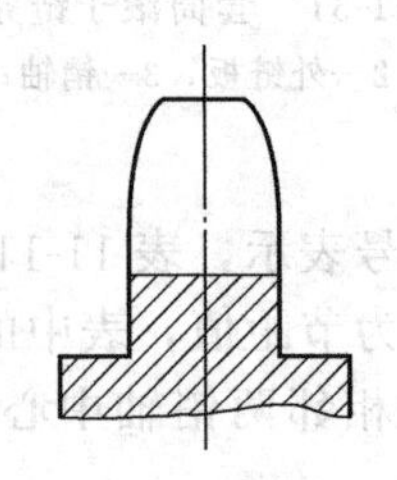
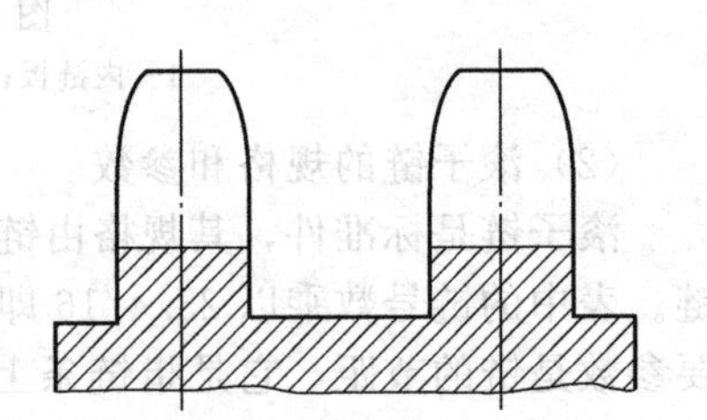

图 11-33　套筒滚子链链轮轴面齿形

(2) 链轮的几何参数和尺寸

如图 11-34 所示，链轮的几何参数有分度圆直径 d，齿顶圆直径 d_a，齿根圆直径 d_f（或最大齿根距离 L_x），齿侧凸缘（或排间槽）直径 d_g，链轮毂孔直径 d_k 其计算公式如下。

分度圆直径：
$$d=\frac{p}{\sin(180°/z)} \tag{11-22}$$

齿顶圆直径：
$$d_a=p\left[0.54+\cot\frac{180°}{z}\right]\frac{p}{\sin(180°/z)} \tag{11-23}$$

齿根圆直径：
$$d_f=d-d_r \tag{11-24}$$

齿侧凸缘（或排间槽）直径：
$$d_g\leqslant p\frac{\cot 180°}{z}-1.04h_2-0.76\text{mm} \tag{11-25}$$

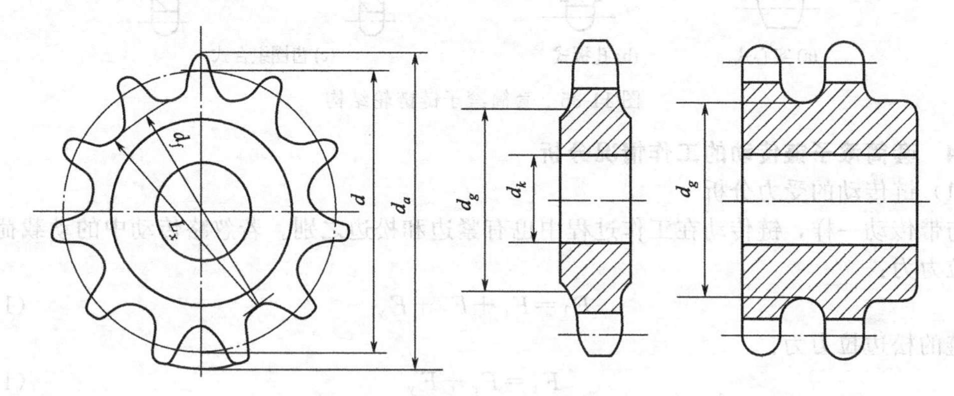

图 11-34 套筒滚子链链轮主要尺寸

为保证链齿强度，国家标准规定了小链轮毂孔最大允许直径，见表 11-12。

表 11-12 小链轮毂孔最大允许直径 $d_{k\,max}$

齿数 z	$d_{k\,max}$								
	节距 p								
	9.525	12.70	15.875	19.05	25.40	31.75	38.10	44.45	50.80
11	11	18	22	27	38	50	60	71	80
13	15	22	30	36	51	64	79	91	105
15	20	28	37	46	61	80	95	111	129
17	24	34	45	53	74	93	112	132	152
19	29	41	51	62	84	108	129	153	177
21	33	47	59	72	95	122	148	175	200
23	37	51	65	80	109	137	165	196	224
25	42	57	73	88	120	152	184	217	249

(3) 链轮的材料

一般为中碳钢淬火处理；高速重载用低碳钢渗碳淬火处理；低速时也可用铸铁等温淬火处理；小链轮对材料的要求比大链轮高（当大链轮用铸铁时，小链轮用钢）。链轮常用的材料和应用范围如表 11-13 所列。

表 11-13 链轮常用的材料和应用范围

链轮材料	热处理	齿面硬度	应用范围
15、20	渗碳、淬火、回火	50～60HRC	$z\leqslant 25$ 有冲击载荷的链轮
35	正火	160～200HBS	$z>25$ 的链轮
45、50、ZG310-570	淬火、回火	40～45HRC	无剧烈冲击的链轮
15Cr、20Cr	渗碳、淬火、回火	50～60HRC	$z<25$ 的大功率传动链轮
40Cr、35SiMn、35CrMn	淬火、回火	40～50HRC	重要的、使用优质链条的链轮
Q215/Q255	焊接后退火	140HBS	中速、中等功率、较大的从动链轮

(4) 链轮的结构

滚子链轮直径小时常做成整体式，中等直径做成孔板式，大直径链轮可做成组合式。具体结构参考图 11-35。

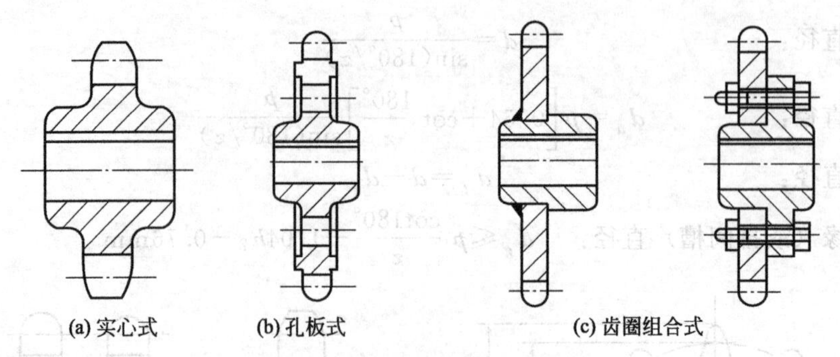

图 11-35 套筒滚子链链轮结构

11.4.4 套筒滚子链传动的工作情况分析

(1) 链传动的受力分析

与带传动一样，链传动在工作过程中也有紧边和松边之别。若忽略传动中的动载荷，则紧边拉力为：

$$F_1=F_e+F_c+F_y \tag{11-26}$$

链的松边拉力为：

$$F_1=F_c+F_y \tag{11-27}$$

其中，F_e 为有效圆周力，即

$$Fe=1000p/v \tag{11-28}$$

F_c 为离心拉力，即

$$F_c=qv^2 \tag{11-29}$$

F_y 为链本身质量而产生的悬垂拉力，即

$$F_y=K_yqga \tag{11-30}$$

式中 q——每米质量（单排），见表 11-11；

a——链传动的中心距，m；

K_y——垂度系数，即下垂度为 $y=0.02a$ 时的拉力系数，见表 11-14（表中 β 为两链轮中）。

表 11-14 垂度系数 K_y（$y=0.02a$）

β	0°	30°	60°	75°	90°
K_y	7	6	4	2.5	1

(2) 链传动的运动分析

具有刚性链板的链条呈多边形绕在链轮上如同具有柔性的传动带绕在正多边形的带轮上，多边形的边长和边数分别对应于链条的节距 p 和链轮的齿数 z，如图 11-36 所示。

① 平均链速和平均传动比　由链轮转一周的时间 $60/n$ 和链条相应移动的距离 $z_p/1000$ 可得链的平均速度为

$$v=\frac{z_1n_1p}{60\times1000}=\frac{z_2n_2p}{60\times1000} \tag{11-31}$$

链传动的平均传动比为：

$$i_{12}=\frac{n_1}{n_2}=\frac{z_2}{z_1}$$

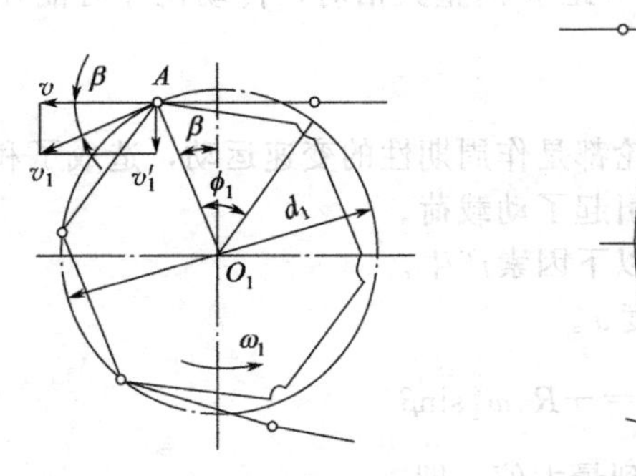

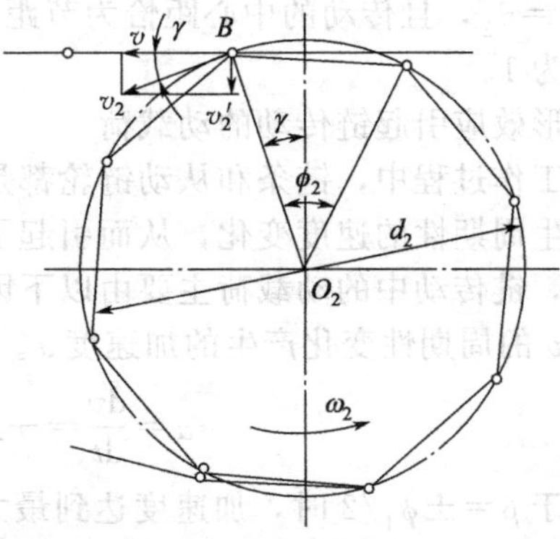

图 11-36 链传动的运动分析

② 瞬时链速和瞬时传动比 设链条紧边（主动边）在传动时总处于水平位置，分析主动链轮上任一链节 A 从进入啮合到相邻的下一个链节进入啮合的一段时间链的运动情况：

当主动链轮匀速转动时，链条铰链 A 在任一位置（以 β 角度量）上的瞬时速度为

$$v_1 = R_1\omega_1$$

$$R_1 = p/2\sin(180^\circ/z_1)$$

把 v_1 分成两个分量：链条前进分速度为 $v = R_1\omega_1\cos\beta$；链条上下运动分速度为 $v' = R_1\omega_1\sin\beta$。

每一链节在主动链轮上对应中心角为 $\phi_1 = 360^\circ/z_1$，β 角的变化范围为：$(-\phi_1/2 \sim \phi_1/2)$。从动链轮的角速度为

$$\omega_2 = \frac{v}{R_2\cos\gamma} = \frac{R_1\cos\beta}{R_2\cos\gamma}$$

每一链节在从动链轮上对应中心角为 $\phi_2 = 360/z_2$，γ 角的变化范围为 $(-\phi_2/2 \sim \phi_2/2)$。链传动的瞬时传动比为

$$i_s = \frac{\omega_1}{\omega_2} = \frac{R_2\cos\gamma}{R_1\cos\beta}$$

③ 链传动的运动不均匀性 如图 11-37 所示，当 $\beta = \pm\phi_2/2$ 时，链速最小，即 $v_{\min} = R_1\omega_1\cos\beta$；当 $\beta = 0$ 时，链速最大，$v_{\max} = R_1\omega_1$。所以，主动链轮作等速回转时，链条前进的瞬时速度 v 周期性地由小变大，又由大变小，每转过一个节距就变化一次。与此同时，v' 的大小也在周期性的变化，使链节以减速上升，然后以加速下降。链传动整个运动过程中，这种瞬时速度周期变化的现象称为链传动的运动不均匀性或者称为链传动的多边形效应。

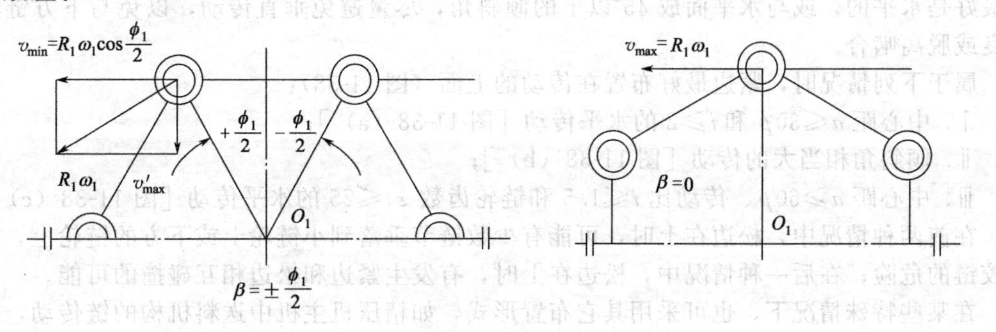

图 11-37 链传动的最大及最小速度

只有在 $z_1=z_2$，且传动的中心距恰为节距 p 的整数倍时，传动比才可能在啮合过程中保持不变，恒为1。

(3) 多边形效应引起链传动的动载荷

链传动在工作过程中，链条和从动链轮都是作周期性的变速运动，造成了和从动链轮相连的零件也产生周期性的速度变化，从而引起了动载荷。

具体来讲，链传动中的动载荷主要由以下因素产生。

ⅰ. 链速 v 的周期性变化产生的加速度 a。

$$a=\frac{dv}{dt}=-R_1\omega_1^2\sin\beta$$

当销轴位于 $\beta=\pm\phi_1/2$ 时，加速度达到最大值，即

$$a_{\max}=\pm R_1\omega_1^2\sin\frac{\phi_1}{2}=\pm R_1\omega^2\sin\frac{180°}{z}=\pm\frac{\omega_1^2 p}{2}$$

由上式可知，当链条的质量相同时，链轮转速越高，节距越大，则链的动载荷越大。

ⅱ. 链的垂直方向分速度 v' 周期性变化会导致链传动的横向振动，它也是链传动动载荷中很重要的一部分。

ⅲ. 当链条的铰链啮入链轮齿间时，由于链条铰链作直线运动而链轮轮齿作圆周运动，两者之间的相对速度造成啮合冲击和动载荷。

另外，由于链和链轮的制造误差、安装误差以及由于链条的松弛，在启动、制动、反转、突然超载或卸载情况下出现的惯性冲击，也将增大链传动的动载荷。

(4) 链传动的失效形式

链传动的失效通常是由于链条的失效引起的。链的主要失效形式有以下几种。

① 链的疲劳破坏　在闭式链传动中，链条零件受循环应力作用，经过一定的循环次数，链板发生疲劳断裂，滚子、套筒发生冲击疲劳破裂。在正常的润滑条件下，疲劳破坏是决定链传动能力的主要因素。

② 链条铰链磨损　主要发生在销轴与套筒间。磨损使链条总长度伸长，链的松边垂度增大，导致啮合情况恶化，动载荷增大，引起振动、噪声，发生跳齿、脱链等。这是开式链传动常见的失效形式之一。

③ 胶合　润滑不良或转速过高时，销轴与套筒的摩擦表面易发生胶合。

④ 断裂　链条过载拉断在低速重载链传动中，如突然出现过大载荷，使链条所受拉力超过链条的极限拉伸载荷，导致链条断裂。

11.4.5 链传动的合理布置和张紧方法

(1) 链传动的布置

链传动的布置是否合理，对传动的质量和使用寿命有较大的影响。布置时，链传动的两轴应平行，两链轮应处于同一平面，否则易使链条脱落、产生不正常的磨损。两链轮中心连线最好是水平的，或与水平面成45°以下的倾斜角，尽量避免垂直传动，以免与下方链轮啮不良或脱离啮合。

属于下列情况时，紧边最好布置在传动的上面（图 11-38）：

ⅰ. 中心距 $a\leqslant 30p$ 和 $i\geqslant 2$ 的水平传动［图 11-38（a）］；

ⅱ. 倾斜角相当大的传动［图 11-38（b）］；

ⅲ. 中心距 $a\geqslant 60p$、传动比 $i\leqslant 1.5$ 和链轮齿数 $z_1\leqslant 25$ 的水平传动［图 11-38（c）］。

在前两种情况中，松边在上时，可能有少数链节垂落到小链轮上或下方的链轮上，因而有咬链的危险；在后一种情况中，松边在上时，有发生紧边和松边相互碰撞的可能。

在某些特殊情况下，也可采用其它布置形式，如精压机主机中送料机构的链传动，由于受力小、链条轻，采用的就是两链轮水平面布置的形式。

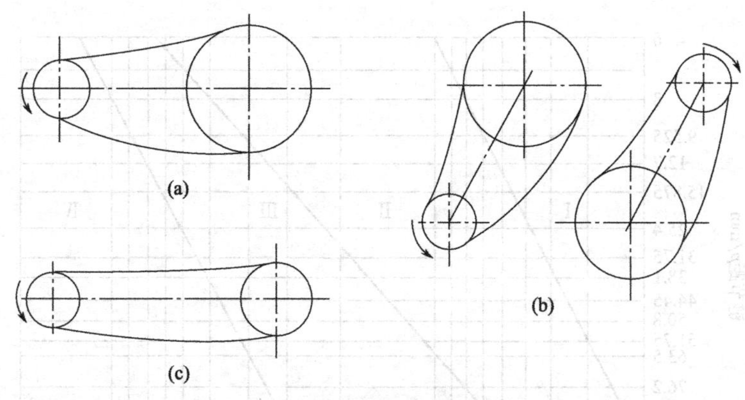

图 11-38 链传动的布置

(2) 链传动的张紧

链传动中，如松边垂度过大，将引起啮合不良和链条振动现象，此时，可以对链传动进行张紧。对链条进行张紧，除了可以避免链条产生横向振动外，还可以增加啮合包角。常用的张紧方法有两种，调整中心距张紧和采用张紧装置张紧，如图 11-39、图 11-40 所示。

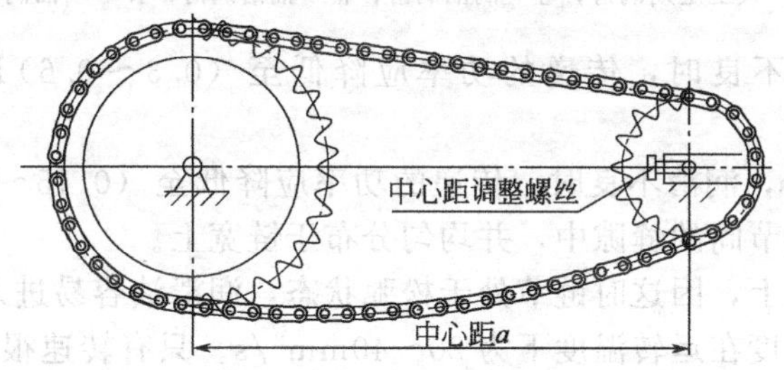

图 11-39 调整中心距张紧

调整中心距张紧可以移动链轮以增大两轮的中心距，也可以缩短链长。中心距调整量取两倍的节距，缩短链长时最好拆除成对的链节。中心距不可调时使用张紧轮。张紧轮一般压在松边靠近小轮处。张紧轮可以是链轮，也可以是无齿的辊轮。张紧轮的直径应与小链轮的直径相近。辊轮的直径略小，宽度应比链约宽 5mm，并常用夹布胶木制造。张紧轮有自动张紧式和定期张紧两种。前者多用弹簧、吊重等自动张紧装置；后者用螺栓、偏心等调整装置。另外，还有用托板、压板张紧等。

11.4.6 链传动的使用和维护

正确使用和维护链传动对减少链的磨损，提高链传动的使用寿命有决定性的影响。使用和维护应注意以下几点。

(1) 合理的控制加工误差和装配误差

合理控制节距误差（规定节距与实际节距之差）应小于 2%；两链轮轮齿端面间的偏移（即链轮偏移）应小于中心距的 2%；两轴应平行，否则会导致链的滚子对齿面的歪斜，由此产生很高的单边压力，导致滚子过载或碎裂。

(2) 合理的润滑

良好的润滑有利于减小磨损，降低摩擦损失，缓和冲击和延长链的使用寿命。根据链速和链节距，按图 11-41 选择润滑方式。

当不能按照推荐的方式润滑时，功率曲线中的功率 P_0 应降低到下列数值：

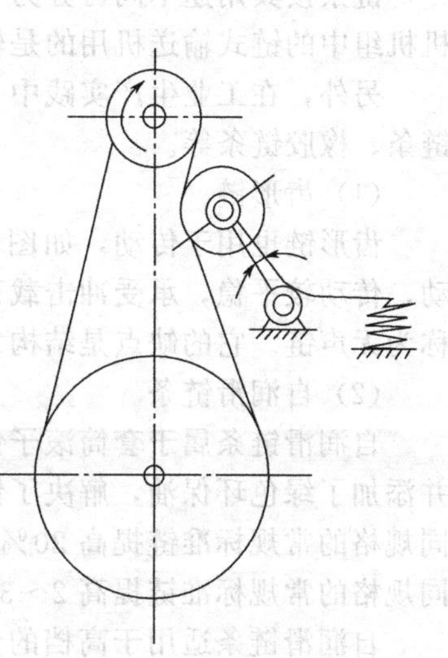
图 11-40 张紧轮张紧

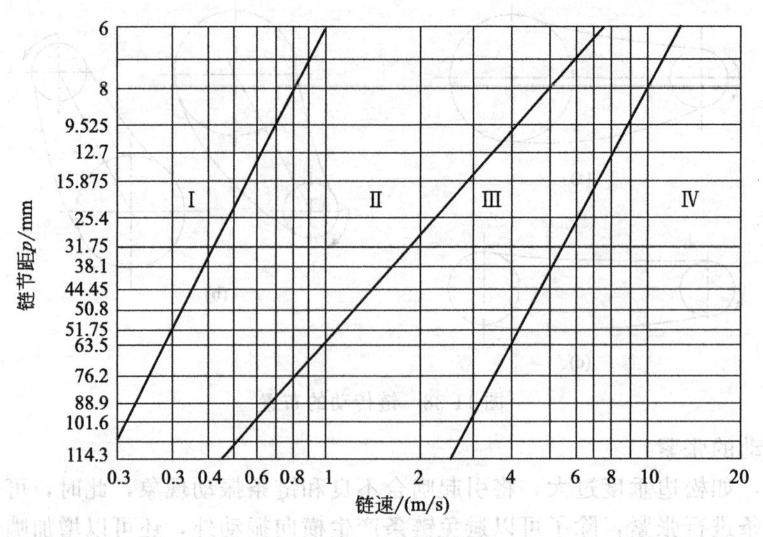

图 11-41 滚子链传动的润滑方式

Ⅰ—人工定期润滑；Ⅱ—滴油润滑；Ⅲ—油浴润滑；Ⅳ—喷油润滑

$v \leqslant 1.5\text{m/s}$，润滑不良时，传递的功率应降低至（0.3～0.6）P_0，无润滑则功率降至 0.15P_0；

$1.5\text{m/s} < v < 7\text{m/s}$，润滑不良时，传递的功率应降低至（0.15～0.3）P_0；润滑时，应设法将油注入链活动关节间的缝隙中，并均匀分布于链宽上。

润滑油应加在松边上，因这时链节处于松弛状态，润滑油容易进入各摩擦面之间。链传动使用的润滑油运动黏度在运转温度下为 20～40mm^2/s。只有转速很慢又无法供油的地方，才可以用油脂代替。对于开式传动和不易润滑的链传动，可定期拆下链条，先用煤油清洗干净，干燥后再浸入 70～80℃润滑油中片刻（销轴垂直放入油中），尽量排尽铰链间隙中的空气，待吸满油后，取出冷却，擦去表面润滑油后，安装继续使用。

为了工作安全、保持环境清洁、防止灰尘侵入、减小噪声以及润滑需要等原因，链传动常用铸造或焊接护罩封闭。兼作油池的护罩应设置油面指示器、注油孔、排油孔等。

11.4.7 其它链传动及链条简介

链条按其用途不同可分为传动链、起重链和输送链三种。套筒滚子链属于传动链，精压机机组中的链式输送机用的是输送链。

另外，在工业生产实践中，还有许多特殊形式的链传动被广泛应用，如齿形链、自润滑链条、橡胶链条等。

（1）齿形链

齿形链也用于传动，如图 11-42 所示。它利用特定齿形的链片与链轮相啮合来实现传动，传动较平稳，承受冲击载荷的能力强，允许的速度较高（可达 40m/s），噪声小，故又称为无声链。它的缺点是结构复杂、质量大、价格高，适用于高速或精度要求高的场合。

（2）自润滑链条

自润滑链条属于套筒滚子链的一种改进型。它的最大特点是采用粉末冶金压制滚子套筒并添加了绿色环保油，解决了链条不能自已润滑的缺点。通过耐磨损性能试验，耐磨性能比同规格的常规标准链提高 20%以上；耐腐蚀性能由于通过零件的化学镀镍等表面处理，比同规格的常规标准链提高 2～3 倍。

自润滑链条适用于高档的免维护或少维护的场所，如食品工业自动化生产线、高档自行车赛车、少维护高精度传动机械等。

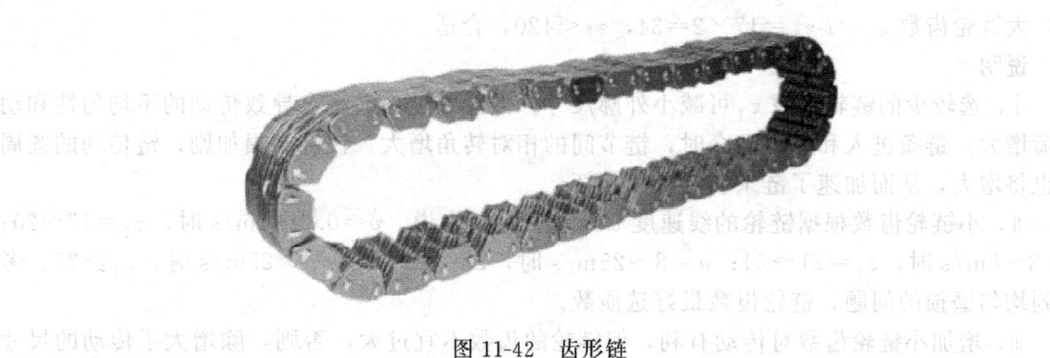

图 11-42　齿形链

(3) 橡胶链条

橡胶链条（图 11-43）通过在普通钢制链条的附件上粘贴一定性能的橡胶垫，从而将橡胶的耐磨、柔性的特点在链条上充分体现，既不损坏传送物件表面，又可提高耐磨性能和抗振性能，大大扩大了链条的应用领域。

图 11-43　橡胶链条

在食品工业输送线、机场包裹输送机、图书馆运输带、家具运输带、陶瓷运输带等领域尤为适用。

11.5 链传动案例设计与分析

11.5.1　设计要求与参数

在精压机机组中，套筒滚子链传动用于顶出机构的传动系统中，由减速机低速轴通过一对锥齿轮把动力传给一根立轴，立轴上安装小链轮，其转速为 $n_1=90\text{r/min}$，大链轮与顶出凸轮做成一体，转速 $n_2=45\text{r/min}$，大链轮所需传递的功率 $P=0.5\text{kW}$ 考虑润滑不良，按 2kW 计算，载荷变动较大，一班制工作，Y 系列异步电动机驱动，链传动中心距不应小于 1000mm，要求中心距可调整。

11.5.2　设计内容

设计内容包括：选择链的型号、确定长度 L、传动中心距 a、轮基准直径及结构尺寸等。

11.5.3　设计步骤、结果及说明

(1) 选择链轮齿数

设链速 $v=(0.6\sim3)\text{m/s}$，选小链轮齿数 $z_1=17$。

链传动比：$i=n_1/n_2=90/45=2$。

大链轮齿数 $z_2 = i z_1 = 17 \times 2 = 34$，$z_2 < 120$，合适。

说明

ⅰ. 选较少的链轮齿数 z_1 可减小外廓尺寸。但齿数过少，将会导致传动的不均匀性和动载荷增大；链条进入和退出啮合时，链节间的相对转角增大，铰链磨损加剧；链传动的圆周力也将增大，从而加速了链条和链轮的损坏。

ⅱ. 小链轮齿数根据链轮的线速度 v 选取。一般来说，$v=0.6 \sim 3\text{m/s}$ 时，$z_1 = 17 \sim 20$；$v = 3 \sim 8\text{m/s}$ 时，$z_1 = 21 \sim 24$；$v = 8 \sim 25\text{m/s}$ 时，$z_1 = 25 \sim 34$；$v > 25\text{m/s}$ 时，$z_1 \geqslant 35$。考虑到均匀磨损的问题，链轮齿数最好选质数。

ⅲ. 增加小链轮齿数对传动有利，但链轮的齿数不宜过大，否则，除增大了传动的尺寸和质量外，还会因链条节距的伸长而发生脱链，导致降低使用寿命。国家标准规定链轮的最大齿数小于 120。

ⅳ. 在初选 z_1 时，应先估计一个线速度 v 进行试算，若计算结果与估计相同则计算通过，否则需要重算。

(2) 确定计算功率 P_c

$$P_c = K_A P \tag{11-32}$$

由表 11-14 选 $K_A = 1.3$，故计算功率为

$$P_c = K_A P = 1.3 \times 2\text{kW} = 2.6\text{kW}$$

说明 K_A 为工作情况系数，是考虑载荷性质和动力机工作情况对链传动能力的影响而引进的大于 1 的可靠系数，其选取详见表 11-15。在本案例中，根据“载荷变动较大，电动机驱动”的要求，选择 $K_A = 1.3$。

表 11-15　链传动工作情况系数

载荷情况	原动机种类		
	电动机汽轮机	内燃机	
		有流体机构	无流体机构
平稳的传动	1.0	1.0	1.2
稍有冲击的传动	1.3	1.2	1.4
有大冲击的传动	1.5	1.4	1.7

(3) 初定中心距 a_0，取定链节数

① 初定中心距

$$a_0 = (30 \sim 50)p \tag{11-33}$$

取中间值 $a_0 = 40P$。

② 取定链节数　链节数 L_p 可根据几何关系求出：

$$\begin{aligned} L_p &= \frac{2a_0}{p} + \frac{z_1 + z_2}{2} + \left(\frac{z_2 - z_1}{2\pi}\right)^2 \frac{p}{a_0} \\ &= \frac{2 \times 40p}{p} + \frac{17+34}{2} + \left(\frac{34-17}{2\pi}\right)^2 \frac{p}{40p} = 105.68 \end{aligned} \tag{11-34}$$

取 $L_p = 106$ 节（取偶数）。

说明

ⅰ. 中心距的大小对传动有很大影响。中心距小时，链节数少，链速一定时，单位时间内每一链节的应力变化次数和屈伸次数增多，因此，链的疲劳和磨损增加。中心距大时，链节数增多，吸振能力高，使用寿命长。但中心距 a 太大时，又会发生链的颤抖现象。使运动的平稳性降低。设计时如无结构上的特殊要求，一般可初定中心距 $a_0 = (30 \sim 50)p$，最大

中心距可取 $a=80p$。

ⅱ. 链节数通常取偶数。只有这样，链条连成环形时，才正好是外链板与内链板相连接；而当链节数为奇数时，必须用带有弯板的过渡链节进行连接。弯板在链条受拉时要受附加弯矩作用，强度比普通链板降低20%左右，故设计时应尽量避免奇数链节的链条。

(4) 确定链节距 p

① 计算链传动所需额定功率 P_0

$$P_0=\frac{P_c}{K_Z K_L K_P}=\frac{2.6}{0.89\times1.02\times1.0}\text{kW}=2.86\text{kW} \tag{11-35}$$

说明

ⅰ. 式中 K_Z 为小链轮齿数系数，链板疲劳破坏（工作在功率曲线左侧）时，$K_Z=(Z_1/19)1.08$；滚子套筒冲击疲劳破坏（工作在功率曲线右侧）$K_Z=(Z_1/19)1.5$，此案例中，链速不高。

假设链板疲劳破坏：$K_Z=(Z_1/19)1.08=0.89$。

ⅱ. K_L 为链长系数，链板疲劳破坏时，$K_L=(L_p/100)^{0.26}$；滚子套筒冲击疲劳破坏时，$K_L=(L_p/100)^{0.5}$。此案例中，$K_L=(106/100)^{0.26}=1.02$。

ⅲ. K_P 多排链系数，由表11-16选取。此案例中选单排链，$K_P=1.0$。

ⅳ. 链速不高时，链传动的承载能力主要取决于链板的疲劳强度；随着链轮转速的增高，链传动的运动不均匀性增大，传动能力主要取决于滚子和套筒的冲击疲劳强度。

表11-16　多排链系数 K_P

排数	1	2	3	4	5	6
K_P	1	1.7	2.5	3.3	4.0	4.6

② 选择滚子链型号　由 $n_1=50\text{r/min}$，$P_0=2.15\text{kW}$ 在A系列滚子链的额定功率曲线图中（图11-44），选择滚子链型号为16A，链节距 $p=25.4\text{mm}$。且知原估计链工作在功率曲线左侧（链板疲劳破坏）为正确。

说明　链的节距越大，承载能力就越高，但链传动的运动不均匀性也要增大，振动冲击和噪声也越严重。所以设计时应尽量选取小节距的单排链或多排链。

(5) 确定链长 L 和中心距 a

链长：$L=L_p\times p/1000=106\times25.4\text{mm}=2692.4\text{mm}$

链传动的理论中心距 a 可根据几何关系求出：

$$a=\frac{p}{4}\left[\left(L_p-\frac{z_1+z_2}{2}\right)+\sqrt{\left(L_p-\frac{z_1+z_2}{2}\right)^2-8\left(\frac{z_2-z_1}{2\pi}\right)^2}\right]=$$

$$\frac{25.4}{4}\left[\left(106-\frac{17+34}{2}\right)+\sqrt{\left(106-\frac{17+34}{2}\right)^2-8\left(\frac{34-17}{2\pi}\right)^2}\right]=1020.03(\text{mm}) \tag{11-36}$$

符合设计要求。

取中心距减小量，即

$$\begin{aligned}\Delta a&=(0.002\sim0.004)a=(0.002\sim0.004)\times1020.03\text{mm}\\&=(2.04\sim4.08)\text{mm}\end{aligned} \tag{11-37}$$

实际安装中心距：

$$a'=a-\Delta a=[1020.03-(2.04\sim4.08)]\text{mm}=(1018.26\sim1016.22)\text{mm}$$

取 $a'=1018\text{mm}$。

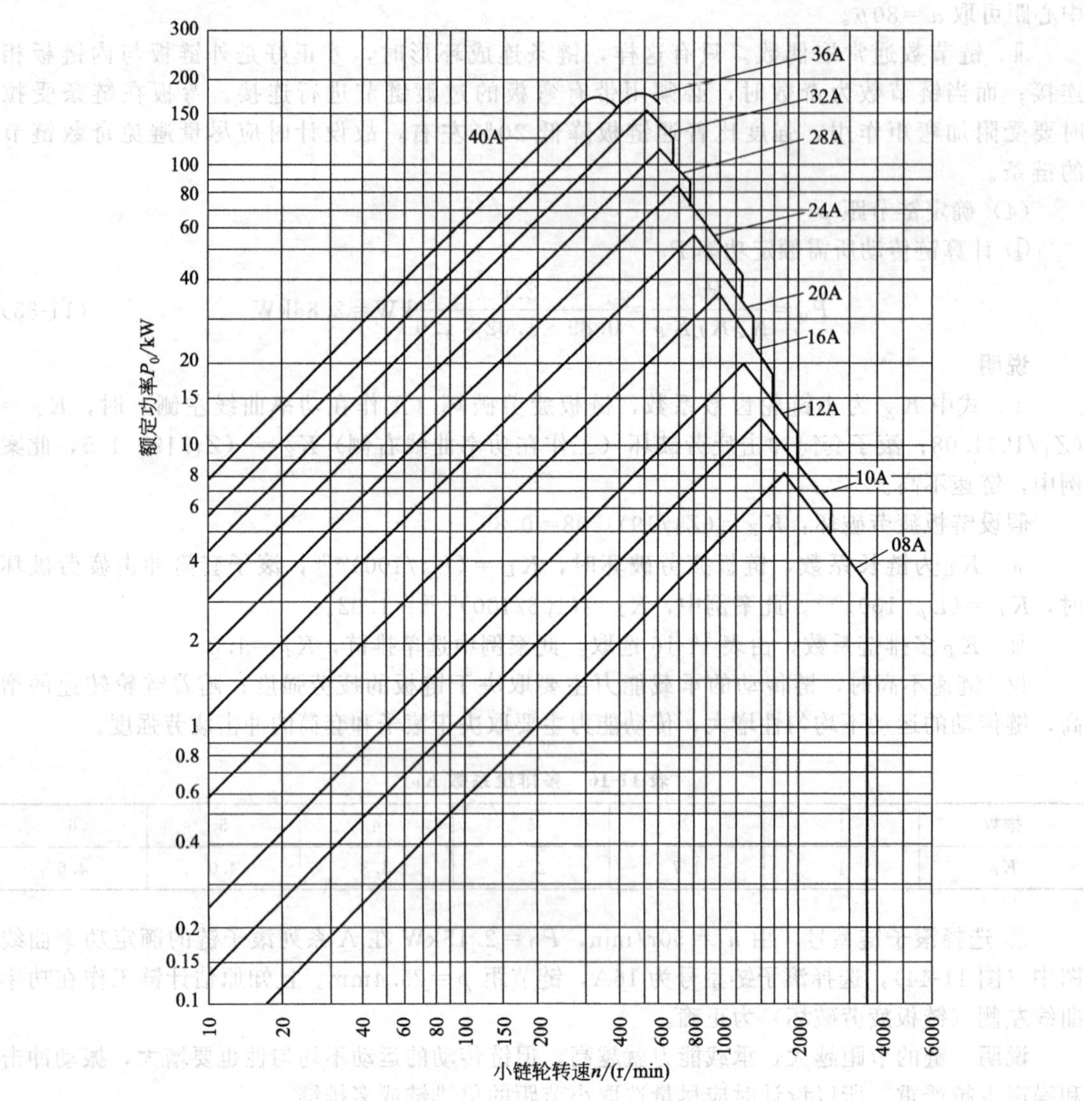

图 11-44　A 系列滚子链的额定功率曲线

说明

ⅰ. 一般的链传动设计中，为了保证链条松边有一个合适的安装垂度，实际中心距应比理论中心距小一些。

ⅱ. 在本案例中，由于链轮转速较低，传力不大，加上结构的限制，所以采用特殊的布置方法（链轮平面水平布置），为防止脱链，链条应尽拉紧一些。

（6）验算链速 v

$$v=\frac{n_1 z_1 p}{60000}=\frac{90\times17\times25.4}{60000}\text{m/s}=0.65\text{m/s} \tag{11-38}$$

与原假设 $v=0.6\sim3\text{m/s}$ 相符。

（7）验算小链轮毂孔直径 d_k

由表 11-12 查得小链轮毂孔许用最大直径 $d_{k\max}=74\text{mm}$，大于立轴的轴径 $D=50\text{mm}$ 故合适。

（8）链传动的压轴力 F

$$F \approx k_{FP} F_e = 4000 \times 1.15\text{N} = 4200\text{N} \tag{11-39}$$

式中　F_e——链传递的有效圆周力；

k_{FP}——压轴力系数，对于水平传动 $k_{FP}=1.15$，对于垂直传动 $k_{FP}=1.05$。

本例中 $F_e=1000P_c/v=1000\times2.6/0.65\text{N}=4000\text{N}$；按水平布置取压轴力系数 $k_{FP}=1.15$。

(9) 选择润滑方式

根据链速 $v=0.65\text{m/s}$，链节距 $p=25.4$，按图 11-37 选择滴油润滑。

(10) 链轮结构设计（略）

习　题

11-1　选择题

(1) 带张紧的目的是（　　）。

A. 减轻带的弹性滑动　　B. 提高带的寿命

C. 改变带的运动方向　　D. 使带具有一定的初拉力

(2) 与链传动相比较，带传动的优点是（　　）。

A. 工作平稳，基本无噪声　　B. 承载能力大

C. 传动效率高　　D. 使用寿命长

(3) 带传动是依靠（　　）来传递运动和功率的。

A. 带与带轮接触面之间的正压力　　B. 带与带轮接触面之间的摩擦力

C. 带的紧边拉力　　D. 带的松边拉力

(4) 选取 V 带型号，主要取决于（　　）。

A. 带传递的功率和小带轮转速　　B. 带的线速度

C. 带的紧边拉力　　D. 带有松边拉力

(5) V 带传动中，小带轮直径的选取取决于（　　）。

A. 传动比　　B. 带的线速度　　C. 带的型号　　D. 带传递的功率

(6) 两带轮直径一定时，减小中心距将引起（　　）。

A. 带的弹性滑动加剧　　B. 带传动效率降低

C. 带工作噪声增大　　D. 小带轮上的包角减小

(7) 带传动的中心距过大时，会导致（　　）。

A. 带的寿命缩短　　B. 带的弹性滑动加剧

C. 带的工作噪声增大　　D. 带在工作时出现颤动

(8) 设计 V 带传动时，为防止（　　），应限制小带轮的最小直径。

A. 带内的弯曲应力过大　　B. 小带轮上的包角过小

C. 带的离心力过大　　D. 带的长度过长

(9) 带传动在工作时，假定小带轮为主动轮，则带内应力的最大值发生在带（　　）。

A. 进入大带轮处　　B. 紧边进入小带轮处

C. 离开大带轮处　　D. 离开小带轮处

(10) 带传动产生弹性滑动的原因是（　　）。

A. 带与带轮间的摩擦系数较小　　B. 带绕过带轮产生了离心力

C. 带的紧边和松边存在拉力差　　D. 带传递的中心距大

(11) 套筒滚子链中，滚子的作用是（　　）。

A. 缓冲吸震　　B. 减轻套筒与轮齿间的摩擦与磨损

C. 提高链的承载能力　　D. 保证链条与轮齿间的良好啮合

(12) 在一定转速下，要减轻链传动的运动不均匀和动载荷，应（　　）。

A. 增大链节距和链轮齿数　　B. 减小链节距和链轮齿数

C. 增大链节距，减小链轮齿数　　D. 减小链条节距，增大链轮齿数

(13) 链条的节数宜采用（　　）。

A. 奇数　　　　B. 偶数　　　　C. 5 的倍数　　　　D. 10 的倍数

(14) 链传动张紧的目的是（　　）。

A. 使链条产生初拉力，以使链传动能传递运动和功率

B. 使链条与轮齿之间产生摩擦力，以使链传动能传递运动和功率

C. 避免链条垂度过大时产生啮合不良

D. 避免打滑

(15) 大链轮的齿数不能取得过大的原因是（　　）。

A. 齿数越大，链条的磨损就越大

B. 齿数越大，链传动的动载荷与冲击就越大

C. 齿数越大，链传动的噪声就越大

D. 齿数越大，链条磨损后，越容易发生“脱链现象”

11-2　填空题

(1) 带传动中，打滑是指________，多发生在________轮上。刚开始打滑时，紧边拉力 F_1 与松边拉力 F_2 的关系为：________。

(2) 在设计 V 带传动时，V 带的型号是根据________选取的。

(3) 带传动不能保证精确的传动比，其原因是________。

(4) 带传动的设计准则为________。

(5) 带传动一周过程中，带所受应力的大小要发生变化，其中以______应力变化最大，而______应力不变化。

(6) 窄 V 带比普通 V 带承载能力______。

(7) 普通 V 带的截面中，Z 型带的________最小。

(8) 链传动中，小链轮的齿数越多，则传动平稳性越______。

(9) 链传动中，当节距增大时，优点是________；缺点是________。

(10) 与带传动相比，链传动的承载能力______，传动效率______，作用在轴上的径向压力______。

11-3　简答题

(1) 普通 V 带和窄 V 带的截型各有哪几种？

(2) 打滑首先发生在哪个带轮上？为什么？

(3) 当小带轮为主动轮时，最大应力发生在何处？

(4) 带传动的设计准则是什么？

(5) 带传动中，张紧轮布置在什么位置较为合理？

(6) 带传动和链传动的主要失效形式是什么？

(7) 链传动的中心距过大或过小对传动有何不利？一般取为多少？

(8) 与带传动相比，链传动有何优缺点？

11-4　综合题

(1) 已知 V 带传递的实际功率 $P=7\text{kW}$，带速 $v=10\text{m/s}$，紧边拉力是松边拉力的 2 倍，试求有效圆周力和紧边拉力 F_1 的值。

(2) 有一 A 型普通 V 带传动，主动轴转速 $n_1=1480\text{r/min}$，从动轴转速 $n_2=600\text{r/min}$，传递的最大功率 $P=1.5\text{kW}$。假设带速 $v=7.75\text{m/s}$，中心距 $a=800\text{mm}$，当量摩擦系数 $f_v=0.5$，求带轮基准直径 d_1、d_2，带基准度度 L_d 和初拉力 F_0。

(3) 设计一破碎机装置用普通 V 带传动。已知电动机型号为 Y132S-4，电动机额定功率 $P=5.5\text{kW}$，转速 $n_1=1400\text{r/min}$，传动比 $i=2$，两班制工作，希望中心距不超过 600mm。要求绘制大带轮的工作图（设该轮轴孔直径 $d=35\text{mm}$）。

(4) 设计一带式运输机的滚子链传动。已知传递功率 $P=7.5\text{kW}$，主动链轮转速 $n_1=960\text{r/min}$，轴径 $d=38\text{mm}$，从动链轮转速 $n_2=330\text{r/min}$。电动机驱动，载荷平稳，一班制工作。按规定条件润滑，两链轮中心线与水平线成 30°角。

12 滑动轴承

滑动轴承按其摩擦性质可以分为液体滑动摩擦轴承和非液体滑动摩擦轴承两类。

（1）液体滑动摩擦轴承

由于在液体滑动轴承中，轴颈和轴承两相对滑动表面间的润滑流体膜厚度大到足以将两工作表面的微凸峰完全隔开，两零件之间没有直接接触，轴承的阻力只是润滑油分子之间的摩擦，所以摩擦系数很小，一般仅为0.001～0.008。这种轴承的寿命长、效率高，但是制造精度要求也高，并需要在一定的条件下才能实现液体摩擦。

（2）非液体滑动摩擦轴承

非液体滑动摩擦轴承中，轴颈与轴承两相对工作表面间有润滑油的存在，但不能将两工作表面完全隔开，表面局部凸起部分仍发生金属的直接接触。因此摩擦系数较大，一般为0.1～0.3，容易磨损，但结构简单，对制造精度和工作条件的要求不高，故此在机械中得到广泛使用。

干摩擦的摩擦系数大，磨损严重，轴承工作寿命短。所以在滑动轴承中应力求避免。

12.1 液体动压润滑滑动轴承工作原理

（1）液体动压润滑的基本方程

液体动压润滑的基本方程从黏性液体动力学的基本方程出发，假设为：流体为牛顿液体，不可压缩；液体膜中流体的流动是层流；忽略压力对流体黏度的影响；略去惯性力及重力的影响；液体膜中的压力沿膜厚方向不变。

如图12-1所示，两平板被润滑油完全隔开，上板A沿x方向移动的速度为v，下板B静止不动。假设润滑油在两平板间沿z轴方向无流动。从油膜中取出一微单元体进行分析。

当润滑油沿x方向流动时，作用在此单元体左、右两面的压力为压应力，上、下两面的压力为切应力。由x方向力的平衡条件可得

$$p\,\mathrm{d}y\,\mathrm{d}z-\left(p+\frac{\partial p}{\partial x}\mathrm{d}x\right)\mathrm{d}y\,\mathrm{d}z+\tau\,\mathrm{d}x\,\mathrm{d}z-\left(\tau+\frac{\partial \tau}{\partial y}\mathrm{d}y\right)\mathrm{d}x\,\mathrm{d}z=0 \tag{12-1}$$

整理后得

$$\frac{\partial p}{\partial x}=-\frac{\partial \tau}{\partial y} \tag{12-2}$$

对牛顿黏性液体摩擦定律得出的数学表达式$\tau=-\eta\dfrac{\partial v}{\partial y}$对$y$求导数后代入上式得

$$\frac{\partial p}{\partial x}=\eta\frac{\partial^2 v}{\partial y^2} \tag{12-3}$$

式（12-3）表明了油膜单位压力p沿x轴方向的变化与速度v沿y轴方向的变化关系。

(2) 液体动压润滑轴承润滑油膜形成机理

如图 12-1 (a) 所示两板互相平行，上板以 v 速沿 x 方向移动，下板静止不动。根据假设条件，润滑油从下板到上板间各流层流速从 0 增大到 v，并呈线性变化，即

$$\frac{\partial v}{\partial y}=C \tag{12-4}$$

式中，C 为常数，代入式 (12-3) 可知

$$\frac{\partial p}{\partial x}=0 \tag{12-5}$$

此式表明油膜压力沿 x 方向各截面上是相等的。当上板不承受载荷时，上、下板间流入的油量与流出的油量相等，两板间润滑油量不变，油压相等，上板不会向下移动。当上板承受外载荷时，两板间的润滑油从两边挤出，上板慢慢向下移动至与下板接触。此时两板中的油压为零。这说明两平行板间不能形成承载油膜。

图 12-1 (b) 所示两板不平行，上板沿 x 方向以速度 v 移动，下板静止不动，两板间的间隙沿运动方向由大到小呈收敛的楔形。若板两端速度呈三角形（虚线）分布，将形成单位时间内进口油量多，出口油量少，使两板间的油量逐渐增加多，楔形间隙内“拥挤”，产生油压。由于润滑油不可压缩性，当上板不承受外载荷时，上板随油量增多，油压增加被逐渐托起而向上移动。当上板承受外载荷 F 时，将阻止其向上移动而使两板间压力升高。油压的升高，使出口处的平均流速增高，进口处的平均流速降低，以保证两板间进出口油量相等。图中阴影面积为流量。速度三角形底边均为 v，高度不等，因此进口处速度三角形必内凹，出口处速度三角形外凸，中间必有一截面速度呈三角形分布。此截面上油压最大，两板间的油压的合力与上板所受的外载荷平衡，使两板间保持具有一定的润滑油压力油膜使两板隔开，两板间形成压力的油膜称为动压油膜。

由此可见，形成液体动压润滑必须满足的基本条件是：

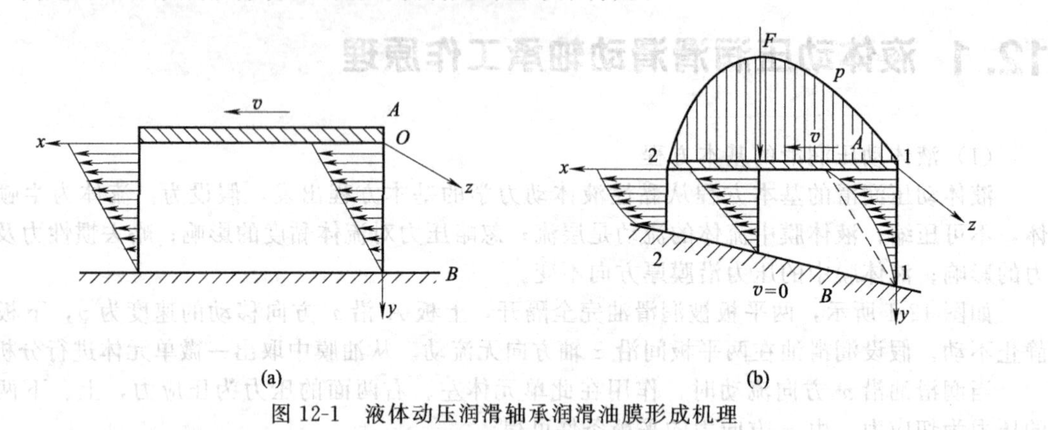

图 12-1 液体动压润滑轴承润滑油膜形成机理

ⅰ. 两相对运动表面必须形成楔形空间；

ⅱ. 两运动表面必须有一定的相对运动速度，且运动速度的方向从楔形的大口指向小口；

ⅲ. 两相对运动表面间必须有一定黏度的润滑油，且能连续供油。

(3) 径向滑动轴承形成液体动压润滑过程

如果能在轴承和轴颈间形成一层足够厚的压力油膜，使轴承和轴颈的摩擦表面被完全隔开，这种轴承称为液体润滑滑动轴承。其摩擦系数小，旋转精度高，使用寿命长，广泛应用在精密、高速、重载轴承中。

图 12-2 (a) 所示，设在轴颈和轴承间隙中充满了润滑油。当轴不动时，在载荷 P 的作用下，它处于最低位置，与轴承孔的下方接触，并形成两个弯曲的楔形油隙；当轴开始按顺时针方向转动时，图 12-2 (b) 所示，轴颈在摩擦力的作用下，沿轴承孔壁向右上方爬升；

随着转速的提高，具有一定黏度的润滑油被迅速地带入右面的油楔，从楔形的大口流向小口，此时形成了收敛油楔。此时，在油楔内油压的挤压力作用下产生动压力，当轴达到足够高的转速时，油楔内油膜动压力将能平衡外载荷 P 而将轴向左上方托起，使轴承与轴颈摩擦表面完全被油膜隔开，且轴在某一偏心距位置上稳定运转，形成润滑，图 12-2（c）所示。

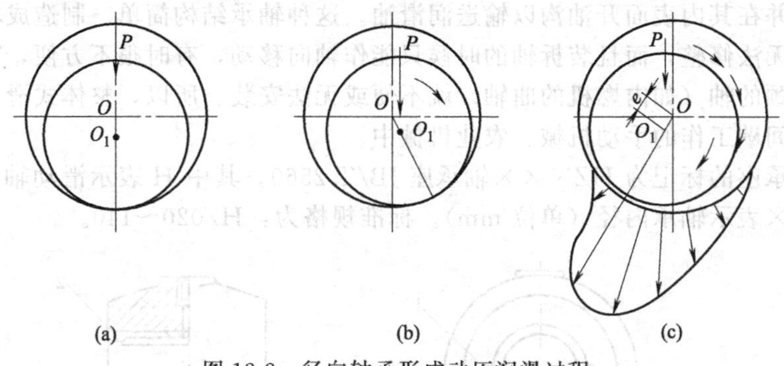

图 12-2 径向轴承形成动压润滑过程

12.2 滑动轴承的类型、特点及应用

滑动轴承的分类方法很多。

按承受载荷的方向不同分为：径向滑动轴承，主要承受径向载荷 F_R；推力滑动轴承，主要承受轴向载荷 F_A。

按轴承的材料分为金属轴承、粉末冶金轴承、塑料轴承、宝石轴承和橡胶轴承等。

按轴承的润滑情况分为液体润滑轴承、半液体润滑轴承、固体润滑轴承、气体润滑轴承及自润滑轴承等。

与滚动轴承相比，滑动轴承具有以下优点：

ⅰ. 由于滑动轴承为面接触，所以承载能力大；

ⅱ. 轴承工作面上的油膜有减振、缓冲和降低噪声的作用，所以工作平稳，噪声小；

ⅲ. 由于轴承工作时处于液体摩擦状态，摩擦系数小，所以磨损轻微，寿命长；

ⅳ. 由于影响精度的零件少，所以，回转精度高；

ⅴ. 可做成剖分式，因此，安装方便；

ⅵ. 结构简单，制造容易，径向尺寸小，成本低。

因此，滑动轴承广泛应用于速度高、精度高的场合中；大型汽轮机、发电机、压缩机、轧钢机及高速磨床上等重型机械上的大型轴承；低速而带有冲击载荷的机器中，如水泥搅拌器、滚筒清砂机、破碎机等冲压机械；在水下、腐蚀介质或无润滑介质等特殊工作条件下工作；要求径向尺寸小；装配要求需采用剖分式结构的轴承，如内燃机曲轴、连杆轴承等；此外，农业机械中也多采用滑动轴承。

12.3 滑动轴承的结构、失效形式及常用材料

12.3.1 滑动轴承的结构

12.3.1.1 径向滑动轴承的结构

径向滑动轴承，我国已经制定了标准，通常情况下可以根据工作条件进行选用。径向滑

动轴承可以分为整体式和剖分式两种。

(1) 整体式径向滑动轴承（JB/T 2560—9）

如图 12-3 所示为整体式滑动轴承。它由轴承座和轴承套组成。轴承套压装在轴承座孔中，一般配合为 H8/s7。轴承座用螺栓与机座连接，顶部设有安装注油油杯的螺纹孔。轴套上开有油孔，并在其内表面开油沟以输送润滑油。这种轴承结构简单、制造成本低，但当滑动表面磨损后无法修整，而且装拆轴的时候只能作轴向移动，有时很不方便，有些粗重的轴和中间具有轴颈的轴（如内燃机的曲轴）就不便或无法安装。所以，整体式滑动轴承多用于低速、轻载和间歇工作的手动机械、农业机械中。

整体式轴承座的标记为 HZ×××轴承座 JB/T 2560。其中 H 表示滑动轴承座，Z 表示整体式，×××表示轴承内径（单位 mm）。标准规格为：HZ020～140。

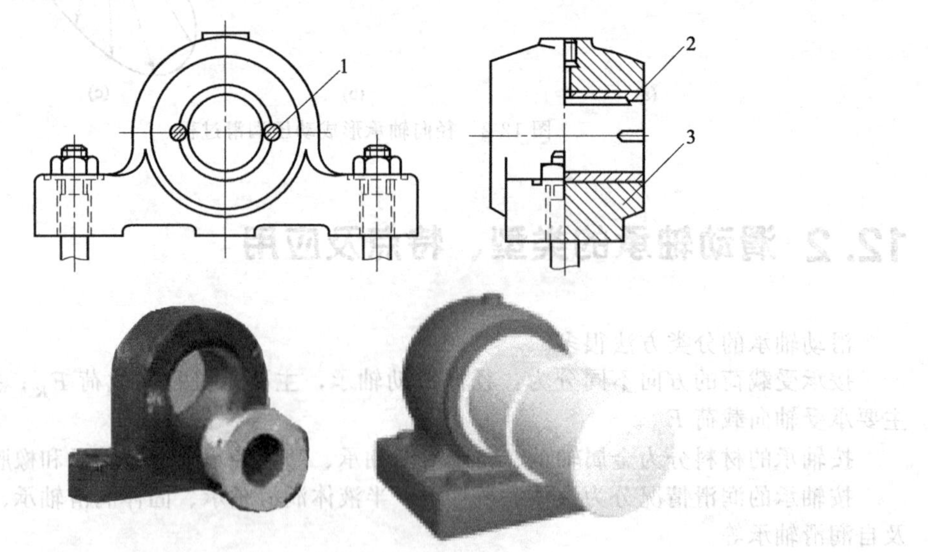

图 12-3　整体式径向滑动轴承

(2) 剖分式径向滑动轴承

剖分式滑动轴承由轴承盖、轴承座、剖分轴瓦和螺栓组成。剖分式二（四）螺栓正滑动轴承（JB/T 2561—91 或 JB/T 2562—91），如图 12-4 (b) 所示。轴承座水平剖分为轴承座和轴承盖两部分，并用二（或四）个螺栓连接。为了防止轴承盖和轴承座横向错动和便于装配时对中，轴承盖和轴承座的剖分面做成阶梯状榫口。对开式滑动轴承在装拆轴时，轴颈不需要轴向移动，装拆方便。另外，适当增减轴瓦剖分面间的调整垫片，可以调节轴颈与轴承之间的间隙。这种轴承所受的径向载荷方向一般不超过剖分面垂线左右 35° 的范围，否则应该使用斜剖分面轴承。为使润滑油能均匀地分布在整个工作表面上，一般在不承受载荷的轴瓦表面开出油沟和油孔。

这类轴承轴瓦与座孔之间的配合为 H8/m7。轴承座标记为：H2×××轴承座 JB 2561—91（或 H4×××），其中 H 表示滑动轴承座，2（4）表示螺栓数，×××表示轴承内径（单位 mm）。标准规格为 H2030～H2160（H4050～H4220）。

对开式四螺栓斜滑动轴承（JB/T 2563—91），如图 12-4 (c) 所示为对开式斜滑动轴承。轴承剖分面与水平面成 45°角，轴承载荷的方向应位于垂直剖分面的轴承中心线左右 35°的范围内，其特点与对开式正滑动轴承相同。

轴承座的标记为：HX×××轴承座 JB/T 2563—91，其中 H 表示滑动轴承座，X 表示斜座，×××表示轴承内径（单位 mm）。标准规格为 HX050～HX220。

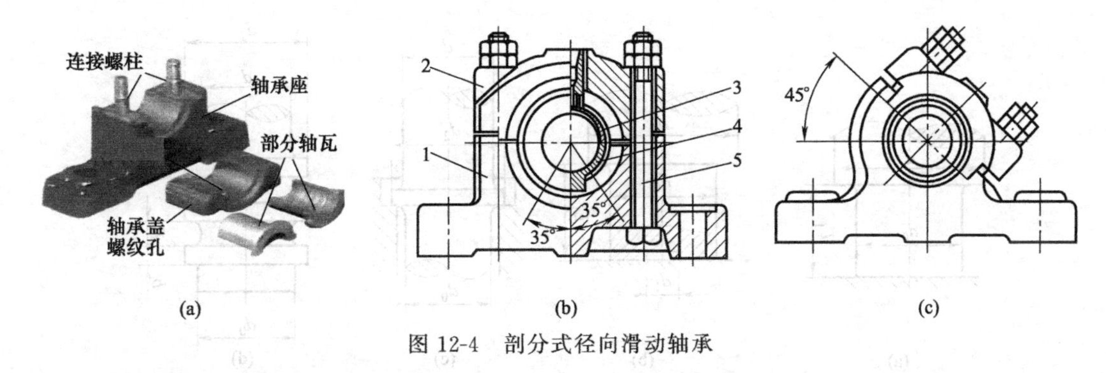

图 12-4　剖分式径向滑动轴承

(3) 自动调心式滑动轴承

当轴颈较长（宽径比大于 1.5～1.75），轴的刚度较小，或由于两轴承不是安装在同一刚性机架上，同心度较难保证时，都会造成轴瓦端部的局部接触，如图 12-5 (a) 所示，使轴瓦局部严重磨损，为此可采用能相对轴承自行调节轴线位置的滑动轴承，称为自动调心滑动轴承，如图 12-5 (b) 所示。

这种滑动轴承的结构特点是轴瓦的外表面做成凸形球面，与轴承盖及轴承座上的凹形球面箱配合，当轴变形时，轴瓦可随轴线自动调节位置，从而保证轴颈和轴瓦为球面接触。通常的滑动轴承要限制轴径的长度，用宽径比来表示 L/d，一般 $L/d=0.5-1.5$。当 $L/d>1.5$ 时，常用调心式滑动轴承。

轴瓦与轴承之间不是柱面配合，而是球面配合，轴瓦可随着轴的弯曲而转动，适应轴径的偏斜。

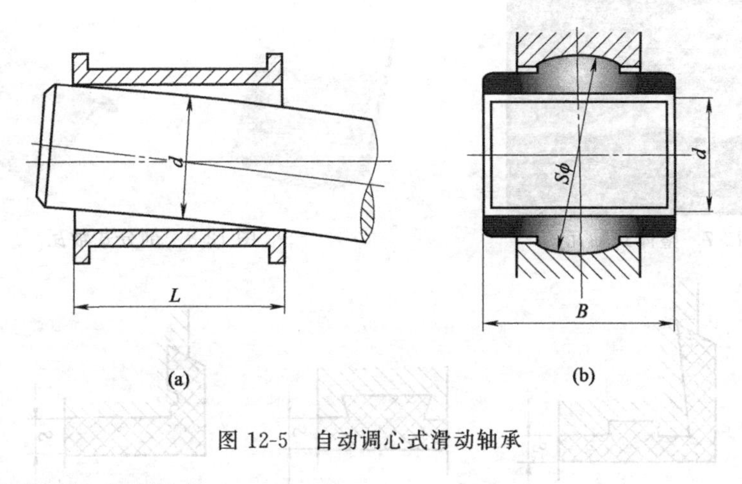

图 12-5　自动调心式滑动轴承

12.3.1.2　推力滑动轴承的结构

推力滑动轴承由轴承座、套筒、径向轴瓦、止推轴瓦所组成。为了便于对中，止推轴瓦底部制成球面形式，并用销钉来防止它随轴颈转动，润滑油从底部进入，上部流出。分为实心推力滑动轴承，轴颈端面的中部压强比边缘的大，润滑油不易进入，润滑条件差，如图 12-6 (a) 所示。空心推力滑动轴承，轴颈端面的中空部分能存油，压强也比较均匀，承载能力不大，如图 12-6 (b) 所示。单环、多环推力滑动轴承，压强较均匀，能承受较大载荷，多环推力滑动轴承能承受双向轴向载荷。但各环承载不等，环数不能太多，图 12-6 (c)、(d) 所示。

12.3.1.3　轴瓦结构

轴瓦是轴承上直接与轴颈相接触的零件。轴瓦分为整体式和剖分式。为了节省贵重的轴

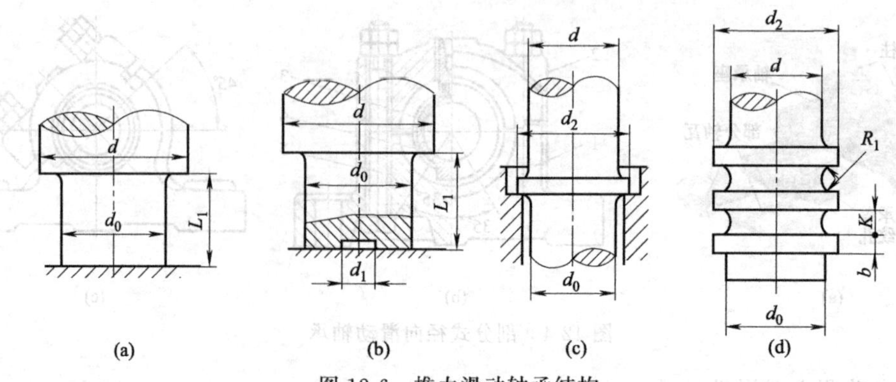

图 12-6 推力滑动轴承结构

承材料和便于维修，轴承体上采用轴瓦。轴瓦应具有一定的强度和刚度，要固定可靠，润滑良好，散热容易，便于装拆和调整。轴瓦固定在轴承座上。

整体式轴承中与轴颈配合的零件称为轴套，结构如图 12-7 所示，分为不带挡边和带挡边的两种结构，轴瓦呈套筒形，装有止动螺钉防止轴瓦转动，磨损后无法调整轴承间隙。

剖分式轴承的轴瓦由上下两半组成，如图 12-8 所示。为使轴瓦既有一定的强度，又有良好的减磨性，常在轴瓦内表面浇铸一层减磨性好的材料（如轴承合金），称为轴承衬。厚度从 0.5～0.6mm 至 6mm。为使轴承衬固定可靠，可在轴瓦上加工出沟槽，如图 12-9 所示。轴承衬应可靠地贴合在轴瓦表面上，为此可以采用如图所示的结合形式（图中网格层表示轴承衬）。轴瓦由上下两半轴瓦组成，下轴瓦承受载荷，上轴瓦不承受载荷。

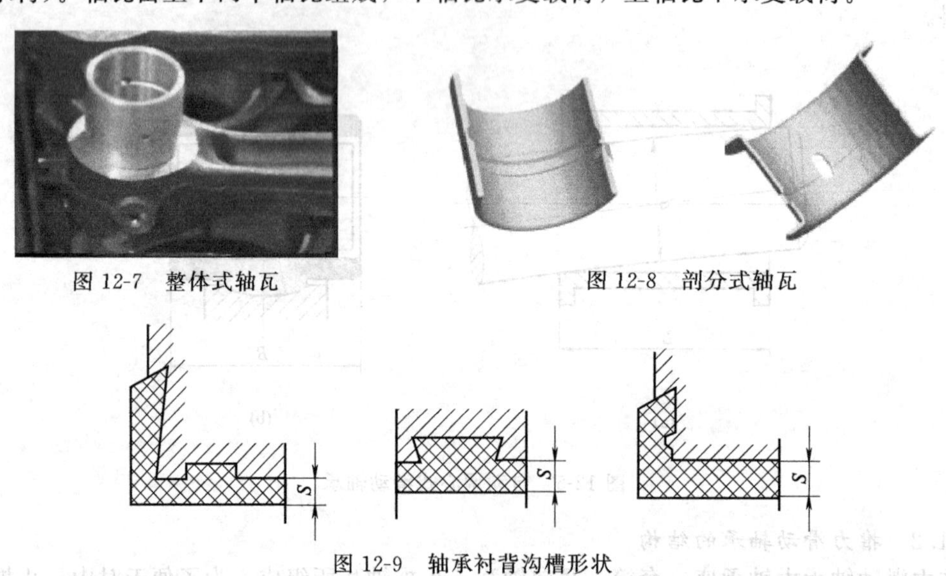

图 12-7 整体式轴瓦

图 12-8 剖分式轴瓦

图 12-9 轴承衬背沟槽形状

12.3.1.4 油孔和油槽（油沟）

为了将润滑油引入轴承，并布满于工作表面，常在上轴瓦开有油孔和油沟。油孔主要是供油，润滑油由油孔输入后，经油沟分布到整个轴瓦表面上，油槽主要是储存、输送和分布润滑油，如图 12-10 所示。

油孔和油沟开设一般遵守以下原则：

ⅰ. 对于轴向油沟，当径向载荷方向固定时，开在轴承上；当径向载荷方向相对轴承转动时，开在轴上。油沟应有足够的长度以保证润滑和散热效果，但不能开通到端部，以免油从端部泄漏而影响承载能力，如图 12-10（a）所示。

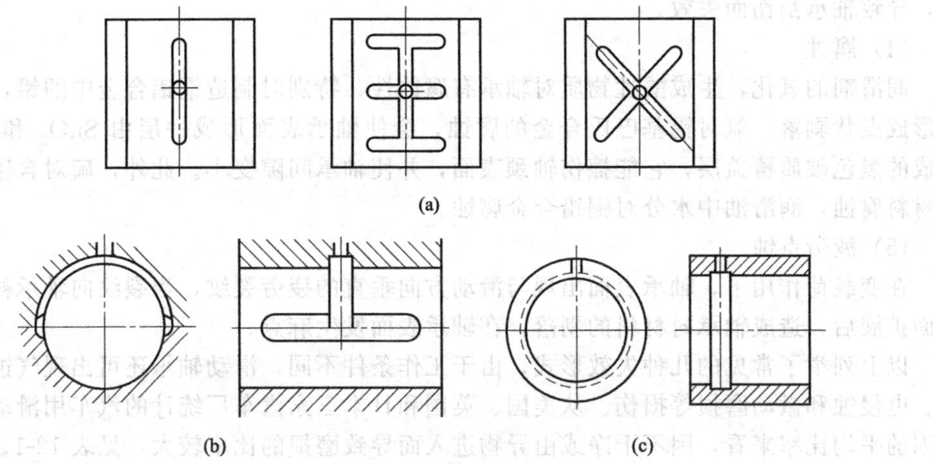

图 12-10　常见油槽型式

ⅱ. 环形油槽，轴承的轴线水平时，开设成半环状，不要延伸到承载区；如必须开全环油槽，应靠近轴承端部，如图 12-10（b）、(c) 所示。

ⅲ. 单轴向油槽油孔和油沟开在非承载区，否则会降低油膜的承载能力。通常开在轴承的最大间隙附近，保证承载区油膜的连续性，从而保证承载能力，如图 12-11 所示。

ⅳ. 双轴向油槽开在轴承剖分面上，如图 12-12 所示。

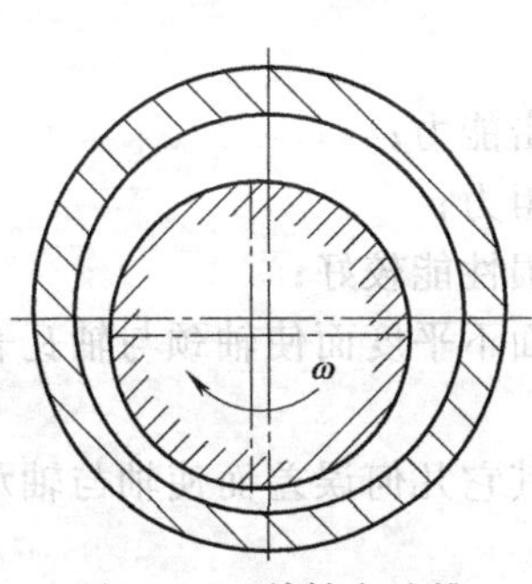

图 12-11　单轴向油槽

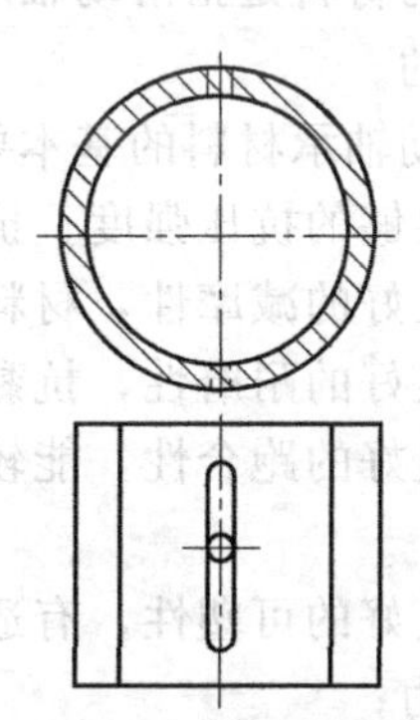
图 12-12　双轴向油槽

12.3.2　滑动轴承的失效形式

滑动轴承的失效形式通常由多种原因引起，失效的形式有很多种，有时几种失效形式并存，相互影响。

（1）磨粒磨损

进入轴承间隙的硬颗粒物（如灰尘、砂砾等）有的嵌入轴承表面，有的游离于间隙中并随轴一起转动，它们都将对轴颈和轴承表面起研磨作用。在机器启动、停车或轴颈与轴承发生边缘接触时，他们都将加剧轴承磨损，导致几何形状改变、精度降低，轴承间隙加大，使轴承性能在预期寿命前急剧恶化。

（2）胶合

由于轴承温升过高，载荷过大，导致油膜破裂，或在润滑油不足时，轴颈和轴承相对运动表面材料发生黏附和迁移，造成轴承损坏，形成胶合，从而造成轴承损坏，有时甚至可能导致相对运动的中止。

（3）刮伤

由于进入轴承间隙中的硬颗粒或轴颈表面粗糙的轮廓峰顶，会在轴承表面上划出线状伤痕，导致轴承刮伤而失效。

(4) 腐蚀

润滑剂的氧化，生成酸性物质对轴承有腐蚀性，特别对制造铜铝合金中的铅，易受腐蚀而形成点状剥落。氧对锡基巴氏合金的腐蚀，会使轴承表面形成一层由 SnO_2 和 SnO 混合组成的黑色硬质覆盖层，它能擦伤轴颈表面，并使轴承间隙变小。此外，硫对含银或铜的轴承材料腐蚀，润滑油中水分对铜铅合金腐蚀。

(5) 疲劳点蚀

在变载荷作用下，轴承表面出现与滑动方向垂直的疲劳裂纹，当裂纹向轴承衬与衬背结合面扩展后，造成轴承衬材料的剥落，在轴承表面发生麻点。

以上列举了常见的几种失效形式，由于工作条件不同，滑动轴承还可出现气蚀、流体侵蚀、电侵蚀和微动磨损等损伤。从美国、英国和日本三家汽车厂统计的汽车用滑动轴承故障原因的平均比率来看，因不干净或由异物进入而导致磨损的比率较大，见表 12-1。

表 12-1　滑动轴承常见故障分析

故障原因	不干净	润滑油不足	安装误差	对中不良	超载	腐蚀	制造精度低	气蚀	其它
比率/%	38.3	11.1	15.9	8.1	6.0	5.6	5.5	2.8	6.7

12.3.3 滑动轴承的材料

滑动轴承的材料是指滑动轴承直接与轴颈接触部位所用的材料。其基本要求是由轴承的失效形式决定的。

(1) 对滑动轴承材料的基本要求

ⅰ. 具有足够的抗压强度、抗疲劳能力和抗冲击能力；

ⅱ. 具有良好的减摩性，材料要有较低的摩擦阻力；

ⅲ. 具有良好的耐磨性，抗黏着磨损和磨粒磨损性能较好；

ⅳ. 具有良好的跑合性，能较容易消除接触表面不平度而使轴颈与轴瓦表面间相互尽快吻合；

ⅴ. 具有良好的可塑性，有适应因轴的弯曲和其它几何误差而使轴与轴承滑动表面初始配合不良的能力；

ⅵ. 具有嵌藏性，轴承材料具有容纳金属碎屑和灰尘的能力；

ⅶ. 具有良好的工艺性和导热性，并应具有抗腐蚀性能。

此外还应有足够抗腐蚀能力和经济性。

(2) 滑动轴承常用的材料

① 轴承合金　轴承合金是锡、铅、锑、铜的合金，它以锡或铅作为基体，其内含有锑锡（Sb-Sn）或铜锡（Cu-Sn）的硬晶粒。硬晶粒起抗磨作用，软基体则增加材料的塑性。轴承合金的弹性模量和弹性极限都很低，在所有轴承材料中，它的嵌入性及摩擦顺应性最好，很容易和轴颈磨合，也不易与轴颈发生胶合。但轴承合金的强度很低，不能单独制作轴瓦，只能黏附在青铜、钢或铸铁轴瓦上作轴承衬。轴承合金适用于重载、中高速场合，价格较贵。

② 铜合金　铜合金具有较高的强度，较好的减摩性和耐磨性。由于青铜的减磨性和耐磨性比黄铜好，故青铜是最常用的材料。青铜有锡青铜、铅青铜和铝青铜等几种，其中锡青铜的减摩性和耐磨性最好，应用广泛。但锡青铜比轴承合金硬度高，磨合性及嵌入性差，适用于重载及中速场合。铅青铜抗胶合能力强，适用于高速、重载轴承。铝青铜的强度及硬度较高，抗胶合能力较差，适用于低速重载轴承。在一般机械中有 50% 的滑动轴承采用青铜

材料。

③ 铸铁 灰铸铁和耐磨铸铁普通灰铸铁或加有镍、铬、钛等合金成分的耐磨灰铸铁，或者是球墨铸铁，都可以用作轴承材料。这类材料中的片状或球状石墨在材料表面上覆盖后，可以形成一层起润滑作用的石墨层，故具有一定的减摩性和耐磨性，价格低廉。此外石墨能吸附碳氢化合物，有助于提高边界润滑性能，故采用灰铸铁作轴承材料时应加润滑油。由于铸铁性脆、磨合性能差，故只适用于轻载低速和不受冲击载荷的场合。

④ 铝基合金 具有良好的耐蚀性和耐磨性，有较高的疲劳强度。在部分领域取代轴承合金和青铜。可以做成轴套等单金属零件，也可以做成以钢为轴承衬背，以铝基合金为轴承衬的轴瓦。

⑤ 多孔质金属材料 这是不同于金属粉末经压制、烧结而成的轴承材料。这种材料是多孔结构的，孔隙约占体积的10%～35%。使用前先把轴瓦在加热的油中浸数小时，使孔隙中充满润滑油，因而通常把这种材料制成的轴承称为含油轴承。它具有自润滑性。工作时，由于轴颈转动的抽吸作用及轴承发热时油的膨胀作用，油便进入摩擦表面间起润滑作用；不工作时，因毛细管作用，油便被吸回到轴承内部，故在相当长的时间内，即使不加油仍能很好地工作。如果定期给以供油，则使用效果更好。但由于其韧性较小，故宜用于平稳无冲击载荷及中低速情况。常用的有多孔铁和多孔质青铜。多孔铁常用来制作磨粉机轴套、机床油泵衬套、内燃机凸轮轴衬套等，多孔质青铜常用来制作电风扇、纺织机械及汽车发电机的轴承。我国也有专门制造含油轴承的生产厂家，需用时可根据设计手册选用。

⑥ 非金属材料 非金属材料中应用最广的是各种塑料，如酚醛树脂、尼龙、聚四氟乙烯等。聚合物的特性是：与许多化学物质不起反应，抗腐蚀性好，例如聚四氟乙烯（PTEE）能抗强酸和弱碱；具有一定的自润滑性，可以在无润滑条件下工作，在高温条件下具有一定的润滑能力；具有包容异物的能力（嵌入性好），不宜擦伤配合零件表面；减摩性及耐磨性比较好。

选择聚合物作轴承材料时，必须注意以下一些问题：由于聚合物的热传导能力差，只有钢的百分之几，因此必须考虑摩擦热的消散问题，它严格限制着聚合物轴承的工作转速及压力值。又因为聚合物的线胀系数比钢大，因此聚合物轴承与钢制轴颈的间隙比金属轴承的间隙大。此外聚合物材料的强度和屈服极限较低，因而在装配和工作时能承受的载荷有限。另外聚合物在常温下会产生蠕变现象，因而不宜用来制作间隙要求严格的轴承。

碳-石墨是电机电刷的常用材料，也是不良环境中的轴承材料。碳-石墨是由不同量的碳和石墨构成的人造材料，石墨含量越多，材料越软，摩擦系数越小。可在碳-石墨材料中加入金属、聚四氟乙烯或二硫化钼组分，也可以浸渍液体润滑剂。碳-石墨轴承具有自润滑性，它的自润性和减摩性取决于吸附的水蒸气量。碳-石墨和含有碳氢化合物的润滑剂有亲和力，加入润滑剂有助于提高其边界润滑性能。此外，它还可以作水润滑的轴承材料。

橡胶主要用于以水作润滑剂或环境较脏污之处。橡胶轴承内壁上带有纵向沟槽，便于润滑剂的流通、加强冷却效果并冲走杂质。

木材具有多孔质结构，可用填充剂来改善其性能。填充聚合物能提高木材的尺寸稳定性和减少吸湿量，并能提高强度。采用木材（以溶于润滑油的聚乙烯作填充剂）制成的轴承，可在灰尘极多的条件下工作，例如用作建筑、农业中使用的带式输送机支撑滚子的滑动轴承。此外还可以采用多孔铁、多孔质青铜等多孔质金属材料；酚醛树脂、尼龙、聚四氟乙烯等非金属材料。

常用金属轴承材料性能见表12-2，常用非金属和多孔质金属材料性能见表12-3。

表 12-2　常用金属轴承材料性能

轴承材料		最大许用值			最高工作温度/℃	轴颈硬度/HBS	性能比较				备注
		[p]/MPa	[v]/(m/s)	[pv]/(MPa·m/s)			抗咬黏性	顺应性（嵌入性）	耐蚀性	疲劳强度	
锡锑轴承合金	ZChSnSb10-6 ZChSnSb8-4	平稳载荷			150	150	1	1	1	5	高速、重载的重要轴承，变载荷下易疲劳，价高
		25	80	20							
		冲击载荷									
		20	60	15							
铅锑轴承合金	ZChPnSb16-16-2	15	20	10					3		中速、中载轴承，不宜受冲击，可代锡锑轴承合金
	ZChPnSb15-5-3	5	8	5							
锡青铜	ZCuSn10P1 （10-1 锡青铜）	15	10	15		300～400		5	1	1	中速、重载及受变载的轴承
	ZCuSn5Pb5Zn5 （5-5-5 锡青铜）	8	3	15			3				中速、中载轴承
铅青铜	ZCuPb30 （30 铅青铜）	25	12	20	280	300		4	4	2	高速重载轴承，承受变载和冲击
铝青铜	ZCuAl10Fe3 （10-3 铝青铜）	15	4	12					5		宜于润滑充分的低速重载轴承
黄铜	ZCuZn16Si4 （16-4 硅黄铜）	12	2	10	200		5	5	1		低速、中载轴承
	ZCuZn40Mn2 （40-2 硅黄铜）	10	1								
铝基轴承合金	2%铝锡合金	28～35	14	—	140	300	4	3	1	2	高速、中载轴承，较新的轴承材料，强度高、耐蚀、表面性能好。用于增压强化柴油机轴承
三元电镀合金	铝-硅-镉镀层	14～35	—		170	200～300	1	2			镀铅锡青铜作中间层，再镀 10～30μm 三元减摩层，疲劳强度高，嵌入性好
银	镀层	28～35			180	300～400	2	3	1		镀银，上附薄层铅再镀铟，用于飞机发动机、柴油机轴承
耐磨铸铁	HT300	0.1～6	3～0.75	0.3～4.5	150	<150	4	5			用于低速、轻载不重要轴承，价低
灰铸铁	HT150-HT250	1～4	2～0.5	—							

表 12-3 常用非金属轴承材料性能

<table>
<tr><th colspan="2" rowspan="2">轴承材料</th><th colspan="3">最大许用值</th><th rowspan="2">最高工作温度/℃</th><th rowspan="2">备 注</th></tr>
<tr><th>[p]/MPa</th><th>[v]/(m/s)</th><th>[pv]/(MPa·m/s)</th></tr>
<tr><td rowspan="8">非金属材料</td><td>酚醛树脂</td><td>41</td><td>13</td><td>0.18</td><td>120</td><td>棉织物、石棉等填加酚醛树脂黏结成。抗咬合性好，强度、抗振性好，耐酸碱，导热性差，重载时用水、油润滑易，轴承间隙取大些</td></tr>
<tr><td>尼龙</td><td>14</td><td>3</td><td>0.11(0.05m/s)
0.09(0.5m/s)
<0.09(5m/s)</td><td>90</td><td>摩擦系数低，耐磨性好，无噪声，金属瓦覆盖尼龙薄层，承受中等载荷。加入石墨、二硫化钼等填料可提高力学性能、刚性和耐磨性。加入耐热成分的尼龙可提高工作温度</td></tr>
<tr><td>聚碳酸酯</td><td>5</td><td>5</td><td>0.03(0.05m/s)
0.01(0.5m/s)
<0.01(5m/s)</td><td>105</td><td rowspan="3">聚碳酸酯、醛缩醇、聚酰亚胺等都是较新的塑料。物理性能好。易于喷射成型，较经济。醛缩醇和聚碳酸酯稳定性好，填充石墨的聚酰亚胺温度可达 280℃</td></tr>
<tr><td>醛缩醇</td><td>14</td><td>3</td><td>0.1</td><td>100</td></tr>
<tr><td>聚酰亚胺</td><td>—</td><td></td><td>4(0.05m/s)</td><td>260</td></tr>
<tr><td>聚四氟乙烯(PTFE)</td><td>3</td><td>1.3</td><td>0.04(0.05m/s)
0.06(0.5m/s)
<0.09(5m/s)</td><td rowspan="2">250</td><td rowspan="2">摩擦系数低，自润滑性好，耐任何化学药品侵蚀，适用温度范围广，成本高，承载能力低。用玻璃丝，石墨等填料能提高承载能力和[pv]值</td></tr>
<tr><td>填充 PTFE</td><td>17</td><td>5</td><td>0.5</td></tr>
<tr><td>橡胶</td><td>0.34</td><td>5</td><td>0.53</td><td>65</td><td>减振、降低噪声，减小振动，补偿误差。导热性差，温度高易老化，需加强冷却。常用于水、泥浆等工业设备中</td></tr>
<tr><td rowspan="2">多孔质金属材料</td><td>多孔铁
(Fe95%，Cu2%，石墨及其它 3%)</td><td>55(低速间歇)
21(0.013m/s)
4.8(0.51～0.76m/s)
2.1(0.76～1m/s)</td><td>7.6</td><td>1.8</td><td rowspan="2">125</td><td>成本低，含油量多，耐磨性好，强度高，应用广</td></tr>
<tr><td>多孔青铜
(CU90%，Sn10%)</td><td>27(低速间歇)
14(0.013m/s)
3.4(0.51～0.76m/s)
1.8(0.76～1m/s)</td><td>4</td><td>1.6</td><td>高速轻载轴承用孔隙度大的，摆或往复运动轴承用孔隙度小的。长期运转不补充润滑剂的应降低[pv]值。高温或连续工作的定期补充润滑剂</td></tr>
</table>

12.4 滑动轴承的润滑

滑动轴承润滑的主要目的是减少轴颈与轴承间的摩擦，降低磨损，提高轴承效率，散热冷却，缓冲吸振，密封防锈，降低功耗，延长轴承的使用寿命。

12.4.1 润滑剂及其选择

润滑剂分为润滑油、润滑脂和固体润滑剂三类。

（1）润滑油

润滑油是滑动轴承中应用最广的润滑剂，目前使用的润滑油多为矿物油。润滑油最重要的物理性能是黏度，它也是选择润滑油的主要依据。黏度是润滑油的主要质量指标（抵抗变形的能力），黏度值越高，油越稠，内摩擦阻力越大，液体的流动性越差。温度升高，黏度降低。黏度的种类有很多，如动力黏度、运动黏度、条件黏度等。

工程中常用运动黏度，单位是：St（斯）或 cSt（厘斯），量纲为（M^2/S）；润滑油的牌号与运动黏度有一定的对应关系，如牌号为 L-AN10 的油在 40℃ 时的运动黏度大约为 10cSt。

（2）润滑脂

润滑脂是在润滑油中添加稠化剂（如钙、钠、铝、锂等金属）后形成的胶状润滑剂。因为它稠度大，无流动性，不宜流失，可在滑动表面形成一层薄膜，所以承载能力较大，但它的物理、化学性质不如润滑油稳定，摩擦功耗也大，无冷却效果，故用在要求不高、难以经常供油，或者低速重载以及作摆动运动的轴承中。不宜在温度变化大或高速条件下使用（一般在轴承相对滑动速度低于 1～2m/s 时或不变注油的场合使用）。

目前使用最多的是钙基润滑脂，它有耐水性，常用于 60℃ 以下的各种机械设备中的轴承润滑。钠基润滑脂可用于 115～145℃ 以下，但抗水性较差。锂基润滑脂性能优良，抗水性好，在 −20～150℃ 范围内广泛使用，可以代替钙基、钠基润滑脂。

（3）固体润滑剂

常用的固体润滑剂有石墨和二硫化钼。在滑动轴承中主要以粉剂加入润滑油或润滑脂中，用于提高其润滑性能，减少摩擦损失，提高轴承使用寿命。尤其高温、重载下工作的轴承，采用添加二硫化钼的润滑剂，能获得良好的润滑效果。

12.4.2 润滑方法和润滑装置

为了保证轴承良好的润滑状态，除了合理选择润滑剂之外，合理选择润滑方法和润滑装置也是十分重要的。滑动轴承的润滑方式可根据系数 k 选定。

$$k=\sqrt{pv^3}$$

（1）润滑油

润滑油的润滑方法有间歇供油和连续供油两种。

当 $k<2\sim16$ 时，采用间断润滑，用油壶或油枪定期向润滑孔和杯内注油。常用的润滑方式有图 12-13 所示的压注式油杯。图 12-14 所示的旋套式油杯。图 12-15 所示的针阀式油杯可调节滴油速度以改变供油量，在轴承停止工作时，可通过油杯上部手柄关闭油杯，停止供油。图 12-16 所示的利用绳芯的毛细管作用吸油滴到轴颈上，这种方法不易调节供油量。间断润滑只适用于低速不重要的轴承或间歇工作的轴承。

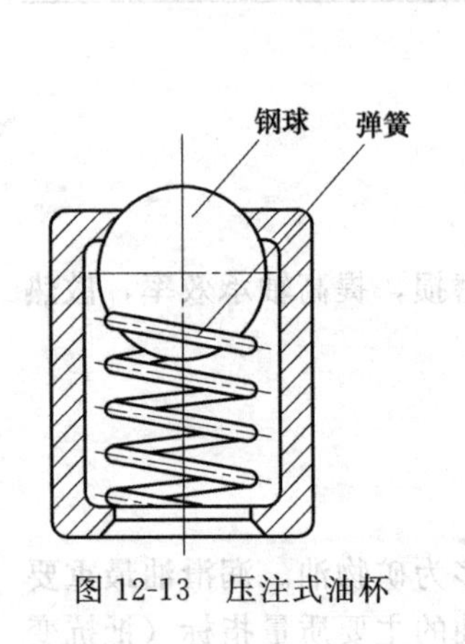

图 12-13 压注式油杯

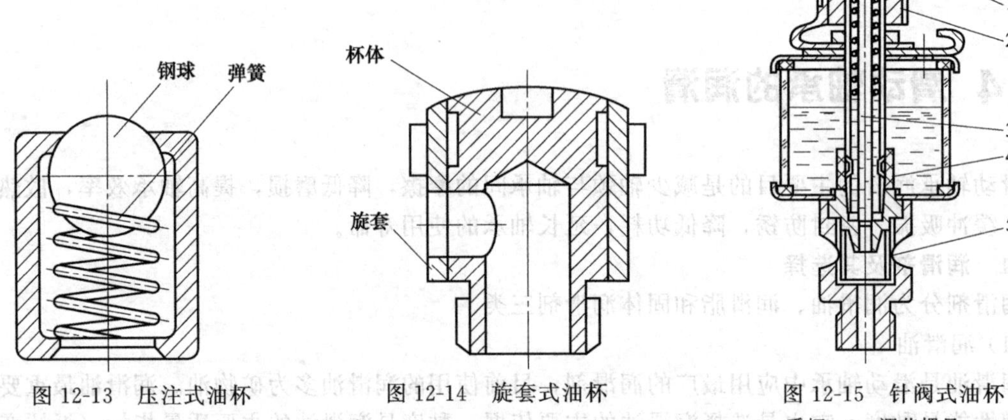

图 12-14 旋套式油杯

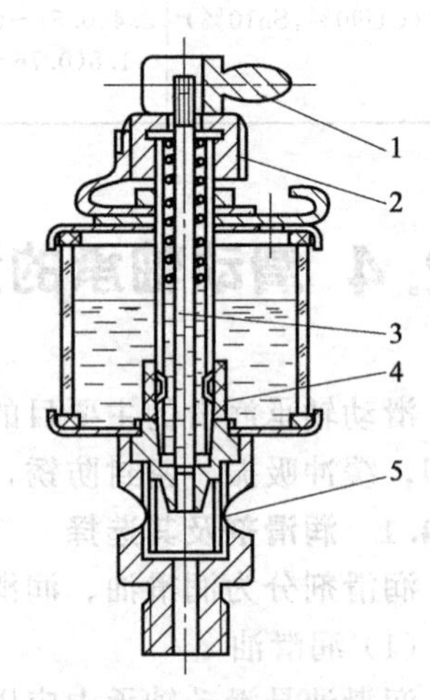

图 12-15 针阀式油杯

1—手柄；2—调节螺母；3—针阀；4—油滤；5—观察孔

当 $k<16\sim32$ 时，采用连续的油环润滑和飞溅润滑。油环润滑润滑和飞溅润滑主要用于润滑如减速器、内燃机等机械中的轴承。通常直接利用转动零件将油池中的润滑油带起溅到轴承或箱体壁上，然后经油沟导入轴承工作面进行润滑。图 12-17 所示为油环润滑，油环下端浸到油里，利用下端浸在油池中的转动件将润滑油带到轴颈表面进行润滑。适用于转速不太低的场合。

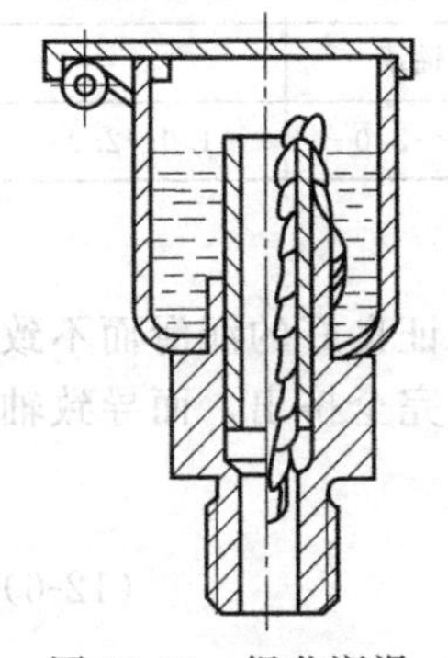

图 12-16　绳芯润滑

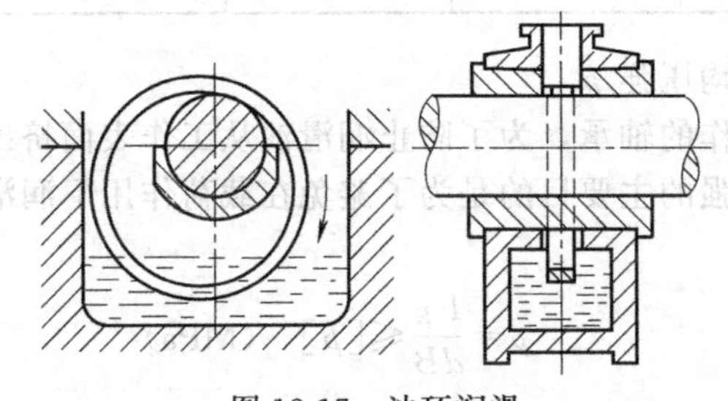

图 12-17　油环润滑

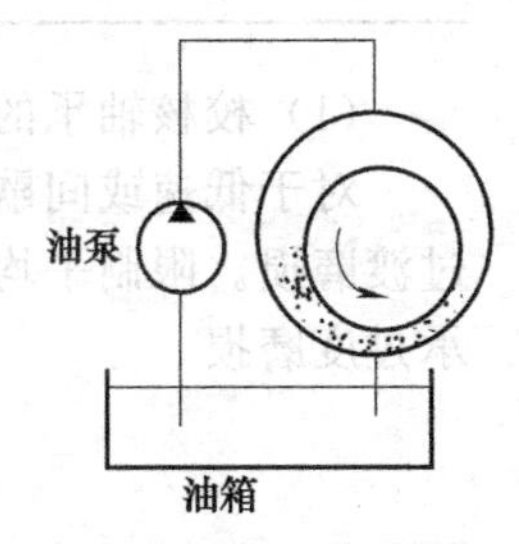

图 12-18　压力润滑

当 $k>32$ 时，采用压力循环润滑，用油泵进行连续压力供油，图 12-18 所示。压力循环润滑是一种强制润滑方法。润滑油泵将高压力的油经油路导入轴承，润滑油经轴承两端流向油池，构成循环润滑。这种润滑方法供油量充足，润滑可靠，并有冷却和冲洗轴承的作用。但结构复杂、费用较高。常用于重载、高速和载荷变化较大的轴承当中。

(2) 润滑脂

当 $k\leqslant2$ 时，选择润滑脂润滑，用旋盖式油杯注入润滑脂。脂润滑润滑脂只能间歇供给。常用的装置如图 12-19 所示旋盖注油油杯。旋盖注油油杯靠旋紧杯盖将杯内润滑脂压入轴承工作面。

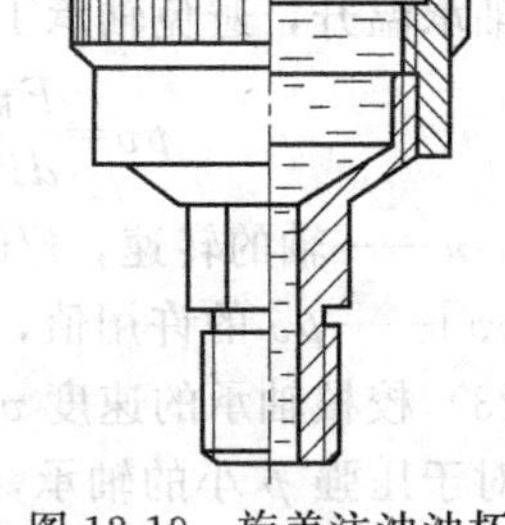

图 12-19　旋盖注油油杯

12.4.3 不完全液体润滑轴承的设计计算

大多数滑动轴承在实际工作中处在混合润滑状态（边界润滑与液体润滑同时存在的状态），其可靠工作的条件是维持边界油膜不受破坏。非液体滑动轴承的主要失效形式为工作表面的磨损和胶合，所以其设计计算准则是维持边界油膜不破裂，以减少发热和磨损并根据边界膜的机械强度和破裂温度来决定轴承的工作能力。但影响非液体摩擦滑动轴承承载能力的因素很复杂，因此采用简化的条件进行计算。

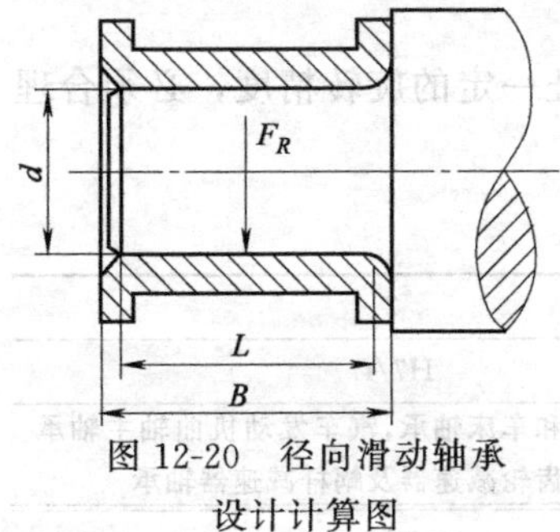

图 12-20　径向滑动轴承设计计算图

12.4.3.1　径向滑动轴承的设计计算

通常已知轴颈直径 d，转速 n，轴承承受的径向载荷 F_R，根据工作条件和使用要求，确定轴承的结构形式；选定轴瓦材料；确定轴承的宽度 B，一般按宽径比 B/d 及 d 来确定 B，B/d 越大，轴承的承载能力越大，但油不易从两端流出，散热性差，油温升高，B/d 越小，则两端泄漏量大，摩擦功耗小，轴承温升小，但承载能力小，通常取 $B/d=0.5\sim1.5$，表 12-4 为常用机械 B/d 推荐值；进行校核计算，图 12-20 为径向滑动轴承设计计算图。

表 12-4 常用机械 B/d 推荐值

机器种类	汽车及航空发动机		空气压缩机及往复式泵			
轴承	曲轴主轴承	主轴承	连杆轴承	连杆轴承	活塞销	活塞销
B/d	0.75～1.75	1.0～2.0	0.75～1.75	1.0～1.25	1.5～2.2	1.2～1.5
机器种类	电机		机床		冲、剪床	齿轮减速器
轴承	主轴承	连杆轴承	主轴承	活塞销	主轴承	
B/d	0.6～1.5	0.6～1.5	0.8～1.2	1.5～2.0	1.0～2.0	1.0～2.0

(1) 校核轴承的平均压强 p

对于低速或间歇工作的轴承，为了防止润滑油从工作表面挤出，保证良好的润滑而不致过渡磨损。限制平均压强的主要目的是为了避免在载荷作用下润滑油被完全挤出，而导致轴承过度磨损。

$$p=\frac{F_R}{dB}\leqslant[p] \quad (\text{MPa}) \tag{12-6}$$

式中 F_R——轴承轴向载荷，N；

$[p]$——许用压强，MPa，见表 12-2；

d、B——轴颈的直径和工作长度，mm。

(2) 校核轴承的 pv 值

压强速度 pv 值间接反映轴承的温升，为了反映单位面积上的摩擦功耗与发热，对于载荷较大和速度较高的轴承，pv 越高，轴承温升越高，容易引起边界膜的破裂。限制 pv 是控制轴承温升，避免轴承工作时不致过渡发热产生胶合失效。

$$pv=\frac{F_R}{dB}\times\frac{\pi dn}{60\times1000}\approx\frac{F_R n}{19100B}\leqslant[pv] \quad (\text{MPa}\cdot\text{m/s}) \tag{12-7}$$

式中 n——轴的转速，r/min；

$[pv]$——pv 的许用值，见表 12-2。

(3) 校核轴承的速度 v

对于压强 p 小的轴承，即使 p 和 pv 值验算合格，由于滑动速度过高，也会产生加速磨损而使轴承报废。当 p 较小时，避免由于 v 过高而引起轴瓦加速磨损。

$$v=\frac{\pi dn}{60\times1000}\leqslant[v] \quad (\text{m/s}) \tag{12-8}$$

式中 $[v]$——许用速度值，m/s，见表 12-2。

(4) 选择轴承配合

在非液体滑动摩擦轴承中，根据不同的使用要求，为了保证一定的旋转精度，必须合理选择轴承的配合，以保证一定的间隙，具体的选择见表 12-5。

表 12-5 滑动轴承的配合选择

精度等级	2	2
配合符号	H7/g6	H7/f7
使用情况	磨床和车床分度头轴承	铣床、钻床和车床轴承，汽车发动机曲轴主轴承及连杆轴承，齿轮减速器及蜗杆减速器轴承
精度等级	2	4
配合符号	H7/e8	H9/f9
使用情况	汽轮发电机轴、内燃机凸轮轴、高速转轴、刀架丝杠、机车多支点轴承等轴承	电机、离心泵、风扇及惰齿轮轴轴承，蒸汽机与内燃机曲轴的主轴承及连杆轴承

【例 12-1】 某径向滑动轴承，轴颈 $d=55\text{mm}$，转速 $n=1480\text{r/min}$，承受的径向载荷 $F_r=5500\text{N}$，轴承材料为 ZCuSn5Zn5Pb5。试校核该轴承是否可用？如不可用，应如何改进(按轴的强度计算，轴颈直径不得小于 45mm)？

解 查表得到 ZCuSn5Zn5Pb5 的许用值：$[p]=5\text{MPa}$，$[v]=3\text{m/s}$，$[pv]=10\text{MPa}\cdot\text{m/s}$ 按已知数据，并取 $B/d=1$，得 $B=55\text{mm}$。

$$p=\frac{F_r}{Bd}=\frac{4000}{55\times55}=1.322\text{MPa}\leqslant[p]$$

$$pv=\frac{F_r}{Bd}\times\frac{\pi dn}{60\times1000}=\frac{4000}{55\times55}\times\frac{\pi\times55\times1480}{60\times1000}=5.632\text{MPa}\cdot\text{m/s}\leqslant[pv]$$

$$v\ \frac{\pi dn}{60\times1000}=\frac{\pi\times55\times1480}{60\times1000}=4.26\text{m/s}>[v]$$

由以上计算可知，$v>[v]$，故考虑从以下两个方面来改进。

ⅰ. 减小轴颈以降低速度，取 $d=45\text{mm}$，则

$$v=\frac{\pi dn}{60\times1000}=\frac{\pi\times45\times1480}{60\times1000}=3.485>[v]$$

此方案不可用。

ⅱ. 改选材料在铜合金轴瓦上浇铸轴承合金 ZChPbSb16-16-2，查表得：$[p]=15\text{MPa}$，$[v]=12\text{m/s}$，$[pv]=10\text{MPa}\cdot\text{m/s}$。此时取 $B/d=1$，其它参数不变则可满足要求。

12.4.3.2 止推滑动轴承设计计算

止推滑动轴承的计算与径向滑动轴承类似，实心端面由于跑合时中心与边缘磨损不均匀，愈近边缘部分磨损愈快，空心轴颈和环状轴颈可以克服此缺点。载荷很大时可以采用多环轴颈。如图 12-21 所示为止推轴承设计计算图。

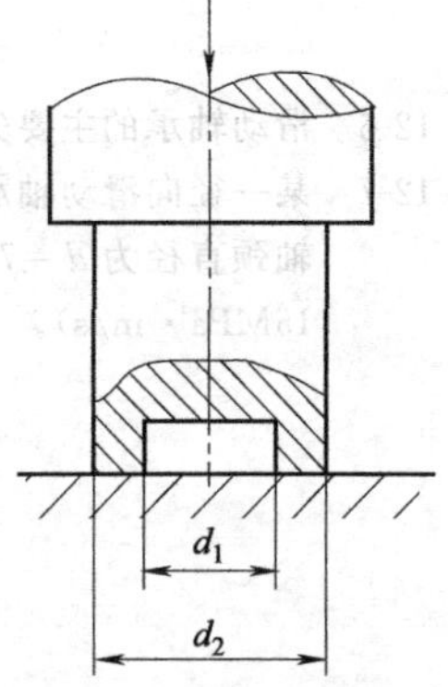

图 12-21 止推滑动轴承设计计算图

(1) 校核压强 p

$$p=\frac{F_a}{k\dfrac{\pi}{4}(d_2^2-d_1^2)}\leqslant[p]\ \text{MPa} \tag{12-9}$$

式中 F_a——轴向载荷，N；

d_1、d_2——轴环的内外径，mm，一般取 $d_1=(0.4\sim0.6)d_2$；

$[p]$——p 的许用值，MPa，查表 12-6；

k——考虑油槽使支撑面积减小的系数，一般取 $k=0.90\sim0.95$。

(2) 校核 pv_m 值

$$pv_m=\frac{F_a}{k\dfrac{\pi}{4}(d_2^2-d_1^2)z}\times\frac{\pi d_m n}{60\times1000}\leqslant[pv]\quad(\text{MPa}\cdot\text{m/s}) \tag{12-10}$$

式中 v_m——轴环的平均速度，$v_m=\dfrac{\pi d_m n}{60\times1000}$，m/s；

d_m——轴环平均直径，$d_m=\dfrac{d_1+d_2}{2}$，mm；

$[pv]$——pv 的许用值，MPa·m/s，查表 12-6；

z——轴环的数目。

表 12-6　推力滑动轴承材料及许用值 [p] 及 [pv]

轴环材料	未淬火钢			淬火钢	
轴瓦材料	铸铁	青铜	轴承合金	青铜	淬火钢
[p]/MPa	2~2.5	4~5	5~6	7.5~8	8~9
[pv]/(MPa·m/s)	1~2.5				

习　题

12-1　滑动轴承的主要特点是什么？什么场合应用滑动轴承？

12-2　在滑动轴承上为什么要开设油孔和油沟？开设的原则是什么？

12-3　对滑动轴承的材料性能的基本要求是什么？

12-4　与滑动轴承相比，滚动轴承的主要特点是什么？

12-5　下列几种情况中，设两板间有足够的润滑油，可形成流体动力润滑的是哪几种？

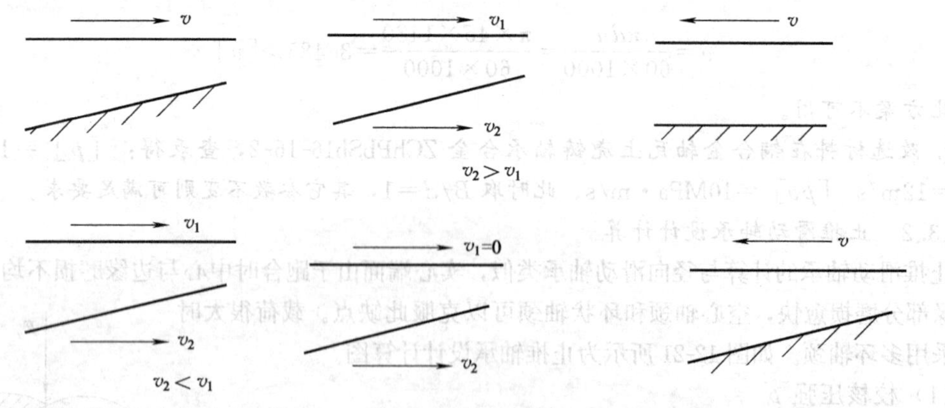

12-6　滑动轴承的主要失效形式是什么？不完全液体润滑滑动轴承需进行哪些计算？为什么？

12-7　某一径向滑动轴承，宽径比为 $B/d=1$，轴承所承受的径向载荷为 18000N，轴的转速为 1000r/min，轴颈直径为 $d=70$mm。试问该轴承是否可用（注：轴瓦材料的 [p]=15，[v]=10m/s，[pv]=15MPa·m/s）。

13 滚动轴承

13.1 概述

滚动轴承与滑动轴承相比，滚动轴承具有启动灵活、摩擦阻力小、效率高、润滑简便及易于互换等优点，所以应用广泛。它的缺点是抗冲击能力差，高速噪声较大，工作寿命也不及液体摩擦滑动轴承。滚动轴承已标准化、系列化、商品化，所以滚动轴承在设计中主要是正确选择类型、确定尺寸，并进行组合设计。

13.1.1 滚动轴承的组成

如图 13-1 所示，常见的滚动轴承一般由内圈 1、外圈 2、滚动体 3 和保持架 4 组成。

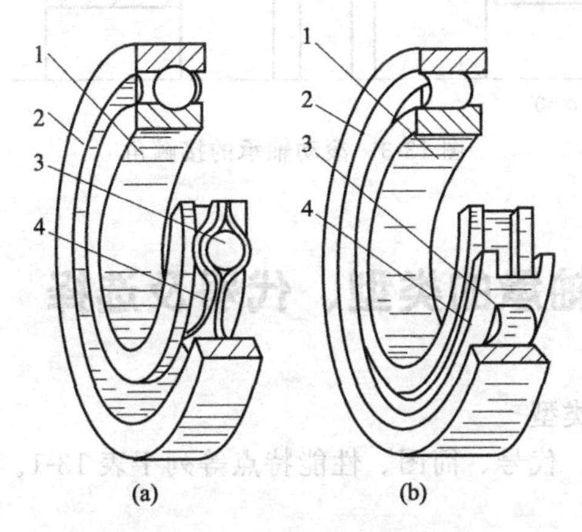

图 13-1 滚动轴承的基本构造

内圈一般与轴颈采用偏紧的过渡配合，外圈一般采用间隙配合安装轴承座孔内。当内、外圈相对转动时，滚动体沿着内、外圈滚道滚动，形成滚动摩擦。滚动体的形状如图 13-2 所示有球形、圆柱形、圆锥形、腰鼓形、滚针形等。保持架的主要作用是使滚动体被均匀地隔开，以防止运转时，滚动体间彼此接触而增大磨损。保持架有如图 13-1（a）所示的冲压结构和如图 13-1（b）所示的实体结构两种。

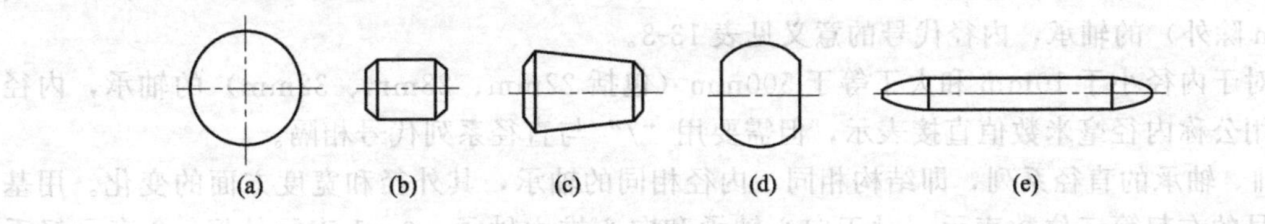

图 13-2 滚动体的类型

内、外圈和滚动体是轴承的承载主体，一般用强度高、耐磨性好的渗碳轴承钢或高铬轴承钢制造。表面淬火后低温回火，120℃时硬度不低于60HRC。冲压结构保持架一般用低碳钢板冲压制成，实体保持架采用塑料、铜合金、铝合金等材料切削而成。

滚动轴承除上述4种基本零件外，还有增加其它特殊零件的，如带有橡胶制造的密封圈、防尘盖等零件的滚动轴承。当然在某些情况下，有的滚动轴承可没有内圈或外圈。

13.1.2 滚动轴承的分类

滚动轴承按其公称外径（D，mm）的尺寸可分为微型轴承（$D \leqslant 26$）、小型轴承（$28 \leqslant D \leqslant 55$）、中小型轴承（$60 \leqslant D \leqslant 115$）、中大型轴承（$120 \leqslant D \leqslant 190$）、大型轴承（$200 \leqslant D \leqslant 430$）、特大型轴承（$D \geqslant 440$）；按照轴承所能承受的外载荷不同，滚动轴承可分为：主要承受径向载荷的向心轴承；只能承受轴向载荷的推力轴承；能同时承受径向载荷和轴向载荷的向心推力轴承（角接触轴承）。滚动轴承承受轴向载荷的能力可以利用接触角α来判定。如图13-3所示，滚动体与外圈滚道接触点的法线与轴承径向平面（垂直于轴承的平面）之间的夹角α，称为接触角。α越大，轴承承受轴向载荷的能力越大。

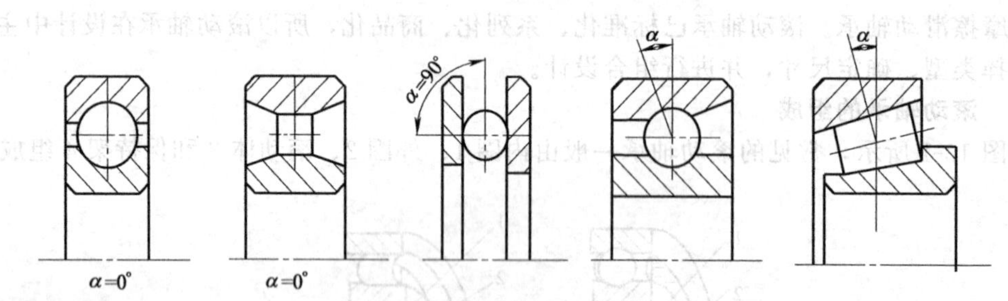

图13-3　滚动轴承的接触角

13.2 常用滚动轴承的类型、代号及选择

13.2.1 常用滚动轴承的类型

滚动轴承的类型名称、代号、简图、性能特点等列于表13-1。

13.2.2 滚动轴承的代号

由于滚动轴承的类型繁多，而且各类型中又有不同的结构、尺寸、公差等级等。为了便于设计、制造和选用，在国家标准GB/T 272—1993中规定了轴承代号的表示方法。轴承代号由基本代号、前置代号和后置代号构成。轴承号的表示方法见表13-2。

(1) 基本代号

基本代号表示轴承的基本类型、结构和尺寸，是轴承代号的基础。GB/T 272—1993规定的滚动轴承的基本代号由轴承类型代号、尺寸系列代号和内径代号构成。

ⅰ. 基本代号的右起一二位数表示内径，常用的内径$d=10 \sim 480$mm（22mm、28mm、32mm除外）的轴承，内径代号的意义见表13-3。

对于内径小于10mm和大于等于500mm（包括22mm、28mm、32mm）的轴承，内径代号用公称内径毫米数值直接表示，但需要用“/”与直径系列代号相隔。

ⅱ. 轴承的直径系列，即结构相同、内径相同的轴承，其外径和宽度方面的变化。用基本代号的右起第三位数表示。对于向心轴承和向心推力轴承，0、1表示特轻，2表示轻系列，3表示中系列，4表示重系列。各系列之间的尺寸对比如图13-4所示。

表 13-1 常用滚动轴承的类型、性能和特点

类型代号	结构简图	名称	基本代号	性能和特点	基本额定动载荷比	极限转速比	价格比
1 (1)		调心球轴承	10000	具有自动调心性能，允许内圈（轴）对外圈偏斜≤3°。主要承担径向载荷	0.6～0.9	中	1.8
2 (3)		调心滚子轴承	20000	与调心球轴承相似，但承载能力大，允许内圈（轴）对外圈偏斜≤2.5°。主要承担径向载荷	1.8～4	低	4.4
		推力调心滚子轴承	29000	可承受径向载荷不超过轴向载荷 55%的联合载荷，允许轴圈对座圈轴线偏斜量≤2.5°	1.6～2.5	低	
3 (7)		圆锥滚子轴承 $\alpha=10°\sim18°$	30000	可同时承受径向和轴向载荷，α 越大的可承受的轴向载荷越大。外圈可分离，安装时可调整轴承的游隙。一般需成对使用	1.5～2.5	中	1.7
		大锥角圆锥滚子轴 $\alpha=27°\sim30°$	30000B		1.1～2.1	中	1.7
5 (8)		推力球轴承	51000	只能承受单向轴向载荷，极限转速低，套圈可分离	1	低	1.1
		双向推力球轴承	52000	能承受双向轴向载荷，极限转速低，套圈可分离	1	低	1.8
6 (0)		深沟球轴承	60000	主要承受径向载荷，也可承受一定的双向轴向载荷，外圈轴线偏斜量≤16′，结构简单，价廉，极限转速高，应用最广	1	高	1
7 (6)		角接触球轴承	70000C $\alpha=15°$	能同时承受径向和单向轴向载荷，极限转速较高，α 越大的可承受的轴向载荷越大。一般需成对使用	1.0～1.4	高	2.1
			70000AC $\alpha=25°$		1.0～1.3		
			70000B $\alpha=40°$		1.0～1.2		
N (2)		外圈无挡边的圆柱滚子轴承	N0000	用于承受较大的径向载荷，内、外圈间可作自由轴向移动，不能承受轴向载荷，内外圈轴线的偏斜量很小	1.5～3.0	高	2
		内圈无挡边的圆柱滚子轴承	NU0000				
		内圈有单挡边圆柱滚子轴承	NJ0000				
NA (4)		滚针轴承	NA000	是同样内径时外径最小的轴承，内、外圈间可作自由轴向移动，有较大的径向承载能力		低	

注：1. 滚动轴承的类型名称、代号按 GB/T 272—1993，括号内数字是 GB 272—1988 的轴承类型代号。

2. 基本额定动载荷比、极限转速比、价格比都是指同一尺寸系列的轴承和深沟球轴承之比。极限转速比（脂润滑、0 级公差等级）比值>90%为高，60%～90%为中，<60%为低。

表 13-2　滚动轴承代号的表示方法

前置代号	基本代号				后置代号							
△	×(△)	×	×	××	△(×)或△×							
					1	2	3	4	5	6	7	8
轴承分部件代号	类型代号	尺寸系列代号		内径代号	内部结构	密封于防尘结构	保持架及其材料	特殊轴承材料	公差等级	游隙	多轴承配置	其它
		宽度系列代号	直径系列代号									

注：△代表字母，×代表数字。

表 13-3　轴承内径代号

内径代号	00	01	02	03	04～96
轴承内径/mm	10	12	15	17	内径代号×5

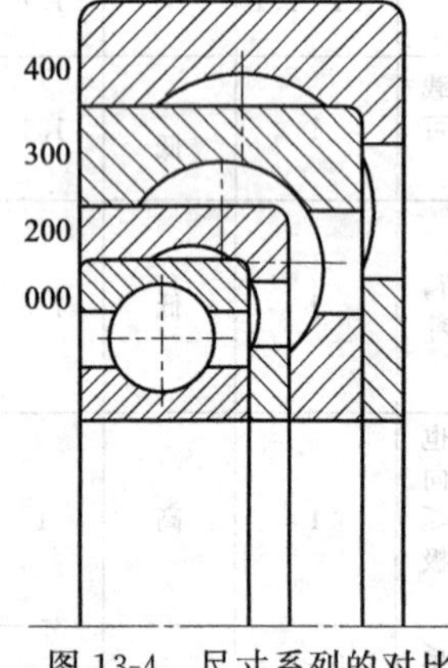

图 13-4　尺寸系列的对比

ⅲ. 轴承的宽度系列，即当轴承的结构，内径，直径系列都相同时，在宽度方面的变化系列。用基本代号右起第四位数表示，当宽度系列为 0 系列（正常系列）时，在多数轴承代号中可不标出宽度系列代号 0，但对于调心滚子轴承和圆锥滚子轴承，宽度代号 0 可标出。

ⅳ. 轴承类型代号，用基本代号右起第五位数（字母）表示，其表示方法见表 13-1。

(2) 前置代号

前置代号和后置代号是轴承在结构、形状、尺寸、公差、技术要求等有改变时，在其基本代号左右添加的补充代号。

前置代号的字母表示成套轴承的分部件。如用 F 表示凸缘外圈的向心球轴承（仅适用 $d \leqslant 10$mm），用 K 表示滚子和保持架组件，用 L 表示可分离轴承的可分离内圈或外圈等。前置代号及其含义参阅 GB/T 272—1993。

(3) 后置代号

后置代号用来区分轴承的特殊结构、公差等级和材料等。后置代号用字母表示（或加数字）表示，置于基本代号右边并与基本代号空半个字母距离或用符号“－”、“/”分隔。轴承后置代号排列顺序见表 13-2。

ⅰ. 内部结构，表示同一类型不同的内部结构，用紧跟基本代号的字母表示，如用 C 表示接触角 $\alpha=15°$、用 AC 表示接触角 $\alpha=25°$、用 B 表示接触角 $\alpha=40°$的角接触球轴承。

ⅱ. 轴承的公差等级分为：2 级、4 级、5 级、6 级 、6x 级 和 0 级，共 6 个级别，依次由高级到低级，别为用代号分 p2、p4、p5、p6、p6x 表示。其中 0 级是最常见的普通级，在轴承代号中不标出，6x 仅应用于圆锥滚子轴承。

ⅲ. 常用的轴承径向游隙系列分别为：1 组、2 组、0 组、3 组、4 组和 5 组，共 6 个组别，径向游隙依次由小变大。0 组游隙是常用的游隙组别，在轴承代号中不标出。其余的游隙组别在轴承中分别用 C1、C2、C3、C4、C5 表示。

实际应用的滚动轴承类型是很多的，相应的轴承代号也是比较复杂的，以上介绍的是代号中最基本、最常用的部分，熟悉了这部分代号，就可以识别和查选常用的轴承。关于滚动轴承详细的代号表示方法可查阅 GB/T 292—1993。

【例 13-1】 试说明滚动轴承代号 62301 和 7310AC/P5 的含义。

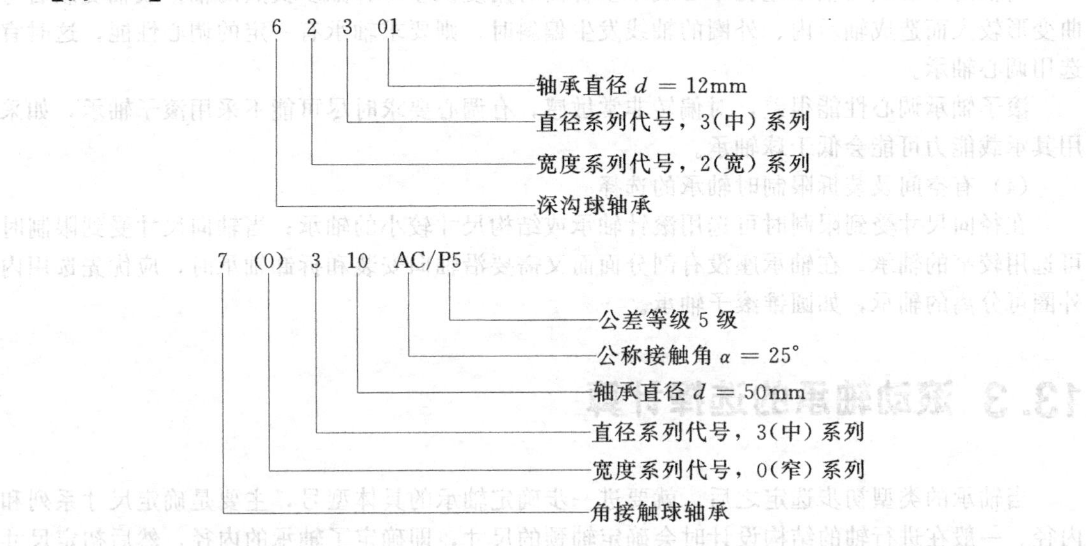

13.2.3 滚动轴承的选择

选择滚动轴承的类型是滚动轴承选择计算中首先要解决的一个问题，类型选择的合理与否关系到轴承的寿命、轴承尺寸的大小、轴系结构等问题。选择类型时应考虑的因素很多，如载荷情况、转速高低、调心性能要求及其它特殊要求等，简要介绍如下。

（1）根据轴承所受载荷性质选择

载荷较大或有冲击载荷时，可优先选用滚子轴承；中等载荷或载荷较小时，优选球轴承；当受纯轴向载荷时，选用推力轴承；当受纯径向载荷时，一般选用向心轴承；当受径向载荷的同时，还有不大的轴向载荷时，可选用深沟球轴承、角接触球轴承、圆锥滚子轴承及调心球或调心滚子轴承；当轴向载荷较大时，可选用接触角较大的角接触球轴承及圆锥滚子轴承，或者选用向心轴承和推力轴承组合在一起，这在极高轴向载荷或特别要求有较大轴向刚性时尤为适宜。

（2）根据轴承的转速大小选择

当轴的转速较低时，转速对轴承的选择影响不大，但当达到中、高转速，必须考虑转速的影响。

ⅰ. 转速高时，优选球轴承，转速低时，可选用滚子轴承。

ⅱ. 内径相同时，滚动体小，保持架随之减小，在高速时离心惯性力小，摩擦力矩及发热量小，故高速时，宜选用轻系列以下的轴承；重系列的轴承，适用于低速重载的场合；高速重载时，可选用宽系列轴承或两个轻系列轴承并用。

ⅲ. 保持架的材料与结构对轴承转速影响较大，实体保持架比冲压保持架允许更高一些的转速，但冲压保持架一般比较便宜，低、中速时用冲压保持架轴承，高速时用实体保持架轴承。

ⅳ. 推力轴承的极限转速较低，主要是因为高速时离心惯性力不能平均地作用在外滚道上，会引起滚道偏磨，发热提高，所以推力轴承只能用于中、低速，在高速时，用角接触轴承来代替。

ⅴ. 当工作转速超过样本上的极限转速，可选用公差等级较高的轴承，或选用游隙较大的轴承，并对其进行良好的润滑来提高高速性能。如果工作转速超过极限转速过多，应选用特制的高速滚动轴承。

（3）有调心要求时轴承的选择

当轴的中心线与轴承座孔中心线不重合而有角度误差时，如多支点的轴；或轴受载后弯曲变形较大而造成轴承内、外圈的轴线发生偏斜时，则要求轴承有一定的调心性能，这时宜选用调心轴承。

滚子轴承调心性能很差，对偏转非常敏感，有调心要求时尽可能不采用滚子轴承，如采用其承载能力可能会低于球轴承。

(4) 有空间及装拆限制时轴承的选择

在径向尺寸受到限制时可选用滚针轴承或结构尺寸较小的轴承；当轴向尺寸受到限制时可选用较窄的轴承。在轴承座没有剖分面而又需要沿轴向安装和拆卸轴承时，应优先选用内外圈可分离的轴承，如圆锥滚子轴承。

13.3 滚动轴承的选择计算

当轴承的类型初步选定之后，就要进一步确定轴承的具体型号，主要是确定尺寸系列和内径。一般在进行轴的结构设计时会确定轴颈的尺寸，即确定了轴承的内径，然后初定尺寸系列，轴承型号确定后，进行寿命验算。

13.3.1 滚动轴承内部的载荷分布及应力变化情况

滚动轴承受纯轴向载荷作用时，可认为载荷由各滚动体平均分担。受径向载荷作用时，下半圈滚动体与套圈接触点处发生弹性变形，内圈下沉，上半圈滚动体与套圈接触点处出现间隙，故下半圈为承载区。由于接触点法向弹性变形量不同，承载区内各接触点处所受的力也不同。处于载荷 F_r 作用线上的接触点变形量最大，受力也最大。载荷的分布情况如图 13-5 所示。在承载区内，由于接触点处有弹性变形而使接触点处受有接触应力的作用，且接触应力是脉动循环变化的。

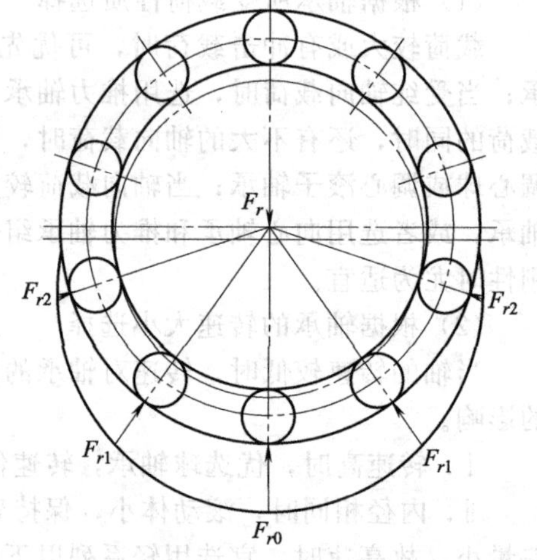

图 13-5　径向载荷分布

根据力的平衡条件可求出受载最大的滚动体的载荷 F_{n0} 为

球轴承　　$F_{n0} \approx 5F_r/z$　　(13-1)

滚子轴承　　$F_{n0} \approx 4.6F_r/z$　　(13-2)

式中　F_r——径向载荷；

z——滚动体的总数。

13.3.2 滚动轴承的失效形式

(1) 疲劳破坏

滚动轴承工作过程中，滚动体相对内圈（或外圈）不断地转动，因此滚动体与滚道接触表面受变应力，此变应力因近似看作载荷按脉动接触应力的反复作用，首先在滚动体或滚道的表面下一定深度处产生疲劳裂纹，继而扩展到接触表面，形成疲劳点蚀，致使轴承不能正常工作。通常，疲劳点蚀是滚动轴承失效的主要形式。

(2) 永久变形

当轴承转速很低或间歇摆动时，一般不会产生疲劳损坏，但在很大的静载荷或冲击载荷作用下，会使轴承滚道和滚动体接触处产生永久变形凹坑，从而使轴承在运转中产生剧烈振动和噪声，以至于轴承不能正常工作。

(3) 不正常失效

由于使用维护保养不当或密封润滑不良等原因，轴承会产生磨粒磨损、黏着磨损、胶合、套圈和保持架破坏等不正常失效。

13.3.3 滚动轴承的计算准则

决定轴承尺寸时，要针对主要失效形式进行必要的计算。一般工作条件下的滚动轴承应进行接触疲劳寿命和静强度计算；对于摆动和转速较低的轴承，只需要作静强度计算；高速轴承由于发热易造成黏着磨损和烧伤，因此除进行寿命计算外，还需验算极限转速。

13.3.4 轴承的寿命

单个轴承，套圈或滚动体首次出现疲劳扩展迹象前，一个套圈相对于另一个套圈的总转数，或在某一个转速下工作的小时数，称为轴承的寿命。

（1）单个轴承的寿命

对一组同一型号的轴承，由于材料的不均匀性、热处理质量的差别、尺寸的不均匀性等随机因素的影响，即使在相同的条件下运转，寿命也大不一样，甚至可以相差几十倍。因此，对一个具体的轴承，很难预知其确切的寿命，只有当它工作到失效时，才能知道它的寿命是多少。

（2）一批轴承的寿命

对一组同型号的滚动轴承，在相同条件下进行疲劳试验，可得出轴承的可靠性与轴承寿命之间有如图 13-6 所示的关系。可靠性常用可靠度 R 来衡量，即一组同型号轴承能达到或超过规定寿命的百分率，称为轴承的可靠度。由图 13-6 可见，当寿命为 1×10^6 转时，可靠度为 90%；寿命为 5×10^6 转时，可靠度为 50%。那么，选用哪一个寿命值作为一批轴承的寿命呢？显然，既不能用最大寿命，也不能用最小寿命作为一批轴承的寿命。为了兼顾安全和使用成本，必须规定一个相对合理的寿命为一批轴承的寿命。

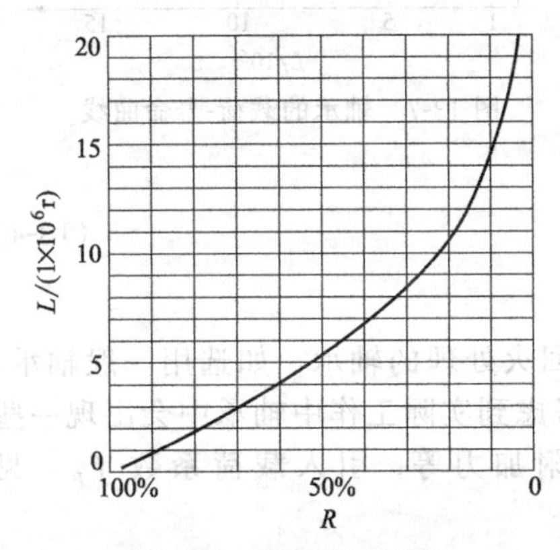

图 13-6 可靠度与寿命

（3）基本额定寿命

一批同型号轴承，在相同条件下工作，其可靠度为 90%时，能达到或超过的寿命称为基本额定寿命，用 L_{10}（10^6r）或 L_h（h）表示。换言之，即 90%的轴承没有发生疲劳破坏前能达到或超过的寿命称为基本额定寿命。对某一个轴承来讲，能达到或超过此寿命的概率为 90%。在进行轴承寿命计算时，一般先根据机器的类型、使用情况及可靠度的大小等条件，确定适当的预期计算寿命（通常根据机器的大修期限确定）。表 13-4 列举了根据机器使用经验推荐的预期寿命值，可供参考。

13.3.5 基本额定动载荷

当轴承工作时，其基本额定寿命为 10^6r 时，轴承所承受的载荷称为基本额定动载荷，用 C 表示。对于向心轴承，是指纯径向载荷；对于向心推力轴承，指的是使套圈间产生纯径向位移的载荷的径向分量；都称为径向基本额定动载荷，用 C_r 表示。对于推力轴承，是指纯轴向载荷，称之为轴向基本额定动载荷，用 C_a 表示。

表 13-4 推荐的轴承预期寿命 L_h'

机器类型	轴承预期寿命 L_h'/h
24 小时连续工作的机器，中断使用后果严重，如发电站主电机、船舶螺旋桨轴、纤维生产设备、矿井水泵等	100000～200000
24 小时连续工作的机器，如压缩机、泵、电机等	40000～60000
每天 8 小时工作，满载工作，如机床、工程机械、离心机、印刷机等	20000～30000
每天 8 小时工作的机器，但不是经常满载使用，如电机、起重机等	12000～20000

续表

机器类型	轴承预期寿命 L'_h/h
间断使用的机器，中断使用将产生严重后果，如发电站辅助设备、流水作业的传动装置、车间吊车等	8000～12000
短期或间断使用的机器，中断使用不至于产生严重后果，如手动机器、农业机械、装配吊车等	3000～8000
不经常工作的机器、仪器或设备	300～3000

13.3.6 滚动轴承的寿命计算公式

当滚动轴承所受的载荷 P 恰好为 C 时，轴承的基本额定寿命就是 10^6。但是当所受载荷 $P\neq C$，轴承的寿命是多少呢？通过试验可得如图 13-7 所示的载荷 P 与基本额定寿命的关系曲线，用公式表达则为：

$$L_{10}=\left(\frac{C}{P}\right)^{\varepsilon} \tag{13-3}$$

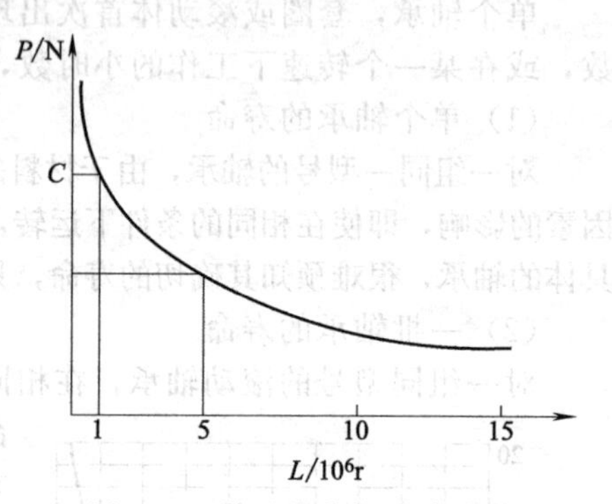

图 13-7 轴承的载荷-寿命曲线

式中，L_{10} 的单位为 10^6 转。ε 为寿命指数，对于球轴承 $\varepsilon=3$；对于滚子轴承，$\varepsilon=10/3$。工程应用中，用工作小时数表示轴承寿命更为直观，则可将式(13-3)改写成

$$L'_h=\frac{10^6}{60n}\left(\frac{C}{P}\right)^{\varepsilon} \tag{13-4}$$

式中，n——轴承的转速，r/min。

若工作温度高于 120℃，一般应选用经过较高温度回火处理的轴承，如选用一般轴承，则需对 C 值进行修正。引入温度系数 f_t，见表 13-5。考虑到实际工作中轴承中会出现一些附加载荷，如冲击力、轴挠曲或轴承座变形产生的附加力等，引入载荷系数 f_P，见表 13-6。作了上述修正后，寿命计算公式为

$$L'_h=\frac{10^6}{60n}\left(\frac{f_tC}{f_PP}\right)^{\varepsilon} \tag{13-5}$$

$$C=\frac{f_PP}{f_t}\left(\frac{60n}{10^6}L'_h\right)^{\frac{1}{\varepsilon}} \tag{13-6}$$

表 13-5 温度系数 f_t

轴承工作温度/℃	≤120	125	150	175	200	225	250	300	350
温度系数 f_t	1.00	0.95	0.90	0.85	0.80	0.75	0.70	0.60	0.50

表 13-6 载荷系数 f_P

载荷性质	常见机器举例	载荷系数 f_P
平稳运转或轻微冲击	电动机、风机、水泵、汽轮机	1.0～1.2
中等冲击	汽车、起重机、机械加工机床、卷扬机	1.2～1.8
剧烈冲击	轧钢机、破碎机、钻探机、振动筛	1.8～3.0

13.3.7 滚动轴承的当量动载荷

在滚动轴承的寿命计算公式中所用的载荷 P，对于只承受径向力的轴承，P 是径向载荷 F_r；对于只承受轴向力的轴承，P 是轴向载荷 F_a；当轴承既承受径向载荷 F_r，又承受轴向载荷 F_a 时，载荷 P 定义为当量动载荷，当量动载荷的计算公式为

$$P=XF_r+YF_a \tag{13-7}$$

式中 X——径向载荷系数；

Y——轴向载荷系数。

对于一些常用的轴承，其 X、Y 值查表 13-7。

表 13-7　常用单列滚动轴承的径向载荷系数 X 和轴向载荷系数 Y

轴承类型		F_a/C_{0r}	e	$F_a/F_r \leqslant e$		$F_a/F_r > e$	
				X	Y	X	Y
深沟球轴承		0.014	0.19				2.30
		0.028	0.22				1.99
		0.056	0.26				1.71
		0.084	0.28				1.55
		0.11	0.30	1	0	0.56	1.45
		0.17	0.34				1.31
		0.28	0.38				1.15
		0.42	0.42				1.04
		0.56	0.44				1.00
角接触球轴承	$\alpha=15°$	0.015	0.38				1.47
		0.029	0.40				1.40
		0.058	0.43				1.30
		0.087	0.46				1.23
		0.12	0.47	1	0	0.44	1.19
		0.17	0.50				1.12
		0.29	0.55				1.02
		0.44	0.56				1.00
		0.58	0.56				1.00
	$\alpha=25°$	—	0.68	1	0	0.41	0.87
	$\alpha=40°$	—	1.14	1	0	0.35	0.57
圆锥滚子轴承		—	见表 13-11	1	0	0.40	见表 13-11

注：1. C_{0r} 为基本额定静载荷，见 13.4 节。

2. 深沟球轴承的 X、Y 值仅适用 0 组游隙的轴承，对应其它游隙组轴承的 X、Y 值需查手册。

3. 对于表中未列出的 F_a/C_{0r} 值，可按线性插值法求出相应的 e、X、Y 值。

13.3.8　角接触轴承轴向载荷 F_a 的计算

角接触轴承所承受的轴向载荷 F_a 不等于外加轴向载荷 F_{ae}，这是由于这类轴承存在接触角 α。如图 13-8 所示，当轴承承受径向载荷 F_r 作用时，在承载区内滚动体所受的反力 N_0 可分解为径向分力 F_{r0} 和轴向分力 F_{d0}。各个滚动体的径向分力的向量和等于 F_r，而轴向分力之和就是轴承的派生轴向力 F_d。派生轴向力 F_d 可按表 13-8 中列出的公式进行计算。因此，在计算轴承的轴向力 F_a 时，要同时考虑派生轴向力 F_d 和作用在轴上的轴向外载荷 F_{ae}。

表 13-8　角接触轴承派生轴向力 F_d 的计算公式

角接触球轴承			圆锥滚子轴承
70000C($\alpha=15°$)	70000AC($\alpha=25°$)	70000B($\alpha=40°$)	$F_d=\dfrac{F_r}{2Y}$
$F_d=eF_r$	$F_d=0.68F_r$	$F_d=1.14F_r$	

注：e 值查表 13-7，Y 值是对应表 13-7 中 $F_a/F_r>e$ 时的 Y 值。

这类轴承的轴向载荷大小与其成对使用时的安装方式和外加轴向载荷 F_{ae} 的方向有关。最常见的安装方式有两种，如图 13-9 所示，图（a）所示为正装，图（b）所示为反装。把

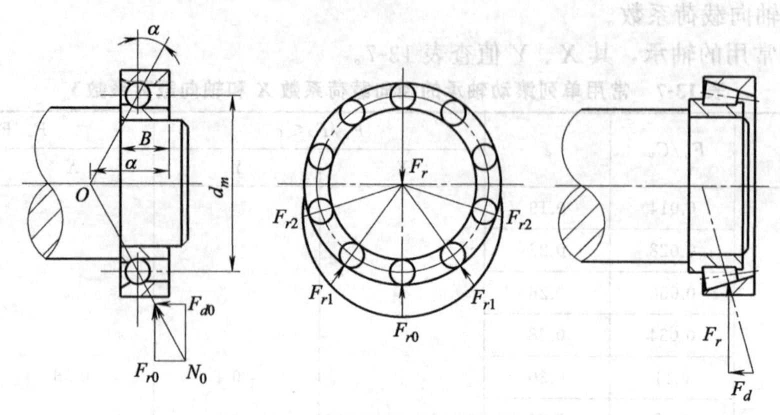

图 13-8　角接触轴承的派生轴向力

派生轴向力的方向与外加轴向力 F_{ae} 的方向一致的轴承标定为 2，另一端的标定为 1。若把轴和内圈视为一体，并以它为分离体，考虑轴系的轴向平衡，就可以确定出各轴承所承受的轴向载荷。

当 $F_{ae}+F_{d2}=F_{d1}$ 时，则有

$$F_{a1}=F_{a2}=F_{ae}+F_{d2}=F_{d1} \tag{13-8}$$

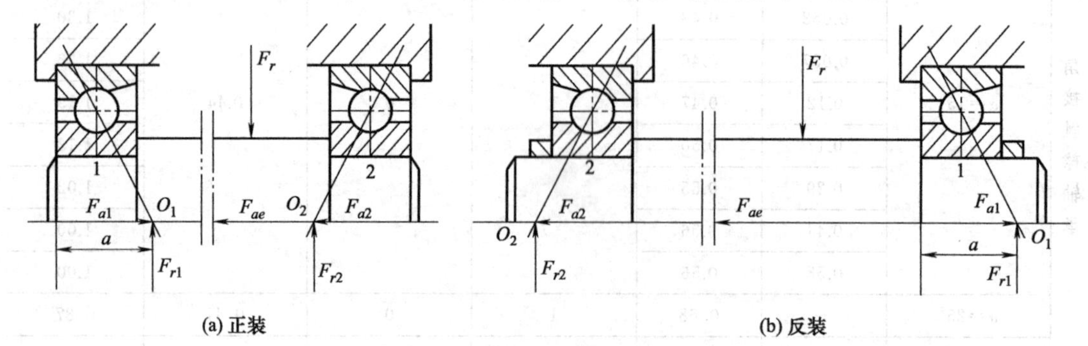

图 13-9　角接触轴承的轴向载荷分析

当 $F_{ae}+F_{d2}<F_{d1}$ 时，轴有向右窜动的趋势，则轴承 2 被“压紧”，轴承 1 被“放松”，但是实际轴仍处于平衡状态，因此被“压紧”的轴承 2 所受的轴向力 F_{a2} 为

$$F_{a2}=F_{d1}-F_{ae} \tag{13-9}$$

被“放松”的轴承 1 只承受本身的派生轴向力 F_{d1}，因此

$$F_{a1}=F_{d1} \tag{13-10}$$

当 $F_{ae}+F_{d2}>F_{d1}$ 时，同理，被“压紧”的轴承 1 所受的轴向力 F_{a1} 为

$$F_{a1}=F_{ae}+F_{d2} \tag{13-11}$$

被“放松”的轴承 2 只承受本身的派生轴向力 F_{d2}，因此

$$F_{a2}=F_{d2} \tag{13-12}$$

13.3.9　滚动轴承的静载荷计算

对于基本不转动、缓慢摆动或转速极低（$n<10\text{r/min}$）的轴承，其失效形式是滚动体与内、外圈接触处产生过大的塑性变形，这种轴承应按静强度计算。对于载荷变动较大，尤其是受较大冲击载荷的旋转轴承，在按动载荷计算寿命后，应再计算静载荷作用下的强度。

（1）基本额定静载荷

GB/T 4662—1993 规定，使受载最大的滚动体与滚道接触中心处引起的接触应力达到一定值（调心球轴承为 4600MPa；其它球轴承为 4200MPa；滚子轴承为 4000MPa）的载荷，称为基

本额定静载荷，用 C_0（径向 C_{0r}，轴向 C_{0a}）表示。C_0值可查轴承样本或机械设计手册。

（2）当量静载荷

与当量动载荷的概念相似，静载荷计算时用当量静载荷 P_0。当向心轴承受纯径向载荷时：$P_0=F_r$；当推力轴承受纯轴向载荷时：$P_0=F_a$；当轴承既承受径向载荷，又承受轴向载荷时：

$$\left.\begin{aligned}P_0&=X_0F_r+Y_0F_a\\P_0&=F_r\end{aligned}\right\}\ \text{取两式中的大值} \tag{13-13}$$

式中 X_0——径向静载荷系数；

Y_0——轴向静载荷系数。

X_0、Y_0 可查阅表 13-9 及有关轴承目录。

表 13-9 常用单列滚动轴承的径向静载荷系数 X_0 和轴向静载荷系数 Y_0

<table>
<tr><th colspan="2">轴承类型</th><th>X_0</th><th>Y_0</th></tr>
<tr><td colspan="2">深沟球轴承</td><td>0.6</td><td>0.5</td></tr>
<tr><td rowspan="3">角接触球轴承</td><td>$\alpha=15°$</td><td rowspan="4">0.5</td><td>0.46</td></tr>
<tr><td>$\alpha=25°$</td><td>0.38</td></tr>
<tr><td>$\alpha=40°$</td><td>0.26</td></tr>
<tr><td colspan="2">圆锥滚子轴承</td><td>见表 13-11</td></tr>
</table>

按静载荷选择轴承的计算公式为

$$C_0/P_0\geqslant S_0 \tag{13-14}$$

式中 S_0——静载荷安全系数，查表 13-10。

表 13-10 静载荷安全系数 S_0

<table>
<tr><th rowspan="2">轴承应用</th><th rowspan="2">使用要求及载荷性质</th><th colspan="2">S_0</th></tr>
<tr><th>球轴承</th><th>滚子轴承</th></tr>
<tr><td rowspan="3">旋转轴承</td><td>对旋转精度及平稳性要求低，无冲击振动</td><td>0.5～2</td><td>1～3</td></tr>
<tr><td>正常应用</td><td>0.8～2</td><td>1～3.5</td></tr>
<tr><td>对旋转精度及平稳性要求高，或有冲击振动</td><td>1.5～2</td><td>2.5～4</td></tr>
<tr><td rowspan="3">静止、缓慢摆动或转速很低的轴承</td><td>附加载荷小的大型起重机吊钩</td><td colspan="2">≥1.0</td></tr>
<tr><td>桥式起重机</td><td colspan="2">≥1.5</td></tr>
<tr><td>附加载荷大的小型起重机吊钩</td><td colspan="2">≥1.6</td></tr>
<tr><td colspan="2">推力调心滚子轴承不论是否旋转</td><td colspan="2">≥4.0</td></tr>
</table>

不同种类的轴承，其基本额定载荷及计算系数可参见表 13-11～表 13-13。

表 13-11 圆锥滚子轴承的基本额定载荷和计算系数（摘自 GB/T 297—1994）

轴承型号	基本额定载荷/kN		计算系数			轴承型号	基本额定载荷/kN		计算系数		
	C_r	C_{0r}	e	Y	Y_0		C_r	C_{0r}	e	Y	Y_0
30204	28.2	30.5	0.35	1.7	1.0	30304	33.0	33.2	0.3	2.0	1.1
30205	32.2	37.0	0.37	1.6	0.9	30305	40.5	46.0	0.3	2.0	1.1
30206	43.2	50.5	0.37	1.6	0.9	30306	59.0	63.0	0.31	1.9	1
30207	54.2	64.0	0.37	1.6	0.9	30307	75.2	82.5	0.31	1.9	1
30208	63.0	74.0	0.37	1.6	0.8	30308	90.8	108	0.35	1.7	1
30209	67.8	83.5	0.4	1.5	0.8	30309	108	130	0.35	1.7	1
30210	73.2	92.0	0.42	1.4	0.8	30310	130	158	0.35	1.7	1
30211	90.8	115	0.4	1.5	0.8	30311	152	188	0.35	1.7	1
30212	102	130	0.4	1.5	0.8	31312	170	210	0.35	1.7	1
30213	120	152	0.4	1.5	0.8	30313	195	242	0.35	1.7	1
30214	132	175	0.42	1.4	0.8	30314	218	272	0.35	1.7	1
30215	138	185	0.42	1.4	0.8	30315	252	318	0.35	1.7	1
30216	160	212	0.42	1.4	0.8	30316	278	352	0.35	1.7	1

表 13-12 深沟球轴承的基本额定载荷（摘自 GB/T 276—1994） kN

轴承型号	C_r	C_{0r}	轴承型号	C_r	C_{0r}	轴承型号	C_r	C_{0r}	轴承型号	C_r	C_{0r}
6204	12.8	6.65	6213	57.2	40.0	6304	15.8	7.88	6313	93.8	60.5
6205	14.0	7.88	6214	60.8	45.0	6305	19.5	11.5	6314	105	68.0
6206	19.5	11.5	6215	66.0	49.5	6306	27.0	15.2	6315	112	76.8
6207	25.5	15.2	6216	71.5	54.2	6307	33.2	19.2	6316	122	86.5
6208	29.5	18.0	6217	83.2	63.8	6308	40.8	24.0	6317	132	96.5
6209	31.5	20.5	6218	95.8	71.5	6309	52.8	31.8	6318	145	108
6210	35.0	23.2	6219	110	82.8	6310	61.8	38.0	6319	155	122
6211	43.2	29.2	6220	122	92.8	6311	71.5	44.8	6320	172	140
6212	47.8	32.8				6312	81.8	51.8			

表 13-13 角接触球轴承的基本额定载荷（摘自 GB/T 292—1994） kN

轴承型号		C_r		C_{0r}		轴承型号		C_r		C_r	
		C 型	AC 型	C 型	AC 型			C 型	AC 型	C 型	AC 型
7204C	7204AC	14.5	14.0	8.22	7.82	7213C	7213AC	69.8	66.5	55.2	52.5
7205C	7205AC	16.5	15.8	10.5	9.88	7214C	7214AC	70.2	69.2	60.0	57.5
7206C	7206AC	23.0	22.0	15.0	14.2	7215C	7215AC	79.2	75.2	65.8	63.0
7207C	7207AC	30.5	29.0	20.0	19.2	7216C	7216AC	89.5	85.0	78.2	74.5
7208C	7208AC	36.8	35.2	25.8	24.5	7217C	7217AC	99.8	94.8	85.0	81.5
7209C	7209AC	38.5	36.8	28.5	27.2	7218C	7218AC	122	118	105	100
7210C	7210AC	42.8	40.8	32.0	30.5	7219C	7219AC	135	128	115	108
7211C	7211AC	52.8	50.5	40.5	38.5	7220C	7220AC	148	142	128	122
7212C	7212AC	61.0	58.2	48.5	46.2						

【例 13-2】 如图 13-10 所示，一对 7206AC 型角接触球轴承，已知 $F_{r1}=3000\text{N}$，$F_{r2}=1000\text{N}$，$F_{ae}=500\text{N}$，轴的转速 $n=1200\text{r/min}$，载荷平稳，常温工作，预期寿命为 5000h，验算是否合格。

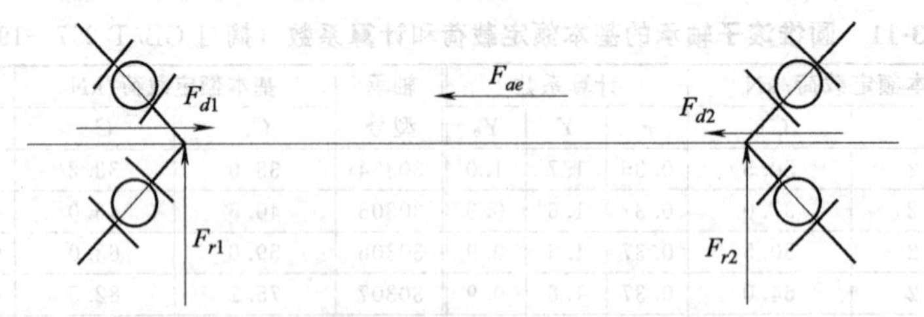

图 13-10 例 13-2 附图

解 ① 求解派生轴向力，计算公式见表 13-8，派生轴向力的方向见图 13-10。

$$F_{d1}=0.68\times F_{r1}=0.68\times 3000=2040(\text{N})$$

$$F_{d2}=0.68\times F_{r2}=0.68\times 1000=680(\text{N})$$

$$F_{d1}=2040>F_{ae}+F_{a2}=680+500=1180(\text{N})$$

因此，轴承 2“被压紧”，轴承 1“被放松”，所以

$$F_{a1}=F_{d1}=2040(\text{N})$$

$$F_{a2}=F_{d1}-F_{ae}=2040-500=1540(\mathrm{N})$$

② 求解当量动载荷

$\dfrac{F_{a1}}{F_{r1}}=\dfrac{2040}{3000}=0.68=e$　查表 13-7，$X=1$，$Y=0$。根据式 (13-7)，有

$$P_1=XF_{r1}+YF_{a1}=1\times3000+0\times2040=3000(\mathrm{N})$$

$\dfrac{F_{a2}}{F_{r2}}=\dfrac{1540}{1000}=1.54>e$　查表 13-7，$X=0.41$，$Y=0.87$。根据式 (13-7)，有

$$P_2=XF_{r2}+YF_{a2}=0.41\times1000+0.87\times1540=1749.8(\mathrm{N})$$

③ 根据式 (13-5)，计算轴承寿命，查表 13-6，载荷平稳 $f_p=1$，查表 13-5，常温工作 $f_t=1$，查表 13-13，$C=22\mathrm{kN}$，取当量载荷中的大值 P_1 进行计算。

$$L_h=\frac{10^6}{60n}\left(\frac{f_t\times C}{f_p\times P}\right)^3$$

$$L_h=\frac{10^6}{60\times1200}\left(\frac{1\times22000}{3000}\right)^3=5477(\mathrm{h})\quad 合格$$

【例 13-3】　齿轮轴的受力情况如图 13-11 所示。轴承转速为 750r/min，工作中有中等冲击，工作温度小于 100℃，轴颈直径为 60mm。轴向载荷 $F_{ae}=2700\mathrm{N}$，轴承 1 和轴承 2 所受的径向载荷 $F_{r1}=F_{r2}=5500\mathrm{N}$，要求轴承预期寿命 5000h。试选用合适的深沟球轴承。

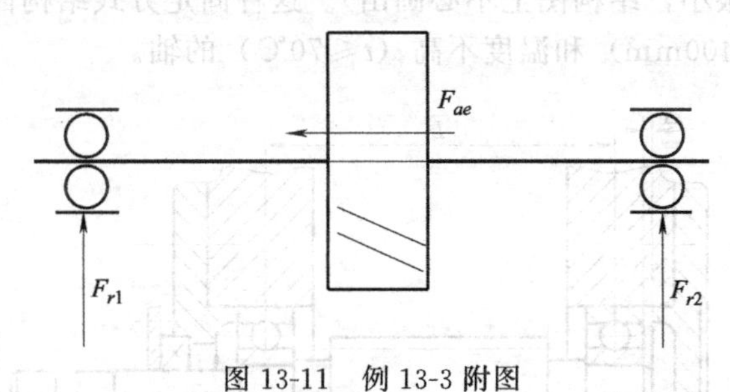

图 13-11　例 13-3 附图

解　① 根据轴颈尺寸初选轴承 6212。由表 13-12 查得，$C=47.8\mathrm{kN}$，$C_0=32.8\mathrm{kN}$。

② 求当量动载荷 P

$F_a/C_{0r}=2700/32800=0.082$；$e\approx0.28$；$F_a/F_r=2700/5500=0.49>e$；

查表 13-7 得 $X=0.56$，$Y=1.71$，根据公式(13-7)；

$$P=XF_r+YF_a$$

得

$$P=0.56\times5500+1.71\times2700=7697(\mathrm{N})$$

③ 计算寿命

根据公式 (13-5)，$L_h'=\dfrac{10^6}{60n}\left(\dfrac{f_tC}{f_PP}\right)^\varepsilon$，查表 13-5 得 $f_t=1$，查表 13-6 得 $f_P=1.5$，

$$L_h'=\frac{10^6}{60n}\left(\frac{f_tC}{f_PP}\right)^\varepsilon=\frac{10^6}{60\times750}\left(\frac{1\times47800}{1.5\times7697}\right)^3=1577(\mathrm{h})$$

不满足要求，改选轴承 6312。

④ 根据表 13-12 查得 $C=81.8\mathrm{kN}$，$C_0=51.8\mathrm{kN}$。

⑤ 求当量动载荷 P，步骤同上，计算过程略。$P=7697$ (N)

⑥ 计算寿命，步骤同上，计算过程略。

$$L_h'=\frac{10^6}{60n}\left(\frac{f_tC}{f_PP}\right)^\varepsilon=\frac{10^6}{60\times750}\left(\frac{1\times81800}{1.5\times7697}\right)^3=7903(\mathrm{h})$$

选用 6312 合格。

13.4 滚动轴承的组合设计

为了保证轴承能正常工作，除了正确选择轴承类型和尺寸外，还应正确进行轴承的组合设计，轴承的组合设计主要涉及：ⅰ轴系（轴与轴承的组合）的固定；ⅱ轴承与相关零件的配合；ⅲ轴承的润滑和密封；ⅳ提高轴承系统的刚度。

13.4.1 轴承的轴向固定

为了使轴、轴承和轴上零件相对于机架有确定的位置，并能承受轴向载荷，轴承必须在轴向固定。同时，还应从结构上保证在工作温度变化时，轴系能自由伸缩，以免产生过大的附加应力，影响轴系的正常工作，常见的轴向固定方式有如下两种。

(1) 全固式（双支点单向固定）

全固式安装，如图 13-12 所示，两个轴承均利用轴肩顶住内圈，端盖压住外圈，实现单向固定。这样就限制了轴系沿两个方向移动。这种结构形式，不论轴承受哪个方向的轴向力都不会使轴与轴承内圈之间产生相互分离的趋势，所以轴承内圈不必锁紧。

为使轴因温升而伸长不致引起附加应力，在轴承外圈与端盖之间应留有 $\Delta=0.2\sim0.4$mm 的间隙（间隙很小，结构图上不必画出）。这种固定方式结构简单、安装方便，但只适用于跨距较小（$L\leqslant400$mm）和温度不高（$t\leqslant70$℃）的轴。

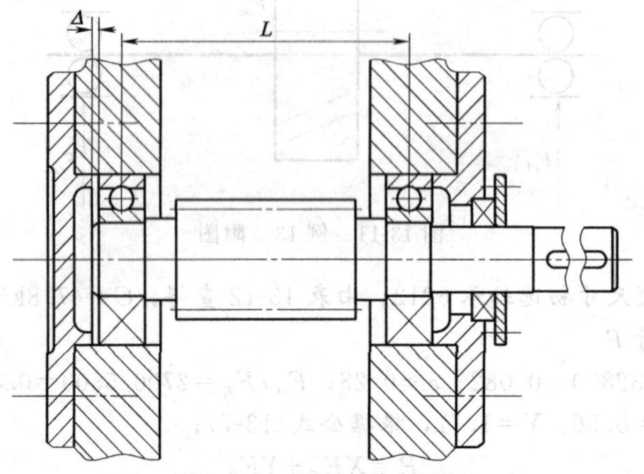

图 13-12　双支点单向固定

(2) 固游式（一个支点双向固定、一个支点游动）

固游式安装，如图 13-13 所示，左端为双向固定支承，轴承外圈双向固定，而内圈要锁紧以承受双向的轴向载荷。右端为游动支承（轴因热膨胀伸长时，可以沿轴向游动）。这种固定方式适用于轴的跨距较大（$L>350$mm）或工作温度较高（$t>70$℃）的轴。

(3) 两端游动支承

如图 13-14 所示的人字齿轮传动的高速轴，为了自动补偿轮齿两侧螺旋角的制造误差，使轮齿受力均匀采用允许轴左右少量轴向游动的结构。

不论采用哪种固定方式，轴承组合的固定都是通过轴承内圈和轴间的锁紧、外圈和轴承座孔间的固定来实现的。

常用的内圈在轴上的锁紧方法有：①轴用弹性挡圈锁紧［见图 13-15 (a)］，适用于载荷不大，转速不高的场合；②轴端挡板锁紧［见图 13-15 (b)］，适用于双向受载（中等载荷）、高速的场合；③圆螺母和止动垫圈锁紧［见图 13-15 (c)］，适用于较大载荷、高速的场合。

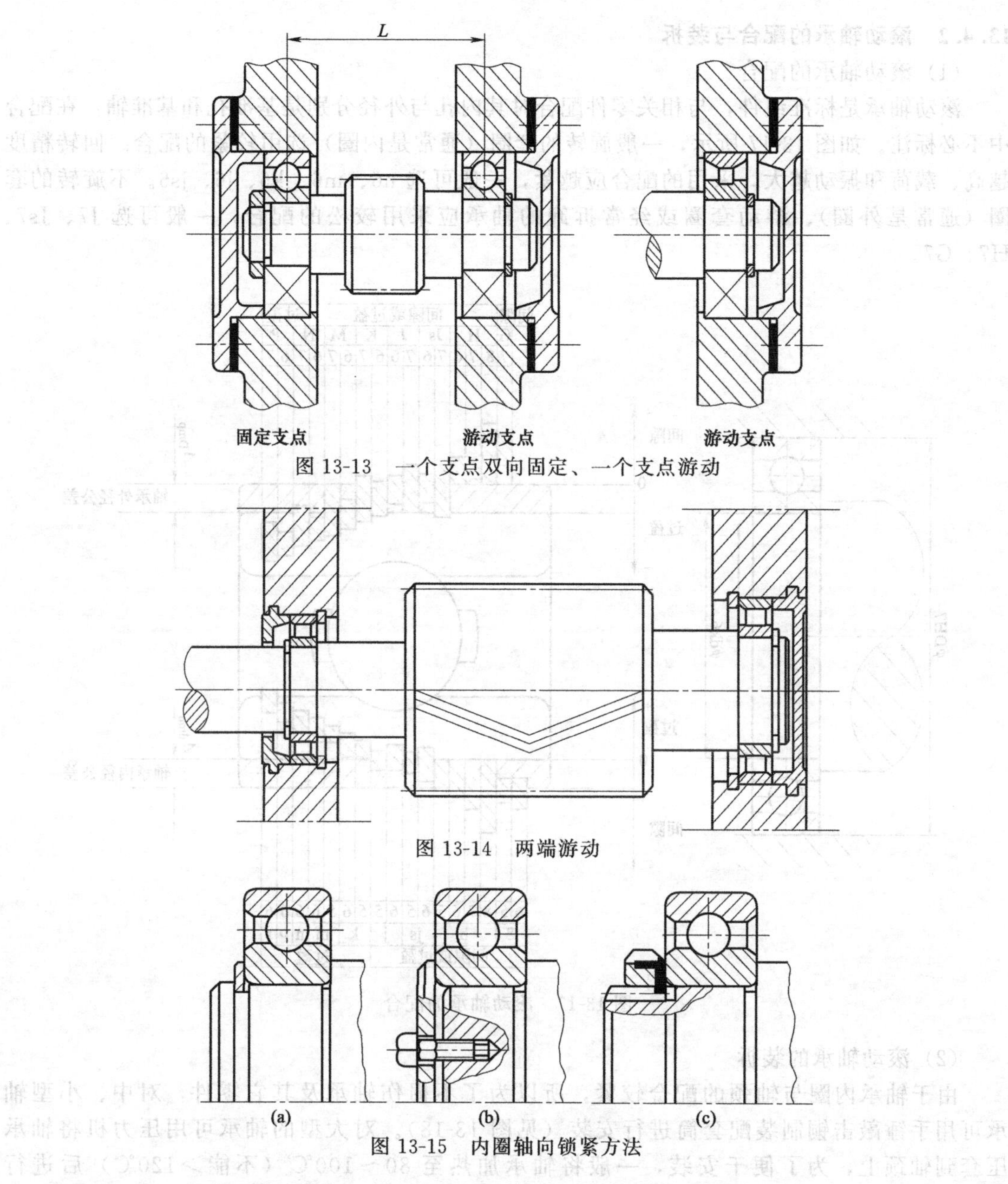

图 13-13　一个支点双向固定、一个支点游动

图 13-14　两端游动

(a)
(b)
(c)
图 13-15　内圈轴向锁紧方法

外圈在轴承座孔内轴向固定的方法有：①轴承端盖固定［见图 13-16（a）］，适用于转速高、轴向力大的场合；②孔用弹性挡圈固定［见图 13-16（b）］，适用于轴向力不大的场合；③套杯台肩固定［见图 13-16（c）］，适用于轴向力大、转速较高的场合。

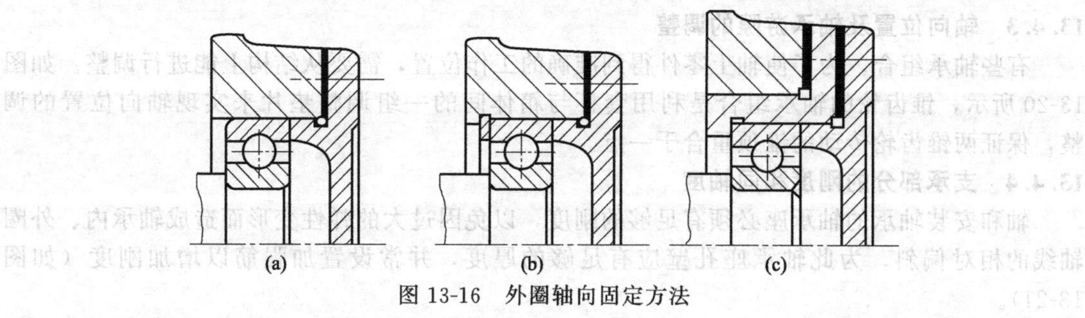

图 13-16　外圈轴向固定方法

13.4.2 滚动轴承的配合与装拆

(1) 滚动轴承的配合

滚动轴承是标准组件，与相关零件配合时其内孔与外径分别是基准孔和基准轴，在配合中不必标注。如图 13-17 所示，一般旋转的套圈（通常是内圈）选用较紧的配合。回转精度越高、载荷和振动越大，采用的配合应越紧，一般可选 n6、m6、k6、j6、js6。不旋转的套圈（通常是外圈）、游动套圈或经常拆卸的轴承应采用较松的配合，一般可选 J7、Js7、H7、G7。

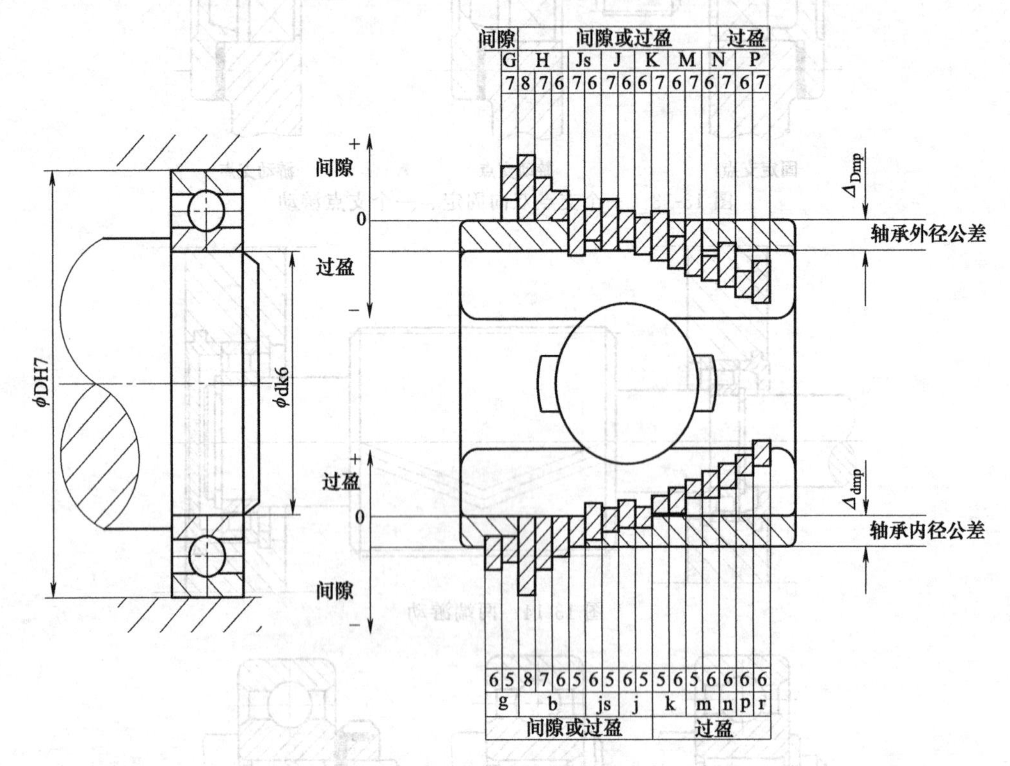

图 13-17　滚动轴承的配合

(2) 滚动轴承的装拆

由于轴承内圈与轴颈的配合较紧，所以为了不损伤轴承及其它零件，对中、小型轴承可用手锤敲击铜制装配套筒进行安装（见图 13-18）。对大型的轴承可用压力机将轴承压套到轴颈上，为了便于安装，一般将轴承加热至 80～100℃（不能＞120℃）后进行热装。

拆卸轴承时，也需要专用的拆卸工具，如图 13-19 所示，为方便拆卸，应使轴承内圈在轴肩上高出足够的高度 h（轴肩的高度一般不大于内圈高度的 3/4）。

13.4.3 轴向位置及轴承游隙的调整

有些轴承组合，为了使轴上零件得到准确的工作位置，需要从结构上能进行调整。如图 13-20 所示，锥齿轮的轴承组合是利用套杯与箱体间的一组调整垫片来实现轴向位置的调整，保证两锥齿轮传动的锥顶重合于一点。

13.4.4 支承部分的刚度和同轴度

轴和安装轴承的轴承座必须有足够的刚度，以免因过大的弹性变形而造成轴承内、外圈轴线的相对偏斜。为此轴承座孔壁应有足够的厚度，并常设置加强筋以增加刚度（如图 13-21）。

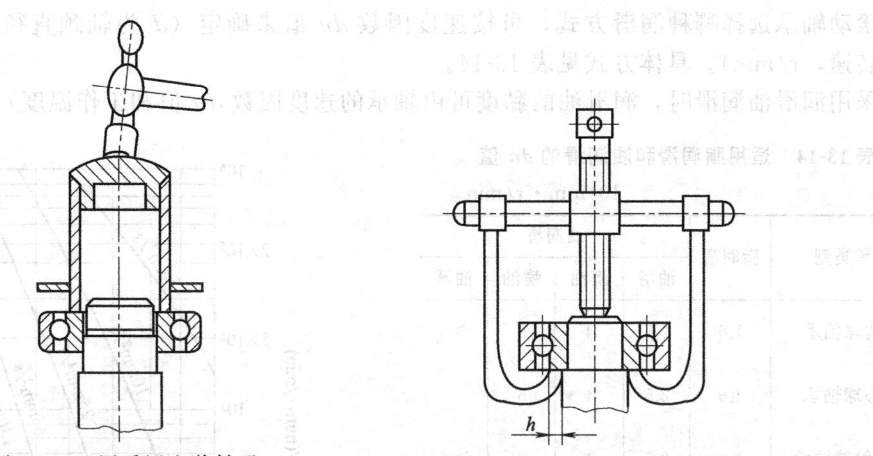

图 13-18　用手锤安装轴承

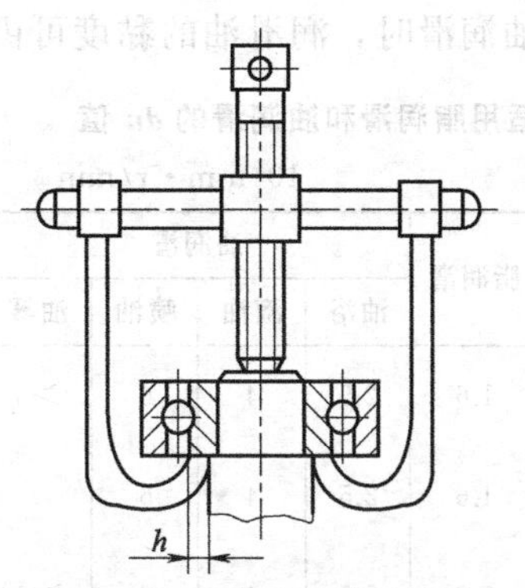

图 13-19　用拆卸器拆卸轴承

同一轴上的轴承孔必须保证一定的同轴度，以免轴安装后产生过大的变形，影响轴承的运转，降低寿命。为此，应力求使两轴承孔尺寸相同，以便一次镗出，减少同轴度误差。当轴上装有不同外径的轴承时，可采用套杯结构来安装尺寸较小的轴承，座孔仍然可以一次镗出（图 13-22）。

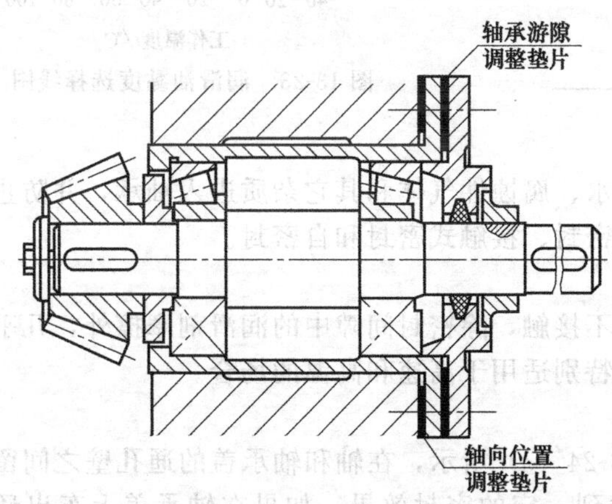

图 13-20　锥齿轮轴向位置及轴承游隙的调整

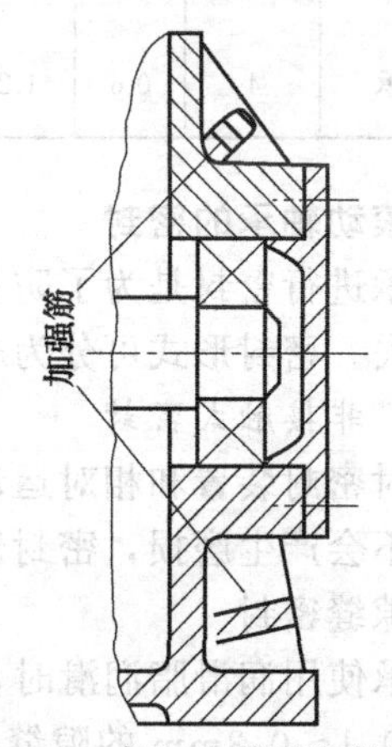

图 13-21　保证支撑刚度的措施

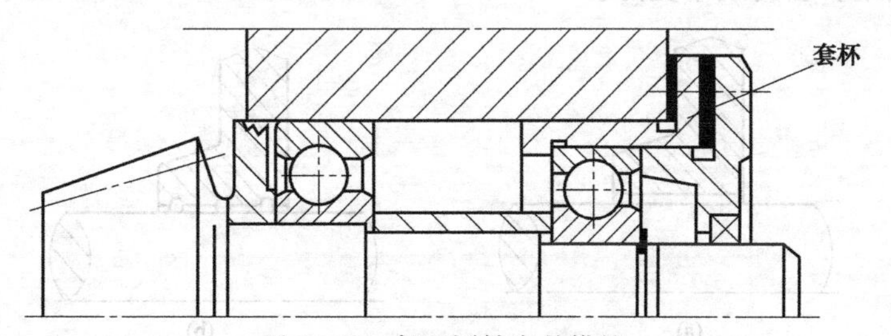

图 13-22　保证同轴度的措施

13.4.5　滚动轴承的润滑

润滑的目的是减小摩擦、降低磨损，同时还起冷却、吸振、防锈和减小噪声等作用。滚动轴承中使用的润滑剂主要是润滑脂和润滑油。此外，一些特殊条件下（高温、真空）也有采用固体润滑剂的。润滑脂润滑的优点是：密封结构简单，润滑脂不易流失，一次充填后可工作较长时间。润滑油润滑的优点是：摩擦阻力小，散热性好。

滚动轴承选择哪种润滑方式，可按速度因数 dn 值来确定（d 为轴颈直径，mm；n 为轴的转速，r/min)。具体方式见表 13-14。

采用润滑油润滑时，润滑油的黏度可由轴承的速度因数 dn 值和工作温度 t 查图 13-23。

表 13-14　适用脂润滑和油润滑的 dn 值

10^5 mm·r/min

轴承类型	脂润滑	油润滑			
		油浴	滴油	喷油	油雾
深沟球轴承	1.6	2.5	4	6	>6
调心球轴承	1.6	2.5	4	5	
角接触球轴承	1.6	2.5	4	6	>6
圆柱滚子轴承	1.2	2.5	4	6	>6
圆锥滚子轴承	10	1.6	2.3	3	
调心滚子轴承	8	1.2	2	2.5	
推力球轴承	4	0.6	1.2	1.5	

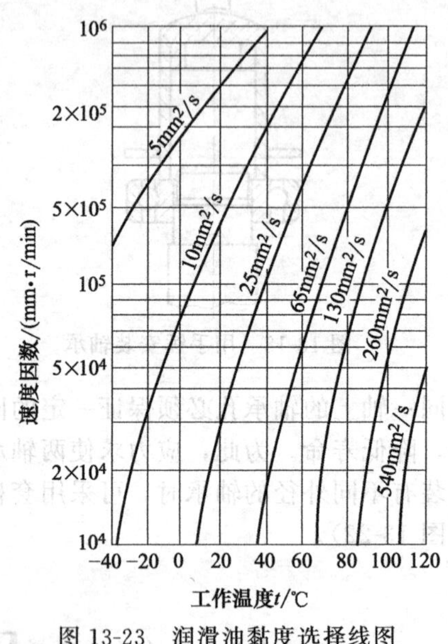

图 13-23　润滑油黏度选择线图

13.4.6　滚动轴承的密封

对轴承进行密封是为了防止灰尘、水、腐蚀性气体和其它杂质进入轴承，并防止轴承的润滑剂流失。密封形式可分为非接触式密封、接触式密封和自密封。

13.4.6.1　非接触式密封

运转时密封装置和相对运动的零件不接触，除密封间隙中的润滑剂摩擦外，几乎不产生摩擦热，不会产生磨损，密封寿命长，特别适用于高速和高温的场合。

（1）隙缝密封

当轴承使用润滑脂润滑时，如图 13-24（a）所示，在轴和轴承盖的通孔壁之间留一个半径间隙为 0.1～0.3mm 的隙缝，即可达到一定的密封效果。如果在轴承盖上车出环槽，如图 13-24（b）所示，密封效果更好。

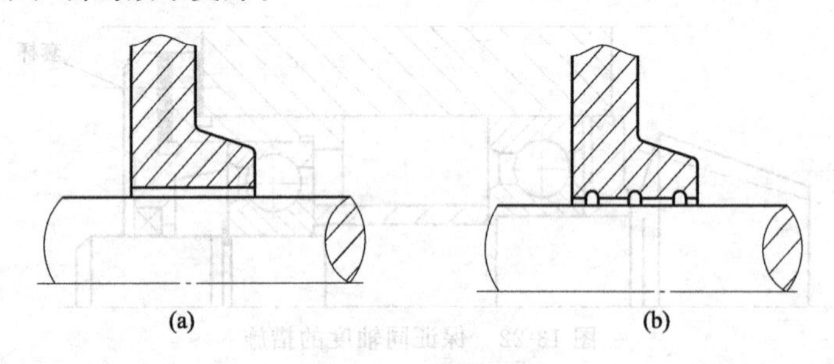

图 13-24　隙缝密封

（2）甩油密封

当轴承采用油润滑时，可采取在轴上开沟槽［图 13-25（a）］或安装一个环［图 13-25（b）］，可将外流的润滑油沿径向甩开，再经轴承盖的集油腔沿油孔流回。也可如图 13-25（c)所示，在轴上开有螺旋式送油槽，但这时轴只能按一个方向旋转。

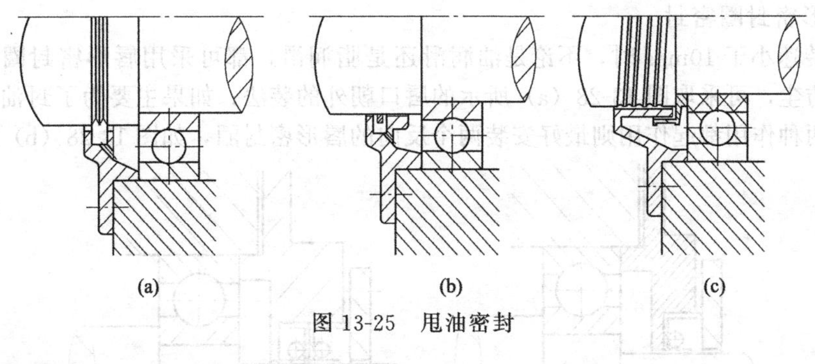

图 13-25 甩油密封

(3) 曲路密封

当环境较脏和比较潮湿时，采用曲路密封较可靠。曲路密封是由旋转的和固定的密封零件之间拼合成的曲折的隙缝所形成的。隙缝中装填润滑脂，密封效果更好。曲路的布置可以是径向的［图 13-26（a）］或轴向的［图 13-26（b）］。

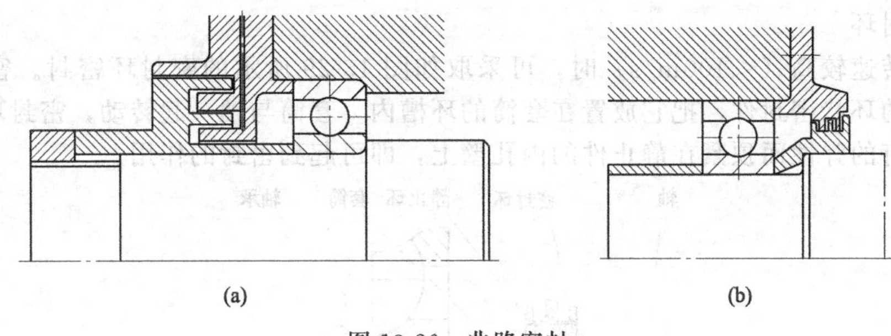

图 13-26 曲路密封

13.4.6.2 接触式密封

密封件与配合表面贴紧接触，工作中摩擦力大，发热也大，并随着贴紧力的增加而增大，接触面会磨损，密封性能下降，相对寿命缩短。因此，接触式密封只适用于中、低转速的工作条件。接触式密封常用的有毛毡密封、皮碗密封、冲压钢片橡胶唇密封等。轴的表面需要淬火后磨削加工。

(1) 毡圈油封

当轴承采用脂润滑，转速小于 5m/s 时，可采用结构最简单的毛毡油封。即在轴承盖上开出梯形槽，将毛毡按标准制成环形（尺寸不大时）或带形（尺寸大时），放置在梯形槽中并与轴紧密接触，如图 13-27（a）所示；或者在轴承盖上开缺口放置毡圈油封，然后用压板压紧毡圈油封，如图 13-27（b）所示。

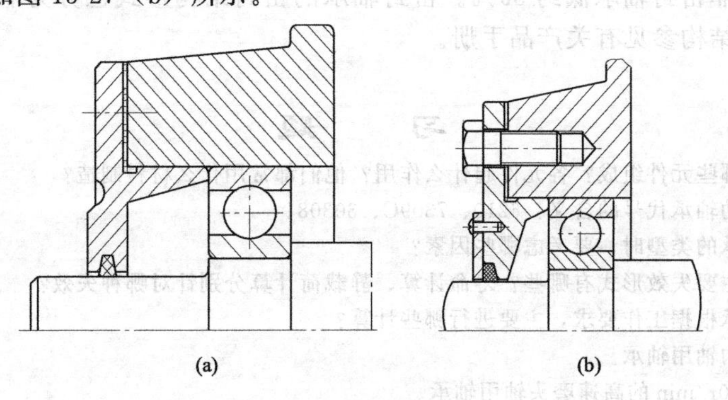

图 13-27 毡圈密封

(2) 唇形密封圈密封

当轴的转速小于10m/s时，不论是油润滑还是脂润滑，都可采用唇形密封圈密封。如果主要是为了防尘，可采取图13-28 (a) 所示的唇口朝外的装法；如果主要为了封油则需将唇口朝内；如果两种作用都起作用则最好安装两个反向的唇形密封圈，如图13-28 (b) 所示。

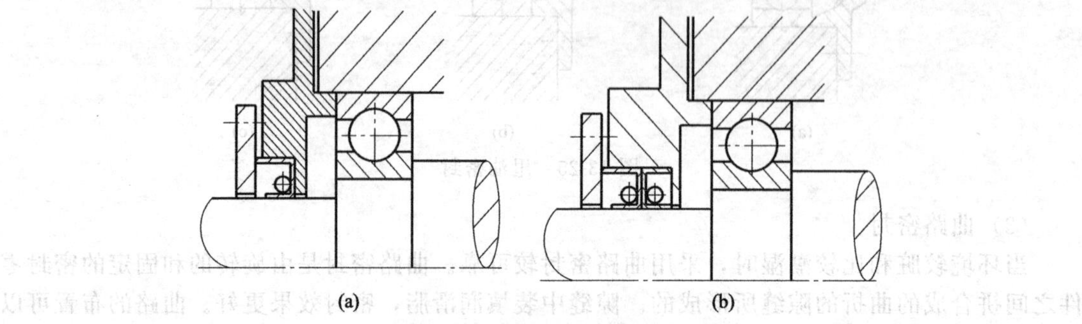

图13-28 唇形密封圈密封

(3) 密封环

当轴的转速较高（<100m/s）时，可采取如图13-29所示的密封环密封。密封环是一种带有缺口的环状密封件，把它放置在套筒的环槽内，套筒与轴一起转动，密封环靠缺口被压拢后所具有的弹性而顶紧在静止件的内孔壁上，即可起到密封的作用。

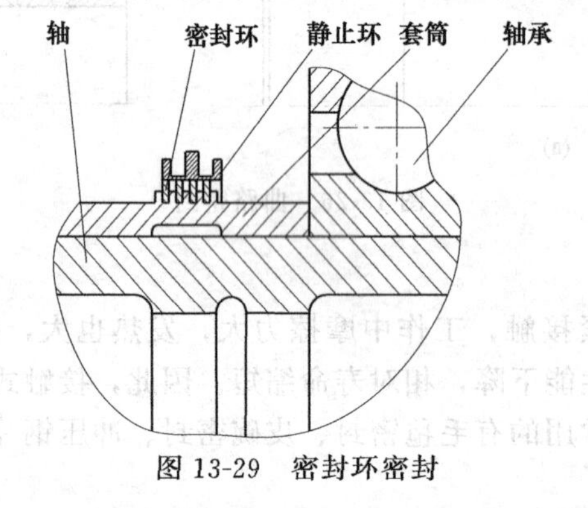

图13-29 密封环密封

(4) 密封轴承

由于现代技术的发展，为密封轴承的开发打下了基础。轴承自身结构有密封装置时，其装配、维修简便；减少了轴承润滑剂的损失；延长了润滑脂的寿命；占用空间小，费用低。但是密封摩擦增加了轴承的力矩，会造成较高的工作温度；轴承寿命受润滑脂寿命的制约，最高旋转速度比非密封轴承低约30%。密封轴承的密封结构形式也分为非接触式和接触式两种形式。具体结构参见有关产品手册。

习　题

13-1 滚动轴承由哪些元件组成？各元件起什么作用？他们都常用什么材料制造？

13-2 解释下列滚动轴承代号的含义：6210、7309C、30308。

13-3 选择滚动轴承的类型时，要考虑哪些因素？

13-4 滚动轴承的主要失效形式有哪些？寿命计算、静载荷计算分别针对哪种失效？

13-5 以下滚动轴承根据工作要求，主要进行哪些计算？

(1) 滑轮钓钩轴用轴承。

(2) $n>10000$r/min的高速磨头轴用轴承。

(3) $n=1450$r/min，$P=8$kW的减速机轴用轴承。

13-6　何谓滚动轴承的基本额定寿命？何谓滚动轴承的基本额定动载荷？

13-7　滚动轴承的当量动载荷与基本额定动载荷有什么区别？若当量动载荷大于基本额定动载荷时，该轴承是否可用？

13-8　怎样计算下列各轴承的轴向载荷？

13-9　滚动轴承的组合设计要考虑哪些问题？

13-10　滚动轴承内、外圈轴向固定有哪些常用的方法？

13-11　滚动轴承的可靠度是怎样定义的？普通轴承的可靠度是多少？

13-12　一对 30210 轴承分别受径向载荷 $F_{r1}=8000$N，$F_{r2}=5200$N，外加轴向载荷 F_{ae1}、F_{ae2}，如图 13-30 所示。试求下列情况下，各轴承受的轴向力 F_{a1}、F_{a2}。

(1) $F_{ae1}=800$N，$F_{ae2}=3000$N。

(2) $F_{ae1}=2100$N，$F_{ae2}=3000$N。

(3) $F_{ae1}=1880$N，$F_{ae2}=3000$N。

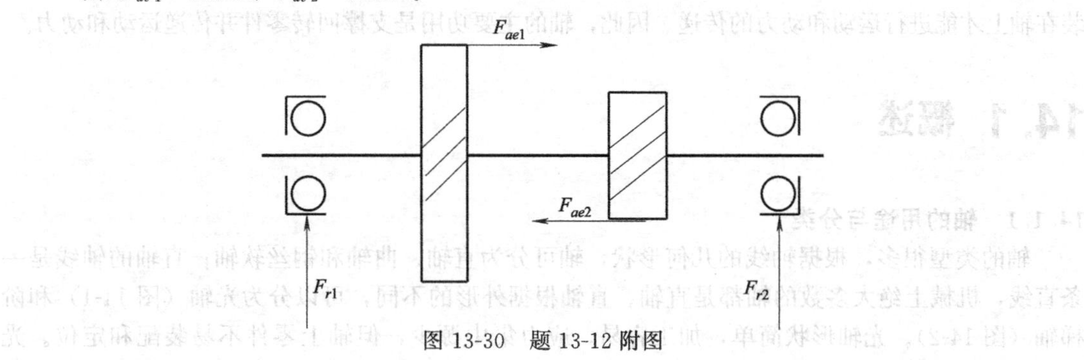

图 13-30　题 13-12 附图

13-13　如图 13-31 所示，有一传动装置用的锥齿轮轴，选用圆锥滚子轴承支承，轴承所受径向载荷 $F_{r1}=3400$N，$F_{r2}=8500$N，运转平稳，常温工作，若轴承 1 的当量动载荷恰好为轴承基本额定动载荷（$C=35.6$kN）的五分之一，试求：

(1) 轴承所受的轴向载荷 F_{a1}和 F_{a2}。

(2) 作用于轴上的外加轴向力 F_{ae}。

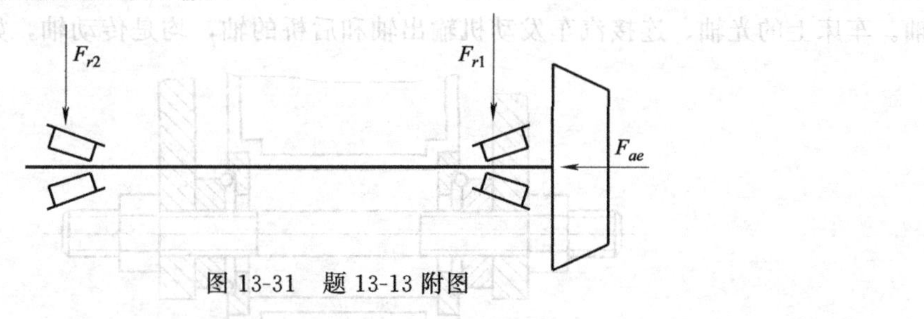

图 13-31　题 13-13 附图

13-14　如图 13-32 所示减速器轴，用一对 7307C 型轴承支承，工作转速 $n=960$r/min，轴承所受径向载荷 $F_{r1}=1320$N，$F_{r2}=3010$N，轴上的轴向力 $F_{ae}=200$N，常温工作，冲击载荷系数 $f_P=1.3$，试求：若轴承预期寿命为 15000 小时，能否满足？

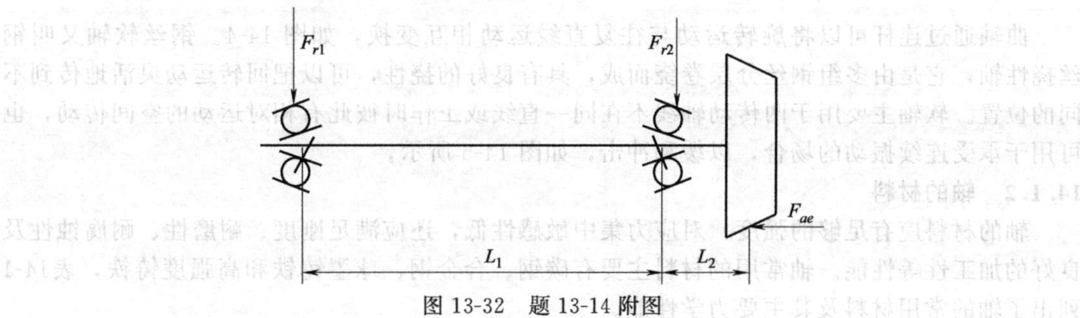

图 13-32　题 13-14 附图

14 轴及其连接

轴是机器的重要组成零件之一，作回转运动或摆动的零件，如齿轮、凸轮、链轮等都必须安装在轴上才能进行运动和动力的传递。因此，轴的主要功用是支撑回转零件并传递运动和动力。

14.1 概述

14.1.1 轴的用途与分类

轴的类型很多，根据轴线的几何形状，轴可分为直轴、曲轴和钢丝软轴；直轴的轴线是一条直线，机械上绝大多数的轴都是直轴。直轴根据外形的不同，可以分为光轴（图 14-1）和阶梯轴（图 14-2)。光轴形状简单，加工容易，应力集中源少，但轴上零件不易装配和定位。光轴主要用于心轴和传动轴，阶梯轴则常用于转轴。根据横剖面结构的不同，轴可分为实心轴和空心轴，直轴一般都制成实心的，采用空心轴是为了充分发挥材料的承载能力或结构上的需要。根据承载情况轴可分为心轴、转轴和传动轴。心轴是只承受弯矩不承受转矩的轴，如图 14-1 所示自行车的前轮轴。心轴又分为转动心轴和固定心轴两种。转轴是既承受弯矩又承受转矩的轴，如减速器中的轴，见图 14-2。传动轴是只受承转矩不受弯矩或受很小弯矩的轴。车床上的光轴、连接汽车发动机输出轴和后桥的轴，均是传动轴，如图14-3所示。

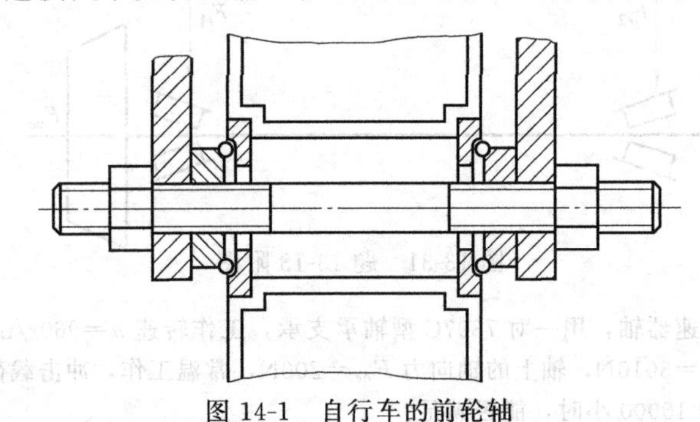

图 14-1 自行车的前轮轴

曲轴通过连杆可以将旋转运动与往复直线运动相互变换，如图 14-4。钢丝软轴又叫钢丝挠性轴，它是由多组钢丝分层卷绕而成，具有良好的挠性，可以把回转运动灵活地传到不同的位置。软轴主要用于两传动轴线不在同一直线或工作时彼此有相对运动的空间传动，也可用于承受连续振动的场合，以缓和冲击，如图 14-5 所示。

14.1.2 轴的材料

轴的材料应有足够的强度，对应力集中敏感性低，还应满足刚度、耐磨性、耐腐蚀性及良好的加工性等性能。轴常用的材料主要有碳钢、合金钢、球墨铸铁和高强度铸铁，表14-1列出了轴的常用材料及其主要力学性能。

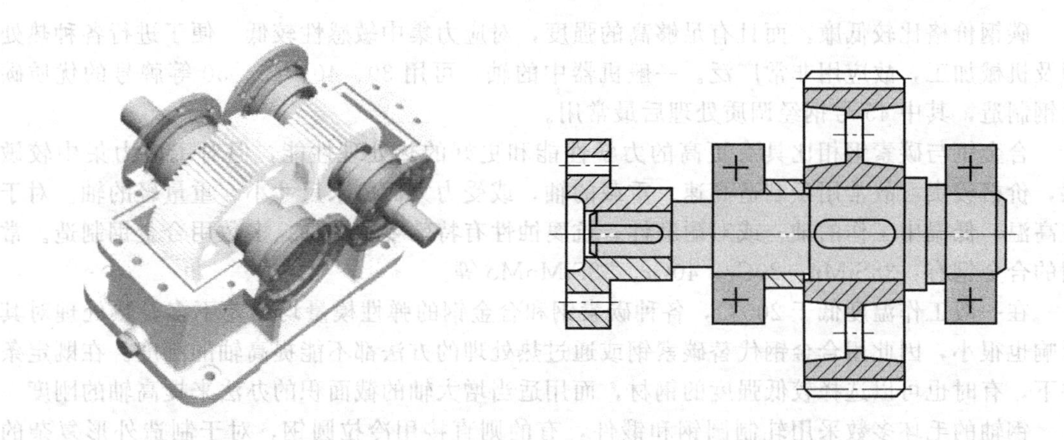

图 14-2　减速器及其转轴

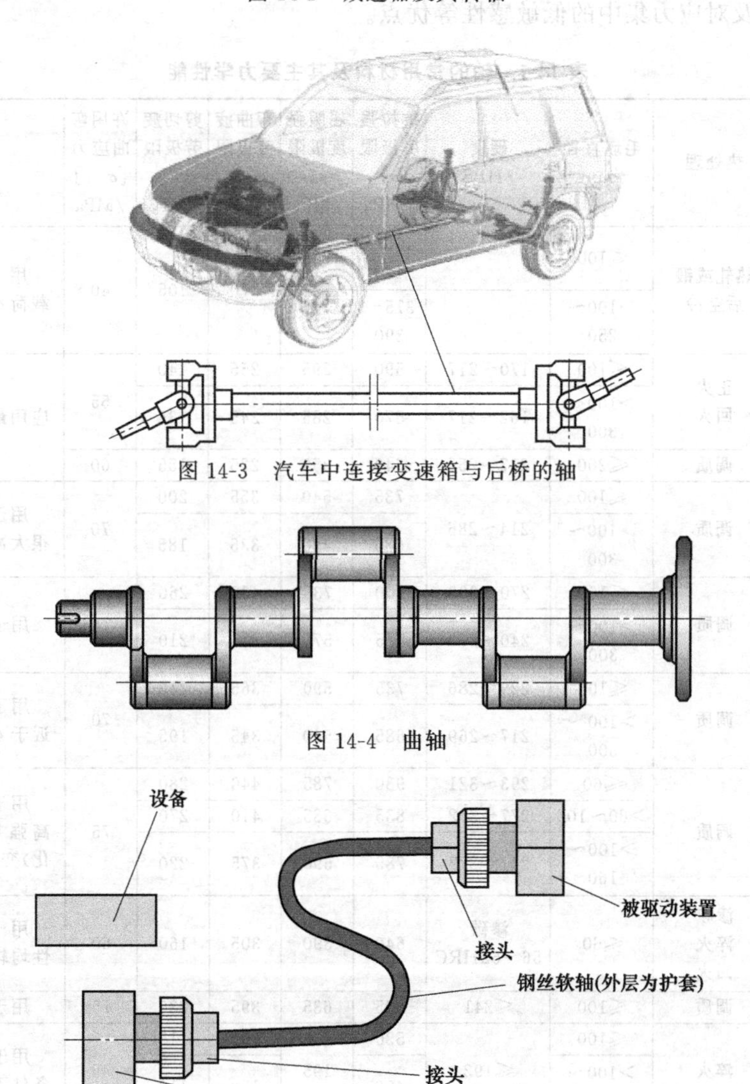

图 14-3　汽车中连接变速箱与后桥的轴

图 14-4　曲轴

图 14-5　软轴

碳钢价格比较低廉，而且有足够高的强度，对应力集中敏感性较低，便于进行各种热处理及机械加工，故应用非常广泛。一般机器中的轴，可用 30、40、45、50 等牌号的优质碳素钢制造，其中 45 号钢经调质处理后最常用。

合金钢与碳素钢相比具有更高的力学性能和更好的热处理性能，但对于应力集中较敏感，价格较贵，故常用于制造高速、重载的轴，或受力大而要求尺寸小、重量轻的轴。对于在高温、低温中工作的轴，或对耐磨性、抗腐蚀性有特殊要求的轴，多数用合金钢制造。常用的合金钢有：38SiMn、20Cr、40Cr、38SiMnMo 等。

在一般工作温度低于 200℃，各种碳素钢和合金钢的弹性模量均相差不多，热处理对其影响也很小，因此用合金钢代替碳素钢或通过热处理的方法都不能提高轴的刚度。在既定条件下，有时也可以选择较低强度的钢材，而用适当增大轴的截面积的办法来提高轴的刚度。

钢轴的毛坯多数采用轧制圆钢和锻件，有的则直接用冷拉圆钢，对于制造外形复杂的轴，可用球墨铸铁或高强度铸铁，因为它们容易做成复杂的形状，且具有价廉，良好的吸振和耐磨性，以及对应力集中的低敏感性等优点。

表 14-1　轴的常用材料及其主要力学性能

材料牌号	热处理	毛坯直径 /mm	硬度 /HBS	抗拉强度极限 σ_b /MPa	屈服强度极限 σ_S /MPa	弯曲疲劳极限 σ_{-1} /MPa	剪切疲劳极限 τ_{-1} /MPa	许用弯曲应力 $[\sigma_{-1}]$ /MPa	备　注
Q235-A	热轧或锻后空冷	≤100		400～420	225	170	105	40	用于不太重要及受载荷不大的轴
		＞100～250		375～390	215				
45	正火回火	≤100	170～217	590	295	255	140	55	应用最广泛
		＞100～300	162～217	570	285	245	135		
	调质	≤200	217～255	640	355	275	155	60	
40Cr	调质	≤100	214～286	735	540	355	200	70	用于载荷较大,而无很大冲击的重要轴
		＞100～300		685	490	335	185		
40CrNi	调质	≤100	270～300	900	735	430	260	75	用于很重要的轴
		＞100～300	240～270	785	570	370	210		
38SiMnMo	调质	≤100	229～286	735	590	365	210	70	用于重要的轴,性能近于 40CrNi
		＞100～300	217～269	685	540	345	195		
38CrMoAlA	调质	≤60	293～321	930	785	440	280	75	用于要求高耐磨性,高强度且热处理(氮化)变形很小的轴
		＞60～100	277～302	835	685	410	270		
		＞100～160	241～277	785	590	375	220		
20Cr	渗碳淬火回火	≤60	渗碳 56～62HRC	640	390	305	160	60	用于要求强度及韧性均较高的轴
3Cr13	调质	≤100	≤241	835	635	395	230	75	用于腐蚀条件下
1Cr18Ni9Ti	淬火	≤100	≤192	530	195	190	115	45	用于高、低温及腐蚀条件下是轴
		＞100～200		490		180	110		
QT600-3			190～270	600	370	215	185		用于制造复杂外形的轴
QT800-2			245～335	800	480	290	250		

轴的毛坯可用轧制圆钢材、锻造、焊接、铸造等方法获得。对要求不高的轴或较长的轴，毛坯直径小于150mm时，可用轧制圆钢材；受力大，生产批量大的重要轴的毛坯可由锻造提供；对直径特大而件数很少的轴可用焊件毛坯；生产批量大、外形复杂、尺寸较大的轴，可用铸造毛坯。

14.2 轴的结构设计

轴的结构设计就是确定轴各部分合理的几何形状和尺寸。轴的结构主要受轴的安装位置及形状、轴上零件的数量、类型、尺寸及与轴的连接方式；载荷的性质、大小、方向及分布情况；轴上零件的安装顺序；轴的加工工艺等因素的影响，由于以上诸多因素的作用，而且影响因素又因具体条件的不同而发生变化，所以轴没有标准的结构形式。但是不论具体条件如何，轴的结构都应满足以下要求：保证轴和轴上零件有准确的工作位置，便于轴上零件装拆和调整，有利于提高轴的强度和刚度，具有良好的制造工艺性。

14.2.1 零件在轴上的定位

14.2.1.1 零件在轴上的轴向定位

零件在轴上的轴向定位方法，主要取决于它所受轴向力的大小。此外，还应考虑轴的制造及轴上零件装拆的难易程度、对轴强度的影响及工作可靠性等因素。

常用轴向定位方法有：轴肩（或轴环）、套筒（轴套）、圆螺母、轴端挡板、圆锥形轴头、弹性挡圈、紧定螺钉、螺钉锁紧挡圈、销等，见图14-6。

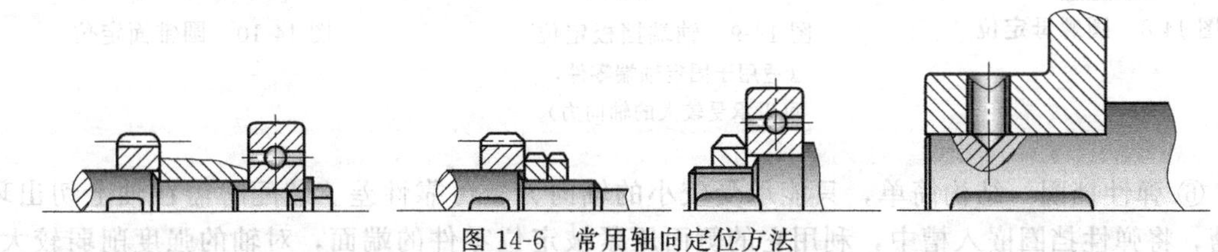

图14-6 常用轴向定位方法

① 轴肩和轴环 轴肩是最方便可靠的定位方式之一，多用于轴向力较大的场合。采用轴肩定位，会加大轴的直径，而且轴肩处将因截面突变而引起应力集中，另外轴肩过多也不利于加工，影响加工工艺性。

轴分为定位轴肩和非定位轴肩。定位轴肩的高度 h 一般取为 $h=(0.07\sim0.1)d$，d 为与零件相配合处的轴的直径。非定位轴肩是为了加工和装配方便而设置的，高度没有严格的规定，一般取为1～2mm。

轴肩由定位面和过度圆角组成。为了保证轴上零件紧靠轴肩定位面而使定位可靠，轴肩处的过渡圆角半径 r 必须小于与之相配的零件毂孔端部的圆角半径 R 或倒角尺寸 C，如图14-7所示。

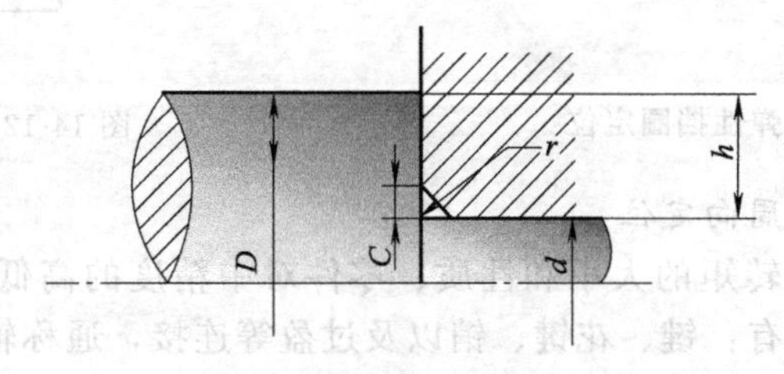

图14-7 轴肩、轴环设计

滚动轴承的定位轴肩高度必须低于轴承内圈端面的高度，以便拆卸轴承，轴肩的高度可查手册中轴承的安装尺寸。

② 套筒　套筒结构简单，定位可靠，一般用于轴上相距不大的两个零件的定位，因为套筒和轴配合较松，不宜用于高速的轴上。如果轴上两零件距离较远，也不宜采用套筒定位，以免增大套筒的质量及材料用量。

③ 圆螺母　简单可靠、装拆方便，可承受较大的轴向力，当轴上两个零件之间的距离较大不宜采用套筒定位时，可用圆螺母来定位。圆螺母定位常用细牙螺纹，来增强防松能力和减小对轴强度的削弱及应力集中，所以多用于轴端，如图 14-8 所示。

④ 轴端挡板　定位可靠，定心性好，装拆方便，能承受冲击载荷。多用于轴端零件，也常用于转速较高的轴。如图 14-9 所示。

⑤ 圆锥面　适用于受冲击和同心度要求较高的轴端零件，可与轴端挡板及圆螺母配合使用。锥合面的锥度小时，所需轴向力小，但不易拆卸；反之则相反。通常取锥度 1∶30～1∶8。如图 14-10 所示。

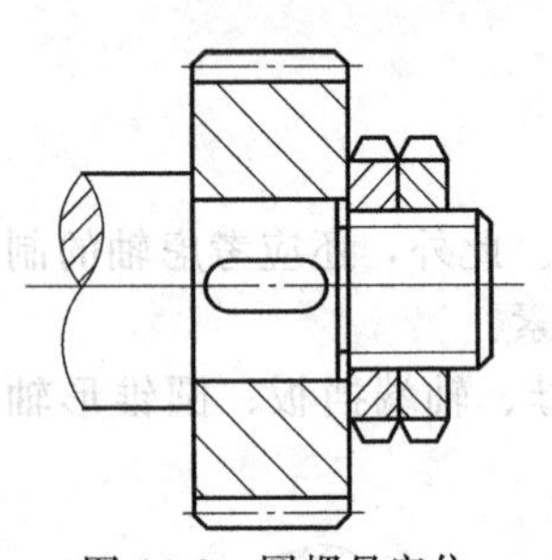

图 14-8　圆螺母定位

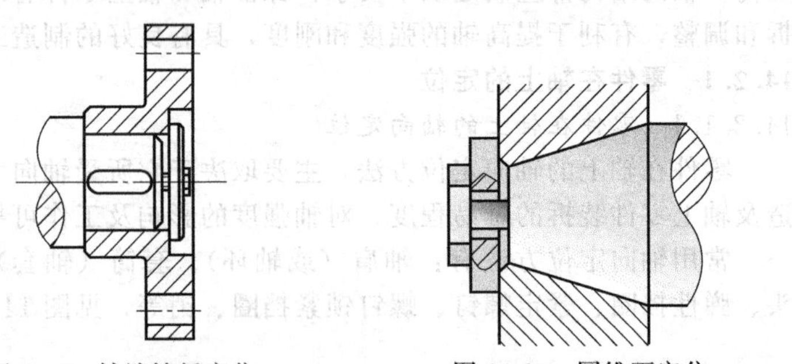

图 14-9　轴端挡板定位
（适用于固定轴端零件，
可以承受较大的轴向力）

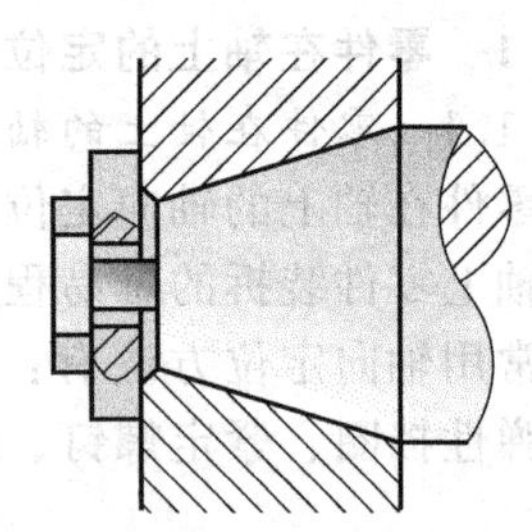

图 14-10　圆锥面定位

⑥ 弹性挡圈　结构简单，只能承受较小的轴向力，可靠性差。装配时需在轴上切出环形槽，将弹性挡圈嵌入槽中，利用它的侧面压紧被定位零件的端面，对轴的强度削弱较大，常用于滚动轴承的轴向固定。如图 14-11 所示。

⑦ 销、锁紧挡圈、紧定螺钉　这三种定位方法常用于光轴，进行受轴向力不大的零件的轴向固定。如图 14-12 所示的是紧定螺钉固定。

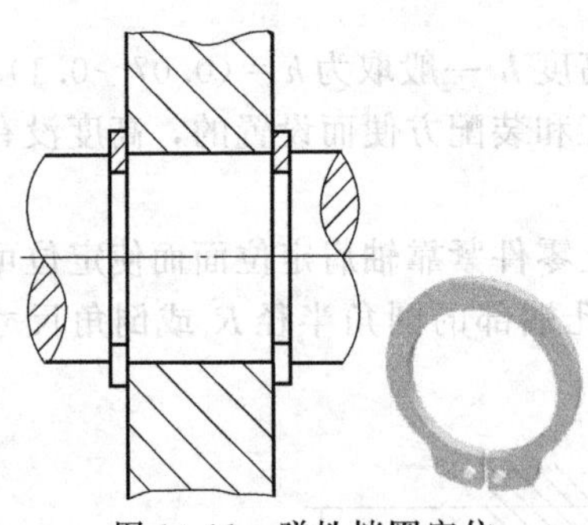

图 14-11　弹性挡圈定位

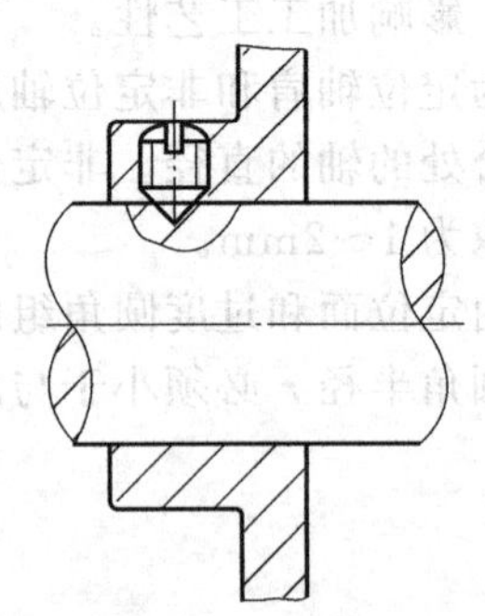

图 14-12　紧定螺钉固定

14.2.1.2　零件在轴上的周向定位

定位方式根据其传递转矩的大小和性质、零件对中精度的高低、加工难易等因素来选择。常用的周向定位方法有：键、花键、销以及过盈等连接，通称轴毂连接。

轮毂与轴之间的连接称为轴毂连接，常用的轴毂连接有键连接和花键连接，还有销连接、过盈配合连接等，轴毂连接主要是用来实现轴和轮毂（如齿轮、带轮、蜗轮、凸轮等）之间的周向固定并用来传递运动和转矩。

（1）键连接

键连接是一种应用很广泛的可拆连接，主要用于轴与轴上零件的周向相对固定，以传递运动或转矩，有的还能实现轴上零件的轴向固定或轴向滑动导向。键是标准件，常用的键有普通平键、半圆键、楔键和切向键。图 14-13 所示的是键连接的应用实例。

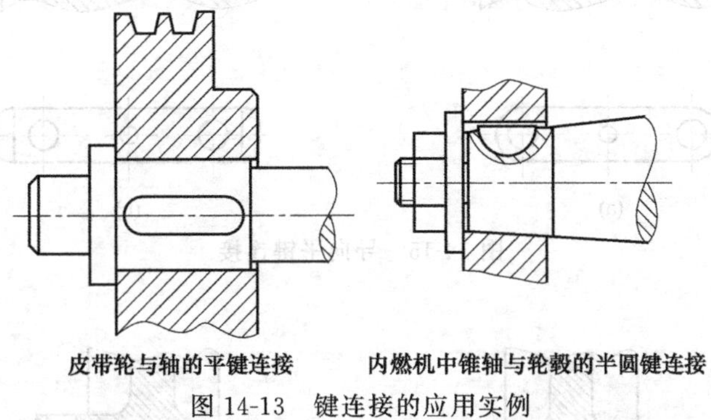

图 14-13　键连接的应用实例

① 平键连接　平键的两侧面是工作面，上表面与轮毂槽底之间留有间隙（图 14-14）。这种键连接定心性好，结构简单，装拆方便，但不能实现轴上零件的轴向固定。工作时，靠键与键槽的互相挤压传递转矩。平键连接可用于静连接，也可用于高精度、高速度或承受变载冲击的场合，使用非常广泛。

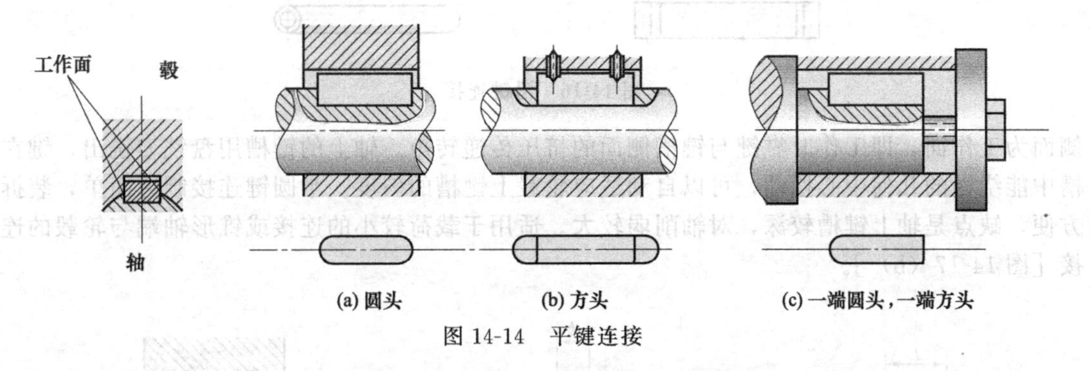

图 14-14　平键连接

常用的平键有普通平键、导向平键和滑键三种。普通平键按端部形状可分为 A 型（圆头）、B 型（方头）和 C 型（单圆头）。圆头键的轴槽用指形铣刀加工，键在槽中固定良好，但键槽端部对轴引起的应力集中较大，而圆头部分未能充分利用。方头键轴槽用盘形铣刀加工，避免了圆头键的缺点，但键卧于槽中不稳定，有时需要用螺钉紧固。单圆头键常用于轴端。

导向平键和滑键都用于动连接。导向平键适用于轮毂移动距离不大的场合（图 14-15）。导向平键一般用螺钉固定在轴槽中，导向平键与轮毂的键槽采用间隙配合，轮毂可沿导向平键轴向移动。为了装拆方便，键中间设有起键螺孔。按端部形状，导向平键分为圆头（A 型）和方头（B 型）两种。

当轮毂轴向移动距离较大时，可用滑键固定在轮毂上，滑键随轮毂一起沿轴上的键槽移动，故轴上应铣出较长的键槽（图 14-16）。滑键结构依固定方式而定，图 14-16 所示是两种典型的结构。

② 半圆键连接　半圆键连接如图 14-17（a）所示。半圆键的工作原理与平键相同，两

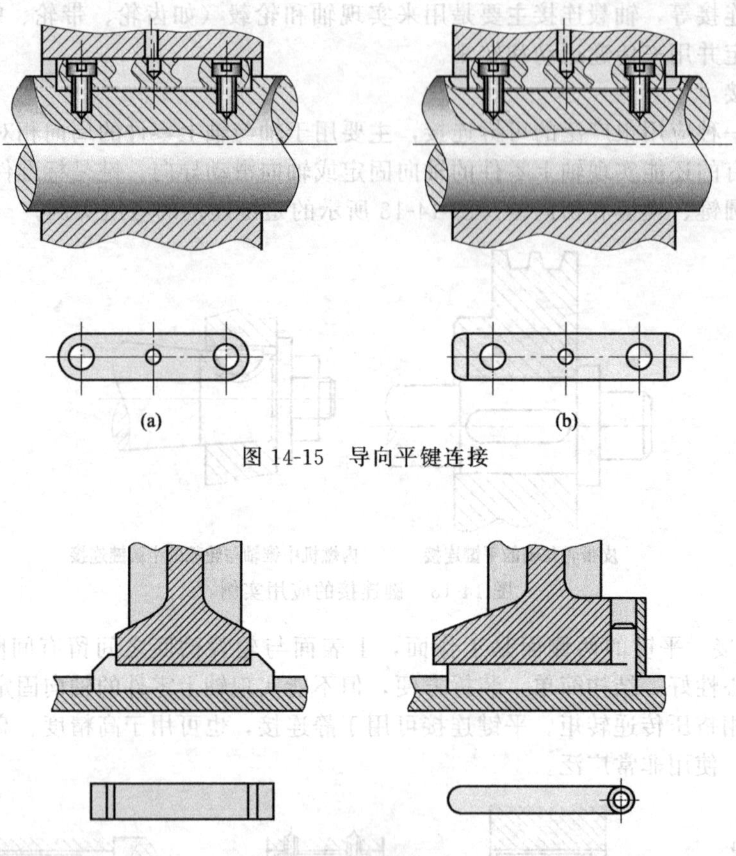

图 14-15　导向平键连接

图 14-16　滑键连接

侧面为工作面，即工作时靠键与键槽侧面的挤压传递转矩。轴上的键槽用盘铣刀铣出，键在槽中能绕键的几何中心摆动，可以自动适应轮毂上键槽的斜度。半圆键连接制造简单，装拆方便，缺点是轴上键槽较深，对轴削弱较大。适用于载荷较小的连接或锥形轴端与轮毂的连接［图 14-17（b）］。

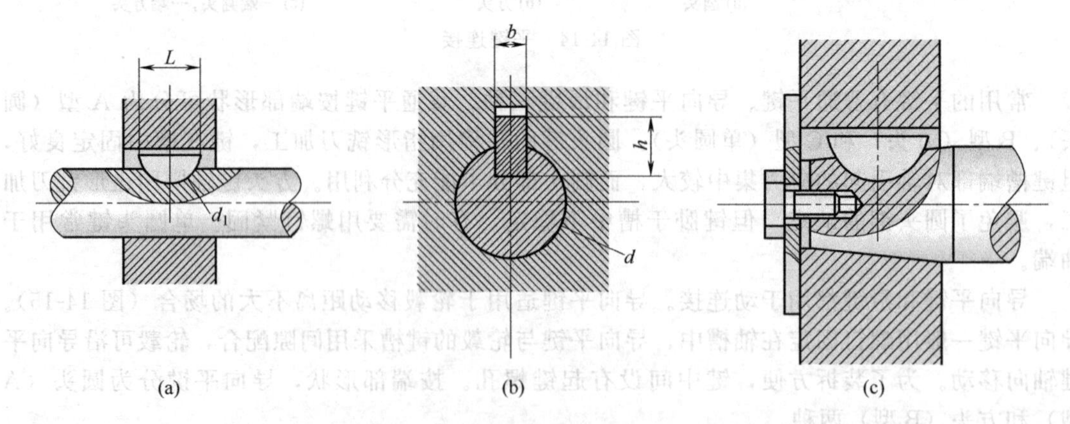

图 14-17　半圆键连接

③ 楔键连接　楔键连接用于静连接。楔键的上下面是工作面（图 14-18），键的上表面与轮毂槽底均有 1∶100 的斜度，装配时将键打入轴和毂槽内，其工作面上产生很大的预紧力 F_n，工作时，主要靠楔紧的摩擦力 fF_n（f 为接触面间的摩擦系数）传递转矩 T，并能

承受单方向的轴向力。楔紧力使轴与轮毂之间产生偏心，定心性差，主要适用于定心精度要求不高，载荷平稳和低速的场合。

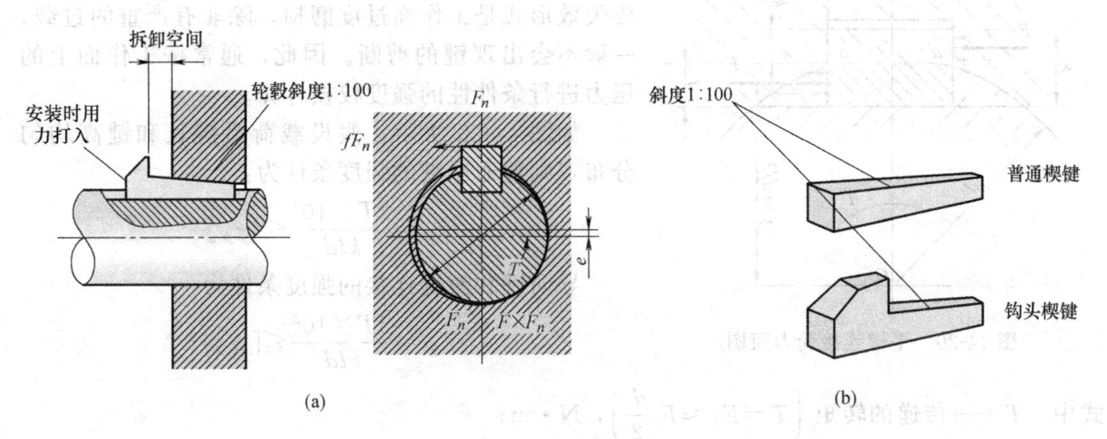

图 14-18　楔键连接

楔键分为普通楔键和钩头楔键两种［图 14-18（b）］。普通楔键有圆头（A 型）、方头（B 型）或单圆头（C 型）三种。钩头楔键的钩头供拆卸时使用。

④ 切向键连接　切向键是由一对楔键组成的（图 14-19）。键的上下两个窄面是工作面，其中一个工作面与通过轴心线的平面重合。装配时，将两个键分别在轮毂两侧打入，楔紧在轴与轮毂之间。工作时靠工作面的挤压力和轴与轮毂之间的摩擦力来传递转矩，工作面上的压力沿轴的切线方向作用，能传递很大的转矩。当双向传递转矩时，需用两对切向键，两个键槽最好分布成 120°～130°。由于切向键对轴的削弱较大，因此常用于直径大于 100mm 的轴上，例如大型的飞轮等。

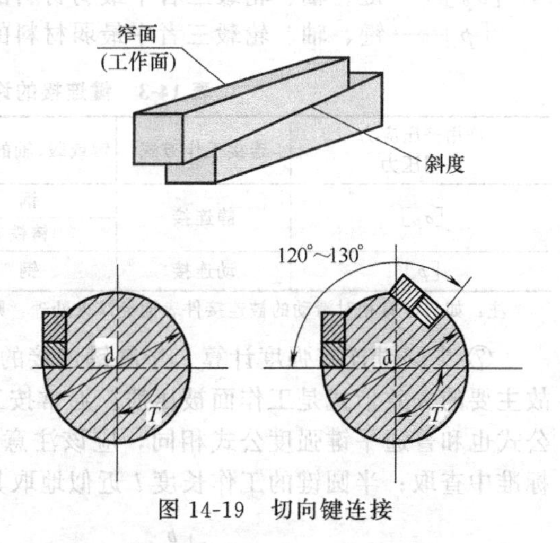

图 14-19　切向键连接

⑤ 键的选择　键的选择包括类型和尺寸选择两个方面。键的类型选择主要考虑所需传递转矩的大小；轴上零件是否要沿轴向滑移及滑移距离的长短；对中性的要求；键是否需要具有轴向固定的作用；键在轴的中部还是端部等。

键的尺寸有剖面尺寸（键宽 $b\times$键高 h）按轴的直径 d 由标准中选定。键的长度 L 根据轮毂的宽度确定，一般键长略短于轮毂宽度并应符合长度系列标准值。

键一般采用抗拉强度极限 $\sigma_b<600\text{MPa}$ 的碳钢制造，通常用 45 钢。普通平键和普通楔键的主要尺寸见表 14-2。

表 14-2　普通平键和普通楔键的主要尺寸

轴的直径 d	6～8	＞8～10	＞10～12	＞12～17	＞17～22	＞22～30	＞30～38	＞38～44
键宽 $b\times$键高 h	2×2	3×3	4×4	5×5	6×6	8×7	10×8	12×8
轴的直径 d	＞44～50	＞50～58	＞58～65	＞65～75	＞75～85	＞85～95	＞95～110	＞110～130
键宽 $b\times$键高 h	14×9	16×10	18×11	20×12	22×14	25×14	28×16	32×18
键的长度系列 L	6,8,10,12,14,16,18,20,22,25,28,32,36,40,45,50,56,63,70,80,90,100,110,125,140,180,200,220,250,……							

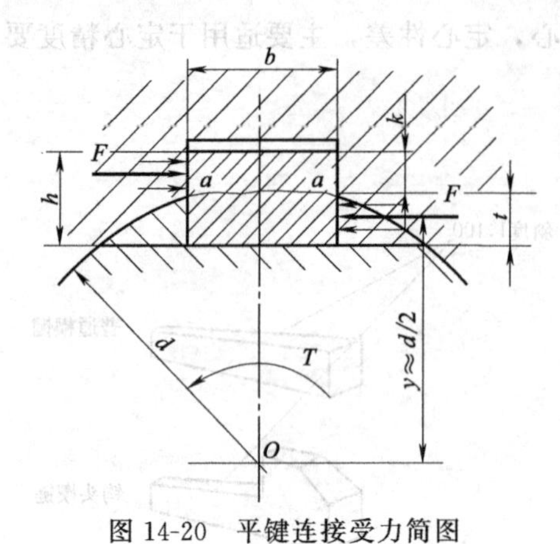

图 14-20　平键连接受力简图

⑥ 平键连接的强度计算　普通平键连接的主要失效形式是工作面被压溃，导向键和滑键连接的主要失效形式是工作面过度磨损，除非有严重的过载，一般不会出现键的剪断。因此，通常按工作面上的压力进行条件性的强度校核计算。

如图 14-20 所示，假设载荷沿键长和键高均匀分布，则普通平键的强度条件为：

$$\sigma_p=\frac{2T\times10^3}{kld}\leqslant[\sigma_p]$$

导向键和滑键连接的强度条件为：

$$p=\frac{2T\times10^3}{kld}\leqslant[p]$$

式中　T——传递的转矩 $\left(T=F_y\approx F\dfrac{d}{2}\right)$，N·m；

k——键与轮毂键槽的接触高度，$k=0.5h$，此处 h 为键的高度，mm；

l——键的工作长度，mm，圆头平键 $l=L-b$，单圆头平键 $l=(L-b)/2$，平头平键 $l=L$，这里 L 为键的公称长度，mm，b 为键的宽度，mm；

d——轴的直径，mm；

$[\sigma_p]$——键、轴、轮毂三者中最弱材料的许用挤压应力，MPa，见表 14-3；

$[p]$——键、轴、轮毂三者中最弱材料的许用压力，MPa。

表 14-3　键连接的许用挤压应力、许用压力　MPa

许用挤压应力 许用压力	连接工作方式	键或毂、轴的材料	载荷性质		
			静载荷	轻微冲击	冲击
$[\sigma_p]$	静连接	钢	120～150	100～120	60～90
		铸铁	70～80	50～60	30～45
$[p]$	动连接	钢	50	40	30

注：如与键有相对滑动的被连接件表面经淬火处理，则动连接的许用压力 $[p]$ 可提高 2～3 倍。

⑦ 半圆键连接强度计算　半圆键连接的受力情况如图 14-21 所示，因其只用于静连接，故主要的失效形式是工作面被压溃。通常按工作面的挤压应力进行强度校核计算，强度条件公式也和普通平键强度公式相同，应该注意的是：半圆键的接触高度 k 应根据键的尺寸从标准中查取；半圆键的工作长度 l 近似地取其等于键的公称长度 L。

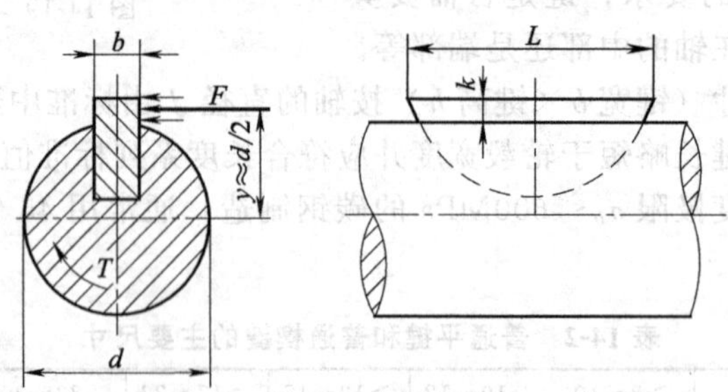

图 14-21　半圆键连接受力图

⑧ 楔键连接的强度计算　楔键连接装配后的受力情况如图 14-22 所示，其主要失效形式是相互楔紧的工作面被压溃，故应校核各工作面的抗挤压强度。当传递转矩时，为了简化，把键和轴看做一个整体，轴与毂也都产生了微小的扭转变形，故沿键的工作长度 l 及沿宽度 b 上的压力分布情况和以前发生了变化，压力的合力 F 不再通过轴心。计算时假设压

力沿键长均匀分布，沿键宽为三角形分布，取 $x\approx\frac{b}{6}$，$y\approx\frac{d}{2}$，由键和轴一体对轴心的受力平衡条件 $T=Fx+fFy+fF\frac{d}{2}$ 得到工作面上压力的合力为：

$$F=\frac{T}{x+fy+f\frac{d}{2}}=\frac{6T}{b+6fd}$$

则楔键连接的挤压强度条件为：$\sigma_p=\frac{2F}{bl}=\frac{12T\times10^3}{bl(b+6fd)}\leqslant[\sigma_p]$

式中 T——传递的转矩，N·m；

d——轴的直径，mm；

b——键的宽度，mm；

l——键的工作长度，mm；

f——摩擦系数，一般取 $f=0.12\sim0.17$；

$[\sigma_p]$——键、轴、轮毂三者中材料许用挤压应力最弱项，MPa。

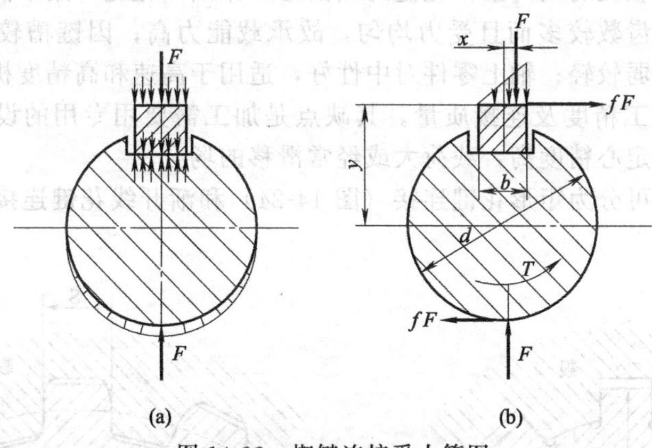

图 14-22　楔键连接受力简图

⑨ 切向键连接强度计算　切向键连接的主要失效形式是工作面被压溃，设把键和轴看成一体，则当键连接传递转矩时，其受力情况如图 14-23 所示。假设压力在键的工作面上均匀分布，取 $y=\frac{d-t}{2}$，$t=\frac{d}{10}$，按一个切向键来计算时，由键和轴一体对轴心的受力平衡条件 $T=fF\frac{d}{2}+Fy$ 得到工作面上的压力和合力为

$$F=\frac{T}{f\frac{d}{2}+y}=\frac{T}{d(0.5f+0.45)}$$

则切向键连接的挤压强度条件为：

$$\sigma_p=\frac{F}{(t-C)l}=\frac{T\times10^3}{(t-C)dl(0.5f+0.45)}\leqslant[\sigma_p]$$

式中 T——传递的转矩，N·m；

d——轴的直径，mm；

l——键的工作长度，mm；

t——键槽的深度，mm；

C——键的倒角，mm；

f——摩擦系数，一般取 $f=0.12\sim0.17$；

$[\sigma_p]$——键、轴、轮毂三者中材料许用挤压应力最弱项，MPa。

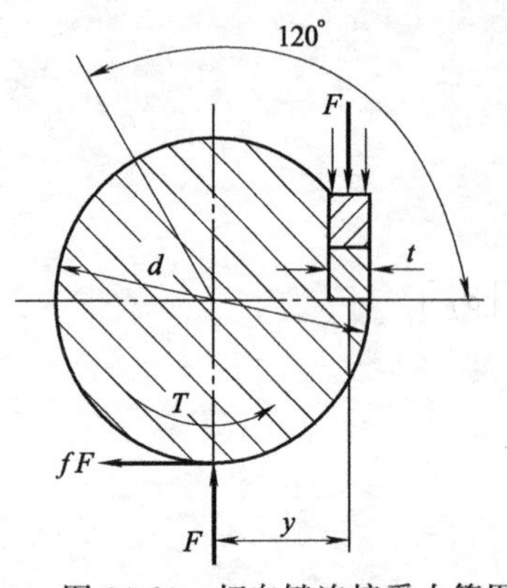

图 14-23 切向键连接受力简图

在进行强度校核后，如果键的强度还不够时，可采用双键。这时应考虑键的合理布置。两个平键最好布置在沿周向相隔 180°；两个半圆键应布置在轴的同一条母线上；两个楔键应布置在沿周向 90°～120°。考虑到两个键上载荷分配不均匀性，在强度校核计算时只按 1.5 个键计算。如果轮毂允许适当加长，也可相应地增加键的长度，以提高单键的承载能力。但由于传递转矩时键上载荷沿其长度分布不均匀，故键的长度不能过长。当键的长度大于 $2.25d$ 时，其多出的长度实际上可以认为不承受载荷，因此一般采用的键长不应超过 $(1.6\sim1.8)d$。

(2) 花键连接

花键连接分为内花键与外花键，由多个键齿和键槽构成，均布在轴和轮毂孔的周向上，花键的侧面是工作面，花键可用于静连接和动连接。

花键的优点有：齿数较多而且受力均匀，故承载能力高；因键槽较浅，齿根应力集中小，对轴和轮毂的削弱较轻；轴上零件对中性好，适用于高速和高精度机器；导向性好；可用磨削的方法提高加工精度及连接质量。其缺点是加工需要用专用的设备，成本较高。因此，花键连接适用于定心精度高，载荷大或经常滑移的场合。

花键连接按齿形可分为矩形花键连接（图 14-24）和渐开线花键连接（图 14-25），两类均已标准化。

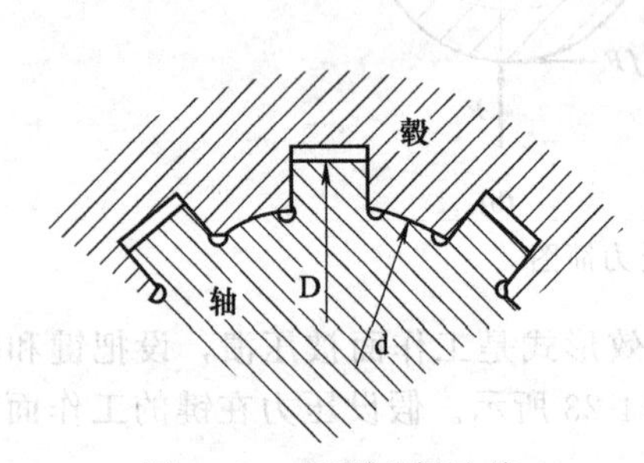

图 14-24 矩形花键连接

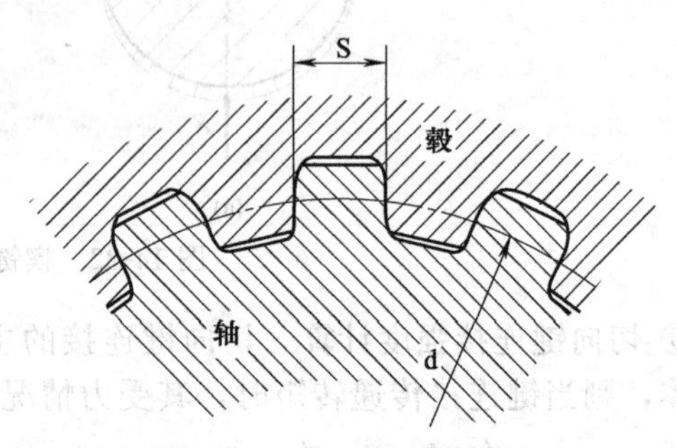

图 14-25 渐开线花键连接

① 矩形花键 矩形花键的齿形是矩形（图 14-24），容易加工，应用广泛。按齿高的不同、矩形花键的齿形尺寸在标准中规定了两个系列，即轻系列和中系列。轻系列的承载能力较小，多用于静连接或轻载连接；中系列用于中等载荷的连接。

为了提高轴和轴毂的同心度，国家标准 GB/T 1144—1987 规定采用小径 d 定心，即外花键和内花键的小径为配合面。其定心精度易从工艺上得到保证，定心精度高，定心的稳定性好。

② 渐开线花键 渐开线花键的齿形是渐开线（图 14-25），与矩形花键相比，渐开线花键有以下特点：齿根较厚和齿根圆角较大，应力集中较小，各连接强度较高、寿命长；可以利用加工齿轮的各种方法加工渐开线花键，故工艺性好；尺寸小时，加工花键孔的拉刀制造成本较高，限制了它的使用。渐开线花键按齿形定心，具有自动定心作用，有利于各齿均匀受载。适用于载荷较大，定心精度要求较高和尺寸较大的连接。

渐开线花键分度圆压力角有 30°和 45°两种，齿顶高分别为 $0.5m$ 和 $0.4m$（m 为模数）。压力角为 45°的渐开线花键，齿形钝而短，因此对连接件的削弱小，但齿的工作面高度较小，故承载能力较低，多用于载荷较轻、直径较小的静连接，特别适用于薄壁件的连接。

③ 花键连接强度计算　花键连接的强度计算与键连接相似，首先根据连接的结构特点、使用要求和工作条件选定花键的类型和尺寸，然后进行必要的强度计算。花键的主要失效形式是工作面被压溃或工作面过度磨损。因此，静连接通常按工作面上的挤压应力进行强度计算，动连接则按工作面上的压力进行条件性的强度计算。

计算时，假定载荷在键的工作面上均有分布，每个齿工作面上压力的合力 F 作用在平均直径 d_m 处，即传递的转矩 $T=zF\dfrac{d_m}{2}$，并引入系数 ψ 来考虑实际载荷在各花键齿上分配不均的影响，则花键连接的强度条件为：

静连接：
$$\sigma_p=\frac{2T\times10^3}{\psi zhld_m}\leqslant[\sigma_p]$$

动连接：
$$p=\frac{2T\times10^3}{\psi zhld_m}\leqslant[p]$$

式中　ψ——载荷分配不均系数，与齿数的多少有关，一般取 $\psi=0.7\sim0.8$，齿数多时取偏小的值；

z——花键的齿数；

l——齿的工作长度，mm；

h——花键齿侧面的工作高度，mm；矩形花键，$h=\dfrac{D-d}{2}-2C$，此处 D 为外花键的大径，d 为内花键的小径，C 为倒角的尺寸，单位为mm；渐开线花键，$\alpha=30°$，$h=m$，$\alpha=45°$，$h=0.8m$，m 为花键的模数；

d_m——花键的平均直径，矩形花键 $d_m=\dfrac{D+d}{2}$；渐开线花键，$d_m=d_i$，d_i 为分度圆直径，mm；

$[\sigma_p]$——花键连接的许用挤压应力，MPa，参见表14-4；

$[p]$——花键连接的许用压力，MPa，参见表14-4。

表 14-4　花键连接的许用挤压应力、许用压力　MPa

许用挤压应力、许用压力	连接工作方式	使用和制造情况	齿面未经热处理	齿面经热处理
$[\sigma_p]$	静载荷	不良 中等 良好	35～50 60～100 80～120	40～70 100～140 120～200
$[p]$	空载下移动的动连接	不良 中等 良好	15～20 20～30 25～40	20～35 30～60 40～70
	在载荷作用下移动的动连接	不良 中等 良好	— — —	3～10 5～15 10～20

注：1. 使用和制造情况不良是指受载荷，有双向冲击、振动频率高和振幅大、润滑不良（动连接）、材料硬度不高或精度不高等；

2. 同一情况下，$[\sigma_p]$ 或 $[p]$ 的较小值用于工作时间长和较重要的场合；

3. 花键材料的抗拉强度极限不低于600MPa。

（3）销连接

销主要用来固定零件之间的相对位置，起定位作用，也可用于轴与轮毂的连接，传递不大的载荷，还可作为安全装置中的过载剪断元件。

销有圆柱销和圆锥销两种基本类型［图14-26（a）、（b）］，这两类销均已标准化。圆柱销利用微量过盈固定在销孔中，经过多次装拆后，连接的紧固性及精度降低，故只用于不常拆卸处。圆锥销有 1∶50 的锥度，装拆比圆柱销方便，多次装拆对连接的紧固性及定位精度影响较小，因此应用广泛。销的常用材料为 35、45 钢。

销还有许多特殊形式。图 14-27（a）是大端具有外螺纹的圆锥销，便于装拆，可用于盲孔；图 14-27（b）是小端带外螺纹的圆锥销，可用螺母锁紧，适用于有冲击的场合。

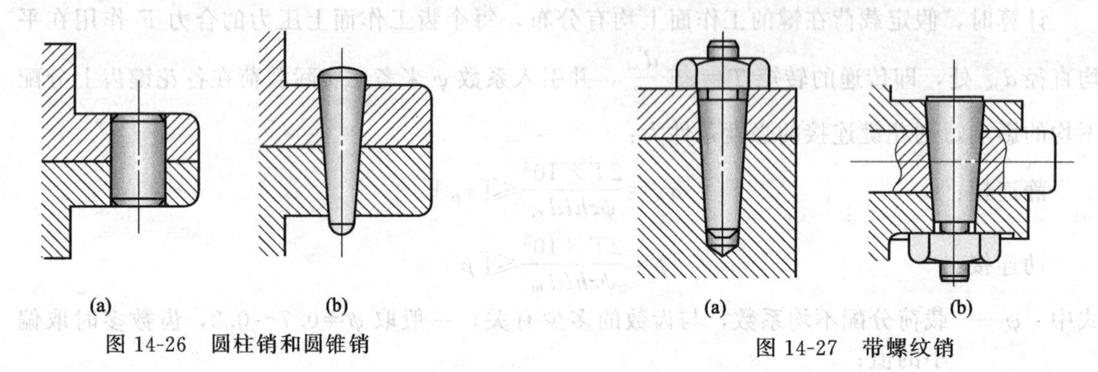

图 14-26 圆柱销和圆锥销

图 14-27 带螺纹销

图 14-28 是带槽的圆柱销，称为槽销，用弹簧钢滚压或模锻而成。销上有三条压制的纵向沟槽，如图 14-28（b）所示，槽销压入销孔后，它的凹槽即产生收缩变形，借助材料的弹性而固定在销孔中，销孔无需铰光可多次装拆，适用于承受振动和变载荷的连接。

开尾圆锥销（图 14-29）销尾可分开，能防止松脱，多用于振动冲击场合。弹性圆柱销（图 14-30）用弹簧钢带卷制而成，具有弹性，均匀挤紧在销孔中，对销孔的精度要求较低，用于冲击振动的场合。开口销（图 14-31）是一种防松零件，除与销轴配用外，还常用于螺纹连接的防松装置中。

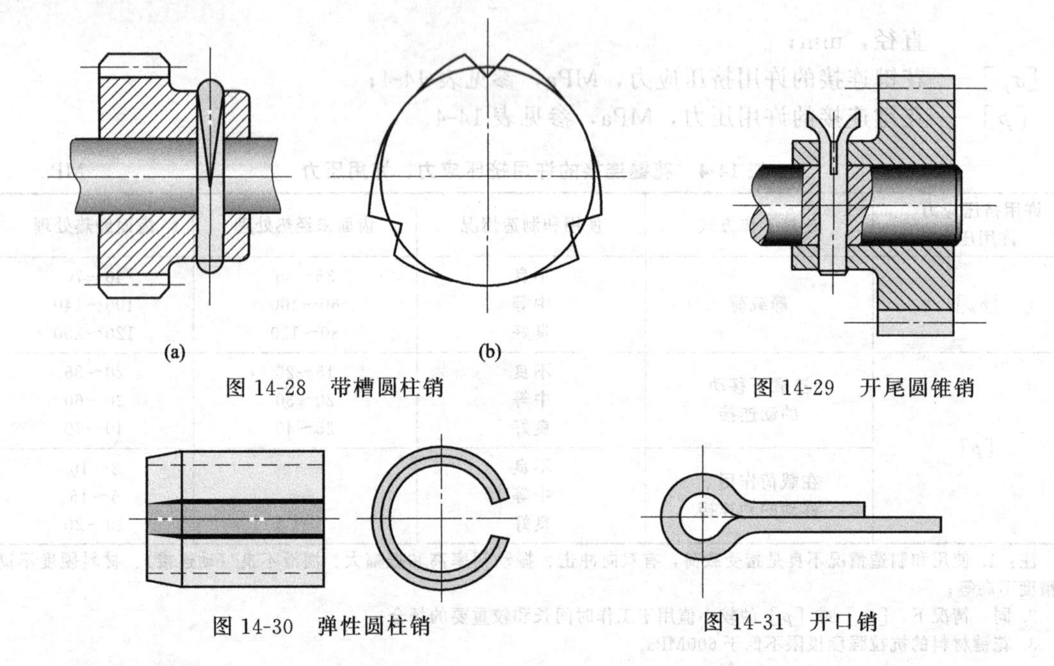

图 14-28 带槽圆柱销

图 14-29 开尾圆锥销

图 14-30 弹性圆柱销

图 14-31 开口销

（4）过盈连接

过盈连接是利用包容件与被包容件间的过盈配合实现连接的，过盈连接主要用于轴与毂的连接、轮圈与轴芯、滚动轴承与轴或轴承座孔连接等。这种连接结构简单，对中性好，承载能力强，承受冲击性能好，对轴的削弱小，但配合面精度要求高，装配不便，不宜用于经常装拆的场合。

过盈连接的配合面通常为圆柱面，也有圆锥面。过盈连接配合后，包容件也被包容件的配合表面产生径向压力，工作时靠此压力所产生的摩擦力来传递转矩和轴向力。图 14-32 (a) 是蜗轮齿圈与轮心的过盈配合连接。图 14-32（b）为一种螺母使结合面产生相对轴向位移和压紧的圆锥面过盈连接。

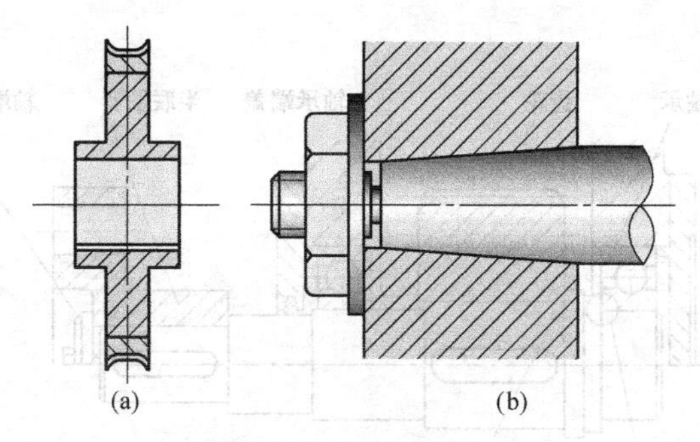

图 14-32　过盈连接

当过盈连接的过盈量或尺寸较小时，一般采用压入法装配，压入法装配过程中容易擦伤配合表面，因而降低了连接的紧固性。当过盈量或尺寸较大时，常采用温差法来装配。温差法既可以避免损伤配合表面，而且在常温下连接牢固。当配合直径较大时，常采用加热法，当配合直径较小时，常采用冷却法。加热法一般为点加热，冷却法多采用液态空气或固态二氧化碳。

圆锥面过盈连接配合连接的装配方法是利用螺母将相互配合的零件作轴向位移而获得过盈量，这种结构多用于轴端连接，它装拆方便，而不受装拆次数的限制，有取代圆柱形过盈配合连接的趋势。

近年来，出现了一种新的装配工艺方法。通过油孔、油沟等将高压油引至配合表面，高压油将使包容件胀大，被包容件缩小。此时在轴向施加一个轴向力是两表面达到配合的位置，然后放出高压油即形成过盈配合连接。采用这种方法时，需要在包容件和被包容件上制出油孔、油沟。

14.2.2　轴段的直径和长度的确定

（1）确定各段直径

轴上零件的布置方案确定后，轴的结构大体确定。根据轴承受转矩的大小来估算最小轴颈 d_{min}，再根据轴上零件的装配方案逐一确定阶梯轴的其它各段直径，也可以类比同类机器，用类比法确定轴颈。

有配合要求的轴端，应尽量采用标准直径。安装标准件的轴径部分，如安装滚动轴承，联轴器等，应取为相应的标准值及所选的配合公差。

为了使轴上零件装拆方便，并减少配合表面的擦伤，在配合轴段前应采用较小的直径。为了使与轴做过盈配合的零件易于装配，相配合轴段的压入端应制出锥度，或在同一轴段的两个部位采用不同的尺寸公差。

（2）确定各段的长度

阶梯轴各段的长度，应尽量使结构紧凑，根据轴上零件的位置，轴上零件与轴的配合长度，装拆与调整时必须的空间，轴系的结构等因素来确定各段的长度。为了使定位可靠，与齿轮、联轴器等零件相配合的轴段长度应比零件轮毂长度短 2～3mm，回转轴与不动零件之间应留有适当的间隙，以确保安全运转。

14.2.3　轴的定位

为了使轴正常工作，必须对轴进行定位，使轴具有确定的工作位置。对于转动的轴，其轴向定位不能妨碍轴的自由转动。对于固定的心轴，其轴向、周向固定必须确保轴不转动。如图 14-33 所示，左侧固定：轴肩→左轴承→左侧轴承端盖→箱体。右侧固定：轴环→齿轮→套筒→右轴承→右侧轴承端盖→箱体。当轴的工作温度变化时，轴承端盖与轴承之间应留有少量间隙，来补偿轴的热胀伸长量。右侧轴承端盖与轴之间应留有间隙，防止轴与端盖摩擦。

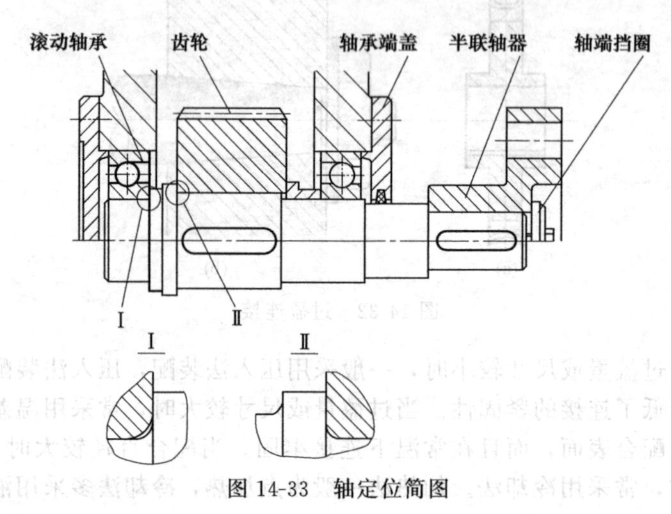

图 14-33 轴定位简图

14.2.4 提高轴的强度和刚度的措施

合理布置轴上多个传动零件的位置，可以使轴传递的转矩较小，从而使轴的尺寸也可较小，尽可能不采用悬臂的支撑形式，尽量缩短支撑跨距及悬臂的长度。当有几个传动件输出而只有一个传动件输入时，应将输入件放在中间，而不要置于一端，如图 14-34，输入转矩 $T_1=T_2+T_3+T_4$，轴上各轮按图（a）所示的方案布置，轴所受的最大转矩为 $T_2+T_3+T_4$，如果将布置方案给为图（b）所示，最大的转矩为 T_3+T_4，明显变小了。

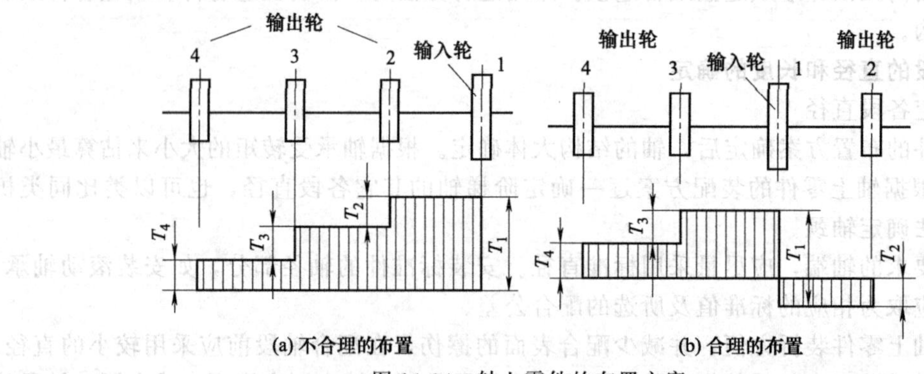

图 14-34 轴上零件的布置方案

通过改进轴上零件的结构尺寸，可以减小轴上的载荷，从而提高轴的强度和刚度。如图 14-35 所示为起重卷筒的两种安装方案，图（a）的方案是大齿轮和卷筒连在一起，转矩经大齿轮直径传给卷筒，卷筒轴只受弯矩不受转矩；图（b）中的方案是大齿轮将转矩通过轴传到卷筒，因而卷筒轴既受弯矩又受转矩的作用。同样的载荷作用下，图（a）中轴的直径显然比图（b）中轴的直径小。

为了减小应力集中，提高轴的疲劳强度，阶梯轴相邻直径不宜相差过大。轴直径变化处通常以圆角平缓过渡，并尽可能取较大的圆角半径。键槽不应开在圆角处。必须在轴上开横孔时，孔要倒圆。

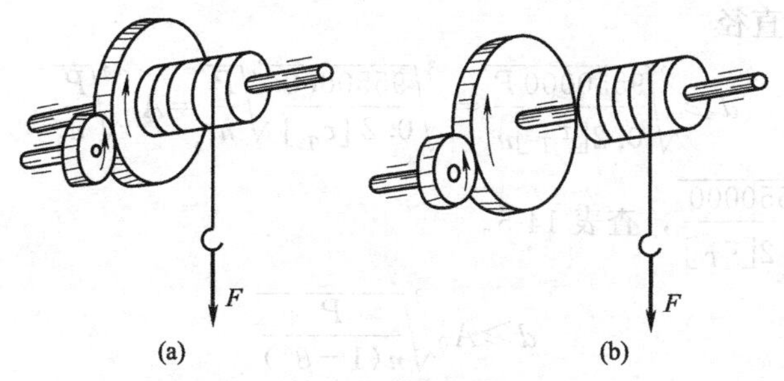

图 14-35　起重卷筒的两种布置方案

表面粗糙度对轴的疲劳强度也有影响，选择合理的表面粗糙度，采用表面强化处理（高频淬火，渗碳，氮化，喷丸等）可以显著提高轴的疲劳强度。

14.2.5　轴的结构工艺性

轴的结构应该满足使用要求，保证零件有准确的工作位置，并且要便于机械加工和成本低廉，应尽量采用结构简单的轴。

为了便于装配零件，轴端应制出 45°的倒角；需要磨削加工的轴段，应留有砂轮越程槽；车制螺纹的轴段，应有退刀槽；当零件和轴采用过盈配合时，轴上可设导向锥；为了加工检验方便，成本较低，同一轴上的各键槽，应布置在同一母线上，轴径相差不大或在满足键连接承载能力的条件下，可以取相同的槽宽；同一轴上的圆角半径、倒角、退刀槽宽度、越程槽宽度等应尽量一致。

14.3　轴的强度计算

14.3.1　轴的强度校核计算

轴的强度计算应根据轴的承载情况及应力情况，采用相应的计算方法，并恰当地选取许用应力。对于主要承受转矩的传动轴，应按扭转强度条件计算；对于只承受弯矩的心轴，应按弯曲强度条件计算；对于既承受弯矩又承受转矩的转轴，应按弯扭合成强度条件进行计算，需要时还应按疲劳强度条件进行精确校核；对于有很大瞬时过载或应力循环不对称较为严重的轴，还应按最大载荷校核其静强度。

（1）按扭转强度条件计算

这种方法只按轴所受的转矩来计算轴的强度，如果还受有不大的弯矩时，则用降低许用扭转应力的办法来给予考虑。在做轴的结构设计时，通常用这种方法初估轴径。对于不太重要的轴，可以作为最后的计算结果。

轴的扭转强度条件为：

$$\tau_T=\frac{T}{W_T}=\frac{9550000P/n}{0.2d^3}\leqslant[\tau_T] \tag{14-1}$$

式中　$[\tau_T]$——许用扭转切应力，MPa；见表 14-5；

W_T——轴的抗扭截面系数，mm^3；

P——轴传递功率，kW；

n——轴的转速，r/min；

τ_T——扭转切应力，MPa；

d——计算截面处轴的直径，mm；

T——轴所受的转矩，N·mm。

由上式可得轴的直径

$$d \geqslant \sqrt[3]{\frac{9550000P}{0.2[\tau_T]n}}=\sqrt[3]{\frac{9550000}{0.2[\tau_T]}}\sqrt[3]{\frac{P}{n}}=A_0\sqrt[3]{\frac{P}{n}} \tag{14-2}$$

式中，$A_0=\sqrt[3]{\frac{9550000}{0.2[\tau_T]}}$，查表 14-5。

对于空心轴，则

$$d \geqslant A_0\sqrt[3]{\frac{P}{n(1-\beta^4)}} \tag{14-3}$$

式中，$\beta=\frac{d_1}{d}$，即空心轴的内径与外径之比，通常取 $\beta=0.5\sim0.6$。

表 14-5　轴常用几种材料的 $[\tau_T]$ 和 A_0 值

轴的材料	Q235-A、20	Q275、35	45	40Cr、35SiMn、38SiMnMo、3Cr13
$[\tau_T]$/MPa	15～25	20～35	25～45	35～55
A_0	149～126	135～112	126～103	112～97

注：1. 表中 $[\tau_T]$ 值是考虑了弯矩影响而降低了许用扭转应力。

2. 在上述情况时，$[\tau_T]$ 取较大值，A_0 取较小值：弯矩较小或只受转矩作用、载荷较平稳、无轴向载荷或只有较小的轴向载荷、减速器的低速轴、轴只做单向旋转；反之，$[\tau_T]$ 取较小值，A_0 取较大值。

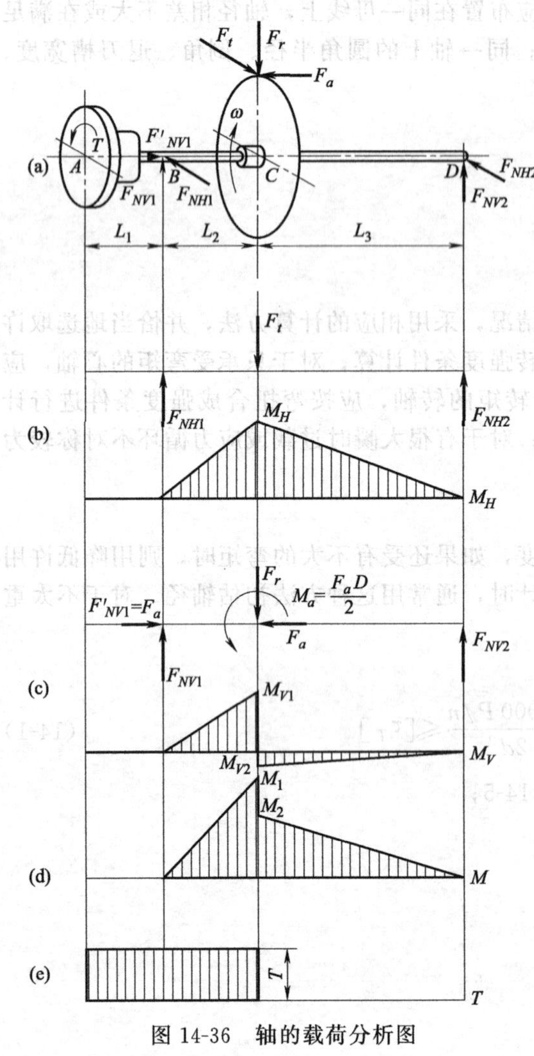

图 14-36　轴的载荷分析图

必须注意的是，当轴截面上开有键槽时，应增大轴的直径以考虑键槽对轴的强度的削弱。对于直径 $d>100$mm 的轴，有一个键槽时应增大 3%，有两个键槽时应增大 7%。对于直径 $d\leqslant100$mm 的轴，有一个键槽时增大 5%～7%，两个键槽应增大 10%～15%。然后将轴径圆整为标准直径。这样计算得到的结果，只能作为承受转矩作用轴段的最小直径 $d_{\min}$。

(2) 按弯扭合成强度条件计算

通过轴的结构设计，轴上外载荷和支反力的作用位置已经确定，轴上载荷已可以求得，因而可按弯扭合成强度条件对轴进行强度校核计算。

① 画出轴的力学模型　轴所受的载荷是从轴上零件传来的，计算时，常将轴上的分布载荷简化为集中力，其作用点取载荷分布的中点。作用在轴上的转矩，一般从传动件轮毂宽度的中点算起。通常把轴当做置于铰链支座上的梁，支反力的作用点与轴承的类型和布置方式有关。

在做计算简图的时候，应先求出轴上受力零件的载荷，若为空间力系，应把空间力分解为圆周力、径向力和切向力，然后再把它们全部转化到轴上，并将其分解为水平分力和垂直分力，如图 14-36（a）所示。然后求出各支撑处的水平反力 F_{NH} 和垂直反力 F_{NV}，轴向力可分在适当平面上，图 14-36（c）是表示在垂直面上，故标以 F_{NV1}。

② 做出弯矩图　根据上述简图，分别按水平面和垂直面计算各力产生的弯矩，并按计算结果分别做出水平面上的弯矩 M_H 图［图 14-36（b）］和垂直面上的弯矩 M_V 图［图 14-36（c）］；然后按下式计算总弯矩并做出 M 图［图 14-36（d）］。

$$M=\sqrt{M_H^2+M_V^2}$$

③ 做出转矩图　转矩图如图 14-36（e）所示。

④ 轴的强度校核　已知轴的弯矩和转矩后，可针对某些危险截面做弯扭合成强度校核计算。按第三强度理论，计算应力

$$\sigma_{ca}=\sqrt{\sigma^2+4\tau^2}$$

通常由弯矩所产生的弯曲应力 σ 是对称循环变应力，而由扭转所产生的扭转切应力 τ 则常常不是对称循环变应力。为了考虑两者循环特性不同的影响，引入折合系数 α，则计算应力为

$$\sigma_{ca}=\sqrt{\sigma^2+4(\alpha\tau)^2} \tag{14-4}$$

式中的弯曲应力为对称循环变应力。当扭转切应力为静应力时，$\alpha\approx0.3$；当扭转切应力为脉动循环变应力时，取 $\alpha\approx0.6$；若扭转切应力也为对称循环变应力时，则 $\alpha\approx1$。

对于直径为 d 的圆轴，弯曲应力为 $\sigma=\dfrac{M}{W}$，扭转切应力 $\tau=\dfrac{T}{W_T}=\dfrac{T}{2W}$，将 σ 和 τ 代入式（14-4）中，则轴的弯扭合成强度条件为

$$\sigma_{ca}=\sqrt{\left(\frac{M}{W}\right)^2+4\left(\frac{\alpha T}{2W}\right)^2}=\frac{\sqrt{M^2+(\alpha T)^2}}{W}\leqslant[\sigma_{-1}] \tag{14-5}$$

式中　σ_{ca}——轴的计算应力，MPa；

M——轴所受的弯矩，N·mm；

T——轴所受的转矩，N·mm；

W——轴的抗弯截面系数，mm^3；

$[\sigma_{-1}]$——对称循环变应力时轴的许用弯曲应力，其值按表 14-1 选取。

由于心轴工作时只承受弯矩而不承受扭矩，所以在应用式（14-5）时，应取 $T=0$，转动心轴的弯矩在轴的截面上所引起的应力是对称循环变应力。对于固定心轴，考虑启动、停车等的影响，弯矩在轴截面上所引起的应力可视为脉动循环变应力，所以在应用式（14-5）时，固定心轴的许用应力应为 $[\sigma_0]$，$[\sigma_0]\approx1.7[\sigma_{-1}]$。

⑤ 按疲劳强度条件进行精确的校核　这种校核计算的实质在于确定变应力情况下轴的安全程度。在已知轴的外形、尺寸及载荷的基础上，即可通过分析确定出一个或几个危险截面，确定危险截面时，不仅需要考虑弯曲应力和扭转应力的大小，而且还要考虑应力集中和绝对尺寸等因素的影响。求得计算安全系数 S_{ca} 并应使其稍大于至少等于设计安全系数 S，即

$$S_{ca}=\frac{S_\sigma S_\tau}{\sqrt{S_\sigma^2+S_\tau^2}}\geqslant S \tag{14-6}$$

仅有法向应力时，应满足　$$S_\sigma=\frac{\sigma_{-1}}{K_\sigma\sigma_a+\varphi_\sigma\sigma_m}\geqslant S \tag{14-7}$$

仅有扭转切应力时，满足　$$S_\tau=\frac{\tau_{-1}}{K_\tau\tau_a+\varphi_\tau\tau_m}\geqslant S \tag{14-8}$$

设计安全系数值可按下述情况选取：

$S=1.3\sim1.5$，用于材料均匀，载荷与应力计算精确的情况；

$S=1.5\sim1.8$，用于材料不够均匀，计算精确度较低的情况；

$S=1.8\sim2.5$，用于材料均匀性及计算精确度很低，或轴的直径大于200mm的情况。

⑥ 按静强度条件进行校核　静强度校核的目的在于评价轴对塑性变形的抵抗能力。这对那些瞬时过载很大，或应力循环的不对称性较为严重的轴是很必要的。轴的静强度是根据轴上作用的最大瞬时载荷来校核的，静强度校核时的强度条件是

$$S_{S_{ca}}=\frac{S_{s_\sigma}S_{s_\tau}}{\sqrt{S_{s_\sigma}^2+S_{s_\tau}^2}}\geqslant S_s \tag{14-9}$$

式中　$S_{S_{ca}}$——危险截面静强度的计算安全系数；

S_s——按屈服强度的设计安全系数；

S_{s_σ}——只考虑弯矩和轴向力时的安全系数；

S_{s_τ}——只考虑转矩时的安全系数；

$S_s=1.2\sim1.4$，用于高塑性材料制成的轴；

$S_s=1.4\sim18$，用于中等塑性材料制成的轴；

$S_s=1.8\sim2$，用于低塑性材料的钢轴；

$S_s=2\sim3$，用于铸造的轴；

$$S_{s_\sigma}=\frac{\sigma_s}{\left(\dfrac{M_{\max}}{W}+\dfrac{F_{a\max}}{A}\right)} \tag{14-10}$$

$$S_{s_\tau}=\frac{\tau_s}{\dfrac{T_{\max}}{W_T}} \tag{14-11}$$

式中　σ_s，τ_s——材料的抗弯和抗扭屈服极限，MPa，其中$\tau_s=(0.55\sim0.62)\sigma_s$；

$M_{\max}$，$T_{\max}$——轴的危险截面上所受的最大弯矩和最大的转矩，N·mm；

A——轴的危险截面的面积，mm²；

W，W_T——危险截面的抗弯和抗扭截面系数，mm³；

$F_{a\max}$——轴的危险截面上所受的最大的轴向力，N。

14.3.2　轴的刚度校核

轴在载荷作用下，将产生弯曲或扭转变形。若变形量超过许用的限度，就会影响轴上零件的正常工作，甚至会丧失机器应有的工作性能。比如安装齿轮的轴，若弯曲刚度不足，将导致挠度过大，从而影响齿轮的正确啮合，使轮齿沿齿宽和齿高方向接触不良，造成载荷在齿面上严重分布不均。所以，在设计有刚度要求的轴时，必须对刚度进行校核计算。

轴的弯曲刚度以挠度和偏转角来度量；扭转刚度以扭转角来度量。轴的刚度校核计算通常是计算出轴在受载时的变形量，并保证其不超过允许值。

(1) 轴的弯曲刚度校核计算

常见的轴大多数可看做是简支梁，若为光轴，可用材料力学中的公式直接计算其挠度或偏转角；若是阶梯轴，可用当量直径法近似计算。当量直径法就是把阶梯轴看成当量直径为d_v的光轴，然后再按材料力学中的公式计算其挠度或偏转角。当量直径的计算公式为：

$$d_v=\sqrt[4]{\frac{L}{\sum\limits_{i=1}^{z}\dfrac{l_i}{d_i^4}}} \tag{14-12}$$

式中　l_i——阶梯轴的第i段的长度，mm；

d_i——阶梯轴的第i段的直径，mm；

L——阶梯轴的计算长度，mm；

z——阶梯轴计算长度内的轴段数。

当载荷作用于两支撑之间时，$L=l$；当载荷作用于悬臂端时，$L=l+K$。l 是支撑跨度，K 是轴的悬臂长度。

轴的弯曲刚度条件为：挠度　　$y \leqslant [y]$　　(14-13)

　　　　　　　　　偏转角　　$\theta \leqslant [\theta]$　　(14-14)

式中　$[y]$——轴的许用挠度，mm，参见表 14-6；

　　　$[\theta]$——轴的许用偏转角，rad。

表 14-6　轴的许用挠度和许用偏转角

名称	许用挠度$[y]$/mm	名　称	许用偏转角$[\theta]$/rad
一般用途的轴	$(0.0003\sim0.0005)l$	滑动轴承	0.001
刚度要求较严格的轴	$0.0002l$	向心球轴承	0.005
感应电动机轴	0.1Δ	调心球轴承	0.05
安装齿轮的轴	$(0.01\sim0.03)m_n$	圆柱滚子轴承	0.0025
安装蜗轮的轴	$(0.02\sim0.05)m_a$	圆锥滚子轴承	0.0016
		安装齿轮处轴的截面积	$0.001\sim0.002$

注：l 为轴的跨距，Δ 为电动机定子与转子间的气隙，m_n 为齿轮的发面模数，m_a 为蜗轮的端面模数。

(2) 轴的扭转刚度校核计算

轴的扭转变形用每米长的扭转角 φ 来表示。圆轴的扭角 φ 的计算公式为：

光轴

$$\varphi=5.73\times10^4\frac{T}{GI_p} \tag{14-15}$$

阶梯轴

$$\varphi=5.73\times10^4\frac{1}{LG}\sum_{i=1}^{z}\frac{T_i l_i}{I_{pi}} \tag{14-16}$$

式中　T——轴所受的转矩，N·mm；

　　　G——轴的材料的剪切弹性模量，MPa，对钢材，$G=8.1\times10^4$MPa；

　　　I_p——轴截面的极惯性矩，mm^4，对圆轴，$I_p=\frac{\pi d^4}{32}$；

　　　L——阶梯轴受转矩作用的长度，mm；

T_i，l_i，I_{pi}——阶梯轴第 i 段上所受的转矩、长度和极惯性矩，mm^4；

　　　z——阶梯轴受转矩作用的轴段数。

轴的扭转刚度条件为：　　$\varphi \leqslant [\varphi]$　　(14-17)

式中，$[\varphi]$ 为轴的每米长的允许扭转角，与轴的使用场合有关。对一般的传动轴，可取 $[\varphi]=0.5\sim1(°)/m$；对于精密传动轴，可取 $[\varphi]=0.25\sim0.5(°)/m$；对于精度要求不高的轴，$[\varphi]$ 可大于 1 (°)/m。

14.3.3　轴的振动及振动稳定性的概念

轴是一个弹性体，当其旋转时，由于轴和轴上零件的材料组织不均匀，制造有误差或对中不良等，就要产生以离心力为表征的周期性的干扰力，从而引起轴的弯曲振动。如果这种强迫振动的频率与轴的弯曲自振频率相重合，就出现了弯曲共振现象。当轴由于传递的功率有周期性的变化而产生周期性的扭转变形时，将会产生扭转振动。如果其强迫振动频率与轴的扭转自振频率重合，也要产生对轴有破坏作用的扭转共振。若轴受有周期性的轴向干扰力时，自然也会产生纵向振动及在相应条件下的纵向共振。不过，在一般通用机械中，涉及共振的问题不多，而且轴的弯曲振动现象比扭转振动现象较为常见，纵向振动则由于轴的纵向自振频率很高，常常忽略，所以下面只对轴的弯曲振动问题略加说明。

轴在引起共振时的转速叫做临界转速。如果轴的转速停滞在临界转速附近，轴的变形将迅速增大，以至达到使整个轴系破坏的程度。因此，对于高速的轴，必须计算其临界转速，使其工作转速避开临界转速。临界转速可以有许多个，最低的一个称为一阶临界转速，其余为二阶、三阶……在一阶临界转速下，振动激烈，最为危险，所以通常主要计算一阶临界转速。但是在某些情况下还需要计算高阶的临界转速。

工作转速低于一阶临界转速的轴称为刚性轴，超过一阶临界转速的轴称为挠性轴。一般情况下，对于刚性轴，应使工作转速 $n<0.85n_{c1}$；对于挠性轴，应使 $1.15n_{c1}>n>0.85n_{c2}$，n_{c1}、n_{c2}分别为轴的一阶和二阶临界转速。若轴的工作转速很高时，显然应使其转速避开相应的高阶临界转速。满足上述条件的轴就具有了弯曲振动的稳定性。

【例 14-1】 某一化工设备中以二级圆柱齿轮减速器作为减速装置，该输送装置运转平稳，试设计该减速器的输出轴。减速器的装置如图 14-37 所示。输入轴与电动机相连，输出轴通过弹性柱销联轴器与工作机相连，输出轴为单向旋转。在装有联轴器的一端看轴为顺时针方向旋转。已知电动机的功率 $P=5.5\text{kW}$，转速 $n_1=960\text{r/min}$，齿轮机构的参数如下表：

级别	z_1	z_2	m_n/mm	m_t/mm	β	α	h_a^*	齿宽/mm
高速级	20	75	4	4.0404	$8°06'34''$	20°	1	$B_1=55, B_2=50$
低速级	23	95						$B_1=85, B_2=80$

解：(1) 求输出轴上的功率 P_3、转速 n_3、转矩 T_3

若取每级齿轮传动的总效率 $\eta=0.97$，则 $P_3=\eta^2 P=5.5\times0.972=5.17495$ (kW)

$$n_3=n_1/i=960\times\frac{20}{75}\times\frac{23}{95}=61.9789\ \text{(r/min)}$$

$$T_3=9550000\times\frac{P_3}{n_3}=9550000\times\frac{5.17}{61.98}=796604\ (\text{N}\cdot\text{mm})$$

(2) 求作用在齿轮上的力

因已知低速级大齿轮的分度圆直径为：

$$d_2=m_t z_2=4.040\times95=383.84\ \text{(mm)}$$

$$F_t=\frac{2T_3}{d_2}=\frac{2\times796604}{383.84}=4151\ \text{(N)}$$

$$F_r=F_t\frac{\tan\alpha_n}{\cos\beta}=4151\times\frac{\tan20°}{\cos8°06'34''}=1526\ \text{(N)}$$

$$F_a=F_t\tan\beta=4151\times\tan8°06'34''=592\text{(N)}$$

圆周力 F_t，径向力 F_r，轴向力 F_a 的方向如图 14-37 所示。

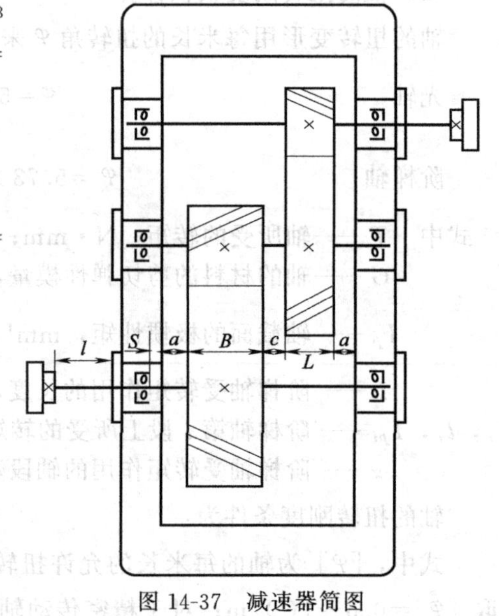

图 14-37 减速器简图

(3) 初步确定轴的最小直径。

按公式 (14-2) 估算轴的最小直径。选取轴的材料为 45 钢，调整处理。根据已知条件，

取 $A_0=110$，于是得：$d_{\min}=A_0\sqrt[3]{\frac{P_3}{n_3}}=110\times\sqrt[3]{\frac{5.17}{61.98}}=48.06$ (mm)。

输出轴的最小直径显然是安装联轴器处的轴径，故此处轴径应与联轴器的孔相适合并取标准值。

选取联轴器的型号：联轴器的计算转矩 $T_{ca}=K_A T_3$，查手册取 $K_A=1.3$，则 $T_{ca}=K_A T_3=1.3\times796604=1035585$ (N·mm)。

按照计算转矩 T_{ca} 应小于联轴器公称转矩的条件，查标准 GB/T 5014—2003，选用

HL4 型弹性柱销联轴器，其公称转矩为 1250000N·mm，半联轴器的孔径 d_1=50mm，故 $d_{a\text{-}b}$=50mm，半联轴器长 L=112mm，半联轴器与轴配合的毂孔长度 L_1=84mm。

(4) 轴的结构设计

① 轴上零件的布置方案　根据轴上各零件的工作位置，确定零部件布置方案如图 14-38 所示。

② 根据轴向零件的要求，确定各轴段的直径和长度　为了满足联轴器的轴向定位要求，a-b 轴段的右端需要制出一个轴肩，根据联轴器的尺寸标准，取 h=4mm，即 $d_{b\text{-}c}$=58mm。

为了使联轴器轴向定位牢固，与其配合的轴段长度取 $l_{a\text{-}b}$=82mm。

因为轴承同时受有径向力和轴向力的作用，故选用圆锥滚子轴承，参照工作要求并根据 $d_{b\text{-}c}$=58mm，选择 30312 轴承，查手册得轴承的参数尺寸：$d\times D\times T=60\times130\times33.75$，故 $d_{c\text{-}d}=d_{g\text{-}h}$=60mm，$l_{g\text{-}h}$=34mm。

查手册取得轴承的定位轴肩 h=5，因此 $d_{f\text{-}g}$=70mm。

因为安装齿轮的轴段，左侧采用套筒定位，所以 $d_{d\text{-}e}$=65mm；齿轮轮毂的宽度为 80mm，为了定位可靠取 $l_{d\text{-}e}$=76mm。

齿轮右侧采用轴环定位，轴环高速 $h>0.07d$，取 h=5mm，$d_{e\text{-}f}$=75mm；轴环宽度 $b\geqslant1.4h$，取 b=14mm。

轴承端盖的总厚度设计为 20mm，轴承端盖与联轴器之间的距离为 40mm，所以，$l_{b\text{-}c}$=60mm。

取齿轮距箱体内壁宽度为 16mm，圆柱齿轮之间的距离为 20mm，轴承内侧面距箱体内壁的距离取 8mm，滚动轴承宽 33.75mm，所以，计算得：$l_{c\text{-}d}=4+8+33.75+16\approx62$ (mm)，$l_{f\text{-}g}=50+20+16+8-14=80$ (mm)。

轴的结构尺寸见图 14-38 所示。

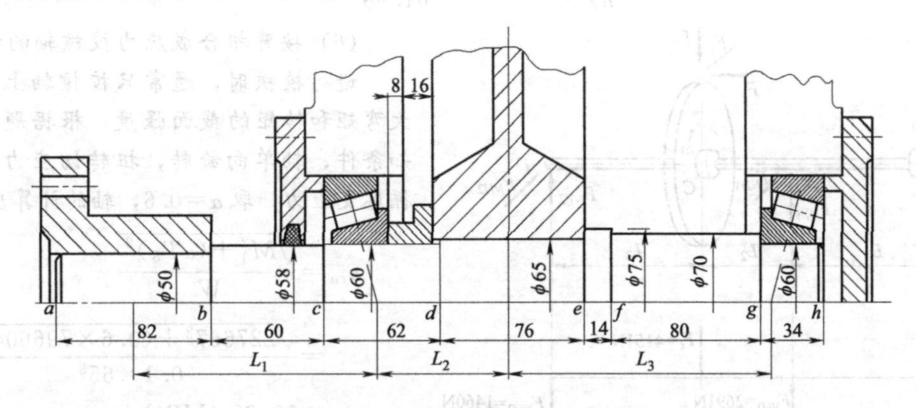

图 14-38　轴的结构装配图

③ 轴上零件的周向固定　齿轮、联轴器与轴的周向固定均采用平键连接，根据平键所在轴段的直径选择平键的截面积，再根据连接轮毂的长度来确定平键的长度。齿轮处的平键：$b\times h\times L=18\times11\times63$，联轴器处的平键：$b\times h\times L=14\times9\times70$；为了保证齿轮与轴具有良好的对中性，选择齿轮与轴的配合公差为：H7/n6，联轴器与轴的配合公差选为：H7/k6，因为滚动轴承为标准件，其周向定位是靠内圈与轴的过盈配合来保证，所以与滚动轴承配合的轴段的公差为：m6。

④ 确定轴上的倒角、圆角　为了使轴具有较好的工艺性，便于加工制造和装拆，为了保证轴的疲劳强度，轴肩、轴环处应有过度圆角，取为 R_2，轴端有倒角，取为 $2\times45°$。

(5) 求轴上的载荷

① 查手册得，30312 轴承，a=26.5，所以，图 14-38 中：

$$L_1 = 82/2 + 60 + 26.5 = 127.5$$

$$L_2 = 76/2 + 62 - 26.5 = 73.5$$

$$L_3 = 76/2 + 10 + 80 + 34 - 26.5 = 135.5$$

② 求水平支反力，并绘制水平面弯矩图（图 14-39）；

$$F_{NH1} = \frac{F_t L_3}{L_2 + L_3} = \frac{4151 \times 135.5}{135.5 + 73.5} = 2691\ (\text{N})$$

$$F_{NH2} = F_t - F_{NH1} = 4151 - 2691 = 1460\ (\text{N})$$

$$M_H = F_{NH2} L_3 = 1460 \times 135.5 = 197830\ (\text{N} \cdot \text{mm})$$

③ 求垂直面支反力，并绘制垂直面弯矩图（图 14-39）；

$$F_{NV1} = \frac{F_r L_3 + F_a \dfrac{d_2}{2}}{L_2 + L_3} = \frac{1526 \times 135.5 + 592 \times 383.84 \times \dfrac{1}{2}}{135.5 + 73.5} = 1533\ (\text{N})$$

$$F_{NV2} = F_r - F_{NV1} = 1526 - 1533 = -7\ (\text{N})$$

$$M_{V1} = F_{NV1} L_2 = 1533 \times 73.5 = 112675.5\ (\text{N} \cdot \text{mm})$$

$$M_{V2} = F_{NV2} L_3 = -7 \times 135.5 = -948.5\ (\text{N} \cdot \text{mm})$$

④ 求总弯矩，绘制总弯矩图（图 14-39）；

$$M_1 = \sqrt{M_{V1}^2 + M_H^2} = \sqrt{112675.5^2 + 197830^2} = 227667\ (\text{N} \cdot \text{mm})$$

$$M_2 = \sqrt{M_{V2}^2 + M_H^2} = \sqrt{(-948.5)^2 + 197830^2} = 197832\ (\text{N} \cdot \text{mm})$$

⑤ 求转矩，并绘制转矩图（图 14-39）；

$$T_3 = 9550000 \times \frac{P_3}{n_3} = 9550000 \times \frac{5.17}{61.98} = 796604\ (\text{N} \cdot \text{mm})$$

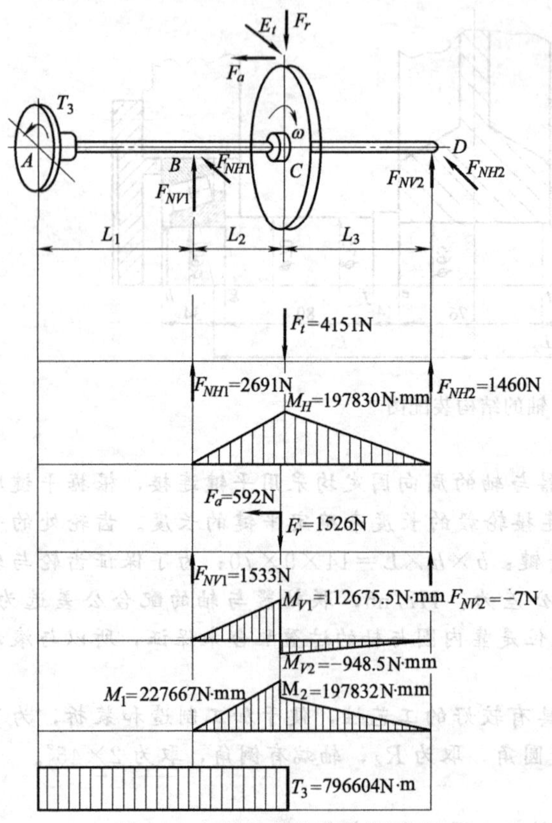

图 14-39　轴的载荷计算分析图

(6) 按弯扭合成应力校核轴的强度

进行校核时，通常只校核轴上承受最大弯矩和转矩的截面强度，根据题中的已知条件，轴单向旋转，扭转切应力为脉动循环变应力，取 $\alpha = 0.6$，轴的计算应力为：

$$\sigma_{ca} = \frac{\sqrt{M_1^2 + (\alpha T_3)^2}}{W}$$

$$= \frac{\sqrt{227667^2 + (0.6 \times 796604)^2}}{0.1 \times 65^3}$$

$$= 19.28\ (\text{MPa})$$

轴的材料为 45 钢，调质处理，查手册得 $[\sigma_{-1}] = 60\text{MPa}$，因此 $\sigma_{ca} < [\sigma_{-1}]$，故安全。

(7) 校核疲劳强度

① 判断危险截面　从受力角度分析，在 B 截面左侧，只受到转矩的作用，而不受弯矩的作用，在 C 截面的右侧，只受弯矩的作用而没有转矩的作用，所以在 B 截面与 C 截面之间的轴同时受弯矩和转矩的作用。

从应力集中的角度来分析，d-e 段，即连接齿轮的轴段，由过盈配合引起的应力集中最严重；同时，此轴段还开有键槽，轴段两端分别有过度圆角，所以此轴段的应力集中最严重；d 截面和 e 截面的应力集中最大，但 e 截面的轴直径较大，所以对 d 截面的左右侧进行疲劳强度校核。

② 强度校核　d 截面的右侧

抗弯截面系数　$W=0.1d^3=0.1\times65^3=27463\ (\text{mm}^3)$

抗扭截面系数　$W_T=0.2D^3=0.2\times65^3=54925\ (\text{mm}^3)$

截面 d 右侧的弯矩 M 为：$M=227667\times\dfrac{62-26.5}{62-26.5+\dfrac{76}{2}}=109962\ (\text{N}\cdot\text{mm})$

截面 d 右侧的转矩 T 为：$T_3=796604\ \text{N}\cdot\text{mm}$

截面上的弯曲应力：$\sigma_b=\dfrac{M}{W}=\dfrac{109962}{27463}=4.0040\ (\text{MPa})$

截面上的扭转切应力：$\tau_T=\dfrac{T_3}{W_T}=\dfrac{796604}{54925}=14.5035\ (\text{MPa})$

查表得过盈配合处的 $\dfrac{k_\sigma}{\varepsilon_\sigma}$ 值，取 $\dfrac{k_\sigma}{\varepsilon_\sigma}=3.16$，$\dfrac{k_\tau}{\varepsilon_\tau}=0.8\dfrac{k_\sigma}{\varepsilon_\sigma}=2.53$

轴按磨削加工，查表得表面质量系数 $\beta_\sigma=\beta_\tau=0.92$

综合计算系数：$K_\sigma=\dfrac{k_\sigma}{\varepsilon_\sigma}+\dfrac{1}{\beta_\sigma}-1=3.25$，$K_\tau=\dfrac{k_\tau}{\varepsilon_\tau}+\dfrac{1}{\beta_\tau}-1=2.62$

计算 d 截面右侧安全系数：

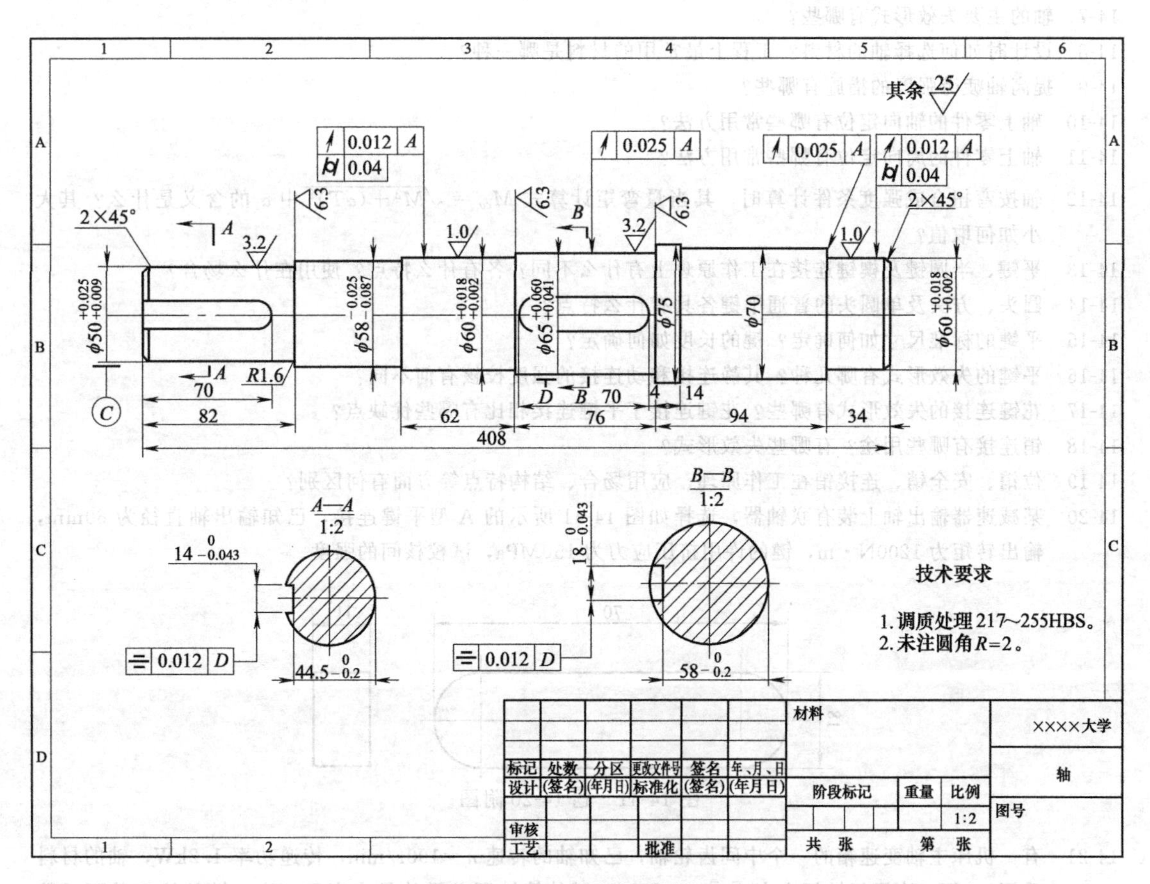

图 14-40　轴的工作图

$$S_\sigma=\frac{\sigma_{-1}}{K_\sigma\sigma_a+\varphi_\sigma\sigma_m}=\frac{275}{3.25\times4.004+0.1\times0}=21.1327$$

$$S_\tau=\frac{\tau_{-1}}{K_\tau\tau_a+\varphi v\,\tau\tau_m}=\frac{155}{2.62\times\frac{14.5035}{2}+0.05\times\frac{14.5035}{2}}=8.0053$$

$$S_{ca}=\frac{S_\sigma S_\tau}{\sqrt{S_\sigma^2+S_\tau^2}}=\frac{21.1327\times8.0053}{\sqrt{21.1327^2+8.0053^2}}=7.486>S=1.5$$

所以此截面也安全。

根据本题的已知条件，此轴无瞬时过载，也无严重的应力循环不对称，所以可以略去静强度的校核。

(8) 绘制轴的工作图

如图 14-40 所示。

习　　题

14-1　轴的主要功能是什么？

14-2　按所受到的载荷不同，轴可以分为哪几类？试举例说明。

14-3　轴按轴线形状不同可分为哪几类？

14-4　为什么转轴常设计成阶梯结构？

14-5　在什么情况下轴段应设退刀槽或砂轮越程槽？

14-6　轴的结构设计主要应考虑哪些因素？

14-7　轴的主要失效形式有哪些？

14-8　设计时如何选择轴的材料？工程上最常用的材料是哪一种？

14-9　提高轴疲劳强度的措施有哪些？

14-10　轴上零件的轴向定位有哪些常用方法？

14-11　轴上零件的周向定位有哪些常用方法？

14-12　轴按弯扭合成强度条件计算时，其当量弯矩计算式 $M_{ca}=\sqrt{M^2+(\alpha T)^2}$ 中 α 的含义是什么？其大小如何取值？

14-13　平键、半圆键及楔键连接在工作原理上有什么不同？各有什么特点？使用在什么场合？

14-14　圆头、方头及单圆头的普通平键各具有什么特点？

14-15　平键的标准尺寸如何确定？键的长度如何确定？

14-16　平键的失效形式有哪几种？其静连接和动连接的强度校核有何不同？

14-17　花键连接的失效形式有哪些？花键连接于平键连接相比有哪些优缺点？

14-18　销连接有哪些用途？有哪些失效形式？

14-19　位销、安全销、连接销在工作原理、应用场合、结构特点等方面有何区别？

14-20　某减速器输出轴上装有联轴器，选择如图 14-41 所示的 A 型平键连接，已知输出轴直径为 60mm，输出转矩为 1200N・m，键的许用挤压应力为 150MPa，试校核间的强度。

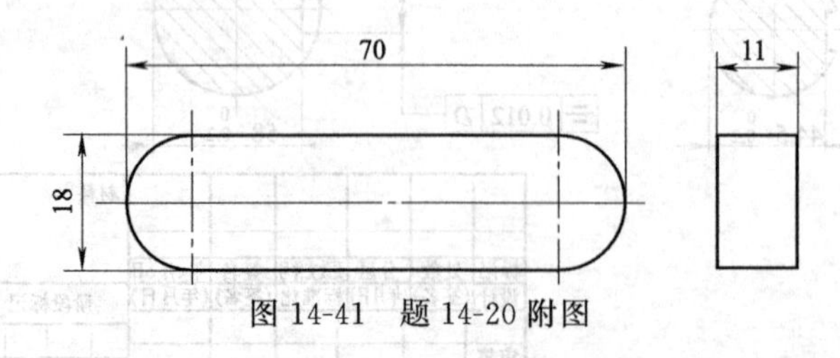

图 14-41　题 14-20 附图

14-21　有一机床主轴变速箱的一个中间齿轮轴，已知轴的转速 $n=190$r/min，传递功率 1.2kW，轴的材料采用 45 钢，许用扭转切应力 $[\tau]=30$MPa，试估算轴所必需的最小直径（注：轴的抗扭截面系数

$W_T=0.2d^3$)。

14-22　图 14-42 所示为下置式蜗杆减速器中蜗轮及轴承的组合结构。蜗轮用油润滑，轴承用脂润滑。试指出该图中的错误，并画出正确结构图（只需画出轴线以上的图形）。

14-23　请将图 14-43 中轴系结构有错及不合理处，用序号标出，并按序号简要说明原因。

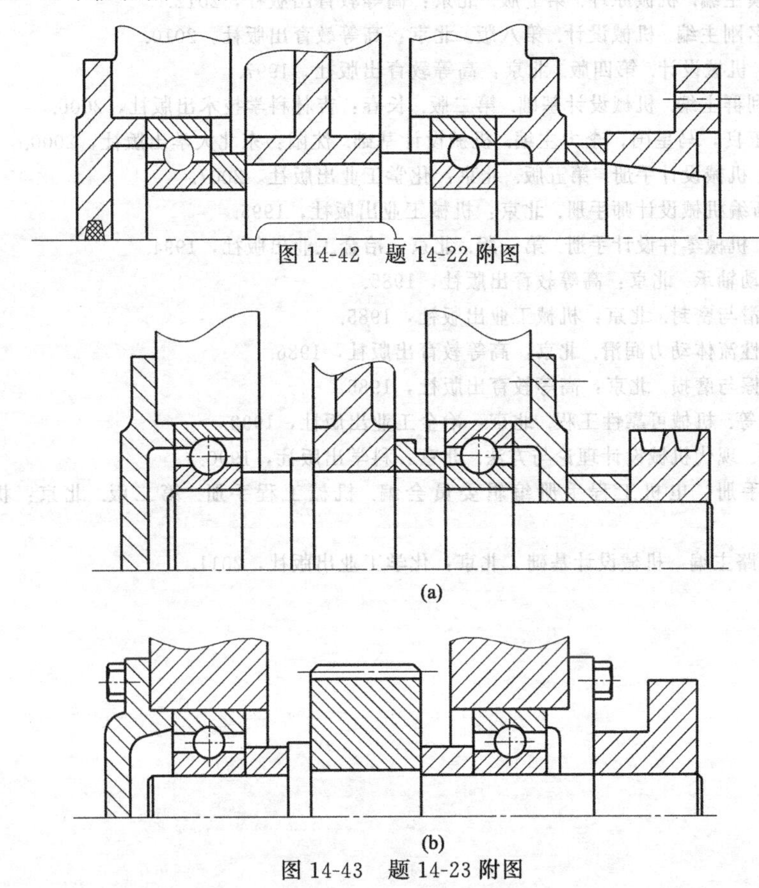

图 14-42　题 14-22 附图

(a)

(b)

图 14-43　题 14-23 附图

参考文献

[1] 杨可桢，程光蕴主编. 机械设计基础. 第四版. 北京：高等教育出版社，1999.

[2] 孙桓，陈作模主编. 机械原理. 第七版. 北京：高等教育出版社，2012.

[3] 濮良贵，纪名刚主编. 机械设计. 第八版. 北京：高等教育出版社，2010.

[4] 邱宣怀主编. 机械设计. 第四版. 北京：高等教育出版社，1997.

[5] 杨德武，鄢利群主编. 机械设计基础. 第二版. 长春：吉林科学技术出版社，2006.

[6] 陈良玉，王玉良，马星国，李力主编. 机械设计基础. 沈阳：东北大学出版社，2000.

[7] 成大先主编. 机械设计手册. 第五版. 北京：化学工业出版社，2007.

[8] 徐灏主编. 新编机械设计师手册. 北京：机械工业出版社，1995.

[9] 蔡春源主编. 机械零件设计手册. 第三版. 北京：冶金工业出版社，1994.

[10] 张桂芳. 滑动轴承. 北京：高等教育出版社，1985.

[11] 马先贵. 润滑与密封. 北京：机械工业出版社，1985.

[12] 胡西樵. 弹性流体动力润滑. 北京：高等教育出版社，1986.

[13] 齐毓霖. 摩擦与磨损. 北京：高等教育出版社，1986.

[14] 王超，王金等. 机械可靠性工程. 北京：冶金工业出版社，1992.

[15] 邹家祥主编. 现代机械设计理论与方法. 北京：科学出版社，1990.

[16] 机械工程手册、电机工程手册编辑委员会编. 机械工程手册. 第二版. 北京：机械工业出版社，1999.

[17] 鄢利群，高路主编. 机械设计基础. 北京：化学工业出版社，2011.